“十四五”高等职业教育公共基础课程系列教材

应用数学学习辅导与习题全解

张　卓　任佳丽◎主　编
田　燕◎副主编

中国铁道出版社有限公司
CHINA RAILWAY PUBLISHING HOUSE CO., LTD.

内 容 简 介

本书是与主教材《应用数学》（李冰、司维主编，中国铁道出版社有限公司出版）配套的学习辅导书，主要面向使用该教材的学生，也可供使用该教材的教师作教学参考。本书按主教材《应用数学》的章节顺序编排，与教学需求保持同步。每节包括学习目标、基本题型及解题方法、习题详解三部分内容。其中，基本题型及解题方法部分概括了与主教材知识点相关的重点、难点题型，根据题型列举相关例题并予以解答；每章后面附有综合测试，以便学生在自我检测后能第一时间发现问题、解决问题。

本书与主教材具有相对的独立性，可作为高等职业院校、成人高校等理工类专业的学生学习微积分、线性代数和概率论与数理统计的参考书。

图书在版编目(CIP)数据

应用数学学习辅导与习题全解 / 张卓，任佳丽主编. 北京 ：中国铁道出版社有限公司，2025. 8. --（“十四五”高等职业教育公共基础课程系列教材）. -- ISBN 978-7-113-32479-7

Ⅰ. O29

中国国家版本馆 CIP 数据核字第 2025DB7518 号

书　　名：应用数学学习辅导与习题全解
作　　者：张　卓　任佳丽

策　　划：王文欢　　　　**编辑部电话：**(010)83527746
责任编辑：张松涛　许　璐
封面设计：高博越
责任校对：苗　丹
责任印制：赵星辰

出版发行：中国铁道出版社有限公司(100054,北京市西城区右安门西街8号)
网　　址：https://www.tdpress.com/51eds
印　　刷：河北京平诚乾印刷有限公司
版　　次：2025年8月第1版　2025年8月第1次印刷
开　　本：889 mm×1 194 mm 1/16　**印张：**15　**字数：**455千
书　　号：ISBN 978-7-113-32479-7
定　　价：48.00元

前　言

由李冰、司维主编的《应用数学》(以下简称主教材)是为了适应高等职业教育对数学知识的需求而编写的,内容简明,层次清晰,有利于学生的学习和掌握。为使学生更好地使用主教材,更好地掌握一元微积分、线性代数和概率论与数理统计的内容,解决学生在做题中思路不清晰、答案不明确的问题,我们特别编写了这本学习辅导与习题全解。

本书完全按照主教材的章节顺序编排,以便与教学需求保持同步,每节包括如下内容:

一、学习目标

该部分画龙点睛地指出本节的学习目标,帮助学生做到心中有数、有的放矢。

二、基本题型及解题方法

该部分列示出与本节知识点相关的基本、典型的题型,归纳总结每一种题型的解题方法,根据题型列举相关例题并予以解答,这样将知识点的讲解、分析与相关例题的解析、解答合二为一:一方面阐释了题型及其解法;一方面为教师和学生提供了参考。

三、习题详解

该部分选择了大量的习题,基本覆盖了本节的知识点,且按知识点在主教材中出现的顺序排列。以帮助学生先练后看、边练边看,解决学生独立练习过程中出现的思路不清晰、答案不明确的问题。

为了便于学生更好地解题,在重点、难点题目上,作者团队录制了微课视频,通过手机扫描教材中的二维码即可观看讲解视频。

本书由哈尔滨铁道职业技术学院多年奋斗在教学一线的教师编写,由张卓、任佳丽任主编,田燕任副主编。其中,第1、2、3、9章由张卓编写;第4、5章由田燕编写;第6、7、8章和附录由任佳丽编写。

在本书的编写过程中,编者参阅了许多学者的著作,在此表示诚挚的谢意。同时,本书得到了哈尔滨铁道职业技术学院各级领导及中国铁道出版社有限公司有关编辑的重视、支持和帮助,在此一并致以诚挚的谢意。

由于编者水平有限,书中难免有疏漏和不妥之处,恳请读者批评指正,并将您的宝贵意见和建议及时反馈给我们(电子邮箱:124978396@qq.com),以便及时修订。

编　者

2025年6月

目　录

预备知识模块

基础模块

专业模块

预备知识模块

◎第1章　函数、极限与连续

第 1 章　函数、极限与连续

本章知识结构：

- 函数、极限与连续
  - 函数
    - 概念（定义域、对应法则）
    - 基本特性（单调性、奇偶性、周期性、有界性）
    - 反函数（定义、反三角函数）
    - 初等函数
      - 基本初等函数（解析式、图像）
      - 复合函数（复合与分解）
      - 概念
  - 简单数学模型
    - 数学模型的概念
    - 数学模型的一般步骤
  - 极限
    - 概念
      - 数列极限（$n\to\infty$）
      - 函数极限（自变量的两种变化趋势）
    - 无穷小与无穷大
      - 无穷小（概念、性质、比较）
      - 无穷大
      - 无穷小与无穷大的关系
    - 运算
      - 极限的四则运算法则
      - 两个重要极限
  - 连续
    - 连续的概念
    - 间断点的分类
    - 连续函数的性质
    - 闭区间上连续函数的性质

1.1　函数的概念

一、学习目标

1. 理解函数的概念；
2. 了解函数的单调性、奇偶性、周期性、有界性；
3. 了解反函数的概念.

二、基本题型及解题方法

题型 1　求函数定义域.

解题方法：求函数的定义域一般主要针对一些基本形式来确定其定义域，然后综合考虑. 函数的基本形式可分为$\sqrt[2n]{A}$，$\frac{1}{A}$，$\log_a A$，$\tan A(\sec A)$，$\cot A(\csc A)$，$\arcsin A$ （$\arccos A$ ）等，其相应的定义域分别为$A\geqslant 0$，

$A\neq0,A>0,A\neq k\pi+\dfrac{\pi}{2},A\neq k\pi,|A|\leqslant1.$

例 1 求下列函数的定义域：

(1) $y=\sqrt{\dfrac{x^2-3x+2}{x-3}}$； (2) $y=\arcsin\left(\lg\dfrac{x}{10}\right)$.

解 (1)使 y 有意义，只需 $\dfrac{x^2-3x+2}{x-3}\geqslant0$ 且 $x-3\neq0$，即

$$\begin{cases}x^2-3x+2\geqslant0\\x-3>0\end{cases}\quad 或\quad \begin{cases}x^2-3x+2\leqslant0\\x-3<0\end{cases},$$

解不等式得定义域为 $[1,2]\cup(3,+\infty)$.

(2) $\dfrac{x}{10}>0$ 等价于 $x>0$；又 $\arcsin x$ 的定义域为 $[-1,1]$，所以 $-1\leqslant\lg\dfrac{x}{10}\leqslant1$，即 $\dfrac{1}{10}\leqslant\dfrac{x}{10}\leqslant10$，所以 $1\leqslant x\leqslant100$，取交集，得定义域为 $(0,+\infty)\cap[1,100]=[1,100]$.

题型 2 比较两个函数是否相同.

解题方法：当且仅当两个函数的两大要素，即定义域与对应关系完全相同时才是同一函数，否则不同.

例 2 比较两个函数是否相同：

(1) $y=2x+1$ 与 $x=2y+1$；

(2) $f(x)=\lg x^2$ 与 $g(x)=2\lg x$；

(3) $f(x)=x$ 与 $g(x)=\sqrt{x^2}$.

解 (1)因为函数的对应关系与变量用什么字母表示无关，所以本组两个函数的对应关系相同，且定义域相同均为 $\mathbf{R}$，因此两个函数相同，函数的这一性质又称为**变量无关性**.

(2)虽然本组两个函数的对应关系表达式可化为相同，但是其定义域分别为 $x\neq0$ 与 $x>0$，所以两个函数不同.

(3)虽然本组两个函数定义域均为 $\mathbf{R}$，但是 $g(x)=\sqrt{x^2}=|x|$，所以两个函数不同.

题型 3 求函数值.

解题方法：将自变量代入解析式求值即可，但当函数为分段函数时要注意根据自变量所属定义域选择相对应的关系.

例 3 $\Phi(x)=\begin{cases}|\sin x| & |x|<\dfrac{\pi}{3}\\0 & |x|\geqslant\dfrac{\pi}{3}\end{cases}$，求 $\Phi\left(\dfrac{\pi}{6}\right),\Phi\left(\dfrac{\pi}{2}\right),\Phi(-2),\Phi\left(-\dfrac{\pi}{4}\right)$.

解 因为 $\left|\dfrac{\pi}{6}\right|<\dfrac{\pi}{3}$，所以 $\Phi\left(\dfrac{\pi}{6}\right)=\left|\sin\dfrac{\pi}{6}\right|=\dfrac{1}{2}$；

因为 $\left|\dfrac{\pi}{2}\right|\geqslant\dfrac{\pi}{3}$，所以 $\Phi\left(\dfrac{\pi}{2}\right)=0$；

因为 $|-2|>\dfrac{\pi}{3}$，所以 $\Phi(-2)=0$；

因为 $\left|-\dfrac{\pi}{4}\right|<\dfrac{\pi}{3}$，所以 $\Phi\left(-\dfrac{\pi}{4}\right)=\left|\sin\left(-\dfrac{\pi}{4}\right)\right|=\dfrac{\sqrt{2}}{2}$.

题型 4 求函数的表达式.

解题方法:以函数的变量无关性为基础,通过变量代换求函数的表达式.

例 4 设 $f\left(x+\dfrac{1}{x}\right)=x^2+\dfrac{1}{x^2}$,求 $f(x)$.

解 设 $u=x+\dfrac{1}{x}$,$x^2+\dfrac{1}{x^2}=\left(x+\dfrac{1}{x}\right)^2-2=u^2-2$,则 $f(u)=u^2-2$.

根据函数变量无关性得,$f(x)=x^2-2$.

题型 5 求反函数.

解题方法:

(1)从原函数 $y=f(x)$ 中解出 x 的表达式 $x=f^{-1}(y)$;

(2)对换变量 x,y 的位置,即得原函数的反函数;

(3)反函数的定义域为原函数的值域.

例 5 求 $y=1+\ln(x+2)$ 的反函数.

解 由已知得 $x=e^{y-1}-2$,所以反函数为 $y=e^{x-1}-2,x\in\mathbf{R}$.

题型 6 判断函数的奇偶性.

解题方法:要判断函数的奇偶性,首先要判断函数的定义域是否关于原点对称.

若定义域关于原点对称又满足 $f(-x)=f(x)$,则函数为偶函数.

若定义域关于原点对称又满足 $f(-x)=-f(x)$,则函数为奇函数.

视频

例6

例 6 判断函数 $f(x)=\ln(x+\sqrt{x^2+1})$ 的奇偶性.

解 该函数的定义域为 $\mathbf{R}$,关于原点对称,且

$$f(-x)=\ln[-x+\sqrt{(-x)^2+1}]=\ln\frac{(\sqrt{x^2+1}-x)(\sqrt{x^2+1}+x)}{\sqrt{x^2+1}+x}$$

$$=\ln\frac{1}{\sqrt{x^2+1}+x}=-\ln(\sqrt{x^2+1}+x)=-f(x),$$

所以,函数 $f(x)=\ln(x+\sqrt{x^2+1})$ 为奇函数.

三、习题详解

习题 1.1 A 组

1. 判断题:

(1)函数 $y=1$ 与 $y=\sin^2x+\cos^2x$ 是同一函数.

(2)函数 $f(x)=\log_a(x+\sqrt{x^2+1})$ 是非奇非偶函数.

(3)函数 $y=3$ 是有界函数.

解 (1)由于函数 $y=\sin^2x+\cos^2x=1$,其定义域为 $\mathbf{R}$;函数 $y=1$ 的定义域为 $\mathbf{R}$,即两个函数的定义域与对应法则相同,所以两个函数是同一函数,故该题是正确的.

(2)由于 $f(-x)+f(x)=\log_a\left(-x+\sqrt{x^2+1}\right)+\log_a\left(x+\sqrt{x^2+1}\right)=0$,可得 $f(-x)=-f(x)$,所以函数 $f(x)=\log_a\left(x+\sqrt{x^2+1}\right)$是奇函数,故该题是错误的.

(3)根据有界函数的定义可知该题是正确的.

2. 填空题:

(1)设$f(x)=\frac{1}{1-x}$ $(x\neq 0,1)$,则$f(3)=$____________.

(2)函数____________的图像与函数$y=8^x$的图像关于直线$y=x$对称.

(3)两奇函数之和是____________,两奇函数之积是____________,两偶函数之积是____________,一个偶函数与一个奇函数之积是____________.(填奇函数、偶函数)

(4)设函数$f(x)=\begin{cases}\sin x & -2<x<0\\ 1+x^2 & 0\leqslant x<2\end{cases}$,则$f\left(\frac{\pi}{2}\right)=$____________.

(5)设$f(x+1)=x^2+2x+3$,则$f(x)=$____________.

(6)函数$y=\frac{1}{x}$在区间$(0,1)$内____________,在区间$(1,2)$内____________.(填有界、无界)

解 (1)将$x=3$代入函数$y=\frac{1}{1-x}$得$f(3)=-\frac{1}{2}$.

(2)由于在同一直角坐标系中,函数与其反函数的图像关于$y=x$对称,而函数$y=8^x$的反函数为$y=\log_8 x$.

(3)奇函数,偶函数,偶函数,奇函数.

(4)因为$0<\frac{\pi}{2}<2$,所以$f\left(\frac{\pi}{2}\right)=1+\left(\frac{\pi}{2}\right)^2=1+\frac{\pi^2}{4}$.

(5)由$f(x+1)=x^2+2x+3=(x+1)^2+2$可得$f(x)=x^2+2$.

(6)无界,有界.

3. 选择题:

(1)若函数$f(x)$的定义域为$[1,2]$,则函数$f(1-\ln x)$的定义域为(　　).

A. $[1,1-\ln 2]$　　B. $(0,1]$　　C. $[1,\mathrm{e}]$　　D. $\left[\frac{1}{\mathrm{e}},1\right]$

(2)设$f(x)$为定义在$(-\infty,+\infty)$内的任意函数,下列函数中(　　)为奇函数.

A. $f(|x|)$　　B. $|f(x)|$　　C. $f(x)+f(-x)$　　D. $f(x)-f(-x)$

解 (1)由于函数$f(x)$的定义域为$[1,2]$可得$1\leqslant 1-\ln x\leqslant 2$,即$\frac{1}{\mathrm{e}}\leqslant x\leqslant 1$. 故该题选D.

(2)令$F(x)=f(x)-f(-x)$,则$F(-x)=f(-x)-f(x)=-F(x)$,即函数$F(x)-f(-x)$为奇函数. 故该题选D.

4. 求函数$y=\frac{\sqrt{x^2-4}}{x-2}$的定义域.

解 要使函数$y=\frac{\sqrt{x^2-4}}{x-2}$有意义,自变量需满足不等式组$\begin{cases}x^2-4\geqslant 0\\ x-2\neq 0\end{cases}$,

解得
$$x>2 \quad 或 \quad x\leqslant -2,$$
所以函数$y=\frac{\sqrt{x^2-4}}{x-2}$的定义域为$\{x\mid x>2或x\leqslant -2\}$.

5. 判断函数$y=x^3$的奇偶性.

解 $f(x)$的定义域为$\mathbf{R}$,对任意的$x\in(-\infty,+\infty)$有
$$f(-x)=(-x)^3=-x^3=-f(x),$$
故$f(x)=x^3$是$\mathbf{R}$上的奇函数.

习题1.1 B组

1. 求函数$f(x)=\sqrt{\dfrac{1-x^2}{6-x-x^2}}$的定义域.

解 要使函数$f(x)$有意义,自变量需满足不等式组$\begin{cases}6-x-x^2\neq 0\\ \dfrac{1-x^2}{6-x-x^2}\geqslant 0\end{cases}$.

解得
$$\begin{cases}x\neq -3\text{ 且 }x\neq 2\\ x\leqslant -3\text{ 或 }-1\leqslant x\leqslant 1\text{ 或 }x\geqslant 2\end{cases}.$$

所以函数的定义域为$(-\infty,-3)\cup[-1,1]\cup(2,+\infty)$.

2. 判断函数$f(x)=\dfrac{2^x-1}{2^x+1}$的奇偶性.

解 $f(x)$的定义域为$\mathbf{R}$,对任意的$x\in(-\infty,+\infty)$有

$$f(-x)=\frac{2^{-x}-1}{2^{-x}+1}=\frac{\dfrac{1}{2^x}-1}{\dfrac{1}{2^x}+1}=\frac{1-2^x}{1+2^x}=-f(x).$$

所以函数$f(x)=\dfrac{2^x-1}{2^x+1}$为$\mathbf{R}$上的奇函数.

1.2 初等函数

一、学习目标

1. 掌握基本初等函数解析式、图像及常用公式;
2. 理解复合函数的概念,掌握复合函数的分解;
3. 理解初等函数的概念.

二、基本题型及解题方法

题型1 求复合函数.

解题方法: 首先验证$u=g(x)$的值域与$y=f(u)$的定义域的交集是否非空,若非空则能复合,将$u=g(x)$代入$y=f(u)$即可;若为空集则不能复合.

例1 下列函数能否复合为函数$y=f(g(x))$,若能,写出其解析式、定义域、值域.

(1)$y=f(u)=\sqrt{u}$,$u=g(x)=x-x^2$;

(2)$y=f(u)=\ln u$,$u=g(x)=\sin x-1$.

解 (1)因为$y=f(u)=\sqrt{u}$的定义域为$D_f=[0,+\infty)$,$u=g(x)=x-x^2$的值域为$R_g=\left(-\infty,\dfrac{1}{4}\right]$,即$D_f\cap R_g=\left[0,\dfrac{1}{4}\right]\neq\varnothing$,故能复合,复合函数为$y=\sqrt{x-x^2}$,$x\in[0,1]$,$y\in\left[0,\dfrac{1}{2}\right]$.

(2)因为$y=f(u)=\ln u$的定义域为$D_f=(0,+\infty)$,$u=g(x)=\sin x-1$的值域为$R_g=[-2,0]$,即$D_f\cap R_g=\varnothing$,故不能复合.

题型 2 复合函数的分解.

解题方法: 可按照"从外到里"的顺序,逐层分解,直到不能再分.

一般地,能不能再分可看最后是不是基本初等函数或其四则运算,若是则不能再分,若不是,还需继续研究.

例 2 分析函数 $y=\sqrt[3]{\arctan\cos e^{2x}}$ 的复合结构.

视 频

例2

解 该函数是由函数 $y=\sqrt[3]{u}$, $u=\arctan v$, $v=\cos w$, $w=e^{t}$, $t=2x$ 复合而成的.

三、习题详解

习题 1.2 A 组

1. 判断题:

(1) 分段函数都不是初等函数.

(2) 复合函数 $y=f(\varphi(x))$ 的定义域与函数 $u=\varphi(x)$ 的定义域一定相同.

解 (1) 分段函数绝大多数都不是初等函数. 但绝对值函数 $y=|x|$ 既是分段函数又是初等函数的一个典型例子,故该题是错误的.

(2) 例如,复合函数 $y=\sqrt{x-x^2}$ 的定义域为 $[0,1]$,而其内层函数 $\varphi(x)=x-x^2$ 的定义域为 $\mathbf{R}$,两者的定义域不相同,所以该题是错误的.

2. 初等函数 $y=\sin^3 x$ 是由哪些基本初等函数复合而成的?

解 $y=\sin^3 x$ 是由函数 $y=u^3$, $u=\sin x$ 复合而成的.

3. 求由函数 $y=e^u$ 及 $u=3x$ 复合而成的复合函数.

解 由函数 $y=e^u$ 及 $u=3x$ 复合而成的复合函数是 $y=e^{3x}$.

习题 1.2 B 组

1. 求由函数 $y=\arcsin u$, $u=e^v$, $v=-\sqrt{x}$ 复合而成的复合函数.

解 由函数 $y=\arcsin u$, $u=e^v$, $v=-\sqrt{x}$ 复合而成的复合函数是 $y=\arcsin e^{-\sqrt{x}}$.

2. 求由函数 $y=\sqrt{1+u^2}$, $u=\sin v$, $v=\log_2 x$ 复合而成的复合函数.

解 $y=\sqrt{1+\sin^2(\log_2 x)}$.

3. 初等函数 $y=\left(\arcsin\sqrt{1-x^2}\right)^2$ 是由哪些基本初等函数复合而成的.

解 初等函数 $y=\left(\arcsin\sqrt{1-x^2}\right)^2$ 是由函数 $y=u^2$, $u=\arcsin v$, $v=\sqrt{w}$, $w=1-x^2$ 复合而成的.

4. 已知 $f\left(x-\frac{1}{x}\right)=x^2+\frac{1}{x^2}$,求 $f(x)$.

解 $f\left(x-\frac{1}{x}\right)=x^2+\frac{1}{x^2}=x^2-2+\frac{1}{x^2}+2=\left(x-\frac{1}{x}\right)^2+2.$

令 $u=x-\frac{1}{x}$,得

$$f(u)=u^2+2,$$

所以

$$f(x)=x^2+2.$$

1.3 数学建模——函数模型及其应用

一、学习目标

1. 理解数学模型的概念；
2. 了解数学模型的一般步骤.

二、基本题型及解题方法

题型 1 行程问题.

例 1 一男孩和一女孩分别在离家 2 km 和 1 km 且方向相反的两所学校上学，每天同时放学后分别以 4 km/h和 2 km/h 的速度步行回家. 一只小狗以 6 km/h 速度由男孩处奔向女孩，又从女孩处奔向男孩，如此往返直至回到家中. 问小狗奔波了多少路程？

解 (1)按照男孩和女孩的步行速度，男孩和女孩去学校或者回家所用的时间都是 0.5 h. 所以小狗奔波的路程为 0.5 h×6 km/h = 3 km.

(2)上学路上任何位置. 逆向思维方式，反过来想：由于孩子到达学校时小狗的位置不定，因为放学时无论小狗从任何位置起跑，都会与孩子同时到家. 之所以出现位置不定的结果，是由于上学时小狗跑动的方向无法确定，类似于数学中的奇点问题.

题型 2 最优化问题.

例 2 某厂生产三种产品 Ⅰ，Ⅱ，Ⅲ. 每种产品要经过 A，B 两道工序加工. 设该厂有两种规格的设备能完成 A 工序，它们以 A_1，A_2 表示；有三种规格的设备能完成 B 工序，它们以 B_1，B_2，B_3 表示. 产品 Ⅰ 可在 A，B 任何一种规格设备上加工. 产品 Ⅱ 可在任何规格的 A 设备上加工，但完成 B 工序时，只能在 B_1 设备上加工；产品 Ⅲ 只能在 A_2 与 B_2 设备上加工. 已知在各种机床设备的单件工时，原材料费、产品销售价格、各种设备有效台时以及满负荷操作时机床设备的费用见表 1-1，请安排最优的生产计划，使该厂利润最大(设 c_i 表示第 i 种产品不考虑工时费用的毛利润，这里 $c_1 = 1$，$c_2 = 1.65$，$c_3 = 2.3$).

表 1-1

设备	产品单件工时			设备有效台时	满负荷时的设备费用/元
	Ⅰ	Ⅱ	Ⅲ		
A_1	5	10		6 000	300
A_2	7	9	12	10 000	321
B_1	6	8		4 000	250
B_2	4		11	7 000	783
B_3	7			4 000	200
原材料费/(元·件$^{-1}$)	0.25	0.35	0.50		
单价/(元·件$^{-1}$)	1.25	2.00	2.80		

解 用 $i = 1,2,3$ 分别表示产品 Ⅰ，Ⅱ，Ⅲ；用 $j = 1,2,\cdots,5$ 分别表示设备 A_1，A_2，B_1，B_2，B_3；x_{ij}表示生产第 i 种产品使用第 j 种设备加工的量；b_j 表示第 j 种设备单位台时的费用；a_{ij}表示生产第 i 种产品使用第 j 种设备的工时；d_j 表示第 j 种设备的有效台时.

产品Ⅰ的质量等于在A道工序加工的量,也等于在B道工序加工的量,则有

$$x_{11}+x_{12}=x_{13}+x_{14}+x_{15}.$$

类似地,对于产品Ⅱ,由于在B工序上只能有B_1设备加工,则有

$$x_{21}+x_{22}=x_{23},\quad x_{24}=0,\quad x_{25}=0.$$

对于产品Ⅲ,只能在A_2与B_2设备上加工,则有

$$x_{32}=x_{34},\quad x_{31}=0,\quad x_{33}=0,\quad x_{35}=0.$$

设备有效台时的约束为

$$\sum_{i=1}^{3}a_{ij}x_{ij}\leqslant d_j,\quad j=1,2,\cdots,5.$$

生产三种产品的总利润为

$$\sum_{i=1}^{3}c_i\left(\sum_{j=1}^{2}x_{ij}\right)-\sum_{i=1}^{3}\sum_{j=1}^{5}b_ja_{ij}x_{ij}.$$

综上所述,建立如下的线性规划模型

$$\max\left[\sum_{i=1}^{3}c_i\left(\sum_{j=1}^{2}x_{ij}\right)-\sum_{i=1}^{3}\sum_{j=1}^{5}b_ja_{ij}x_{ij}\right],$$

使得

$$\sum_{i=1}^{3}a_{ij}x_{ij}\leqslant d_j,\quad j=1,2,\cdots,5.$$
$$x_{11}+x_{12}=x_{13}+x_{14}+x_{15},$$
$$x_{21}+x_{22}=x_{23},$$
$$x_{32}=x_{34},$$
$$x_{24}=0,\quad x_{25}=0,\quad x_{31}=0,\quad x_{33}=0,\quad x_{35}=0.$$

三、习题详解

习题1.3 A组

1. 某地区不同身高的未成年男性的体重平均值如下:

身高/cm	60	70	80	90	100	110	120	130	140	150	160	170
体重/kg	6.13	7.90	9.99	12.15	15.02	17.50	20.92	26.86	31.11	38.85	47.25	55.05

如果体重超过相同身高男性平均值的1.2倍为偏胖,低于平均值的80%为偏瘦,那么现有这个地区某中学一个男生身高175 cm,体重78 kg,他的体重是否正常?

解　分析数据　该地区未成年男性的体重与身高之间存在函数关系,但没有现成的函数模型,因此可以根据给出的数据画出散点图,利用图像直观地分析这组数据的变化规律,从而帮助我们选择函数模型.

以身高x为横坐标,体重y为纵坐标,画出散点图如图1-1所示.

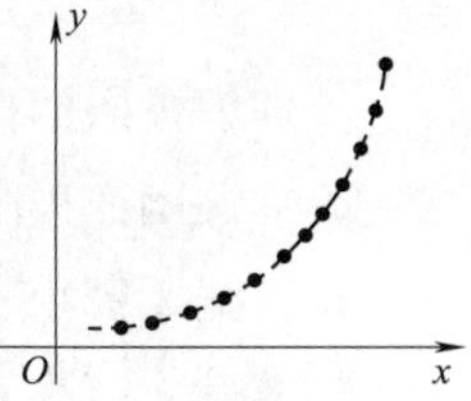

图　1-1

根据散点图中点的分布情况,可考虑用$y=a\cdot b^x$作为刻画这个地区未成年男性的体重与身高关系的函数模型.

建立模型　设函数的解析式为$y=a\cdot b^x(a>0,b>0,b\neq1)$.

不妨取其中的两组数据$(70,7.90)$,$(160,47.25)$代入$y=a\cdot b^x$,

得
$$\begin{cases}7.90=a\cdot b^{70}\\47.25=a\cdot b^{160},\end{cases}$$

用计算器可算得
$$\begin{cases}a\approx2\\b\approx1.02,\end{cases}$$

故函数的解析式为
$$y=2\times1.02^x.$$

检验模型　作出上述函数的图像(图略)之后,可以发现,这个函数模型与已知数据的拟合程度较好,这

说明它能较好地反映这个地区未成年男性体重与身高的关系.

求解问题 将 $x=175$ 代入 $y=2\times1.02^{x}$ 得 $y=2\times1.02^{175}$，由计算器可算得 $y\approx63.98$，因为 $78\div63.98\approx1.22>1.2$，所以这个男生体型偏胖.

2. 某商场经营一批进价为 12 元/个的小商品，在 4 天的试销中，对此商品的单价 x(单位:元)与相应的日销量 y(单位:个)作了统计，其数据如下：

x	16	20	24	28
y	42	30	18	6

试确定该商场应将此商品单价定为多少元，才能使日销售利润最大？并求出最大利润.

解 分析数据 由表中数据可知，日销售量随单价的变化而变化，二者之间存在函数关系，但这种函数关系没有明确给出，我们可以根据给出的数据画出散点图，如图 1-2 所示，借助散点图直观地分析这组数据的变化规律，从而帮助选择函数模型.

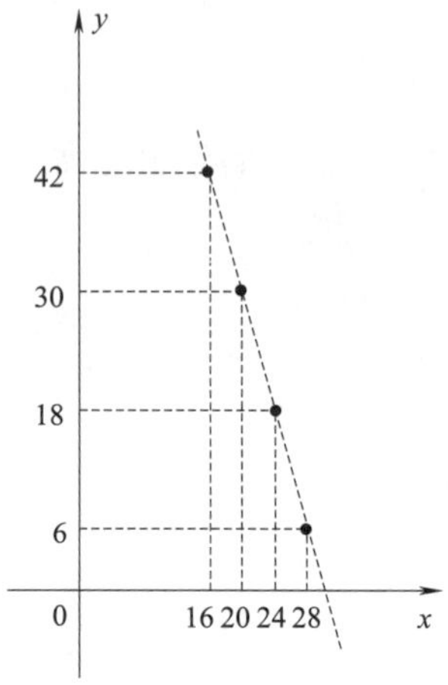

图 1-2

由散点图可知，日销售量 y 与单价 x 的关系可用一次函数模型来近似表示.

建立模型 设日销售量 y 与单价 x 的函数解析式为 $y=kx+b\ (k\neq0)$.

当 $x=16$ 时，$y=42$；

当 $x=20$ 时，$y=30$.

代入 $y=kx+b$ 得
$$\begin{cases}42=16k+b & ①\\30=20k+b & ②\end{cases}$$

由②－①，得 $-12=4k$，解得 $k=-3$. 代入②，解得 $b=90$. 所以 $y=-3x+90$.

检验模型 将表中数据代入所得解析式进行验证，可以发现数据完全吻合，所以日销售量关于单价的函数解析式为
$$y=-3x+90.$$

求解问题 因为日销售利润
$$P=(x-12)\times(-3x+90)=-3x^2+126x-1\ 080=-3(x-21)^2+243.$$

因为二次函数图像开口向下，所以当 $x=21$ 时，P 最大为 243.

即商品单价为 21 元时，利润最大，最大值为 243 元.

1.4 极限的概念

一、学习目标

1. 理解极限的概念；
2. 掌握函数极限存在的充要条件；
3. 了解无穷小、无穷大的概念；
4. 掌握无穷小的性质；
5. 理解无穷小与无穷大的关系及无穷小与函数极限的关系.

二、基本题型及解题方法

题型 1 求数列的极限.

解题方法：通过观察数列的项的变化，结合定义判断数列的敛散性.

例 1 判断数列 $x_n=\dfrac{1+(-1)^{n+1}}{2}$ 的敛散性.

解 由通项公式得该数列为 $1,0,1,0,\cdots,\dfrac{1+(-1)^{n+1}}{2},\cdots$,可见该数列随着 n 的增大没有无限接近于一个确定的常数,所以该数列发散.

例 2 判断数列 $x_n=\dfrac{n+(-1)^{n-1}}{n}$ 的敛散性.

解 由通项公式得该数列为 $2,\dfrac{1}{2},\dfrac{4}{3},\dfrac{3}{4},\cdots,\dfrac{n+(-1)^{n-1}}{n},\cdots$,可见当 n 无限增大时,表示数列 $x_n=\dfrac{n+(-1)^{n-1}}{n}$ 的点逐渐密集在 $x=1$ 的附近,即数列 x_n 无限接近于 1,$\lim\limits_{n\to\infty}\dfrac{n+(-1)^{n+1}}{n}=1$,所以该数列收敛.

题型 2 确定函数在 x_0 的左右极限及由此判定函数在 x_0 的极限.

解题方法: 当 $f(x)$ 在 x_0 左右两侧的解析式不一致时,要求极限往往要根据极限存在的充要条件

$$\lim_{x\to x_0}f(x)=A\Leftrightarrow\lim_{x\to x_0^-}f(x)=\lim_{x\to x_0^+}f(x)=A$$

来确定函数的极限;当函数的解析式中有指数函数或反正、余切函数时,也需利用极限存在的充要条件.

例 3 设 $f(x)=\begin{cases}x & x<1\\0 & x=1\\2-x & x>1\end{cases}$,求 $\lim\limits_{x\to1}f(x)$.

解 因为

$$\lim_{x\to1^-}f(x)=\lim_{x\to1^-}x=1,$$

$$\lim_{x\to1^+}f(x)=\lim_{x\to1^+}(2-x)=1,$$

所以

$$\lim_{x\to1}f(x)=1.$$

例 4 $\lim\limits_{x\to0}\arctan\dfrac{1}{x}=(\qquad)$.

A. $\dfrac{\pi}{2}$　　B. $-\dfrac{\pi}{2}$　　C. ∞　　D. 不存在但不为∞

解 因为 $\lim\limits_{x\to0^+}\dfrac{1}{x}=+\infty$,$\lim\limits_{x\to0^-}\dfrac{1}{x}=-\infty$,所以 $\lim\limits_{x\to0^+}\arctan\dfrac{1}{x}=\dfrac{\pi}{2}$,$\lim\limits_{x\to0^-}\arctan\dfrac{1}{x}=-\dfrac{\pi}{2}$,故 $\lim\limits_{x\to0}\arctan\dfrac{1}{x}$ 不存在但不为∞,应选择 D.

题型 3 求自变量趋于无穷大($x\to\infty$)时函数的极限.

解题方法: 可结合函数图像观察函数随 $x\to\infty$ 的变化情况,有时还需从 $x\to+\infty$ 与 $x\to-\infty$ 两个角度来考虑,因为 $\lim\limits_{x\to\infty}f(x)=A\Leftrightarrow\lim\limits_{x\to+\infty}f(x)=\lim\limits_{x\to-\infty}f(x)=A$.

例 5 判别下列函数极限是否存在,如果存在求出其值.

(1) $\lim\limits_{x\to\infty}e^{1/x}$;　　(2) $\lim\limits_{x\to\infty}e^{x}$.

解 (1) 令 $u=\dfrac{1}{x}$,有 $x\to\infty$ 时 $u\to0$,

则

$$\lim_{x\to\infty}e^{1/x}=\lim_{u\to0}e^{u}=1.$$

(2) 因为 $\lim\limits_{x\to+\infty}e^{x}=+\infty$,$\lim\limits_{x\to-\infty}e^{x}=0$,所以 $\lim\limits_{x\to\infty}e^{x}$ 不存在.

题型 4 判定无穷小与无穷大.

解题方法: (1) 直接根据无穷小、无穷大的定义解题.

(2) 当变量是分式时,常根据无穷大与无穷小的关系(若分母的极限值是零而分子的极限为常数,则该变量为无穷大量;若分母为无穷大而分子的极限为常数,则该变量为无穷小量)来确定.

例 6 判断下列哪些是无穷小量,哪些是无穷大量.

视频 例6

(1)当 $x\to\infty$ 时,$\dfrac{1}{x}$;　　(2)当 $x\to+\infty$ 时,e^{-x};

(3)当 $x\to1$ 时,$\dfrac{1}{x^2-1}$;　　(4)当 $x\to2$ 时,$\dfrac{x+1}{x^2-4}$.

解 (1)因为$\lim\limits_{x\to\infty}\dfrac{1}{x}=0$,则当 $x\to\infty$ 时,$\dfrac{1}{x}$为无穷小量.

(2)因为 $\lim\limits_{x\to+\infty}e^{-x}=0$,故当 $x\to+\infty$ 时,e^{-x}为无穷小量.

(3)因为当 $x\to1$ 时,分母 $x^2-1\to0$,由无穷大与无穷小的关系,可知当 $x\to1$ 时,$\dfrac{1}{x^2-1}$为无穷大量.

(4)因为当 $x\to2$ 时,$\dfrac{x+1}{x^2-4}$的分母 $x^2-4\to0$,而分子 $x+1\to3$,故当 $x\to2$ 时,$\dfrac{x+1}{x^2-4}$为无穷大量.

三、习题详解

习题 1.4　A 组

选择题:

(1)数列有界是数列收敛的(　　).

A. 必要条件　　B. 充分条件　　C. 充要条件　　D. 无关条件

(2)设函数 $f(x)=\dfrac{|x-1|}{x-1}$, 则$\lim\limits_{x\to1}f(x)$ 是(　　).

A. 0　　B. 1　　C. -1　　D. 不存在

(3)下列极限存在的是(　　).

A. $\lim\limits_{x\to\infty}\dfrac{1}{x}$　　B. $\lim\limits_{x\to0}\sin\dfrac{1}{x}$　　C. $\lim\limits_{x\to0}e^{\frac{1}{x}}$　　D. $\lim\limits_{x\to0}\dfrac{1}{2^x-1}$.

(4)下列变量在给定的变化过程中为无穷小量的是(　　).

A. $2^x-1\ (x\to0)$　　B. $2^{-x}-1\ (x\to1)$　　C. $\dfrac{1}{2x}\ (x\to0)$　　D. $\dfrac{1}{(x-1)^2}\ (x\to0)$

(5)当 $x\to1$ 时,下列变量中为无穷大量的是(　　).

A. $\dfrac{x^2-1}{x+1}$　　B. $\dfrac{x^2-1}{x-1}$　　C. $\dfrac{x+1}{x-1}$　　D. $2^{\frac{1}{x-1}}$

(6)$\lim\limits_{n\to\infty}\left(\dfrac{1-m}{10}\right)^n$ 的值是(　　).

A. 0　　B. 1　　C. ∞　　D. 由 m 的值决定

(7)要使$\dfrac{1}{x-1}$为无穷大量,变量 x 的变化趋势是(　　).

A. $x\to-1$　　B. $x\to1$　　C. $x\to\infty$　　D. x 可任意变化

(8)下列极限不等于 1 的是(　　).

A. $\lim\limits_{n\to\infty}\left(1+\dfrac{1}{n}\right)$　　B. $\lim\limits_{n\to\infty}\left(1+\dfrac{1}{n^2}\right)$　　C. $\lim\limits_{n\to\infty}(-1)^n$　　D. $\lim\limits_{n\to\infty}\left(1+\dfrac{(-1)^n}{n}\right)$

(9)函数 $f(x)=x\sin x$(　　).

A. 在$(-\infty,+\infty)$内无界　　B. 在$(-\infty,+\infty)$内有界

C. 当 $x\to\infty$ 时为无穷大　　D. 当 $x\to\infty$ 时极限存在

解 (1)由收敛的数列必定有界,而有界数列不一定收敛可知数列有界是数列收敛的必要条件,故该题

选 A.

(2)因为函数$f(x)=\dfrac{|x-1|}{x-1}=\begin{cases}1 & x>1\\ -1 & x<1\end{cases}$,所以$\lim\limits_{x\to1^-}f(x)=-1$,$\lim\limits_{x\to1^+}f(x)=1$,即$\lim\limits_{x\to1^-}f(x)\neq\lim\limits_{x\to1^+}f(x)$,因此$\lim\limits_{x\to1}f(x)$不存在,故该题选 D.

(3)由于$\lim\limits_{x\to-\infty}\dfrac{1}{x}=\lim\limits_{x\to+\infty}\dfrac{1}{x}=0$,所以$\lim\limits_{x\to\infty}\dfrac{1}{x}=0$,即$\lim\limits_{x\to\infty}\dfrac{1}{x}$存在,故该题选 A.

(4)当$x\to0$时,$2^x\to1$,$2^x-1\to0$,即2^x-1为$x\to0$时的无穷小量,故该题选 A.

(5)选项 A:$x\to1$时,$\dfrac{x^2-1}{x+1}\to0$,即$\dfrac{x^2-1}{x+1}$为$x\to1$时的无穷小量;选项 B:因$\dfrac{x^2-1}{x-1}=x+1$,当$x\to1$时,$\dfrac{x^2-1}{x-1}\to2$;选项 C:当$x\to1$时,$x+1\to2$,$x-1\to0$,所以$\dfrac{x+1}{x-1}\to\infty$,即$\dfrac{x+1}{x-1}$为$x\to1$时的无穷大量;选项 D:当$x\to1^-$时,$\dfrac{1}{x-1}\to-\infty$,$2^{\frac{1}{x-1}}\to0$;当$x\to1^+$时,$\dfrac{1}{x-1}\to+\infty$,$2^{\frac{1}{x-1}}\to+\infty$,即$x\to1$时,$\dfrac{1}{x-1}$的极限不存在,故该题选 C.

(6)当$0<\dfrac{1-m}{10}<1$,即$-9<m<1$时,$\lim\limits_{n\to\infty}\left(\dfrac{1-m}{10}\right)^n=0$;当$\dfrac{1-m}{10}>1$,即$m<-9$时,$\lim\limits_{n\to\infty}\left(\dfrac{1-m}{10}\right)^n=\infty$;当$\dfrac{1-m}{10}=1$,即$m=-9$时,$\lim\limits_{n\to\infty}\left(\dfrac{1-m}{10}\right)^n=1$;即$\lim\limits_{n\to\infty}\left(\dfrac{1-m}{10}\right)^n$是由$m$的值决定的,故该题选 D.

(7)根据无穷大与无穷小的关系,要使$\dfrac{1}{x-1}$为无穷大量,$x-1$应为同一变化过程中的无穷小量,而当$x\to1$时,$x-1$为无穷小量,故该题选 B.

(8)由于数列$(-1)^n$为摆动数列,所以$\lim\limits_{n\to\infty}(-1)^n$不存在,故该题选 C.

(9)函数$y=x\sin x$,当$x\to\infty$时是一个无界变量,但不是无穷大,故该题选 A.

习题 1.4　B 组

1. 已知函数$f(x)=\dfrac{x^2-2x-3}{x+1}$,求$\lim\limits_{x\to0}f(x)$,$\lim\limits_{x\to-1}f(x)$的值.

解　由于$f(x)=\dfrac{x^2-2x-3}{x+1}=\dfrac{(x+1)(x-3)}{x+1}=x-3$.

所以

$$\lim_{x\to0}f(x)=-3,\quad \lim_{x\to-1}f(x)=-4.$$

2. 求$\lim\limits_{x\to\infty}2^{\frac{1}{x}}$的极限值.

解　令$\dfrac{1}{x}=u$,则$x\to\infty$时,$u\to0$,所以$\lim\limits_{x\to\infty}2^{\frac{1}{x}}=\lim\limits_{u\to0}2^u=1$.

3. 已知函数$f(x)=\dfrac{1}{1+e^{\frac{1}{x}}}$,求$\lim\limits_{x\to0^-}f(x)$,$\lim\limits_{x\to0^+}f(x)$的值.

解　当$x\to0^-$时,$\dfrac{1}{x}\to-\infty$,$e^{\frac{1}{x}}\to0$,所以$\lim\limits_{x\to0^-}f(x)=1$;

当$x\to0^+$时,$\dfrac{1}{x}\to+\infty$,$e^{\frac{1}{x}}\to+\infty$,所以$\lim\limits_{x\to0^+}f(x)=0$.

4. 设$f(x)=\begin{cases}3x+2 & x\leqslant0\\ x^2-2 & x>0\end{cases}$,求$\lim\limits_{x\to0^+}f(x)$的值.

解　$\lim\limits_{x\to0^+}f(x)=\lim\limits_{x\to0^+}(x^2-2)=-2$.

5. 函数$f(x)=\dfrac{x+1}{x-1}$在什么条件下是无穷大?在什么条件下是无穷小?为什么?

解 由函数$f(x)=\frac{x+1}{x-1}=\frac{x-1+2}{x-1}=1+\frac{2}{x-1}$,可知$\lim\limits_{x\to-1}f(x)=0$,$\lim\limits_{x\to1}f(x)=\infty$,即函数$f(x)=\frac{x+1}{x-1}$为$x\to-1$时的无穷小,为$x\to1$时的无穷大.

1.5 极限的运算

一、学习目标

1. 熟练掌握极限四则运算法则;
2. 能够灵活运用两个重要极限求极限.

二、基本题型及解题方法

题型1 直接利用极限四则运算法则求极限.

解题方法: 直接利用极限四则运算法则,尤其注意法则成立的前提条件是每一项的极限都存在,另外商的极限等于极限的商,也只有在分母极限不为零时才成立.

例1 计算极限$\lim\limits_{x\to2}\frac{x^2+5}{x^2-3}$.

解 因为

$$\lim_{x\to2}(x^2-3)\neq0,$$

所以

$$\lim_{x\to2}\frac{x^2+5}{x^2-3}=\frac{\lim\limits_{x\to2}(x^2+5)}{\lim\limits_{x\to2}(x^2-3)}=\frac{9}{1}=9.$$

题型2 求“$\frac{0}{0}$”型未定式的极限.

解题方法1: 当函数的分子、分母的极限均为0时,由于分母的极限为0,所以不能直接利用极限运算法则,但仍有多种方法,本节主要采用“约去不为零的无穷小因子(有时也称零因子)法”,即对于有理式的“$\frac{0}{0}$”型,分解因式后直接约去零因子,对于含有根式的“$\frac{0}{0}$”型,应先有理化,再约去零因子.

例2 计算下列极限:

(1) $\lim\limits_{h\to0}\frac{(x+h)^2-x^2}{h}$;　　(2) $\lim\limits_{x\to3}\frac{\sqrt{1+x}-2}{x-3}$.

解 (1) $\lim\limits_{h\to0}\frac{(x+h)^2-x^2}{h}=\lim\limits_{h\to0}\frac{(x+h-x)(x+h+x)}{h}=\lim\limits_{h\to0}(h+2x)=2x$;

(2) $\lim\limits_{x\to3}\frac{\sqrt{1+x}-2}{x-3}=\lim\limits_{x\to3}\frac{x-3}{(x-3)(\sqrt{1+x}+2)}=\lim\limits_{x\to3}\frac{1}{\sqrt{1+x}+2}=\frac{1}{4}$.

解题方法2: 以第一重要极限为基础,同时要注意该重要极限的推广应用,即$\alpha(x)\to0$,有$\lim\limits_{\alpha(x)\to0}\frac{\sin\alpha(x)}{\alpha(x)}=1$.

例3 计算下列极限:

(1) $\lim\limits_{x\to1}\frac{\sin(x-1)}{x^2+x-2}$;　　(2) $\lim\limits_{x\to0}\frac{1-\cos 2x}{x\sin x}$.

解 (1)原式 $=\lim\limits_{x\to1}\left[\dfrac{\sin(x-1)}{x-1}\cdot\dfrac{1}{x+2}\right]=\dfrac{1}{3}$；

(2)原式 $=\lim\limits_{x\to0}\dfrac{2\sin^2 x}{x\sin x}=2\lim\limits_{x\to0}\dfrac{\sin x}{x}=2.$

题型3 求"$\dfrac{\infty}{\infty}$"型未定式的极限.

解题方法：当函数的分子、分母的极限均为∞时，显然不能采用极限四则运算法则来求解，但仍有多种方法，本节主要采用将分子、分母同除以一个极限为∞的因式的方法.

对于分子分母都是多项式的"$\dfrac{\infty}{\infty}$"型，将分子分母同除以变量的最高次项即可.

例4 计算下列极限：

(1) $\lim\limits_{x\to\infty}\dfrac{(2x-1)^{30}(3x-2)^{20}}{(2x+1)^{50}}$；　　(2) $\lim\limits_{n\to\infty}\dfrac{(n+1)(n+2)(n+3)}{5n^3}$.

解 (1) $\lim\limits_{x\to\infty}\dfrac{(2x-1)^{30}(3x-2)^{20}}{(2x+1)^{50}}=\lim\limits_{x\to\infty}\dfrac{\left(2-\dfrac{1}{x}\right)^{30}\left(3-\dfrac{2}{x}\right)^{20}}{\left(2+\dfrac{1}{x}\right)^{50}}=\dfrac{2^{30}3^{20}}{2^{50}}$

$=\left(\dfrac{3}{2}\right)^{20}$；

(2) $\lim\limits_{n\to\infty}\dfrac{(n+1)(n+2)(n+3)}{5n^3}=\lim\limits_{n\to\infty}\dfrac{\left(1+\dfrac{1}{n}\right)\left(1+\dfrac{2}{n}\right)\left(1+\dfrac{3}{n}\right)}{5}=\dfrac{1}{5}.$

题型4 求"$\infty-\infty$"型未定式的极限.

解题方法：先通过通分或分子有理化等方法将其转化为"$\dfrac{0}{0}$"或"$\dfrac{\infty}{\infty}$"型.

例5 求下列极限：

(1) $\lim\limits_{x\to1}\left(\dfrac{1}{1-x}-\dfrac{3}{1-x^3}\right)$；　　(2) $\lim\limits_{x\to+\infty}\left(\sqrt{x^2+x+1}-\sqrt{x^2-x+1}\right)$.

解 (1) $\lim\limits_{x\to1}\left(\dfrac{1}{1-x}-\dfrac{3}{1-x^3}\right)=\lim\limits_{x\to1}\dfrac{x^2+x-2}{1-x^3}=\lim\limits_{x\to1}\dfrac{(x+2)(x-1)}{(1-x)(1+x+x^2)}=-1$；

(2) $\lim\limits_{x\to+\infty}\left(\sqrt{x^2+x+1}-\sqrt{x^2-x+1}\right)$

$=\lim\limits_{x\to+\infty}\dfrac{2x}{\sqrt{x^2+x+1}+\sqrt{x^2-x+1}}$

$=\lim\limits_{x\to+\infty}\dfrac{2}{\sqrt{1+\dfrac{1}{x}+\dfrac{1}{x^2}}+\sqrt{1-\dfrac{1}{x}+\dfrac{1}{x^2}}}=1.$

题型5 求"无穷多项和或乘积"的极限.

解题方法：此种情况也不能直接采用极限四则运算法则，需要利用一些代数恒等式变形后再计算.

例6 求下列极限：

(1) $\lim\limits_{n\to\infty}\left[\dfrac{1}{1\cdot2}+\dfrac{1}{2\cdot3}+\dfrac{1}{3\cdot4}+\cdots+\dfrac{1}{(n-1)\cdot n}\right]$；

(2) $\lim\limits_{n\to\infty}\left(1-\dfrac{1}{2}\right)\left(1-\dfrac{1}{3}\right)\cdots\left(1-\dfrac{1}{n}\right)$.

视频

例6

解 (1)原式 $=\lim\limits_{n\to\infty}\left(1-\frac{1}{2}+\frac{1}{2}-\frac{1}{3}+\frac{1}{3}-\frac{1}{4}+\cdots+\frac{1}{n-1}-\frac{1}{n}\right)=\lim\limits_{n\to\infty}\left(1-\frac{1}{n}\right)=1$；

(2)因为 $\left(1-\frac{1}{2}\right)\left(1-\frac{1}{3}\right)\cdots\left(1-\frac{1}{n}\right)=\frac{1}{2}\frac{2}{3}\cdots\frac{n-1}{n}=\frac{1}{n}$，

所以
$$\lim_{n\to\infty}\left(1-\frac{1}{2}\right)\left(1-\frac{1}{3}\right)\cdots\left(1-\frac{1}{n}\right)=\lim_{n\to\infty}\frac{1}{n}=0.$$

题型6 确定极限式中的待定参数.

解题方法：解决此种题型，须熟练掌握前面几种题型的特点，尤其是“$\frac{0}{0}$”与“$\frac{\infty}{\infty}$”型极限，根据极限结果的特点来确定关于待定参数的等式，进而求得待定参数.

例7 若 $\lim\limits_{x\to3}\frac{x^2-2x+k}{x-3}=4$，求 k 的值.

解 因为 $\lim\limits_{x\to3}(x-3)=0$，而 $\lim\limits_{x\to3}\frac{x^2-2x+k}{x-3}=4$，所以 $\lim\limits_{x\to3}(x^2-2x+k)=0$，

则有
$$3^2-2\times3+k=0,$$
于是
$$k=-3.$$

题型7 求“1^∞”型极限.

解题方法：以第二重要极限为基础，同时也要注意该重要极限的推广应用，即 $\alpha(x)\to0$，有 $\lim\limits_{\alpha(x)\to0}[1+\alpha(x)]^{\frac{1}{\alpha(x)}}=\mathrm{e}$.

例8 计算下列极限：

(1) $\lim\limits_{x\to\infty}\left(1+\frac{5}{x}\right)^{-2x}$；　　(2) $\lim\limits_{x\to0}(1-3x)^{2/x}$.

解 (1)原式 $=\lim\limits_{x\to\infty}\left(1+\frac{5}{x}\right)^{\frac{x}{5}\cdot(-10)}=\left[\lim\limits_{x\to\infty}\left(1+\frac{5}{x}\right)^{\frac{x}{5}}\right]^{(-10)}=\mathrm{e}^{-10}$.

(2)原式 $=\lim\limits_{x\to0}(1-3x)^{\frac{1}{-3x}\cdot(-6)}=\mathrm{e}^{-6}$.

三、习题详解

习题1.5 A组

1. 计算下列极限：

(1) $\lim\limits_{x\to\sqrt{3}}\frac{x^2-3}{x^2+1}$；　　(2) $\lim\limits_{x\to\sqrt{3}}\frac{x^2+1}{x^2-3}$；

(3) $\lim\limits_{x\to-1}\frac{x^2-x-2}{x^2+3x+2}$；　　(4) $\lim\limits_{x\to3}\frac{x^2-x-6}{x-3}$；

(5) $\lim\limits_{x\to\infty}\frac{(x-1)(x^2-3)}{2x^3+x-1}$；　　(6) $\lim\limits_{x\to\infty}\frac{x+5}{x^2-3}$；

(7) $\lim\limits_{n\to\infty}\frac{(n-1)^2}{n+1}$；　　(8) $\lim\limits_{x\to+\infty}\frac{\sqrt{1+x^2}+1}{x-1}$；

(9) $\lim\limits_{x\to-1}\left(\frac{1}{x+1}-\frac{1}{x^2-1}\right)$；　　(10) $\lim\limits_{n\to\infty}(\sqrt{n^2+n}-\sqrt{n^2-1})$.

解 (1) $\lim\limits_{x\to\sqrt{3}}\frac{x^2-3}{x^2+1}=\lim\limits_{x\to\sqrt{3}}\frac{3-3}{3+1}=0$.

(2)因为$\lim\limits_{x\to\sqrt{3}}(x^2-3)=0$,但$\lim\limits_{x\to\sqrt{3}}(x^2+1)=4\neq0$,

则
$$\lim_{x\to\sqrt{3}}\frac{x^2-3}{x^2+1}=\frac{0}{4}=0,$$

于是,根据无穷大与无穷小的关系得$\lim\limits_{x\to\sqrt{3}}\dfrac{x^2+1}{x^2-3}=\infty$.

(3)原式$=\lim\limits_{x\to-1}\dfrac{(x+1)(x-2)}{(x+1)(x+2)}=\lim\limits_{x\to-1}\dfrac{x-2}{x+2}=-3.$

(4)$\lim\limits_{x\to3}\dfrac{x^2-x-6}{x-3}=\lim\limits_{x\to3}\dfrac{(x+2)(x-3)}{x-3}=\lim\limits_{x\to3}(x+2)=5.$

(5)$\lim\limits_{x\to\infty}\dfrac{(x-1)(x^2-3)}{2x^3+x-1}=\lim\limits_{x\to\infty}\dfrac{x^3-x^2-3x+3}{2x^3+x-1}=\lim\limits_{x\to\infty}\dfrac{1-\dfrac{1}{x}-\dfrac{3}{x^2}+\dfrac{3}{x^3}}{2+\dfrac{1}{x^2}-\dfrac{1}{x^3}}=\dfrac{1}{2}.$

(6)$\lim\limits_{x\to\infty}\dfrac{x+5}{x^2-3}=\lim\limits_{x\to\infty}\dfrac{\dfrac{1}{x}+\dfrac{5}{x^2}}{1-\dfrac{3}{x^2}}=0.$

(7)$\lim\limits_{n\to\infty}\dfrac{(n-1)^2}{n+1}=\lim\limits_{n\to\infty}\dfrac{\left(1-\dfrac{1}{n}\right)^2}{\dfrac{1}{n}+\dfrac{1}{n^2}}=\infty.$

(8)由于$x\to+\infty$时,$\dfrac{1}{x}\to0$,所以$\lim\limits_{x\to+\infty}\dfrac{\sqrt{1+x^2}+1}{x-1}=\lim\limits_{\frac{1}{x}\to0}\dfrac{\sqrt{\dfrac{1}{x^2}+1}+\dfrac{1}{x}}{1-\dfrac{1}{x}}=1.$

(9)$\lim\limits_{x\to-1}\left(\dfrac{1}{x+1}-\dfrac{1}{x^2-1}\right)=\lim\limits_{x\to-1}\dfrac{x-2}{x^2-1}=\infty.$

(10)$\lim\limits_{n\to\infty}(\sqrt{n^2+n}-\sqrt{n^2-1})=\lim\limits_{n\to\infty}\dfrac{n+1}{\sqrt{n^2+n}+\sqrt{n^2-1}}=\lim\limits_{n\to\infty}\dfrac{1+\dfrac{1}{n}}{\sqrt{1+\dfrac{1}{n}}+\sqrt{1-\dfrac{1}{n^2}}}=\dfrac{1}{2}.$

2. 计算下列极限:

(1)$\lim\limits_{x\to\frac{\pi}{2}}\dfrac{\cos x}{x-\dfrac{\pi}{2}}$;　　(2)$\lim\limits_{x\to3}\dfrac{\sin(x^2-x-6)}{x-3}$;

(3)$\lim\limits_{n\to\infty}2^n\sin\dfrac{x}{2^n}$;　　(4)$\lim\limits_{x\to\infty}\left(\dfrac{1+x}{x}\right)^{2x}$;

(5)$\lim\limits_{x\to\infty}\left(\dfrac{x}{x-1}\right)^{2x-7}$;　　(6)$\lim\limits_{x\to\infty}\left(\dfrac{2x+1}{2x-1}\right)^{x}$.

解　(1)$\lim\limits_{x\to\frac{\pi}{2}}\dfrac{\cos x}{x-\dfrac{\pi}{2}}=\lim\limits_{x\to\frac{\pi}{2}}\dfrac{\sin\left(\dfrac{\pi}{2}-x\right)}{-\left(\dfrac{\pi}{2}-x\right)}=-\lim\limits_{x\to\frac{\pi}{2}}\dfrac{\sin\left(\dfrac{\pi}{2}-x\right)}{\dfrac{\pi}{2}-x}=-1$;

(2)$\lim\limits_{x\to3}\dfrac{\sin(x^2-x-6)}{x-3}=\lim\limits_{x\to3}\dfrac{\sin(x^2-x-6)}{(x-3)(x+2)}\cdot(x+2)=\lim\limits_{x\to3}\dfrac{\sin(x^2-x-6)}{x^2-x-6}\cdot\lim\limits_{x\to3}(x+2)=5$;

(3)$\lim\limits_{n\to\infty}2^n\sin\dfrac{x}{2^n}=\lim\limits_{n\to\infty}\dfrac{\sin\dfrac{x}{2^n}}{\dfrac{x}{2^n}}\cdot x=x$;

(4) $\lim\limits_{x\to\infty}\left(\dfrac{1+x}{x}\right)^{2x}=\lim\limits_{x\to\infty}\left[\left(1+\dfrac{1}{x}\right)^{x}\right]^{2}=e^{2}$;

(5) $\lim\limits_{x\to\infty}\left(\dfrac{x}{x-1}\right)^{2x-7}=\lim\limits_{x\to\infty}\left(1+\dfrac{1}{x-1}\right)^{2(x-1)-5}=\lim\limits_{x\to\infty}\left[\left(1+\dfrac{1}{x-1}\right)^{x-1}\right]^{2}\cdot\lim\limits_{x\to\infty}\left(1+\dfrac{1}{x-1}\right)^{-5}=e^{2}$;

(6) $\lim\limits_{x\to\infty}\left(\dfrac{2x+1}{2x-1}\right)^{x}=\lim\limits_{x\to\infty}\left(\dfrac{1+\dfrac{1}{2x}}{1-\dfrac{1}{2x}}\right)^{2x\cdot\frac{1}{2}}=\dfrac{\lim\limits_{x\to\infty}\left(1+\dfrac{1}{2x}\right)^{2x\cdot\frac{1}{2}}}{\lim\limits_{x\to\infty}\left(1-\dfrac{1}{2x}\right)^{2x\cdot\frac{1}{2}}}=\dfrac{e^{\frac{1}{2}}}{e^{-\frac{1}{2}}}=e.$

3. 若$\lim\limits_{x\to\infty}\left(\dfrac{x^2+1}{x+1}-ax-b\right)=0$,求 a 、b 的值.

解 因为$\lim\limits_{x\to\infty}\left(\dfrac{x^2+1}{x+1}-ax-b\right)=\lim\limits_{x\to\infty}\dfrac{x^2+1-ax^2-ax-bx-b}{x+1}$

$$=\lim_{x\to\infty}\frac{(1-a)x^2-(a+b)x+(1-b)}{x+1}=0,$$

所以 $1-a=0$, $a+b=0$,即 $a=1$, $b=-1$.

习题 1.5 B 组

1. 选择题:

(1) 极限$\lim\limits_{x\to 0}\dfrac{2^{\frac{1}{x}}+1}{2^{\frac{1}{x}}-1}$为(　　).

A. 1　　B. -1　　C. ∞　　D. 不存在但不是∞

(2) $\lim\limits_{n\to\infty}\dfrac{1+2+3+\cdots+n}{n^2}=$(　　).

A. 0　　B. $\dfrac{1}{2}$　　C. 1　　D. 不存在

(3) $\lim\limits_{x\to\infty}x\sin\dfrac{\pi}{x}=$(　　).

A. 0　　B. 1　　C. π　　D. 不存在

(4) 下列等式中正确的是(　　).

A. $\lim\limits_{x\to 0}\dfrac{\sin x^2}{x^2}=1$　　B. $\lim\limits_{x\to 0}\dfrac{\sin e^x}{e^x}=1$

C. $\lim\limits_{x\to 0}\dfrac{\sin(\cos x)}{\cos x}=1$　　D. $\lim\limits_{x\to 0}\dfrac{\sin(\arccos x)}{\arccos x}=1$

(5) $\lim\limits_{x\to 0}\left(x\sin\dfrac{1}{x}+\dfrac{1}{x}\sin x\right)=$(　　).

A. 0　　B. 1　　C. 2　　D. 不存在

(6) 下列等式中正确的是(　　).

A. $\lim\limits_{n\to\infty}\left(1+\dfrac{k}{n}\right)^{kn}=e^{k}$　　B. $\lim\limits_{n\to\infty}\left(1+\dfrac{1}{kn}\right)^{kn}=e^{k}$

C. $\lim\limits_{n\to\infty}\left(1-\dfrac{1}{n}\right)^{nk}=-e^{k}$　　D. $\lim\limits_{n\to\infty}\left(1+\dfrac{1}{n}\right)^{kn}=e^{k}$

解 (1) 当 $x\to 0^-$ 时,$\dfrac{1}{x}\to-\infty$,$2^{\frac{1}{x}}\to 0$,所以$\lim\limits_{x\to 0^-}\dfrac{2^{\frac{1}{x}}+1}{2^{\frac{1}{x}}-1}=\lim\limits_{x\to 0^-}\left(1+\dfrac{2}{2^{\frac{1}{x}}-1}\right)=-1$;

当 $x\to 0^+$ 时，$\frac{1}{x}\to +\infty$，$2^{\frac{1}{x}}\to\infty$，所以 $\lim\limits_{x\to 0^+}\frac{2^{\frac{1}{x}}+1}{2^{\frac{1}{x}}-1}=\lim\limits_{x\to 0^+}\left(1+\frac{2}{2^{\frac{1}{x}}-1}\right)=1$.

因为 $\lim\limits_{x\to 0^-}\frac{2^{\frac{1}{x}}+1}{2^{\frac{1}{x}}-1}\neq\lim\limits_{x\to 0^+}\frac{2^{\frac{1}{x}}+1}{2^{\frac{1}{x}}-1}$，所以 $\lim\limits_{x\to 0}\frac{2^{\frac{1}{x}}+1}{2^{\frac{1}{x}}-1}$ 不存在，故该题选 D.

(2) $\lim\limits_{n\to\infty}\frac{1+2+3+\cdots+n}{n^2}=\lim\limits_{n\to\infty}\frac{\frac{n(n+1)}{2}}{n^2}=\lim\limits_{n\to\infty}\frac{n+1}{2n}=\lim\limits_{n\to\infty}\left(\frac{1}{2}+\frac{1}{2n}\right)=\frac{1}{2}$，所以选 B.

(3) 根据第一个重要极限 $\lim\limits_{x\to 0}\frac{\sin x}{x}=1$ 可知 $\lim\limits_{x\to\infty}x\sin\frac{\pi}{x}=\pi\lim\limits_{\frac{1}{x}\to 0}\frac{\sin\frac{\pi}{x}}{\frac{\pi}{x}}=\pi$，故该题选 C.

(4) 选项 B：$x\to 0$ 时，$e^x\to 1$，所以 $\lim\limits_{x\to 0}\frac{\sin e^x}{e^x}=\frac{\lim\limits_{x\to 0}\sin e^x}{\lim\limits_{x\to 0}e^x}=\sin 1$；

选项 C：$x\to 0$ 时，$\cos x\to 1$，所以 $\lim\limits_{x\to 0}\frac{\sin(\cos x)}{\cos x}=\frac{\lim\limits_{x\to 0}\sin(\cos x)}{\lim\limits_{x\to 0}\cos x}=\sin 1$；

选项 D：$x\to 0$ 时，$\arccos x\to\frac{\pi}{2}$，所以 $\lim\limits_{x\to 0}\frac{\sin(\arccos x)}{\cos x}=\frac{\lim\limits_{x\to 0}\sin(\arccos x)}{\lim\limits_{x\to 0}\arccos x}=\frac{2}{\pi}$，故该题选 A.

(5) $\lim\limits_{x\to 0}\left(x\sin\frac{1}{x}+\frac{1}{x}\sin x\right)=\lim\limits_{x\to 0}x\sin\frac{1}{x}+\lim\limits_{x\to 0}\frac{\sin x}{x}=1$，故该题选 B.

(6) 选项 A：$\lim\limits_{n\to\infty}\left(1+\frac{k}{n}\right)^{kn}=\lim\limits_{n\to\infty}\left(1+\frac{k}{n}\right)^{\frac{n}{k}\cdot k^2}=e^{k^2}$；选项 B：$\lim\limits_{n\to\infty}\left(1+\frac{1}{kn}\right)^{kn}=e$；

选项 C：$\lim\limits_{n\to\infty}\left(1-\frac{1}{n}\right)^{nk}=\lim\limits_{n\to\infty}\left[\left(1-\frac{1}{n}\right)^n\right]^k=e^{-k}$，故该题选 D.

1.6 无穷小的比较

一、学习目标

1. 掌握无穷小的比较；

2. 熟记常用等价无穷小，能灵活应用等价无穷小替换求极限.

二、基本题型及解题方法

题型 1 判断无穷小的阶.

解题方法：根据定义对其做比值求极限即可.

例 1 设 $\varphi(x)=\frac{1-x}{1+x}$，$\psi(x)=1-\sqrt[3]{x}$，则当 $x\to 1$ 时，$\varphi(x)$ 是 $\psi(x)$ 的________阶无穷小.

解 因为 $\lim\limits_{x\to 1}\frac{\varphi(x)}{\psi(x)}=\lim\limits_{x\to 1}\frac{1-x}{(1+x)(1-\sqrt[3]{x})}=\lim\limits_{x\to 1}\frac{1+\sqrt[3]{x}+\sqrt[3]{x^2}}{1+x}=\frac{3}{2}$，

所以 $\varphi(x)$ 是 $\psi(x)$ 的同阶无穷小.

题型2 利用等价无穷小的替换求极限.

解题方法:须熟记一些常用等价无穷小,如当 $x\to0$ 时,$\sin x\sim x$,$\tan x\sim x$,$\arcsin x\sim x$,$\arctan x\sim x$,$1-\cos x\sim\frac{1}{2}x^2$,$\ln(1+x)\sim x$,$e^x-1\sim x$ 等,并能将其推广,即用任意一个无穷小量代替 x 后,等价关系仍然成立.例如,当 $x\to1$ 时,$\sin(x-1)\sim x-1$.

只有这样才能灵活运用等价无穷小替换来求极限,但在替换时还要注意只有乘积因子方可作等价无穷小替换.

视 频

例2

例2 计算下列极限:

(1) $\lim\limits_{x\to0}\dfrac{\sqrt{1+x\sin x}-1}{x\arcsin x}$;　　(2) $\lim\limits_{x\to0}\dfrac{e^x-e^{\sin x}}{x-\sin x}$.

解 (1)因为 $x\to0$ 时,$\sqrt{1+x\sin x}-1\sim\frac{1}{2}x\sin x$,$\arcsin x\sim x$,

所以 $$\lim_{x\to0}\frac{\sqrt{1+x\sin x}-1}{x\arcsin x}=\lim_{x\to0}\frac{x\sin x}{2x^2}=\frac{1}{2}\lim_{x\to0}\frac{\sin x}{x}=\frac{1}{2}.$$

(2)原式 $=\lim\limits_{x\to0}\dfrac{e^{\sin x}(e^{x-\sin x}-1)}{x-\sin x}$,

又因为 $x\to0$ 时,$e^{x-\sin x}-1\sim x-\sin x$,

所以 $$原式=\lim_{x\to0}\frac{e^{\sin x}(x-\sin x)}{x-\sin x}=\lim_{x\to0}e^{\sin x}=1.$$

三、习题详解

习题1.6 A组

1. 选择题:

(1)当 $x\to0$ 时,以下变量不是无穷小量的是(　　).

A. $x\sin x$　　B. $x\sin\frac{1}{x}$　　C. $\cos\frac{1}{x}$　　D. $x\cos\frac{1}{x}$

(2)当 $x\to0$ 时,比 x 高阶的无穷小量是(　　).

A. $2x$　　B. $\frac{x}{2}$　　C. x^2　　D. $\sqrt{x}$

(3)当 $x\to0$ 时,函数 $\ln(1-x)$ 是 x 的(　　)无穷小.

A. 高阶　　B. 低阶　　C. 同阶但不等价　　D. 等价

(4)设 $\lim\limits_{x\to0}\dfrac{e^{2x}-1}{\sin ax}=3$,则 $a=$(　　).

A. $\frac{2}{3}$　　B. $\frac{3}{2}$　　C. 2　　D. 3

解 (1)当 $x\to0$ 时,$\cos\frac{1}{x}$的极限不存在,故该题选 C.

(2)因为 $\lim\limits_{x\to0}\dfrac{x^2}{x}=\lim\limits_{x\to0}x=0$,由高阶无穷小的定义可知 $x\to0$ 时,x^2 是比 x 高阶的无穷小,故该题选 C.

(3) $\lim\limits_{x\to0}\dfrac{\ln(1-x)}{x}=\lim\limits_{x\to0}\dfrac{-x}{x}=-1\neq1$,根据无穷小比较的定义可知当 $x\to0$ 时,$\ln(1-x)$是 x 的同阶无穷小,但不等价,故该题选 C.

(4)当 $x\to 0$ 时,$e^{2x}-1\sim 2x$,$\sin ax\sim ax$,所以$\lim\limits_{x\to 0}\dfrac{e^{2x}-1}{\sin ax}=\lim\limits_{x\to 0}\dfrac{2x}{ax}=\dfrac{2}{a}=3$,所以 $a=\dfrac{2}{3}$,故该题选 A.

2. 利用等价无穷小替换,求下列极限:

(1)求$\lim\limits_{x\to 0}\dfrac{e^{5x}-1}{x}$极限值.

解 当 $x\to 0$ 时,$e^{5x}-1\sim 5x$,所以$\lim\limits_{x\to 0}\dfrac{e^{5x}-1}{x}=\lim\limits_{x\to 0}\dfrac{5x}{x}=5$.

(2)求$\lim\limits_{x\to 0}\dfrac{1-\cos ax}{\sin^2 x}$极限值.

解 $\lim\limits_{x\to 0}\dfrac{1-\cos ax}{\sin^2 x}=\lim\limits_{x\to 0}\dfrac{\frac{1}{2}(ax)^2}{x^2}=\dfrac{1}{2}a^2$.

(3)求$\lim\limits_{x\to 0}\dfrac{\cos 3x-\cos 2x}{\sqrt{1+x^2}-1}$极限值.

解 当 $x\to 0$ 时,$1-\cos ax\sim\dfrac{1}{2}(ax)^2$,$\sqrt{1+x^2}-1\sim\dfrac{1}{2}x^2$,

所以

$$\text{原式}=\lim_{x\to 0}\frac{\cos 3x-1}{\sqrt{1+x^2}-1}+\lim_{x\to 0}\frac{1-\cos 2x}{\sqrt{1+x^2}-1}=\lim_{x\to 0}\frac{-\frac{1}{2}(3x)^2}{\frac{1}{2}x^2}+\lim_{x\to 0}\frac{\frac{1}{2}(2x)^2}{\frac{1}{2}x^2}$$

$$=-9+4=-5.$$

(4)求 $\lim\limits_{x\to 0}\dfrac{\ln(1-\sin x)}{x}$极限值.

解 当 $x\to 0$ 时,$\ln(1-\sin x)\sim -\sin x$,$\sin x\sim x$,

所以

$$\lim_{x\to 0}\frac{\ln(1-\sin x)}{x}=\lim_{x\to 0}\frac{-\sin x}{x}=-\lim_{x\to 0}\frac{\sin x}{x}=-1.$$

(5)求 $\lim\limits_{x\to 0}\dfrac{(\sin x^3)\tan x}{1-\cos x^2}$ 极限值.

解 当 $x\to 0$ 时,$\sin x^3\sim x^3$,$\tan x\sim x$,$1-\cos x^2\sim\dfrac{1}{2}x^4$,

所以

$$\lim_{x\to 0}\frac{(\sin x^3)\tan x}{1-\cos x^2}=\lim_{x\to 0}\frac{x^3\cdot x}{\frac{1}{2}x^4}=2.$$

习题 1.6 B 组

1. 若 $x\to 0$ 时,$\sqrt{1+ax^2}-1$ 与 $\sin x^2$ 是等价无穷小,求 a 的值.

解 由题意得 $\lim\limits_{x\to 0}\dfrac{\sqrt{1+ax^2}-1}{\sin x^2}=1$,且 $\sqrt{1+ax^2}-1\sim\dfrac{1}{2}ax^2$,$\sin x^2\sim x^2$,

于是

$$\lim_{x\to 0}\frac{\sqrt{1+ax^2}-1}{\sin x^2}=\lim_{x\to\infty}\frac{\frac{1}{2}ax^2}{x^2}=\frac{1}{2}a=1$$

所以

$$a=2.$$

2. 证明:当 $x\to 1$ 时,$\ln x\sim x-1$.

证明 因为

$$\lim_{x\to 1}\frac{\ln x}{x-1}=\lim_{x\to\infty}\ln[1+(x-1)]^{\frac{1}{x-1}}=\ln e=1,$$

所以 当 $x\to 1$ 时,$\ln x\sim x-1$.

1.7 函数的连续性

一、学习目标

1. 理解函数在一点连续的概念；
2. 会判断间断点的类型；
3. 了解初等函数的连续性；
4. 知道在闭区间上连续函数的性质.

二、基本题型及解题方法

题型 1 利用定义讨论函数在某一点的连续性.

解题方法：首先根据具体情况选择函数连续的三种定义，哪种方法最适合. 如分段函数的分段点处连续性的判断，往往需要第三种方法，即利用左右连续.

例 1 已知函数 $f(x)=\begin{cases}\dfrac{1-\cos x}{x^2} & x\neq 0\\ \dfrac{1}{2} & x=0\end{cases}$，判断 $f(x)$ 在 $x=0$ 处的连续性.

解 因为 $\lim\limits_{x\to 0}f(x)=\lim\limits_{x\to 0}\dfrac{1-\cos x}{x^2}=\lim\limits_{x\to 0}\dfrac{\frac{1}{2}x^2}{x^2}=\dfrac{1}{2}=f(0)$，

所以 $f(x)$ 在 $x=0$ 处连续.

题型 2 判断间断点的类型.

解题方法：根据定义分别讨论函数在某一点的左右极限及极限的存在情况：

(1) 左右极限均存在且相等，即极限存在的间断点，为可去间断点；

(2) 左右极限均存在但不相等的间断点，为跳跃间断点；

(3) 左右极限至少有一个不存在的间断点，为第二类间断点.

例 2 讨论下列函数在指定点是否连续，若不连续，判断间断点的类型：

(1) $y=\dfrac{1}{(x+2)^2}$，$x=-2$；　　(2) $y=\dfrac{x^2-1}{x^2-3x+2}$，$x=1$，$x=2$.

解 (1) 因为函数在 $x=-2$ 点无定义，所以函数在该点不连续，又 $\lim\limits_{x\to -2}\dfrac{1}{(x+2)^2}=\infty$，

所以 $x=-2$ 为第二类间断点，且为无穷间断点.

(2) 因为函数在 $x=1$，$x=2$ 两点均无定义，所以函数在此两点均不连续，

又
$$\lim_{x\to 1}\frac{x^2-1}{x^2-3x+2}=\lim_{x\to 1}\frac{(x+1)(x-1)}{(x-2)(x-1)}=\lim_{x\to 1}\frac{x+1}{x-2}=-2,$$
$$\lim_{x\to 2}\frac{x^2-1}{x^2-3x+2}=\lim_{x\to 2}\frac{x+1}{x-2}=\infty,$$

所以 $x=1$ 为可去间断点，$x=2$ 为第二类间断点.

题型 3 求初等函数在其定义区间内某点的极限.

解题方法:只需求初等函数在该点的函数值. 即$\lim\limits_{x\to x_0}f(x)=f(x_0)$($x_0\in$定义区间).

例 3 求极限:$\lim\limits_{x\to 0}\sqrt{x^2-2x+5}$.

解 因为$f(x)=\sqrt{x^2-2x+5}$是初等函数,而$x=0$是定义区间内的点,所以

$$\lim_{x\to 0}\sqrt{x^2-2x+5}=\sqrt{0-0+5}=\sqrt{5}.$$

例 4 求下列极限:

(1)$\lim\limits_{x\to 0}\ln\dfrac{\sin x}{x}$; (2)$\lim\limits_{x\to\infty}e^{\frac{1}{x}}$.

解 (1)$\lim\limits_{x\to 0}\ln\dfrac{\sin x}{x}=\ln\lim\limits_{x\to 0}\dfrac{\sin x}{x}=\ln 1=0$;

(2)$\lim\limits_{x\to\infty}e^{\frac{1}{x}}=e^{\lim\limits_{x\to\infty}\frac{1}{x}}=e^0=1$.

题型 4 利用闭区间上连续函数的性质证明一些相关问题,如讨论方程的实根,函数的有界性等.

解题方法:①作辅助函数;②寻找闭区间,使辅助函数在该区间端点处的值异号,利用零点定理. 或寻找最大值和最小值,应用介值定理.

例 5 证明方程$x^5-3x=1$至少有一个根介于 1 和 2 之间.

视频

例5

证 设$f(x)=x^5-3x-1$,显然该函数在闭区间$[1,2]$上连续,且

$$f(1)=-1<0,\quad f(2)=25>0.$$

根据零点定理,在$(1,2)$内至少有一点ξ,使得$f(\xi)=0$,

即

$$\xi^5-3\xi-1=0\quad(1<\xi<2),$$

这个等式说明方程$x^5-3x=1$至少有一个根介于 1 和 2 之间.

三、习题详解

习题 1.7 A 组

1. 填空题:

(1)若函数$f(x)$在$x=x_0$处连续,则$\lim\limits_{x\to x_0}f(x)=$__________.

(2)设$f(x)$在点$x=0$连续,且$\lim\limits_{x\to 0^+}f(x)=2$,则$f(0)=$__________.

(3)要使$f(x)=\dfrac{\sqrt{1+x}-\sqrt{1-x}}{\sin x}$在$x=0$处连续,则需补充定义值$f(0)=$__________.

(4)设函数$f(x)=\dfrac{x^2+x-2}{|x|(x-1)}$,则$x=0$是$f(x)$的__________间断点,$x=1$是$f(x)$的__________间断点.

解 (1)由函数$f(x)$在$x=x_0$处连续的定义可知$\lim\limits_{x\to x_0}f(x)=f(x_0)$.

(2)由于函数$f(x)$在$x=0$连续,则$\lim\limits_{x\to 0}f(x)=f(0)=2$.

(3)由于$f(x)=\dfrac{\sqrt{1+x}-\sqrt{1-x}}{\sin x}=\dfrac{(\sqrt{1+x}-\sqrt{1-x})(\sqrt{1+x}+\sqrt{1-x})}{\sin x(\sqrt{1+x}+\sqrt{1-x})}$

$$=\frac{2x}{\sin x(\sqrt{1+x}+\sqrt{1-x})}.$$

要使函数$f(x)$在$x=0$处连续,则

$$\lim_{x\to 0}f(x)=\lim_{x\to 0}\frac{2x}{\sin x(\sqrt{1+x}+\sqrt{1-x})}=\lim_{x\to 0}\frac{1}{\frac{\sin x}{2x}(\sqrt{1+x}+\sqrt{1-x})}=1.$$

(4)因为$f(x)=\frac{x^2+x-2}{|x|(x-1)}=\frac{(x-1)(x+2)}{|x|(x-1)}=\frac{x+2}{|x|}$,当$x\to 0$时,函数$f(x)$的左、右限都不存在,所以$x=0$为$f(x)$的第二类间断点;因为函数$f(x)$在$x=1$处无定义,所以$x=1$为函数$f(x)$的间断点,又$\lim\limits_{x\to 1^-}f(x)=\lim\limits_{x\to 1^+}f(x)=3$,所以$x=1$为$f(x)$的可去间断点.

2. 证明$f(x)=2x^2+1$在$x=1$处连续.

证明 因为$\lim\limits_{x\to 1}f(x)=\lim\limits_{x\to 1}(2x^2+1)=3=f(1)$,所以函数$f(x)=2x^2+1$在$x=1$处连续.

3. 已知$f(x)=\begin{cases}\frac{\ln(1+ax)}{x} & x\neq 0\\ 2 & x=0\end{cases}$在点$x=0$处连续,求$a$的值.

解 因为函数$f(x)$在$x=0$处连续,所以$\lim\limits_{x\to 0}f(x)=\lim\limits_{x\to 0}\frac{\ln(1+ax)}{x}=\lim\limits_{x\to 0}\frac{ax}{x}=a=f(0)=2$,所以$a=2$.

习题 1.7 B 组

1. 设$f(x)$在$x=1$处连续,且$\lim\limits_{x\to 1}\frac{f(x)-2}{x-1}=1$,求$f(1)$的值.

解 由于$f(x)$在$x=1$处连续,且$\lim\limits_{x\to 1}\frac{f(x)-2}{x-1}=1\neq 0$,又因为$\lim\limits_{x\to 1}(x-1)=0$,所以令$f(x)-2=(x-1)g(x)$,则$\lim\limits_{x\to 1}g(x)=1$,可得$g(1)=1$,所以$f(1)=2$.

2. 已知函数$f(x)=\begin{cases}a+x^2 & x<0\\ 1 & x=0\\ \ln(b+x+x^2) & x>0\end{cases}$在$x=0$处连续,求$a,b$的值.

解 因为$\lim\limits_{x\to 0^-}f(x)=\lim\limits_{x\to 0^-}(a+x^2)=a$,$\lim\limits_{x\to 0^+}f(x)=\lim\limits_{x\to 0^+}\ln(b+x+x^2)=\ln b$,又$f(0)=1$,且$f(x)$在$x=0$处连续,所以

$$\lim_{x\to 0^-}f(x)=\lim_{x\to 0^+}f(x)=f(0),$$

即

$$a=\ln b=1,$$

则

$$a=1,\quad b=\mathrm{e}.$$

3. 讨论函数$f(x)=\begin{cases}2^{\frac{1}{x}} & x<0\\ 0 & x=0\\ \arctan\frac{1}{x} & x>0\end{cases}$在点$x=0$处的连续性,若不连续,判断间断点的类型.

解 由

$$f(0-0)=\lim_{x\to 0^-}f(x)=\lim_{x\to 0^-}2^{\frac{1}{x}}=0,$$

$$f(0+0)=\lim_{x\to 0^+}f(x)=\lim_{x\to 0^+}\arctan\frac{1}{x}=\frac{\pi}{2}$$

知极限$\lim\limits_{x\to 0}f(x)$不存在,所以$f(x)$在点$x=0$处不连续,且因为

$$f(0-0)=0\neq\frac{\pi}{2}=f(0+0),$$

故$x=0$为$f(x)$的跳跃间断点.

4. 证明方程 $x\ln x=1$ 至少有一个根介于 1 和 e 之间.

证明 设 $f(x)=x\ln x-1$,显然其在 $[1,\mathrm{e}]$ 上连续,又 $f(\mathrm{e})=\mathrm{e}-1>0$, $f(1)=-1<0$,即 $f(1)\cdot f(\mathrm{e})<0$,由零点定理,知至少存在一点 $\xi\in(1,\mathrm{e})$ 使 $f(\xi)=0$,即方程 $x\ln x=1$ 至少有一个根介于 1 与 e 之间.

综合测试 1

一、填空题

1. 将函数 $y=\sqrt{1+u^2}$, $u=\sin v$, $v=\log_2 x$ 表示成 x 的函数:____________.

2. 基本初等函数中,在其定义域内单调有界的函数有____________.

3. 函数 $y=\mathrm{e}^{\sin(1-x)}$ 是由____________复合而成.

4. 函数 $f(x)=\arcsin(x^2-x-1)+\sqrt{\lg x}$ 的定义域是____________.

5. 已知 $\lim\limits_{x\to1}\dfrac{x^2+bx+6}{1-x}=5$,则 $b=$____________.

6. 求下列极限:

(1) $\lim\limits_{x\to\infty}x\sin\dfrac{5}{x}=$____________; (2) $\lim\limits_{x\to\infty}x\ln\dfrac{x+1}{x}=$____________;

(3) $\lim\limits_{x\to0}(1+x)^{\frac{4}{x}}=$____________; (4) $\lim\limits_{n\to\infty}\dfrac{1+\dfrac{1}{2}+\dfrac{1}{4}+\cdots+\dfrac{1}{2^n}}{1+\dfrac{1}{3}+\dfrac{1}{9}+\cdots+\dfrac{1}{3^n}}=$____________.

7. 设 $f(x)$ 在点 $x=0$ 连续,且 $\lim\limits_{x\to0^+}f(x)=2$,则 $f(0)=$____________.

8. 设 $f(x)=\begin{cases}\dfrac{\ln(1+ax)}{x} & x\neq0\\ 2 & x=0\end{cases}$ 在点 $x=0$ 处连续,则 $a=$____________.

9. 若 $f(x,y)=\dfrac{x-2y}{2x-y}$,则 $f(2,1)=$____________, $f(3,-1)=$____________.

解 1. $y=\sqrt{1+\sin^2(\log_2 x)}$.

2. 反三角函数.

3. $y=\mathrm{e}^u$, $u=\sin v$, $v=1-x$.

4. 函数 $f(x)$ 的定义域满足不等式组 $\begin{cases}-1\leqslant x^2-x-1\leqslant1\\ \lg x\geqslant0\\ x>0\end{cases}$,解得 $f(x)$ 的定义域为区间 $[1,2]$.

5. 由于 $\lim\limits_{x\to1}(1-x)=0$,而 $\lim\limits_{x\to1}\dfrac{x^2+bx+6}{1-x}=5$,则 $x^2+bx+6=(x-1)(x-6)$,可得 $b=-7$.

6. (1) 由第一个重要极限可得 $\lim\limits_{x\to\infty}x\sin\dfrac{5}{x}=5\lim\limits_{x\to\infty}\dfrac{\sin\dfrac{5}{x}}{\dfrac{5}{x}}=5$.

(2) 当 $x\to\infty$ 时, $\dfrac{1}{x}\to0$,令 $\dfrac{1}{x}=u$,则 $\lim\limits_{x\to\infty}x\ln\dfrac{x+1}{x}=\lim\limits_{\frac{1}{x}\to0}\dfrac{\ln\left(1+\dfrac{1}{x}\right)}{\dfrac{1}{x}}=\lim\limits_{u\to0}\dfrac{\ln(1+u)}{u}=\lim\limits_{u\to0}\dfrac{u}{u}=1$.

(3)由第二个重要极限可知$\lim\limits_{x\to0}(1+x)^{\frac{4}{x}}=\lim\limits_{x\to0}(1+x)^{\frac{1}{x}\cdot4}=e^4$.

(4)原式$=\lim\limits_{n\to\infty}\dfrac{2\left[1-\left(\frac{1}{2}\right)^{n+1}\right]}{3\left[1-\left(\frac{1}{3}\right)^{n+1}\right]}=\lim\limits_{n\to\infty}\dfrac{2-\left(\frac{1}{2}\right)^{n}}{3-\left(\frac{1}{3}\right)^{n}}=\dfrac{2}{3}$.

7. 由于$f(x)$在$x=0$连续,所以$\lim\limits_{x\to0^+}f(x)=2=f(0)$,即$f(0)=2$.

8. 由于$f(x)$在$x=0$连续,所以$\lim\limits_{x\to0}f(x)=\lim\limits_{x\to0}\dfrac{\ln(1+ax)}{x}=\lim\limits_{x\to0}\dfrac{ax}{x}=a=f(0)=2$,所以$a=2$.

9. $0,\dfrac{5}{7}$.

二、选择题

1. $\lim\limits_{n\to\infty}\dfrac{\sqrt{3n-1}-\sqrt[3]{8n^3+1}}{\sqrt{n}-n}=$(　　).

A. 0　　B. 2　　C. $\sqrt{3}$　　D. ∞

2. 设$f(x)=\dfrac{1-x}{1+x}$,$g(x)=1-\sqrt[3]{x}$,则当$x\to1$时(　　).

A. $f(x)$与$g(x)$为等价无穷小　　B. $f(x)$为$g(x)$的高阶无穷小

C. $f(x)$为$g(x)$的低阶无穷小　　D. $f(x)$与$g(x)$为同阶无穷小,但不等价

3. 设函数$f(x)=\begin{cases}e^{\frac{1}{x}} & x\neq0\\ 1 & x=0\end{cases}$,则$x=0$是$f(x)$的(　　).

A. 连续点　　B. 可去间断点　　C. 跳跃间断点　　D. 第二类间断点

4. 设有方程$x^3-4x^2+1=0$,则下列说法正确的是(　　).

A. 仅在$(-1,0)$内有实根　　B. 仅在$(0,1)$内有实根

C. 在$(-1,0)$及$(0,1)$内均有实根　　D. 在$(-1,0)$及$(0,1)$内均无实根

5. 极限$\lim\limits_{x\to+\infty}\dfrac{\sqrt{x+\sqrt{x+\sqrt{x}}}}{\sqrt{2x+1}}$为(　　).

A. $\dfrac{1}{2}$　　B. $\dfrac{\sqrt{2}}{2}$　　C. $\sqrt{2}$　　D. ∞

6. 下列函数$f(x)$与$g(x)$,相同的是(　　).

A. $f(x)=x-1,g(x)=\sqrt{(x-1)^2}$　　B. $f(x)=\ln(x^2-1),g(x)=\ln(x-1)+\ln(x+1)$

C. $f(x)=\cos(\arccos x),g(x)=x$　　D. $f(x)=e^{-\frac{1}{2}\ln x},g(x)=\dfrac{1}{\sqrt{x}}$

7. $f(x)$在$x=x_0$处有定义是$\lim\limits_{x\to x_0}f(x)$存在的(　　).

A. 必要条件　　B. 充分条件　　C. 充要条件　　D. 无关条件

8. 使函数$y=\dfrac{(x-1)\sqrt{x+1}}{x^3-1}$为无穷小量的$x$的变化趋势是(　　).

A. $x\to0$　　B. $x\to1$　　C. $x\to-1$　　D. $x\to+\infty$

解　1. 当$n\to\infty$时,$\dfrac{1}{n}\to0$,所以原式$=\lim\limits_{n\to\infty}\dfrac{\sqrt{\dfrac{3n-1}{n^2}}-\sqrt[3]{\dfrac{8n^3+1}{n^3}}}{\sqrt{\dfrac{n}{n^2}}-1}=2$,故该题选B.

2. 因为$\lim\limits_{x\to1}\frac{f(x)}{g(x)}=\lim\limits_{x\to1}\frac{1-x}{(1+x)(1-\sqrt[3]{x})}=\lim\limits_{x\to1}\frac{1+\sqrt[3]{x}+\sqrt[3]{x^2}}{1+x}=\frac{3}{2}\neq1$,所以$f(x)$与$g(x)$是同阶无穷小,但不等价,故该题选 D.

3. 当$x\to0^-$时,$\frac{1}{x}\to-\infty$,$\lim\limits_{x\to0^-}f(x)=\lim\limits_{x\to0^-}e^{\frac{1}{x}}=0$;当$x\to0^+$时,$\frac{1}{x}\to+\infty$,$\lim\limits_{x\to0^+}f(x)=\lim\limits_{x\to0^+}e^{\frac{1}{x}}=\infty$,即$\lim\limits_{x\to0^-}f(x)\neq\lim\limits_{x\to0^+}f(x)$,所以$x=0$是$f(x)$的跳跃间断点,故该题选 C.

4. 令$f(x)=x^3-4x^2+1$,则$f(-1)=-4<0$,$f(0)=1>0$,$f(1)=-2<0$,根据函数的零点定理可得方程$x^3-4x^2+1=0$在$(-1,0)$和$(1,0)$内都有实根,故该题选 C.

5. 因为$\lim\limits_{x\to+\infty}\frac{\sqrt{x+\sqrt{x+\sqrt{x}}}}{\sqrt{2x+1}}\xlongequal[\text{同除以}\sqrt{x}]{\text{分子分母}}\lim\limits_{x\to+\infty}\frac{\sqrt{1+\sqrt{\frac{1}{x}+\sqrt{\frac{1}{x^3}}}}}{\sqrt{2+\frac{1}{x}}}=\frac{1}{\sqrt{2}}=\frac{\sqrt{2}}{2}$,故该题选 B.

6. 选项 A:$f(x)=x-1$,$g(x)=\sqrt{(x-1)^2}=|x-1|$,两个函数对应法则不同;选项 B:函数$f(x)$与$g(x)$的定义域不同;选项 C:函数$f(x)$与$g(x)$的定义域不同,故该题选 D.

7. $\lim\limits_{x\to x_0}f(x)$存在的充要条件是左右极限都存在且相等,与$f(x)$在$x=x_0$处有定义无关,故该题选 D.

8. 当$x\to\infty$时,$\frac{1}{x}\to0$,则$\lim\limits_{x\to\infty}\frac{(x-1)\sqrt{x+1}}{x^3-1}=\lim\limits_{x\to\infty}\frac{\sqrt{x+1}}{x^2+x+1}=\lim\limits_{x\to\infty}\frac{\sqrt{\frac{x+1}{x^4}}}{1+\frac{1}{x}+\frac{1}{x^2}}=0$,即当$x\to\infty$时,函数为无穷小量,故该题选 D.

三、解答题

1. 计算$\lim\limits_{x\to1}\frac{\sqrt{x}-1}{x^2-1}$.

解 原式$=\lim\limits_{x\to1}\frac{\sqrt{x}-1}{(x+1)(\sqrt{x}+1)(\sqrt{x}-1)}=\lim\limits_{x\to1}\frac{1}{(x+1)(\sqrt{x}+1)}=\frac{1}{4}$.

2. 计算$\lim\limits_{n\to\infty}(\sqrt{n^2-n}-n)$.

解 原式$=\lim\limits_{n\to\infty}\frac{(\sqrt{n^2-n}-n)(\sqrt{n^2-n}+n)}{\sqrt{n^2-n}+n}=\lim\limits_{n\to\infty}\frac{-n}{\sqrt{n^2-n}+n}$

$$=\lim\limits_{n\to\infty}\frac{-1}{\sqrt{1-\frac{1}{n}}+1}=-\frac{1}{2}.$$

3. 计算$\lim\limits_{x\to1}\left(\frac{2}{x^2-1}-\frac{1}{x-1}\right)$.

解 原式$=\lim\limits_{x\to1}\frac{1-x}{x^2-1}=\lim\limits_{x\to1}\frac{-1}{x+1}=-\frac{1}{2}$.

4. 计算$\lim\limits_{x\to0}\frac{1-\cos x}{x\sin x}$.

解 因为$x\to0$时,$1-\cos x\sim\frac{1}{2}x^2$,$\sin x\sim x$,

所以
$$\text{原式}=\lim\limits_{x\to0}\frac{\frac{1}{2}x^2}{x^2}=\frac{1}{2}.$$

5. 计算$\lim\limits_{x\to 0}\dfrac{2^{2x}-1}{\ln(1+3x)}$.

解 因为$x\to 0$时,$2^2x-1\sim 2x\ln 2$, $\ln(1+3x)\sim 3x$,

所以
$$原式=\lim_{x\to 0}\frac{2x\ln 2}{3x}=\frac{2}{3}\ln 2.$$

6. 研究函数$f(x)=\begin{cases}\dfrac{1}{1+e^{1/x}} & x\neq 0\\ 0 & x=0\end{cases}$在$x=0$处的左右连续性及连续性.

解 由于$x\to 0^-$时,$\dfrac{1}{x}\to -\infty$,$e^{\frac{1}{x}}\to 0$,

所以
$$f(0-0)=\lim_{x\to 0^-}f(x)=\lim_{x\to 0^-}\frac{1}{1+e^{\frac{1}{x}}}=1\neq f(0),$$

即函数$f(x)$在$x=0$处左不连续.

当$x\to 0^+$时,$\dfrac{1}{x}\to +\infty$,$e^{\frac{1}{x}}\to +\infty$,

所以
$$f(0+0)=\lim_{x\to 0^+}f(x)=\lim_{x\to 0^+}\frac{1}{1+e^{\frac{1}{x}}}=0=f(0),$$

即函数$f(x)$在$x=0$处右连续;

所以函数$f(x)$在$x=0$处不连续.

7. 若$\lim\limits_{x\to\pi}f(x)$存在,且$f(x)=\dfrac{\sin x}{x-\pi}+2\lim\limits_{x\to\pi}f(x)$,求$\lim\limits_{x\to\pi}f(x)$.

解 因为$f(x)=\dfrac{\sin x}{x-\pi}+2\lim\limits_{x\to\pi}f(x)=\dfrac{-\sin(x-\pi)}{x-\pi}+2\lim\limits_{x\to\pi}f(x)$.

又因为$\lim\limits_{x\to\pi}f(x)$存在,

所以
$$\lim_{x\to\pi}f(x)=\lim_{x\to\pi}\frac{-\sin(x-\pi)}{x-\pi}+2\lim_{x\to\pi}f(x)=-1+2\lim_{x\to\pi}f(x),$$

所以
$$\lim_{x\to\pi}f(x)=1.$$

8. 已知$f(x)=\begin{cases}\dfrac{1}{x}\sin x+a & x<0\\ b & x=0\\ x\sin\dfrac{1}{x} & x>0\end{cases}$($a$,$b$为常数),问$a$,$b$为何值时,$f(x)$在$x=0$处连续.

解 由$f(0-0)=\lim\limits_{x\to 0^-}f(x)=\lim\limits_{x\to 0^-}\left(\dfrac{1}{x}\sin x+a\right)=1+a$,

$$f(0+0)=\lim_{x\to 0^+}f(x)=\lim_{x\to 0^+}x\sin\frac{1}{x}=0,$$

又
$$f(0)=b\text{ 且 }f(0-0)=f(0+0)=f(0),$$

得
$$a=-1,\quad b=0,$$

即当$a=-1$,$b=0$时$f(x)$在$x=0$处连续.

9. 证明方程$x=\sin x+2$至少有一个不超过3的正实根.

证明 设$f(x)=x-\sin x-2$,其定义域为$\mathbf{R}$,又$f(3)=1-\sin 3>0$,$f(0)=-2<0$,即$f(3)\cdot f(0)<0$,由零点定理,知至少存在一点$\xi\in(0,3)$使$f(\xi)=0$,即方程$x=\sin x+2$至少有一个不超过3的正根.

基础模块

第 2 章　导数与微分

本章知识结构：

- 导数与微分
  - 导数的概念
    - 左导数、右导数(导数存在定理)
    - 导数的几何意义
  - 可导与连续的关系
  - 函数的求导
    - 四则运算法则
    - 反函数求导
    - 复合函数求导法则
    - 高阶函数求导法则
    - 隐函数的求导法
    - 对数求导法
    - 由参数方程所确定的函数的求导法
  - 微分
    - 定义
    - 可导与可微的关系
    - 一阶微分形式不变性

2.1　导数的概念

一、学习目标

1. 理解导数的概念及几何意义；
2. 了解可导性与连续性的关系；
3. 会求曲线上一点处的切线方程与法线方程.

二、基本题型及解题方法

题型 1　根据导数的定义求函数的导数.

解题方法:从导数的定义出发,通过求极限来判断导数的存在与否,及具体的导数值.虽然此种方法求导比较麻烦,但这种方法是最基本的求导方法,同时适用于一切问题.

视频　例1

例 1　试用导数定义求 $f(x)=\mathrm{e}^{2x}$ 的导数.

解　$$f'(x)=\lim_{\Delta x\to 0}\frac{\Delta y}{\Delta x}=\lim_{\Delta x\to 0}\frac{f(x+\Delta x)-f(x)}{\Delta x}=\lim_{\Delta x\to 0}\frac{\mathrm{e}^{2(x+\Delta x)}-\mathrm{e}^{2x}}{\Delta x}$$

$$=\lim_{\Delta x\to 0}\frac{\mathrm{e}^{2x}(\mathrm{e}^{2\Delta x}-1)}{\Delta x}=2\mathrm{e}^{2x}\lim_{\Delta x\to 0}\frac{\mathrm{e}^{2\Delta x}-1}{2\Delta x}=2\mathrm{e}^{2x}.$$

题型 2 判断分段函数在分段点处的可导性.

解题方法：当分段函数分段点两侧的对应关系不同时，要判断函数在分段点处的可导性，往往需要判断左右导数是否存在且相等，若其中一个不存在或两者存在而不相等，则 $f(x)$ 在 x_0 点不可导.

例 2 已知函数 $f(x)=\begin{cases}\sin x & x<0\\ \ln(1+x) & x\geqslant 0\end{cases}$，求 $f'_-(0)$ 及 $f'_+(0)$，并说明 $f'(0)$ 是否存在.

解 $f'_-(0)=\lim\limits_{x\to 0^-}\dfrac{\sin x-0}{x-0}=\lim\limits_{x\to 0^-}\dfrac{\sin x}{x}=1$， $f'_+(0)=\lim\limits_{x\to 0^+}\dfrac{\ln(1+x)-0}{x-0}=\lim\limits_{x\to 0^+}\dfrac{x}{x}=1$，
所以 $f'(0)$ 存在，且 $f'(0)=1$.

题型 3 根据导数定义及可导与连续的关系求相关待定常数.

解题方法：先由可导的充要条件 $f'_-(x_0)=f'_+(x_0)$ 及连续的充要条件 $\lim\limits_{x\to x_0^-}f(x)=\lim\limits_{x\to x_0^+}f(x)=f(x_0)$ 构造含有待定常数的等式，然后由等式解出常数.

视频

例3

例 3 设函数 $f(x)=\begin{cases}2e^x+a & x<0\\ x^2+bx+1 & x\geqslant 0\end{cases}$，

(1) 欲使 $f(x)$ 在 $x=0$ 处连续，a,b 为何值；

(2) 欲使 $f(x)$ 在 $x=0$ 处可导，a,b 为何值.

解 (1)因要 $f(x)$ 在 $x=0$ 处连续，则有 $\lim\limits_{x\to 0^-}f(x)=\lim\limits_{x\to 0^+}f(x)=f(0)$ 成立，即

$$\lim_{x\to 0^-}(2e^x+a)=\lim_{x\to 0^+}(x^2+bx+1)=f(0),$$

亦即

$$2+a=1,$$

故 $a=-1$，b 可以任意.

(2)因要 $f(x)$ 在 $x=0$ 处可导，由可导与连续的关系，$f(x)$ 在 $x=0$ 处亦连续，故由(1)有 $a=-1$，b 可以任意，且 $f'_-(0)=f'_+(0)$ 成立，而

$$f'_-(0)=\lim_{x\to 0^-}\frac{f(x)-f(0)}{x}=\lim_{x\to 0^-}\frac{2e^x+a-1}{x}=\lim_{x\to 0^-}\frac{2(e^x-1)}{x}=2,$$

$$f'_+(0)=\lim_{x\to 0^+}\frac{f(x)-f(0)}{x}=\lim_{x\to 0^+}\frac{x^2+bx+1-1}{x}=b,$$

所以 $b=2$.

题型 4 导数几何意义的应用.

解题方法：由导数的几何意义 $f'(x)=\tan\alpha$，其中 α 是切线的倾斜角，可得曲线 $y=f(x)$ 在给定点 $M_0(x_0,y_0)$ 处的切线方程为

$$y-y_0=f'(x_0)(x-x_0),$$

法线方程为

$$y-y_0=-\frac{1}{f'(x_0)}(x-x_0).$$

例 4 求曲线 $y=2x-x^2$ 在点 $(1,1)$ 处的切线的斜率，并写出在该点处的切线方程和法线方程.

解 根据导数的几何意义，$y=2x-x^2$ 在点 $(1,1)$ 处的切线的斜率为

$$k=(2x-x^2)'\big|_{x=1}=(2-2x)\big|_{x=1}=0,$$

所以，切线方程为

$$y-1=0,\quad 即\ y=1,$$

法线方程为

$$x=1.$$

三、习题详解

习题 2.1　A 组

1. 填空题：

(1) 设 $f(x)$ 在点 $x=0$ 处可导，且 $f(0)=0$，则 $\lim\limits_{x\to 0}\dfrac{f(x)}{x}=$__________.

(2) 若 $f(x)=\begin{cases} e^{ax} & x\leqslant 0 \\ b(1-x^2) & x>0 \end{cases}$ 处处有导数，则 $a=$__________，$b=$__________.

(3) 设 $\varphi(x)=f(x)\sin 2x$，其中 $f(x)$ 在 $x=0$ 处连续，但不可导，则 $\varphi(x)$ 在 $x=0$ 处的导数 $\varphi'(0)=$__________.

(4) 曲线 $y=x-\dfrac{1}{x}$ 上的切线斜率等于 $\dfrac{5}{4}$ 的点是__________.

解　(1) 因 $f(x)$ 在点 $x=0$ 处可导，且 $f(0)=0$，由导数的定义式可得

$$\lim_{x\to 0}\frac{f(x)}{x}=\lim_{x\to 0}\frac{f(x)-f(0)}{x-0}=f'(0).$$

(2) 由题可知函数 $f(x)$ 在 $x=0$ 处的导数存在，且 $f(0)=1$，则有 $f(0-0)=f(0+0)=f(0)$ 及 $f'_-(0)=f'_+(0)$ 成立，而

$$f(0-0)=\lim_{x\to 0^-}f(x)=\lim_{x\to 0^-}e^{ax}=1,\quad f(0+0)=\lim_{x\to 0^+}f(x)=\lim_{x\to 0^+}b(1-x^2)=b,$$

所以 $b=1$，又因为

$$f'_-(0)=\lim_{x\to 0^-}\frac{f(x)-f(0)}{x-0}=\lim_{x\to 0^-}\frac{e^{ax}-1}{x}=\lim_{x\to 0^-}\frac{ax}{x}=a,$$

$$f'_+(0)=\lim_{x\to 0^+}\frac{f(x)-f(0)}{x-0}=\lim_{x\to 0^+}\frac{b(1-x^2)-1}{x}=\lim_{x\to 0^-}\frac{-x^2}{x}=0,$$

所以 $a=0$.

(3) 由函数 $f(x)$ 在 $x=0$ 处连续可知 $\lim\limits_{x\to 0}f(x)=f(0)$，所以

$$\varphi'(0)=\lim_{x\to 0}\frac{\varphi(x)-\varphi(0)}{x-0}=\lim_{x\to 0}\frac{f(x)\sin 2x-0}{x-0}=\lim_{x\to 0}\frac{f(x)\sin 2x}{x}$$

$$=2\lim_{x\to 0}\frac{\sin 2x}{2x}\cdot\lim_{x\to 0}f(x)=2\lim_{x\to 0}f(x)=2f(0).$$

(4) 因为 $y'=1+\dfrac{1}{x^2}$，令 $1+\dfrac{1}{x^2}=\dfrac{5}{4}$ 的 $x=\pm 2$，即曲线 $y=x-\dfrac{1}{x}$ 上的切线斜率等于 $\dfrac{5}{4}$ 的点是 $\left(2,\dfrac{3}{2}\right)$ 和 $\left(-2,-\dfrac{3}{2}\right)$.

2. 选择题：

(1) $f(x)=\begin{cases} 2x\sin\dfrac{1}{x} & x\neq 0 \\ 0 & x=0 \end{cases}$ 在点 $x=0$ 处（　　）.

A. 极限不存在　　B. 极限存在但不连续

C. 连续但不可导　　D. 可导

(2) 设函数 $f(x)$ 可导，则 $\lim\limits_{h\to 0}\dfrac{f(x-2h)-f(x)}{h}=$（　　）.

A. $f'(x)$　　B. $-f'(x)$　　C. $2f'(x)$　　D. $-2f'(x)$

(3)若$f(x)$为奇函数,且$f'(0)$存在,则$x=0$是函数$F(x)=\dfrac{f(x)}{x}$的(　　).

A. 可去间断点　B. 跳跃间断点　C. 第二类间断点　D. 连续点

(4)设$f(x)=x|x|$,则$f'(0)$是(　　).

A. 1　B. 0　C. -1　D. 不存在

(5)曲线$y=\dfrac{\pi}{2}+\sin x$在$x=0$处的切线倾斜角为(　　).

A. $\dfrac{\pi}{2}$　B. $\dfrac{\pi}{4}$　C. 0　D. 1

(6)若直线$y=3x+a$与曲线$y=x^2+5x+4$相切,则$a=$(　　).

A. 2　B. -2　C. 3　D. -3

(7)设$f(x)$在x_0处不连续,则(　　).

A. $f'(x_0)$必存在　B. $f'(x_0)$必不存在

C. $\lim\limits_{x\to x_0}f(x)$必存在　D. $\lim\limits_{x\to x_0}f(x)$必不存在

解　(1)因为$\lim\limits_{x\to 0}f(x)=\lim\limits_{x\to 0}2x\sin\dfrac{1}{x}=0=f(0)$,所以函数$f(x)$在$x=0$处连续;又因为$f'(0)=\lim\limits_{x\to 0}\dfrac{f(x)-f(0)}{x-0}=\lim\limits_{x\to 0}\dfrac{2x\sin\dfrac{1}{x}-0}{x-0}=\lim\limits_{x\to 0}2\sin\dfrac{1}{x}$,该极限不存在,所以函数$f(x)$在$x=0$处不可导,故该题选C.

(2)根据导数的定义式可得

$$\lim_{h\to 0}\frac{f(x-2h)-f(x)}{h}=-2\lim_{h\to 0}\frac{f(x-2h)-f(x)}{-2h}=-2f'(x),$$

故该题选D.

(3)由于$f(x)$为奇函数,则$f(0)=0$;又$f'(0)$存在,所以

$$\lim_{x\to 0^-}\frac{f(x)-f(0)}{x-0}=\lim_{x\to 0^+}\frac{f(x)-f(0)}{x-0},$$

可得

$$\lim_{x\to 0^-}\frac{f(x)}{x}=\lim_{x\to 0^+}\frac{f(x)}{x},$$

即左极限等于右极限,又因为函数$F(x)$在$x=0$处无定义,所以$x=0$为函数$F(x)$的可去间断点. 故该题选A.

(4)因为$f(0)=0$,则

$$f'(0)=\lim_{x\to 0}\frac{f(x)-f(0)}{x-0}=\lim_{x\to 0}\frac{x|x|}{x}=\lim_{x\to 0}|x|=0,$$

故该题选B.

(5)由于$y'=\cos x$,则曲线$y=\dfrac{\pi}{2}+\sin x$在$x=0$处的切线斜率$k=y'|_{x=0}=1$,

令$\tan\alpha=1$,可得切线的倾斜角$\alpha=\dfrac{\pi}{4}$. 故该题选B.

(6)直线$y=3x+a$的斜率$k=3$,又因为$y'=2x+5$,令$y'=3$得$x=-1$,所以切点坐标为$(-1,0)$,将切点坐标代入直线方程得$a=3$. 故该题选C.

(7)因为只有连续函数才存在导函数,故该题选B.

3. 求函数$f(x)=\begin{cases}\sin x & x<0\\ x & x\geqslant 0\end{cases}$在$x=0$处的导数.

解　因为$f'_-(0)=\lim\limits_{x\to 0^-}\dfrac{f(x)-f(0)}{x-0}=\lim\limits_{x\to 0^-}\dfrac{\sin x}{x}=1$,

$$f'_+(0)=\lim_{x\to 0^+}\frac{f(x)-f(0)}{x-0}=\lim_{x\to 0^+}\frac{x}{x}=1,$$

即
$$f'_-(0)=f'_+(0)=1,$$

所以函数$f(x)$在$x=0$处的导数为1.

4. 设$f(x)$为偶函数,且$f'(0)$存在,证明$f'(0)=0$.

证明 因为$f(x)$为偶函数,则$f(x)=f(-x)$,

又$f'(0)$存在,则

$$f'(0)=\lim_{x\to 0}\frac{f(x)-f(0)}{x-0}=-\lim_{x\to 0}\frac{f(-x)-f(0)}{-x-0}=-f'(0),$$

所以$f'(0)=0$.

5. 设$\varphi(x)$在$x=a$处连续,$f(x)=(x^2-a^2)\varphi(x)$,求$f'(a)$.

解 因为$\varphi(x)$在$x=a$往上连续,故有$\lim\limits_{x\to a}\varphi(x)=\varphi(a)$,

所以
$$f'(a)=\lim_{x\to a}\frac{f(x)-f(a)}{x-a}=\lim_{x\to a}\frac{(x^2-a^2)\varphi(x)}{x-a}=\lim_{x\to a}(x+a)\varphi(x)=2a\varphi(a).$$

6. 讨论$f(x)=\begin{cases}x^2\sin\dfrac{1}{x} & x\neq 0\\ 0 & x=0\end{cases}$在$x=0$处的连续性与可导性.

解 因为$\lim\limits_{x\to 0}f(x)=\lim\limits_{x\to 0}x^2\sin\dfrac{1}{x}=0=f(0)$,

所以函数$f(x)$在$x=0$处连续,

又 $f'(0)=\lim\limits_{x\to 0}\dfrac{f(x)-f(0)}{x-0}=\lim\limits_{x\to 0}\dfrac{x^2\sin\frac{1}{x}}{x}=\lim\limits_{x\to 0}x\sin\dfrac{1}{x}=0$,

所以函数$f(x)$在$x=0$处可导.

习题 2.1 B组

1. 设函数$f(x)=\begin{cases}a & x<0\\ x^2+1 & 0\leqslant x<1\end{cases}$,问$a$取何值时,$f(x)$在$x=0$处可导.

解 若使$f(x)$在$x=0$处可导,则$f'_-(0)=f'_+(0)$,

又$f'_+(0)=\lim\limits_{x\to 0^+}\dfrac{f(x)-f(0)}{x-0}=\lim\limits_{x\to 0^+}\dfrac{x^2+1-1}{x-0}=\lim\limits_{x\to 0^+}x=0$, $f'_-(0)=\lim\limits_{x\to 0^-}\dfrac{f(x)-f(0)}{x-0}=\lim\limits_{x\to 0^-}\dfrac{a-1}{x}=0$,

所以$a=1$.

2. 求曲线$y=2x-x^2$上与x轴平行的切线方程.

解 由题可知切线斜率$k=0$,又$y'=2-2x$,令$y'=0$得$x=1$.

将$x=1$代入曲线$y=2x-x^2$中得切点坐标为$(1,1)$,所以曲线$y=2x-x^2$上与x轴平行的切线方程为$y=1$.

3. 求等边双曲线$y=\dfrac{1}{x}$在点$\left(\dfrac{1}{2},2\right)$处的切线的斜率,并写出在该点处的切线方程和法线方程.

解 根据导数的几何意义,$y=\dfrac{1}{x}$在点$\left(\dfrac{1}{2},2\right)$处的切线的斜率为

$$k=\left(\frac{1}{x}\right)'\bigg|_{x=\frac{1}{2}}=\left(-\frac{1}{x^2}\right)\bigg|_{x=\frac{1}{2}}=-4,$$

所以,切线方程为

$$y-2=-4\left(x-\frac{1}{2}\right),\quad 即\quad 4x+y-4=0,$$

法线方程为

$$y-2=\frac{1}{4}\left(x-\frac{1}{2}\right),\quad 即\quad 2x-8y+15=0.$$

4.（**交流电的电流强度**）电流强度是指电流的大小，即单位时间内通过导线横截面的电量. 在交流电路中，电流随着时间的变化而变化，设在时间 t 内，通过导线横截面的电量为 $Q(t)$，求导线内 t_0时刻的瞬时电流 $I(t_0)$.

解 时间从 t_0 变化到 $t=t_0+\Delta t$ 时，在 Δt 的时间间隔内，通过导线横截面的电量为 $\Delta Q=Q(t_0+\Delta t)-Q(t_0)$，导线内的平均电流为 $\bar{I}=\dfrac{\Delta Q}{\Delta t}=\dfrac{Q(t_0+\Delta t)-Q(t_0)}{\Delta t}$.

因为 Δt 越小，$\bar{I}$ 就越接近于 $I(t_0)$，因此极限$\lim\limits_{\Delta t\to 0}\dfrac{\Delta Q}{\Delta t}$即为导线内 t_0 时刻的瞬时电流 $I(t_0)$，即

$$I(t_0)=\lim_{\Delta t\to 0}\frac{\Delta Q}{\Delta t}=\lim_{\Delta t\to 0}\frac{Q(t_0+\Delta t)-Q(t_0)}{\Delta t}=Q'(t_0).$$

2.2 初等函数的求导法则

一、学习目标

1. 熟记导数的基本公式；
2. 熟练掌握四则运算法则及复合函数的求导方法；
3. 了解高阶导数的概念；
4. 会求简单函数的 n 阶导数.

二、基本题型及解题方法

题型 1 利用基本初等函数的导数公式及导数的四则运算求函数的导数.

解题方法：此种题型要交替地运用四则运算求导法则及基本初等函数的导数公式，特别需要注意商的求导运算，及区分函数 $y=a^x$ 及 $y=x^a$ 的求导公式.

例 1 求下列函数的导数：

(1) $y=5x^3-2^x+3e^x$； (2) $y=x^2\ln x\cos x$.

解 (1)
$$\begin{aligned}y'&=(5x^3-2^x+3e^x)'\\&=5\cdot(x^3)'-(2^x)'+3\cdot(e^x)'\\&=5\cdot(3x^2)-2^x\ln 2+3e^x\\&=15x^2-2^x\ln 2+3e^x.\end{aligned}$$

(2)
$$\begin{aligned}y'&=(x^2\ln x\cos x)'\\&=(x^2)'\cdot(\ln x\cos x)+x^2\cdot(\ln x)'\cdot\cos x+x^2\cdot\ln x\cdot(\cos x)'\\&=2x\cdot\ln x\cdot\cos x+x^2\cdot\frac{1}{x}\cdot\cos x+x^2\cdot\ln x\cdot(-\sin x)\\&=2x\ln x\cos x+x\cos x-x^2\ln x\sin x.\end{aligned}$$

题型 2 复合函数求导.

解题方法:首先要明确复合函数的复合过程,然后按照复合函数求导法则,从外层到里层,一层层求导,再把每层导数相乘即可. 切记不要遗漏.

例 2 求下列函数的导数:

(1) $y = \ln \tan x$;　　(2) $y = e^{\arctan\sqrt{x}}$;

(3) $y = \sec^3(2x+1)$;　　(4) $y = \sin\sqrt{1-x^2}$.

解 (1)复合过程为 $y = \ln u$, $u = \tan x$

其中 $y'_u = \dfrac{1}{u}$, $u'_x = \sec^2 x$

则 $$y' = y'_u \cdot u'_x = \frac{1}{u}\cdot\sec^2 x = \cot x\cdot\sec^2 x = \sec x\csc x.$$

(2) $$y' = (e^{\arctan\sqrt{x}})' = e^{\arctan\sqrt{x}}\cdot(\arctan\sqrt{x})' = e^{\arctan\sqrt{x}}\cdot\frac{1}{1+x}\cdot(\sqrt{x})'$$

$$= e^{\arctan\sqrt{x}}\cdot\frac{1}{1+x}\cdot\frac{1}{2\sqrt{x}} = \frac{e^{\arctan\sqrt{x}}}{2\sqrt{x}(1+x)}.$$

视频

例2(3)

(3) $$y' = [\sec^3(2x+1)]' = 3\sec^2(2x+1)\cdot[\sec(2x+1)]'$$

$$= 3\sec^2(2x+1)\cdot\sec(2x+1)\cdot\tan(2x+1)\cdot(2x+1)'$$

$$= 6\sec^3(2x+1)\tan(2x+1).$$

(4) $$y' = (\sin\sqrt{1-x^2})' = \cos\sqrt{1-x^2}\cdot(\sqrt{1-x^2})' = \cos\sqrt{1-x^2}\cdot\frac{1}{2\sqrt{1-x^2}}\cdot(1-x^2)' =$$

$$\cos\sqrt{1-x^2}\cdot\frac{1}{2\sqrt{1-x^2}}\cdot(-2x) = -\frac{x\cos\sqrt{1-x^2}}{\sqrt{1-x^2}}.$$

题型 3 既有四则运算又有复合运算的初等函数的求导.

解题方法:要根据题目中给出的函数表达式决定先用四则运算法则还是先用复合运算法则.

例 3 求下列函数的导数:

(1) $y = x\arcsin(\ln x)$;　　(2) $y = \arccos\sqrt{\dfrac{1-x}{1+x}}$.

解 (1) $$y' = [x\arcsin(\ln x)]' = x'\cdot\arcsin(\ln x) + x\cdot[\arcsin(\ln x)]'$$

$$= \arcsin(\ln x) + x\cdot\frac{1}{\sqrt{1-\ln^2 x}}\cdot(\ln x)' = \arcsin(\ln x) + x\cdot\frac{1}{\sqrt{1-\ln^2 x}}\cdot\frac{1}{x}$$

$$= \arcsin(\ln x) + \frac{1}{\sqrt{1-\ln^2 x}}.$$

(2) $$y' = \left(\arccos\sqrt{\frac{1-x}{1+x}}\right)' = -\frac{1}{\sqrt{1-\dfrac{1-x}{1+x}}}\cdot\left(\sqrt{\frac{1-x}{1+x}}\right)'$$

$$= -\sqrt{\frac{1+x}{2x}}\cdot\frac{1}{2}\sqrt{\frac{1+x}{1-x}}\cdot\left(\frac{1-x}{1+x}\right)'$$

$$= -\frac{1}{2}\frac{1+x}{\sqrt{2x(1-x)}}\cdot\frac{(1-x)'(1+x)-(1-x)(1+x)'}{(1+x)^2}$$

$$= -\frac{1}{2}\frac{1}{\sqrt{2x(1-x)}}\cdot\frac{-2}{1+x} = \frac{1}{(1+x)\sqrt{2x(1-x)}}.$$

题型 4　求一般函数的高阶导数.

解题方法：一般地，阶数较低的高阶导数可通过多次接连的求导得出（直接法）；而阶数较高的高阶导数通常利用已知的高阶导数公式和法则来求（间接法）.

例 4　求函数 $y=e^x\cos x$ 的四阶导数 $y^{(4)}$.

解　$y'=e^x\cos x+e^x(\cos x)'=e^x(\cos x-\sin x)$.

$$\begin{aligned}y''&=[e^x(\cos x-\sin x)]'=(e^x)'(\cos x-\sin x)+e^x(\cos x-\sin x)'\\&=e^x(\cos x-\sin x)+e^x(-\sin x-\cos x)\\&=-2e^x\sin x.\end{aligned}$$

$$y'''=(-2e^x\sin x)'=-2(e^x\sin x+e^x\cos x)=-2e^x(\sin x+\cos x).$$

$$\begin{aligned}y^{(4)}&=[-2e^x(\sin x+\cos x)]'\\&=-2e^x(\sin x+\cos x)-2e^x(\cos x-\sin x)'\\&=-2e^x(\sin x+\cos x+\cos x-\sin x)\\&=-4e^x\cos x.\end{aligned}$$

题型 5　求抽象复合函数的二阶导数.

解题方法：分清复合层次，按照复合函数的求导法则求出一阶导数，然后再用同样的办法对一阶导数求导，即得二阶导数. 注意对于抽象函数而言，导数符号的位置不同，表示不同的意义.

例 5　设 $f''(x)$ 存在，求下列函数 y 的二阶导数 $\frac{d^2y}{dx^2}$：

视频

例5（1）

（1）$y=f(x^2)$；　　　　（2）$y=\ln[f(x)]$.

解　（1）$\frac{dy}{dx}=[f(x^2)]'=f'(x^2)\cdot(x^2)'=2xf'(x^2)$，

$$\frac{d^2y}{dx^2}=2f'(x^2)+2x[f'(x^2)]'=2f'(x^2)+4x^2f''(x^2).$$

（2）$\frac{dy}{dx}=\frac{1}{f(x)}\cdot f'(x)$，

$$\frac{d^2y}{dx^2}=\left[\frac{1}{f(x)}\cdot f'(x)\right]'=\left[\frac{f'(x)}{f(x)}\right]'=\frac{f(x)\cdot f''(x)-[f'(x)]^2}{f^2(x)}.$$

三、习题详解

习题 2.2　A 组

1. 选择题：

（1）设 $f(x)=\arctan x$，则 $\lim\limits_{\Delta x\to 0}\frac{f(1+\Delta x)-f(1)}{\Delta x}=$（　　）.

A. 1　　B. -1　　C. $\frac{1}{2}$　　D. $-\frac{1}{2}$

（2）下列函数中，（　　）$'=-\frac{1}{x}$.

A. $\ln(-x)$　　B. $\ln\frac{1}{x}$　　C. $\ln\frac{1}{x^2}$　　D. $\ln(\ln x)$

(3)设$f(x+2)=e^x$,则$f'(1)=$(　　).

A. e^{-1}　　B. e^3　　C. e　　D. $e-2$

(4)设$f(x)=a_0+a_1x+a_2x^2+\cdots+a_nx^n$,则$[f(0)]'=$(　　).

A. a_0　　B. a_1　　C. na_n　　D. 0

(5)下列函数中导数不等于$\frac{1}{2}\sin 2x$的是(　　).

A. $\frac{1}{2}\sin^2 x$　　B. $\frac{1}{4}\cos 2x$

C. $-\frac{1}{2}\cos^2 x$　　D. $1-\frac{1}{4}\cos 2x$

(6)设$f(x)$可导,$f'(1)=2$,且$y=f(1+x)-f(1-x)$,则$\left.\frac{dy}{dx}\right|_{x=0}=$(　　).

A. 2　　B. 3　　C. 4　　D. 0

(7)设$f(x)$为可导的奇函数,且$f'(1)=2$,则$f'(-1)=$(　　).

A. $\frac{1}{2}$　　B. $-\frac{1}{2}$　　C. 2　　D. -2

(8)设$f(x)=\sin x$,则$f^{(7)}(0)=$(　　).

A. -1　　B. 0　　C. 1　　D. $\cos x$

解　(1)由$f(x)=\arctan x$得$f'(x)=\frac{1}{1+x^2}$,所以$\lim\limits_{\Delta x\to 0}\frac{f(1+\Delta x)-f(1)}{\Delta x}=f'(1)=\frac{1}{2}$. 故该题选 C.

(2)$\left(\ln\frac{1}{x}\right)'=x\cdot\left(\frac{1}{x}\right)'=x\cdot\left(-\frac{1}{x^2}\right)=-\frac{1}{x}$. 故该题选 B.

(3)令$x+2=t$,则$x=t-2$, $f(t)=e^{t-2}$;又$f'(t)=e^{t-2}$,所以$f'(1)=\frac{1}{e}$. 故该题选 A.

(4)由于$f(0)=a_0$,则$[f(0)]'=0$. 故该题选 D.

(5)$\left(\frac{1}{4}\cos 2x\right)'=\frac{1}{4}\cdot(-\sin 2x)\cdot 2=-\frac{1}{2}\sin 2x$. 故该题选 B.

(6)$y'=[f(1+x)-f(1-x)]'=f'(1+x)+f'(1-x)$,则$\left.\frac{dy}{dx}\right|_{x=0}=2f'(1)=4$. 故该题选 C.

(7)因为$f(x)$为奇函数,则$f(-x)=-f(x)$,则$[f(-x)]'=-f'(-x)=-f'(x)$,即$f'(-x)=f'(x)$,所以$f'(-1)=f'(1)=2$. 故该题选 C.

(8)由于$f'(x)=\cos x$, $f''(x)=-\sin x$, $f'''(x)=-\cos x$, $f^{(4)}(x)=\sin x$,所以$f^{(7)}(0)=(-\cos x)\Big|_{x=0}=-1$. 故该题选 A.

2. 求下列函数的导数:

(1)$y=-2x^2\sqrt{x}+3\sqrt[3]{x^2}-\frac{1}{x}$;　　(2)$y=10^x+x^{10}+\lg x+\cos x+\sin\frac{\pi}{3}$;

(3)$y=e^x(\sin x+\cos x)$;　　(4)$y=x^2(2x-\sqrt{x}+1)$;

(5)$y=\frac{x\sqrt{x}}{\sqrt[3]{x}}$;　　(6)$y=\frac{x^3+2x\sqrt{x}-2}{x^2}$.

解　(1)因为$y=-2x^2\sqrt{x}+3\sqrt[3]{x^2}-\frac{1}{x}=-2x^{\frac{5}{2}}+3x^{\frac{2}{3}}-\frac{1}{x}$,

所以
$$y'=-2\cdot\frac{5}{2}x^{\frac{3}{2}}+3\cdot\frac{2}{3}x^{-\frac{1}{3}}+\frac{1}{x^2}=-5x^{\frac{3}{2}}+2x^{-\frac{1}{3}}+\frac{1}{x^2}.$$

(2)因为 $y=10^x+x^{10}+\lg x+\cos x+\sin\frac{\pi}{3}$,

所以
$$y'=10^x\ln 10+10x^9+\frac{1}{x\ln 10}-\sin x.$$

(3)因为 $y=e^x(\sin x+\cos x)$,

所以
$$y'=e^x(\sin x+\cos x)+e^x(\cos x-\sin x)=2e^x\cos x.$$

(4)因为 $y=x^2(2x-\sqrt{x}+1)=2x^3-x^{\frac{5}{2}}+x^2$,

所以
$$y'=6x^2-\frac{5}{2}x^{\frac{3}{2}}+2x.$$

(5)因为 $y=\frac{x\sqrt{x}}{\sqrt[3]{x}}=x^{\frac{7}{6}}$,

所以
$$y'=\frac{7}{6}x^{\frac{1}{6}}.$$

(6)因为 $y=\frac{x^3+2x\sqrt{x}-2}{x^2}=x+2x^{-\frac{1}{2}}-2x^{-2}$,

所以
$$y'=1-x^{-\frac{3}{2}}+4x^{-3}.$$

3. 求下列函数的导数:

(1)$y=\arctan(e^x)$;　　(2)$y=\sqrt{a^2-x^2}$ (a 为常数);

(3)$y=\left(\arcsin\frac{x}{2}\right)^2$;　　(4)$y=\ln\ln\ln x$;

(5)$y=\arctan\frac{x+1}{x-1}$;　　(6)$y=\ln(e^x+\sqrt{1+e^{2x}})$;

(7)$y=e^{-\frac{x}{2}}\cos 3x$;　　(8)$y=x\arcsin\frac{x}{2}+\sqrt{4-x^2}$.

解 (1)复合过程为 $y=\arctan u$, $u=e^x$,

其中
$$y'_u=\frac{1}{1+u^2},\quad u'_x=e^x,$$

则
$$y'=y'_u\cdot u'_x=\frac{1}{1+u^2}\cdot e^x=\frac{e^x}{1+e^{2x}}.$$

(2)$y'=(\sqrt{a^2-x^2})'=\frac{1}{2\sqrt{a^2-x^2}}\cdot(a^2-x^2)'=\frac{-x}{\sqrt{a^2-x^2}}$.

(3)
$$y'=\left[\left(\arcsin\frac{x}{2}\right)^2\right]'=2\arcsin\frac{x}{2}\cdot\left(\arcsin\frac{x}{2}\right)'=2\arcsin\frac{x}{2}\cdot\frac{1}{\sqrt{1-\left(\frac{x}{2}\right)^2}}\cdot\left(\frac{x}{2}\right)'$$
$$=2\arcsin\frac{x}{2}\cdot\frac{2}{\sqrt{4-x^2}}\cdot\frac{1}{2}=\frac{2}{\sqrt{4-x^2}}\arcsin\frac{x}{2}.$$

(4)
$$y'=(\ln\ln\ln x)'=\frac{1}{\ln\ln x}\cdot(\ln\ln x)'=\frac{1}{\ln\ln x}\cdot\frac{1}{\ln x}\cdot(\ln x)'$$
$$=\frac{1}{\ln\ln x}\cdot\frac{1}{\ln x}\cdot\frac{1}{x}=\frac{1}{x(\ln x)\ln\ln x}.$$

(5)
$$y'=\left(\arctan\frac{x+1}{x-1}\right)'=\frac{1}{1+\left(\frac{x+1}{x-1}\right)^2}\cdot\left(\frac{x+1}{x-1}\right)'=\frac{1}{1+\left(\frac{x+1}{x-1}\right)^2}\cdot\frac{x-1-(x+1)}{(x-1)^2}$$

$$=\frac{1}{\frac{(x-1)^2+(x+1)^2}{(x-1)^2}}\cdot\frac{-2}{(x-1)^2}=\frac{-2}{2x^2+2}=-\frac{1}{x^2+1}.$$

(6) $y'=[\ln(e^x+\sqrt{1+e^{2x}})]'=\frac{1}{e^x+\sqrt{1+e^{2x}}}(e^x+\sqrt{1+e^{2x}})'$

$$=\frac{1}{e^x+\sqrt{1+e^{2x}}}\left[e^x+\frac{1}{2\sqrt{1+e^{2x}}}(1+e^{2x})'\right]$$

$$=\frac{1}{e^x+\sqrt{1+e^{2x}}}\left(e^x+\frac{e^{2x}}{\sqrt{1+e^{2x}}}\right)$$

$$=\frac{1}{e^x+\sqrt{1+e^{2x}}}\cdot\frac{e^x\sqrt{1+e^{2x}}+e^{2x}}{\sqrt{1+e^{2x}}}=\frac{e^x}{\sqrt{1+e^{2x}}}.$$

(7) $y'=(e^{-\frac{x}{2}}\cos 3x)'=(e^{-\frac{x}{2}})'\cos 3x+e^{-\frac{x}{2}}\cdot(\cos 3x)'$

$$=e^{-\frac{x}{2}}\cdot\left(-\frac{x}{2}\right)'\cos 3x+e^{-\frac{x}{2}}\cdot(-\sin 3x)\cdot(3x)'$$

$$=-\frac{1}{2}e^{-\frac{x}{2}}\cos 3x-3e^{-\frac{x}{2}}\sin 3x$$

$$=-\frac{1}{2}e^{-\frac{x}{2}}(\cos 3x+6\sin 3x).$$

(8) $y'=\left(x\arcsin\frac{x}{2}+\sqrt{4-x^2}\right)'=\left(x\arcsin\frac{x}{2}\right)'+(\sqrt{4-x^2})'$

$$=x'\arcsin\frac{x}{2}+x\left(\arcsin\frac{x}{2}\right)'+\frac{1}{2}(4-x^2)^{-\frac{1}{2}}(4-x^2)'$$

$$=\arcsin\frac{x}{2}+\frac{x}{\sqrt{4-x^2}}-\frac{x}{\sqrt{4-x^2}}$$

$$=\arcsin\frac{x}{2}.$$

4. 求下列函数的二阶导数:

(1) $y=2x^2+\ln x$;　　(2) $y=\tan x$;

(3) $y=\cos(\ln x)$;　　(4) $y=\frac{1}{x-1}$.

解 (1) $y'=4x+\frac{1}{x}, y''=4-\frac{1}{x^2}$.

(2) $y'=\sec^2 x$,

$y''=(\sec^2 x)'=2\sec x\cdot(\sec x)'=2\sec x\cdot\sec x\tan x=2\sec^2 x\tan x$.

(3) $y'=-\sin(\ln x)\cdot(\ln x)'=-\frac{\sin(\ln x)}{x}$,

$$y''=-\frac{[\sin(\ln x)]'x-\sin(\ln x)x'}{x^2}=-\frac{\cos(\ln x)-\sin(\ln x)}{x^2}=\frac{\sin(\ln x)-\cos(\ln x)}{x^2}.$$

(4) $y'=-\frac{1}{(x-1)^2}\cdot(x-1)'=-(x-1)^{-2}$,

$$y''=2(x-1)^{-3}=\frac{2}{(x-1)^3}.$$

5. 已知 $[f(x^2)]'=\frac{1}{x}$,求 $f'(1)$.

解 因为 $[f(x^2)]'=2xf'(x^2)=\frac{1}{x}$,

所以 $$f'(x^2)=\frac{1}{2x^2},\quad 即\quad f'(x)=\frac{1}{2x},$$

所以 $$f'(1)=\frac{1}{2}.$$

习题 2.2 B 组

1. 试求曲线 $y=e^{-x}\sqrt[3]{x+1}$ 在点 $(0,1)$ 处的切线方程和法线方程.

解 因为 $y'=(e^{-x}\sqrt[3]{x+1})'=(e^{-x})'\sqrt[3]{x+1}+e^{-x}(\sqrt[3]{x+1})'$

$$=-e^{-x}\sqrt[3]{x+1}+\frac{1}{3}e^{-x}(x+1)^{\frac{2}{3}},$$

则切线斜率 $k_1=y'|_{x=0}=-\frac{2}{3}$，法线斜率 $k_2=\frac{3}{2}$，所以切线方程为 $y-1=-\frac{2}{3}x$，即 $2x+3y-3=0$，法线方程为 $y-1=\frac{3}{2}x$，即 $3x-2y+2=0$.

2. 设 $y=e^x+e^{-x}$，求 y''.

解 $y'=(e^x+e^{-x})'=e^x-e^{-x}$，$\quad y''=(e^x-e^{-x})'=e^x+e^{-x}$.

3. 设 $g'(x)$ 连续，且 $f(x)=(x-a)^2g(x)$，求 $f''(a)$.

解 因为 $f'(x)=2(x-a)g(x)+(x-a)^2g'(x)$，

$$f''(x)=2g(x)+4(x-a)g'(x)+(x-a)^2g''(x),$$

所以 $$f''(a)=2g(a).$$

4. 已知 $y=x\ln x$，求 $y^{(10)}$.

解 由于 $y'=(x\ln x)'=x'\ln x+x(\ln x)'=\ln x+1$，$\quad y''=(\ln x+1)'=\frac{1}{x}$，

$$y'''=\left(\frac{1}{x}\right)'=-x^{-2},\quad y^{(4)}=(-1)(-2)x^{-3},\quad y^{(5)}=(-1)(-2)(-3)x^{-4},$$

所以 $$y^{(10)}=(-1)^8\frac{8!}{x^9}=\frac{8!}{x^9}.$$

2.3 隐函数及由参数方程所确定函数的求导

一、学习目标

1. 会求隐函数和由参数方程所确定函数的一阶导数；
2. 掌握对数求导法.

二、基本题型及解题方法

题型 1 求隐函数的导数.

解题方法：直接求导法，即方程两边同时对自变量 x 求导，要明确 y 是关于 x 的函数，应按复合函数求导法则来求导。

例 1 设方程 $x^4-xy+y^4=1$ 确定了隐函数 $y=y(x)$，求 y'' 在点 $(0,1)$ 处的值.

解 方程两边同时对 x 求导，得 $4x^3-(x'y+xy')+4y^3\cdot y'=0$，

视频 例1

即
$$(4y^3-x)y'=y-4x^3,$$
当 $(4y^3-x)\neq 0$ 时，
$$y'=\frac{y-4x^3}{4y^3-x},\quad y'|_{(0,1)}=\frac{1}{4},$$
又
$$y''=\frac{(y'-12x^2)(4y^3-x)-(y-4x^3)(12y^2y'-1)}{(4y^3-x)^2},$$
$$y''=\frac{(-x-8y^3+48x^3y^2)y'+(8x^3-48x^2y^3+y)}{(4y^3-x)^2},$$
将 $x=0,y=1,y'|_{(0,1)}=\frac{1}{4}$ 代入上式,得
$$y''|_{(0,1)}=-\frac{1}{16}.$$

题型 2 利用对数求导法求导数.

解题方法:一种特殊的求导方法,先在等式两边取自然对数,再两边同时对 x 求导.常用来求幂指函数及主要由乘、除、乘方、开方运算所得的函数的导数.

例 2 用对数求导法求下列函数的导数:

(1) $y=(2+\sin x)^{\cos x}$;　　(2) $y=\frac{\sqrt{7x+2}\,(1-4x)^3}{(2x-3)^5}$.

解 (1)函数两边取自然对数,得
$$\ln y=\cos x\ln(2+\sin x),$$
上式两边同时对 x 求导,得
$$\frac{1}{y}y'=(-\sin x)\cdot\ln(2+\sin x)+\cos x\cdot\frac{1}{2+\sin x}\cdot\cos x$$
$$=-\sin x\ln(2+\sin x)+\frac{\cos^2 x}{2+\sin x},$$
则
$$y'=y\left[-\sin x\ln(2+\sin x)+\frac{\cos^2 x}{2+\sin x}\right]$$
$$=(2+\sin x)^{\cos x}\left[-\sin x\ln(2+\sin x)+\frac{\cos^2 x}{2+\sin x}\right].$$

(2)函数两边取自然对数,得
$$\ln y=\frac{1}{2}\ln(7x+2)+3\ln(1-4x)-5\ln(2x-3),$$
上式两边同时对 x 求导,得 $\frac{1}{y}y'=\frac{1}{2(7x+2)}\cdot 7+\frac{3}{1-4x}\cdot(-4)-\frac{5}{2x-3}\cdot 2$,

则
$$y'=y\left[\frac{7}{2(7x+2)}-\frac{12}{1-4x}-\frac{10}{2x-3}\right],$$
即
$$y'=\frac{\sqrt{7x+2}\,(1-4x)^3}{(2x-3)^5}\left[\frac{7}{2(7x+2)}-\frac{12}{1-4x}-\frac{10}{2x-3}\right].$$

题型 3 求由参数方程所确定的函数的导数.

解题方法:利用 $\frac{dy}{dx}=\frac{\frac{dy}{dt}}{\frac{dx}{dt}}$ 来求导,但由于参数方程中的 x 与 y 都是用参数表示的,所以在结果 y' 中也仍是参数表示的.

例 3 求由参数方程$\begin{cases}x=\arctan t\\ y=\ln(1+t^2)\end{cases}$所确定的函数 $y=y(x)$ 的导数.

解 因为

$$\frac{dx}{dt}=\frac{1}{1+t^2},\quad \frac{dy}{dt}=\frac{2t}{1+t^2},$$

所以

$$\frac{dy}{dx}=\frac{\frac{dy}{dt}}{\frac{dx}{dt}}=2t.$$

三、习题详解

习题 2.3 A 组

1. 选择题:

(1) 设 $x=e^y$,则$\left.\frac{dy}{dx}\right|_{y=1}=$(　　).

A. e^{-1}　　B. e　　C. xe　　D. xe^{-1}

(2) 设 $\ln y=x^2$,则$\left.\frac{dy}{dx}\right|_{x=1}=$(　　).

A. $2y$　　B. $2e$　　C. 2　　D. $-2e$

(3) 设$f(x)=\left(1+\frac{1}{x}\right)^x$,则$f'\left(\frac{1}{2}\right)=$(　　).

A. $\left(\ln 5-\frac{2}{3}\right)\sqrt{5}$　　B. $\left(\ln 3-\frac{2}{3}\right)\sqrt{3}$　　C. $\left(\ln 2-\frac{2}{3}\right)\sqrt{2}$　　D. $\left(\ln 3-\frac{2}{5}\right)\sqrt{5}$

解 (1) 两边同时对自变量 x 求导得 $1=e^y\cdot y'$,则 $y'=e^{-y}$,$\left.\frac{dy}{dx}\right|_{y=1}=e^{-1}$. 故该题选 A.

(2) 两边同时对自变量 x 求导得$\frac{1}{y}y'=2x$,则 $y'=2xy$,将 $x=1$ 代入原式得 $y=e$,所以,$\left.\frac{dy}{dx}\right|_{x=1}=2e$. 故该题选 B.

(3) 等式两边同时取自然对数得 $\ln y=x\ln\left(1+\frac{1}{x}\right)$,等式两边同时对自变量 x 求导得$\frac{1}{y}y'=\ln\left(1+\frac{1}{x}\right)-\frac{1}{1+x}$,即 $y'=\left(1+\frac{1}{x}\right)^x\left[\ln\left(1+\frac{1}{x}\right)-\frac{1}{1+x}\right]$,则$f'\left(\frac{1}{2}\right)=\left(\ln 3-\frac{2}{3}\right)\sqrt{3}$,故该题选 B.

2. 求由下列方程所确定的隐函数 y 的导数:

(1) $y^2-2xy+9=0$;　　(2) $xy=e^{x+y}$;

(3) $y=1-xe^y$;　　(4) $y\sin x-\cos(x-y)=0$;

(5) $xy=\ln(x+y)$;　　(6) $x^2=\sin y$.

解 (1) 等式左右两边同时对自变量 x 求导得

$$2y\cdot y'-(2y+2xy')=0,$$

即

$$(y-x)y'=y,$$

所以

$$y'=\frac{y}{y-x}.$$

(2) 等式左右两边同时对自变量 x 求导得

$$y+xy'=e^{x+y}(1+y'),$$

即

$$(x-e^{x+y})y'=e^{x+y}-y,$$

所以
$$y'=\frac{e^{x+y}-y}{x-e^{x+y}}.$$

(3)等式左右两边同时对自变量 x 求导得
$$y'=-e^{y}-xe^{y}\cdot y',$$
即
$$(1+xe^{y})y'=-e^{y},$$
所以
$$y'=-\frac{e^{y}}{1+xe^{y}}.$$

(4)等式左右两边同时对自变量 x 求导得
$$y'\sin x+y\cos x+\sin(x-y)\cdot(1-y')=0,$$
即
$$[\sin x-\sin(x-y)]y'=-y\cos x-\sin(x-y),$$
所以
$$y'=\frac{\sin(x-y)+y\cos x}{\sin(x-y)-\sin x}.$$

(5)等式左右两边同时对自变量 x 求导得
$$y+xy'=\frac{1}{x+y}(1+y'),$$
即
$$\left(x-\frac{1}{x+y}\right)y'=\frac{1}{x+y}-y,$$
所以
$$y'=\frac{\frac{1}{x+y}-y}{x-\frac{1}{x+y}}=\frac{1-y(x+y)}{x(x+y)-1}.$$

(6)等式左右两边同时对自变量 x 求导得
$$2x=y'\cos y.$$
即
$$y'=\frac{2x}{\cos y}.$$

3. 用对数求导法求下列函数的导数:

(1) $y=x^{\sin x}(x>0)$;　　(2) $y=\left(\frac{x}{1+x}\right)^{x}$;

(3) $y=\frac{(x+1)\sqrt[3]{x-1}}{(x+4)^{2}e^{x}}$;　　(4) $y=\frac{\sqrt{x+2}(3-x)^{4}}{(x+1)^{5}}$.

解 (1)两边取自然对数,得
$$\ln y=\sin x\cdot\ln x,$$
上式两边同时求导,得
$$\frac{1}{y}y'=\cos x\cdot\ln x+\frac{1}{x}\sin x,$$
所以
$$y'=y\left(\cos x\cdot\ln x+\frac{1}{x}\sin x\right)=x^{\sin x}\left(\cos x\cdot\ln x+\frac{1}{x}\sin x\right).$$

(2)等式左右两边同时取自然对数,得
$$\ln y=x\ln\frac{x}{1+x}=x[\ln x-\ln(1+x)],$$
上式两边同时求导,得
$$\frac{1}{y}\cdot y'=\ln x-\ln(1+x)+x\left(\frac{1}{x}-\frac{1}{1+x}\right)=\ln\frac{x}{1+x}-\frac{x}{1+x}+1=\ln\frac{x}{1+x}+\frac{1}{1+x},$$
所以
$$y'=y\left(\ln\frac{x}{1+x}+\frac{1}{1+x}\right)=\left(\frac{x}{1+x}\right)^{x}\left(\ln\frac{x}{1+x}+\frac{1}{1+x}\right).$$

(3)等式左右两边同时取自然对数,得

$$\ln y=\ln(x+1)+\frac{1}{3}\ln(x-1)-2\ln(x+4)-x,$$

上式两边同时求导,得

$$\frac{1}{y}\cdot y'=\frac{1}{x+1}+\frac{1}{3(x-1)}-\frac{2}{x+4}-1,$$

所以 $$y'=y\left[\frac{1}{x+1}+\frac{1}{3(x-1)}-\frac{2}{x+4}-1\right]=\frac{(x+1)\sqrt[3]{x-1}}{(x+4)^2e^x}\left[\frac{1}{x+1}+\frac{1}{3(x-1)}-\frac{2}{x+4}-1\right].$$

(4)等式左右两边同时取自然对数,得

$$\ln y=\frac{1}{2}\ln(x+2)+4\ln(3-x)-5\ln(x+1),$$

上式两边同时求导,得

$$\frac{1}{y}\cdot y'=\frac{1}{2(x+2)}-\frac{4}{3-x}-\frac{5}{x+1},$$

所以 $$y'=y\left[\frac{1}{2(x+2)}-\frac{4}{3-x}-\frac{5}{x+1}\right]=\frac{\sqrt{x+2}(3-x)^4}{(x+1)^5}\left[\frac{1}{2(x+2)}-\frac{4}{3-x}-\frac{5}{x+1}\right].$$

4. 求由下列参数方程所确定函数的导数:

(1) $\begin{cases}x=t^2+1\\y=t^3+t\end{cases}$;　　(2) $\begin{cases}x=e^t\sin t\\y=e^t\cos t\end{cases}$.

解 (1)因为 $$\frac{dx}{dt}=2t,\ \frac{dy}{dt}=(3t^2+1),$$

所以 $$\frac{dy}{dx}=\frac{\frac{dy}{dt}}{\frac{dx}{dt}}=\frac{3t^2+1}{2t}.$$

(2)因为 $$\frac{dx}{dt}=e^t\sin t+e^t\cos t=e^t(\sin t+\cos t),$$

$$\frac{dy}{dt}=e^t\cos t+e^t(-\sin t)=e^t(\cos t-\sin t),$$

所以 $$\frac{dy}{dx}=\frac{\frac{dy}{dt}}{\frac{dx}{dt}}=\frac{\cos t-\sin t}{\sin t+\cos t}.$$

习题 2.3　B 组

1. 由方程 $xy-\sin\pi y^2=0$ 确定的隐函数 $y=y(x)$ 的导数 $\frac{dy}{dx}$,并求 $\left.\frac{dy}{dx}\right|_{\substack{x=0\\y=1}}$.

解 等式左右两边同时对自变量 x 求导,得

$$x'y+xy'-\cos\pi y^2\cdot 2\pi y\cdot y'=0,$$

整理,得 $$(2\pi y\cos\pi y^2-x)y'=y,$$

即 $$y'=\frac{y}{2\pi y\cos\pi y^2-x}.$$

当 $x=0,y=1$ 时,

$$\left.\frac{dy}{dx}\right|_{\substack{x=0\\y=1}}=\frac{1}{2\pi\cos\pi-0}=-\frac{1}{2\pi}.$$

2. 求由方程 $xy-e^x+e^y=0$ 所确定的隐函数 y 的导数 $\frac{d^2y}{dx^2}$，并求 $\left.\frac{d^2y}{dx^2}\right|_{x=0}$.

解 等式左右两边同时对自变量 x 求导，得

$$y+xy'-e^x+e^y\cdot y'=0,$$

即

$$(x+e^y)y'=e^x-y,$$

所以

$$y'=\frac{e^x-y}{x+e^y}.$$

将 $x=0$ 代入原方程得 $y=0$.

将 $x=0$，$y=0$ 代入 $y'=\frac{e^x-y}{x+e^y}$ 得

$$y'|_{x=0}=\frac{1-0}{0+1}=1,$$

又

$$\begin{aligned}y''=\frac{d^2y}{dx^2}&=\frac{(e^x-y)'(x+e^y)-(e^x-y)(x+e^y)'}{(x+e^y)^2}\\&=\frac{(e^x-y')(x+e^y)-(e^x-y)(1+e^yy')}{(x+e^y)^2}\\&=\frac{xe^x+e^{x+y}-e^x+y-(x+e^y+e^{x+y}-ye^y)y'}{(x+e^y)^2}.\end{aligned}$$

将 $x=0$，$y=0$，$y'|_{x=0}=1$ 代入上式，得 $\left.\frac{d^2y}{dx^2}\right|_{x=0}=-2$.

3. 求星形线 $x^{\frac{2}{3}}+y^{\frac{2}{3}}=2^{\frac{2}{3}}$ 在点 $\left(\frac{\sqrt{2}}{2},\frac{\sqrt{2}}{2}\right)$ 处的切线方程.

解 等式左右两边同时对自变量 x 求导，得

$$\frac{2}{3}x^{-\frac{1}{3}}+\frac{2}{3}y^{-\frac{1}{3}}\cdot y'=0,$$

即

$$y'=-\frac{\frac{2}{3}x^{-\frac{1}{3}}}{\frac{2}{3}y^{\frac{1}{3}}}=\frac{y^{\frac{1}{3}}}{x^{\frac{1}{3}}},$$

则星形线在点 $\left(\frac{\sqrt{2}}{2},\frac{\sqrt{2}}{2}\right)$ 处切线的斜率 $k=1$，

所以切线方程为 $y-\frac{\sqrt{2}}{2}=x-\frac{\sqrt{2}}{2}$，即 $y=x$.

4. 已知椭圆方程为 $\begin{cases}x=a\cos t\\y=b\sin t\end{cases}$ $(0\leqslant t\leqslant 2\pi)$，求以下问题：

(1) 椭圆在任意一点处的切线斜率；

(2) 椭圆在 $t=\frac{\pi}{4}$ 处的切线方程.

解 (1) 因为

$$\frac{dx}{dt}=-a\sin t,\quad \frac{dy}{dt}=b\cos t,$$

所以

$$\frac{dy}{dx}=-\frac{b\cos t}{a\sin t}=-\frac{b}{a}\cot t.$$

即椭圆在任意一点处切线斜率为 $k=-\frac{b}{a}\cot t$.

(2) 椭圆在 $t=\frac{\pi}{4}$ 处的切线斜率 $k=-\frac{b}{a}$，切点坐标为 $\left(\frac{\sqrt{2}}{2}a,\frac{\sqrt{2}}{2}b\right)$，

则切线方程为 $y-\frac{\sqrt{2}}{2}b=-\frac{b}{a}\left(x-\frac{\sqrt{2}}{2}a\right)$，即 $bx+ay-\sqrt{2}ab=0$.

2.4 微分及其应用

一、学习目标

1. 理解函数可微及微分的概念；
2. 理解导数与微分的关系.

二、基本题型及解题方法

题型1 利用 $\mathrm{d}y=f'(x)\mathrm{d}x$ 求函数的微分.

例1 求下列函数的微分 $\mathrm{d}y$：

(1) $y=2\sqrt{x}-\frac{1}{x}+\ln\sqrt{3}$；　　(2) $y=x^2\mathrm{e}^{2x}$.

解 (1) $\mathrm{d}y=\left(2\sqrt{x}-\frac{1}{x}+\ln\sqrt{3}\right)'\mathrm{d}x=\left(\frac{1}{\sqrt{x}}+\frac{1}{x^2}\right)\mathrm{d}x$.

(2) $\mathrm{d}y=(x^2\mathrm{e}^{2x})'\mathrm{d}x=(2x\mathrm{e}^{2x}+2x^2\mathrm{e}^{2x})\mathrm{d}x=2x\mathrm{e}^{2x}(1+x)\mathrm{d}x$.

题型2 利用微分基本公式、运算法则及一阶微分形式不变性求函数的微分.

例2 求下列函数的微分 $\mathrm{d}y$：

(1) $y=\ln\frac{x}{1-x}$；　　(2) $y=\tan^2(\pi+2x^2)$.

视频 例2(2)

解 (1) $\mathrm{d}y=\frac{1-x}{x}\mathrm{d}\left(\frac{x}{1-x}\right)=\frac{1-x}{x}\cdot\frac{(1-x)\mathrm{d}x-x\mathrm{d}(1-x)}{(1-x)^2}$

$$=\frac{1-x}{x}\cdot\frac{(1-x)\mathrm{d}x+x\mathrm{d}x}{(1-x)^2}=\frac{1-x}{x}\cdot\frac{1}{(1-x)^2}\mathrm{d}x=\frac{1}{x(1-x)}\mathrm{d}x.$$

(2)
$$\begin{aligned}\mathrm{d}y&=2\tan(\pi+2x^2)\mathrm{d}[\tan(\pi+2x^2)]\\&=2\tan(\pi+2x^2)\sec^2(\pi+2x^2)\mathrm{d}(\pi+2x^2)\\&=8x\tan(\pi+2x^2)\sec^2(\pi+2x^2)\mathrm{d}x.\end{aligned}$$

三、习题详解

习题2.4 A组

1. 填空题：

(1) $\mathrm{d}($____________$)=2x\mathrm{d}x$.

(2) $\mathrm{d}($____________$)=\frac{1}{\sqrt{x}}\mathrm{d}x$.

解 (1) x^2+C.　　(2) $2\sqrt{x}+C$.

2. 选择题：

(1) 设 $y=f(x)$ 在点 x_0 可微，且 $\lim\limits_{x\to0}\frac{f(x_0)-f(x_0+2x)}{6x}=3$，则 $\mathrm{d}y\big|_{x=x_0}=$ (　　).

A. $-9\mathrm{d}x$　　B. $8\mathrm{d}x$　　C. $-3\mathrm{d}x$　　D. $2\mathrm{d}x$

(2) $\mathrm{d}(\ln\sin 2x)=(\quad)\mathrm{d}(2x)$.

A. $\sin 2x$　　B. $\cos 2x$　　C. $\cot 2x$　　D. $\tan 2x$

(3) $\mathrm{d}(\quad)=\mathrm{e}^{\sqrt{x}}\mathrm{d}(\sqrt{x})$.

A. $\mathrm{e}^{\sqrt{x}}$　　B. $\mathrm{e}^{\sqrt{x}}+C$　　C. $\mathrm{e}^{2\sqrt{x}}$　　D. $2\mathrm{e}^{\sqrt{x}}$

解 (1)由函数 $y=f(x)$ 在点 x_0 可微可知 $\lim\limits_{x\to 0}\dfrac{f(x_0)-f(x_0+2x)}{6x}=-\dfrac{1}{3}\lim\limits_{x\to 0}\dfrac{f(x_0+2x)-f(x_0)}{2x}=-\dfrac{1}{3}f'(x_0)=3$，所以 $f'(x_0)=-9$，即 $\mathrm{d}y\big|_{x=x_0}=-9\mathrm{d}x$，故该题选 A.

(2) $\mathrm{d}(\ln\sin 2x)=(\ln\sin 2x)'\mathrm{d}x=\dfrac{1}{\sin 2x}\cdot\cos 2x\cdot(2x)'\mathrm{d}x=\cot 2x\mathrm{d}(2x)$. 故该题选 C.

(3)令 $\sqrt{x}=u$，则 $\mathrm{e}^{\sqrt{x}}\mathrm{d}(\sqrt{x})=\mathrm{e}^u\mathrm{d}u=\mathrm{d}(\mathrm{e}^u)$，而 $\mathrm{d}(\mathrm{e}^u+c)=\mathrm{d}(\mathrm{e}^u)$，将 $\sqrt{x}=u$ 代回，故该题选 B.

3. 求下列函数的微分 $\mathrm{d}y$：

(1) $y=\dfrac{1}{x}+\sqrt[3]{x}$；　　(2) $y=x\sin 3x$；

(3) $y=\sqrt{x-\sqrt{x}}$；　　(4) $y=\dfrac{\mathrm{e}^{2x}}{x^2}$；

(5) $y=\dfrac{x}{\sqrt{x^2+1}}$；　　(6) $y=\arcsin\sqrt{1-x^2}$.

解 (1) $\mathrm{d}y=\left(\dfrac{1}{x}+\sqrt[3]{x}\right)'\mathrm{d}x=\left(-\dfrac{1}{x^2}+\dfrac{1}{3}x^{-\frac{2}{3}}\right)\mathrm{d}x$.

(2) $\mathrm{d}y=(x\sin 3x)'\mathrm{d}x=(\sin 3x+3x\cos 3x)\mathrm{d}x$.

(3) $\mathrm{d}y=\left(\sqrt{x-\sqrt{x}}\right)'\mathrm{d}x=\dfrac{1}{2}(x-\sqrt{x})^{-\frac{1}{2}}\left(1-\dfrac{1}{2}x^{-\frac{1}{2}}\right)\mathrm{d}x=\dfrac{2\sqrt{x}-1}{4\sqrt{x}\sqrt{x-\sqrt{x}}}\mathrm{d}x$.

(4) $\mathrm{d}y=\mathrm{d}\left(\dfrac{\mathrm{e}^{2x}}{x^2}\right)=\dfrac{2\mathrm{e}^{2x}x^2-2x\mathrm{e}^{2x}}{x^4}\mathrm{d}x=\dfrac{2\mathrm{e}^{2x}(x-1)}{x^3}\mathrm{d}x$.

(5) $$\mathrm{d}y=\mathrm{d}\left(\frac{x}{\sqrt{x^2+1}}\right)=\frac{\sqrt{x^2+1}\mathrm{d}x-x\mathrm{d}\sqrt{x^2+1}}{(\sqrt{x^2+1})^2}=\frac{\sqrt{x^2+1}\mathrm{d}x-\dfrac{x}{2\sqrt{x^2+1}}\mathrm{d}(x^2+1)}{x^2+1}$$

$$=\frac{\sqrt{x^2+1}\mathrm{d}x-\dfrac{x^2}{\sqrt{x^2+1}}\mathrm{d}x}{x^2+1}=\frac{1}{(x^2+1)\sqrt{x^2+1}}\mathrm{d}x=(x^2+1)^{-\frac{3}{2}}\mathrm{d}x.$$

(6) $$\mathrm{d}y=\mathrm{d}(\arcsin\sqrt{1-x^2})=\frac{1}{\sqrt{1-(\sqrt{1-x^2})^2}}\mathrm{d}(\sqrt{1-x^2})=\frac{1}{\sqrt{x^2}}\cdot\frac{1}{2\sqrt{1-x^2}}\mathrm{d}(1-x^2)$$

$$=\frac{1}{\sqrt{x^2}}\cdot\frac{1}{2\sqrt{1-x^2}}\cdot(-2x)\mathrm{d}x=-\frac{x}{|x|\sqrt{1-x^2}}\mathrm{d}x.$$

习题 2.4　B 组

1. 求下列函数值的近似值：

(1) arctan 1.01；　　(2) sin 29°.

解 (1)令函数 $f(x)=\arctan x$，将 $x_0=1$ 看作初值，则自变量的增量为

$$\Delta x=1.01-1=0.01,$$

所以 $$\arctan 1.01 \approx f(1)+f'(1)\Delta x=\frac{\pi}{4}+\frac{1}{2}\times 0.01\approx 0.79.$$

(2)令函数 $f(x)=\sin x$，将 $x_0=30°$ 看作初值，则自变量的增量为

$$\Delta x=29°-30°=-1°,$$

所以 $$\sin 29° \approx f(30°)+f'(30°)\Delta x=\frac{1}{2}+\frac{\sqrt{3}}{2}\times(-1)\approx 0.485.$$

2.(**电流函数**)电路中某点处的电流 I 是通过该点处的电量 Q 关于时间 t 的瞬时变化率. 如果一电路中的电量为 $Q(t)=t^3+t$，试回答下列问题：

(1)电流函数是什么？

(2)$t=2$ s 时的电流是多少？

(3)什么时候电流为 28 A？

解 (1)由函数 $Q(t)=t^3+t$ 得 $Q'(t)=3t^2+1$，所以电流函数 $I=3t^2+1$.

(2)$t=2$ s 时电流 $I=(3t^2+1)\big|_{t=2}=13$ A.

(3)令 $3t^2+1=28$，得 $t=3$，即 $t=3$ s 时电流为 28 A.

3.(**金属圆管的截面面积**)一金属圆管的外半径为 10 cm，当管壁厚为 0.04 cm 时，利用微分求金属圆管截面面积的近似值.

解 由圆的面积公式 $S=\pi r^2$ 得 $S'=2\pi r$.

根据函数近似值的计算公式 $f(x)\approx f(x_0)+f'(x_0)(x-x_0)$ 可得：

圆管的截面面积 $\Delta S=S(x_0)-S(x_0-\Delta x)\approx 2.512\ \text{cm}^2$.

4.(**钟表误差问题**)一个机械挂钟钟摆的周期为 1 s，冬季摆长因热胀冷缩而缩短了 0.01 cm，已知单摆周期为 $T=2\pi\sqrt{\frac{l}{g}}$，其中 l 是摆长，$g=980\ \text{cm/s}^2$，问挂钟每天大约快或慢多少？

解 由钟摆的周期公式 $T=2\pi\sqrt{\frac{l}{g}}$，有 $T'(l_0)=\left(2\pi\sqrt{\frac{l}{g}}\right)'\Big|_{l=l_0}=\frac{\pi}{\sqrt{gl_0}}$，

所以钟摆周期在 $l_0=\frac{8}{4\pi^2}$，$\Delta l=0.01$ 时的微分为

$$\mathrm{d}T\big|_{r=r_0}=T'(l_0)\Delta l=\frac{\pi}{\sqrt{gl_0}}\Delta l=\frac{2\pi^2}{g}\Delta l,$$

$$\Delta t\approx \mathrm{d}T\times 86\,400=\frac{2\pi}{g}\Delta l\times 86\,400\approx 17.28\ \text{s},$$

即挂钟每天大约慢 17.28 s.

综合测试 2

一、填空题

1. 设 $f(x)$ 在点 x_0 可导，则 $\lim\limits_{\Delta x\to 0}\frac{f(x_0-2\Delta x)-f(x_0)}{\Delta x}=$____________.

2. 若函数 $y=f(x)$ 在 $x=0$ 处有定义，且 $f(0)=0$，$f'(0)=1$，则 $\lim\limits_{x\to 0}\frac{f(x)}{x}=$____________.

3. 曲线 $y=x^2$ 上点____________处的切线平行于直线 $y=x$.

4. 曲线 $y=ax^2+b$ 上点(1,2)处的切线斜率为 1，则 $a=$____________，$b=$____________.

5. 设 $y=f(x)$，则 $(x^2y)'_x=$ ________，$(e^y)'_x=$ ________.

6. 已知函数 $y=f(x)$ 的图像在点 $(3,f(3))$ 处的切线倾斜角为 $\frac{2\pi}{3}$，则 $f'(3)=$ ________.

7. 设 $f(x)=2^x$，则 $f^{(4)}(0)=$ ________.

8. 设 $y\ln x=x\ln y$ 确定函数 $y=y(x)$，则 $dy=$ ________.

9. 已知 $y=f(u)$ 是可微函数，则 $df(e^{\sqrt{x}})=$ ________ $d\sqrt{x}$.

10. 若连续函数 $y=f(x)$ 在点 x_0 处可导，且 $|\Delta x|$ 很小，$f'(x_0)\neq 0$，则 $f(x_0+\Delta x)-f(x_0)\approx$ ________.

解 1. $\lim\limits_{\Delta x\to 0}\frac{f(x_0-2\Delta x)-f(x_0)}{\Delta x}=-2\lim\limits_{\Delta x\to 0}\frac{f(x_0-2\Delta x)-f(x_0)}{-2\Delta x}=-2f'(x_0)$.

2. $\lim\limits_{x\to 0}\frac{f(x)}{x}=\lim\limits_{x\to 0}\frac{f(x)-f(0)}{x-0}=f'(0)=1$.

3. 由题可知切线斜率 $k=1$，又由 $y=x^2$ 得 $y'=2x$，令 $y'=1$ 得 $x=\frac{1}{2}$，所以切点坐标为 $\left(\frac{1}{2},\frac{1}{4}\right)$.

4. 将点 $(1,2)$ 代入函数 $y=ax^2+b$ 中得 $a+b=2$；又切线斜率 $k=y'|_{x=1}=2ax|_{x=1}=2a=1$，所以 $a=\frac{1}{2}$，$b=\frac{3}{2}$.

5. $2xy+x^2y'$；$e^y\cdot y'$.

6. 由题可知切线斜率 $k=\tan\frac{2\pi}{3}=\tan\left(\pi-\frac{\pi}{3}\right)=-\tan\frac{\pi}{3}=-\sqrt{3}$，所以 $f'(3)=-\sqrt{3}$.

7. 由 $f(x)=2^x$ 得 $f'(x)=2^x\ln 2$，$f''(x)=2^x\ln^2 2$，$f'''(x)=2^x\ln^3 2$，$f^{(4)}(x)=2^x\ln^4 2$，则 $f^{(4)}(0)=\ln^4 2$.

8. 先求隐函数导数，

$$y'\ln x+y\cdot\frac{1}{x}=x'\ln y+x\cdot\frac{1}{y}\cdot y',$$

$$(\ln x-\frac{x}{y})y'=\ln y-\frac{y}{x},$$

则

$$y'=\frac{x\ln y-y}{y\ln x-x},\quad dy=\frac{x\ln y-y}{y\ln x-x}dx.$$

9. 因为函数 $f(e^{\sqrt{x}})$ 为复合函数，根据复合函数的微分法则得：

$$df(e^{\sqrt{x}})=[f(e^{\sqrt{x}})]'dx=e^{\sqrt{x}}f'(e^{\sqrt{x}})\cdot(\sqrt{x})'dx=e^{\sqrt{x}}f'(e^{\sqrt{x}})d(\sqrt{x}).$$

10. 函数 $y=f(x)$ 在点 x_0 处可微，则有 $\Delta y\approx dy$，即 $\Delta y=f(x_0+\Delta x)-f(x_0)\approx f'(x_0)\Delta x$.

二、选择题

1. 设函数 $f(x)=\begin{cases}x^2+1 & -1<x\leqslant 0\\ 1 & 0<x\leqslant 2\end{cases}$，则 $f(x)$ 在点 $x=0$ 处(　　).

A. 极限不存在　　B. 极限存在但不连续

C. 连续但不可导　　D. 可导

2. 设 $y=f(x)$ 在点 x_0 可微，且 $\lim\limits_{h\to 0}\frac{h}{f(x_0-2h)-f(x_0)}=\frac{1}{4}$，则 $dy|_{x=x_0}=$(　　).

A. $-4dx$　　B. $4dx$　　C. $-2dx$　　D. $2dx$

3. 设 $f(x)=\begin{cases}\frac{x^3}{3} & x\leqslant 1\\ x^2 & x>1\end{cases}$，则 $f(x)$ 在 $x=1$ 处(　　).

A. 左导数存在,但右导数不存在　　B. 左、右导数都存在

C. 左、右导数都不存在　　D. 左导数不存在,但右导数存在

4. 设$f(x)=x\ln 2x$在x_0处可导,且$f'(x_0)=2$,则$f(x_0)=$(　　).

A. 1　　B. $\frac{e}{2}$　　C. $\frac{2}{e}$　　D. e^2

5. 下列导函数$f'(x)$中正确的是(　　).

A. $(\tan 2x)'=\sec^2 2x$　　B. $(a^x)'=xa^{x-1}$

C. $\left(\cos\frac{1}{x}\right)'=\frac{1}{x^2}\sin\frac{1}{x}$　　D. $(\cot\sqrt{x})'=-\frac{1}{x+1}$

6. 已知$f(x)=\sin(ax^2)$,则$f'(a)=$(　　).

A. $\cos ax^2$　　B. $2a^2\cos a^3$　　C. $a^2\cos ax^2$　　D. $a^2\cos a^3$

7. 设$f(x)=e^{3x}$,则$f''(0)=$(　　).

A. 1　　B. 3　　C. 9　　D. 9e

8. 设曲线方程$x=1-t^2,y=t-t^2$,则它在$t=1$处的切线的斜率为(　　).

A. $\frac{1}{4}$　　B. $\frac{1}{3}$　　C. $\frac{1}{2}$　　D. 1

9. 若$x=1$,而$\Delta x=0.1$,对于$y=x^2$,Δy与dy之差是多少(　　).

A. 1　　B. 0.1　　C. 0.01　　D. 0.001

10. 若函数$y=\arctan(2\sqrt{x})$,由微分形式的不变性,下列(　　)是正确的.

①$d\arctan(2\sqrt{x})=\frac{1}{1+(2\sqrt{x})^2}d(2\sqrt{x})$;

②$d\arctan(2\sqrt{x})=\frac{2}{1+(2\sqrt{x})^2}d(\sqrt{x})$;

③$d\arctan(2\sqrt{x})=\frac{1}{1+(2\sqrt{x})^2}d(x)$;

④$d\arctan(2\sqrt{x})=\frac{1}{[1+(2\sqrt{x})^2]\sqrt{x}}d(x)$.

A. ①③④　　B. ①②④　　C. ①②③　　D. ②③④

解　1. 因为$f'_-(0)=\lim\limits_{x\to0^-}\frac{f(x)-f(0)}{x-0}=\lim\limits_{x\to0^-}\frac{x^2+1-1}{x-0}=\lim\limits_{x\to0^-}x=0$;$f'_+(0)=\lim\limits_{x\to0^+}\frac{f(x)-f(0)}{x-0}=\lim\limits_{x\to0^-}\frac{1-1}{x-0}=0$,即$f'_-(0)=f'_+(0)=0$,所以$f(x)$在点$x=0$处可导. 故该题选 D.

2. 由已知条件可知,$\lim\limits_{h\to0}\frac{f(x_0-2h)-f(x_0)}{h}=4$,所以$f'(x_0)=\lim\limits_{h\to0}\frac{f(x_0-2h)-f(x_0)}{-2h}=4\cdot\left(-\frac{1}{2}\right)=-2$,

即$\left.\frac{dy}{dx}\right|_{x=x_0}=-2$,$dy|_{x=x_0}=-2dx$. 故该题选 C.

3. 因为$f'_-(1)=\lim\limits_{x\to1^-}\frac{f(x)-f(1)}{x-1}=\lim\limits_{x\to1^-}\frac{\frac{x^3}{3}-\frac{1}{3}}{x-1}=\lim\limits_{x\to1^-}\frac{x^3-1}{3(x-1)}=\lim\limits_{x\to1^-}\frac{x^2+x+1}{3}=1$;

$f'_+(1)=\lim\limits_{x\to1^+}\frac{f(x)-f(1)}{x-1}=\lim\limits_{x\to1^+}\frac{x^2-\frac{1}{3}}{x-1}$,该极限不存在,故该题选 A.

4. 由于$y'=x'\ln 2x+x(\ln 2x)'=\ln 2x+1$,令$y'=2$得$x_0=\frac{e}{2}$,所以$f(x_0)=\frac{e}{2}$,故该题选 B.

5. 选项 A:$(\tan 2x)'=2\sec^2 2x$;选项 B:$(a^x)'=a^x\ln a$;选项 D:$(\cot\sqrt{x})'=-\csc^2\sqrt{x}\cdot(\sqrt{x})'=$

$-\dfrac{\csc^2\sqrt{x}}{2\sqrt{x}}$. 故该题选 C.

6. 因为$f'(x)=[\sin(ax^2)]'=2ax\cos(ax^2)$,所以$f'(a)=2a^2\cos a^3$. 故该题选 B.

7. 因为$f(x)=e^{3x}$,则$f'(x)=3e^{3x}$,$f''(x)=9e^{3x}$,所以$f''(0)=9$. 故该题选 C.

8. 由于$\dfrac{dx}{dt}=-2t$,$\dfrac{dy}{dt}=1-2t$,$\dfrac{dy}{dx}=\dfrac{1-2t}{-2t}$,则 $t=1$ 处的切线的斜率 $k=\left.\dfrac{dy}{dx}\right|_{t=1}=\dfrac{1}{2}$,故该题选 C.

9. $\Delta y=f(x_0+\Delta x)-f(x_0)=1.1^2-1^2=0.21$;$dy=2xdx=2x\Delta x=0.2$,所以 Δy 与 dy 的差为 0.01. 故该题选 C.

10. B.

三、解答题

1. 设 $y=\sqrt{1+\ln^2 x}$,求 y'.

解 $y'=\dfrac{1}{2\sqrt{1+\ln^2 x}}\cdot 2\ln x\cdot\dfrac{1}{x}=\dfrac{\ln x}{x\sqrt{1+\ln^2 x}}$.

2. 设 $y=(\arctan\sqrt{x^2-1})^2$,求 y'.

解 $y'=2\arctan\sqrt{x^2-1}\cdot\dfrac{1}{1+(\sqrt{x^2-1})^2}\cdot\dfrac{1}{2\sqrt{x^2-1}}\cdot 2x=\dfrac{2\arctan\sqrt{x^2-1}}{x\sqrt{x^2-1}}$.

3. 设 $y=\dfrac{x}{\sqrt{1-x^2}}$,求 y''.

解 $y'=\dfrac{x'\sqrt{1-x^2}-x(\sqrt{1-x^2})'}{(\sqrt{1-x^2})^2}=\dfrac{\sqrt{1-x^2}-x\cdot\dfrac{1}{2\sqrt{1-x^2}}\cdot(-2x)}{1-x^2}$

$$=\frac{\sqrt{1-x^2}+\dfrac{x^2}{\sqrt{1-x^2}}}{1-x^2}=(1-x^2)^{-\frac{3}{2}}.$$

$y''=[(1-x^2)^{-\frac{3}{2}}]'=-\dfrac{3}{2}(1-x^2)^{-\frac{5}{2}}\cdot(-2x)=3x(1-x^2)^{-\frac{5}{2}}$.

4. 设 $y=(1+x^2)\arctan x$,求 y''.

解 $y'=(1+x^2)'\arctan x+(1+x^2)(\arctan x)'=2x\arctan x+1$

$y''=(2x\arctan x)'=2\arctan x+\dfrac{2x}{1+x^2}$.

5. 求曲线 $e^y+xy=e$ 在点(0,1)处的切线方程及法线方程.

解 等式两边同时对自变量 x 求导,得

$$e^y\cdot y'+y+xy'=0,$$

整理得
$$y'=-\frac{y}{x+e^y},$$

则曲线在点(0,1)处的切线斜率 $k_1=-\dfrac{1}{e}$,法线斜率 $k_2=e$,所以切线方程为 $y-1=-\dfrac{1}{e}x$,即 $x+ey-e=0$;法线方程为 $y-1=ex$,即 $ex-y+1=0$.

6. 求 $y=\ln(\sin\sqrt{x})$ 的微分 dy.

解 $dy=\dfrac{1}{2\sqrt{x}}\cot\sqrt{x}\,dx$.

7. 求 $y=\ln(x-\sqrt{x^2-1})$ 的微分 $\mathrm{d}y$.

解 $\mathrm{d}y=\mathrm{d}[\ln(x-\sqrt{x^2-1})]=\dfrac{1}{x-\sqrt{x^2-1}}\mathrm{d}(x-\sqrt{x^2-1})$

$$=\frac{1}{x-\sqrt{x^2-1}}(\mathrm{d}x-\mathrm{d}\sqrt{x^2-1})$$

$$=\frac{1}{x-\sqrt{x^2-1}}\left[\mathrm{d}x-\frac{1}{2\sqrt{x^2-1}}\mathrm{d}(x^2-1)\right]$$

$$=\frac{1}{x-\sqrt{x^2-1}}\left(\mathrm{d}x-\frac{1}{2\sqrt{x^2-1}}\cdot 2x\mathrm{d}x\right)$$

$$=\frac{1}{x-\sqrt{x^2-1}}\left(1-\frac{x}{\sqrt{x^2-1}}\right)\mathrm{d}x$$

$$=-\frac{1}{\sqrt{x^2-1}}\mathrm{d}x.$$

8. 求由方程 $y=\tan(x+y)$ 确定的函数 $y=y(x)$ 的导数 $\dfrac{\mathrm{d}y}{\mathrm{d}x}$.

解 方程两边同时对 x 求导,得

$$y'=\sec^2(x+y)\cdot(1+y')$$

$$=\sec^2(x+y)+\sec^2(x+y)\cdot y',$$

$$[1-\sec^2(x+y)]y'=\sec^2(x+y),$$

即

$$y'=\frac{\sec^2(x+y)}{1-\sec^2(x+y)}.$$

9. 用对数求导法求函数 $y=x^{x^2}$ 的导数.

解 两边取自然对数,得

$$\ln y=x^2\ln x,$$

两边同时对 x 求导,得

$$\frac{1}{y}\cdot y'=2x\cdot\ln x+x^2\cdot\frac{1}{x},$$

所以

$$y'=y(2x\ln x+x)=x^{x^2}(2x\ln x+x).$$

10. 设 $f(x)=\lim\limits_{t\to\infty}x\left(1+\dfrac{1}{t}\right)^{2xt}$,求 $f'(x)$.

解 因为 $f(x)=x\lim\limits_{t\to\infty}\left(1+\dfrac{1}{t}\right)^{2xt}=x\lim\limits_{t\to\infty}\left(1+\dfrac{1}{t}\right)^{t\cdot 2x}=x\left[\lim\limits_{t\to\infty}\left(1+\dfrac{1}{t}\right)^{t}\right]^{2x}=x\mathrm{e}^{2x}$,

所以

$$f'(x)=(x\mathrm{e}^{2x})'=\mathrm{e}^{2x}+2x\mathrm{e}^{2x}=\mathrm{e}^{2x}(1+2x).$$

11. 求曲线 $\begin{cases}x=t+\cos 2t\\ y=t+\sin 2t\end{cases}$,在 $t=\dfrac{\pi}{4}$ 对应点处的切线方程.

解 因为 $t=\dfrac{\pi}{4}$ 对应的点坐标为 $\left(\dfrac{\pi}{4},\dfrac{\pi}{4}+1\right)$,

又

$$\frac{\mathrm{d}x}{\mathrm{d}t}=1-2\sin 2t,\quad \frac{\mathrm{d}y}{\mathrm{d}t}=1+2\cos 2t,$$

则

$$\frac{\mathrm{d}y}{\mathrm{d}x}=\frac{1+2\cos 2t}{1-2\sin 2t}$$

故曲线在 $t=\frac{\pi}{4}$ 对应点处的切线的斜率 $k=-1$.

所以,切线方程为

$$y-\left(\frac{\pi}{4}+1\right)=-\left(x-\frac{\pi}{4}\right),$$

即

$$x+y-\frac{\pi}{2}-1=0.$$

12. 设一沿直线运动的某物体的运动方程为 $s=t+\mathrm{e}^{-at}$(a 是常数),求物体在 $t=\frac{1}{2a}$时的速度和加速度.

解 物体在 $t=\frac{1}{2a}$时的速度

$$v=s'\left(\frac{1}{2a}\right)=(1-a\mathrm{e}^{-at})\bigg|_{t=\frac{1}{2a}}=1-\frac{a}{\sqrt{\mathrm{e}}}.$$

由 $v=1-a\mathrm{e}^{at}$得加速度 $u=\frac{\mathrm{d}v}{\mathrm{d}t}=a^2\mathrm{e}^{-at}$,所以物体在 $t=\frac{1}{2a}$处的加速度 $u\left(\frac{1}{2a}\right)=\frac{a^2}{\sqrt{\mathrm{e}}}$.

13. 一个半径为 10 cm 的球,半径增加 0.2 cm,则球的体积约增加多少?

解 由球的体积公式 $V=\frac{4}{3}\pi r^3$ 得

$$\Delta y\approx\left(\frac{4}{3}\pi r^3\right)\bigg|_{r=10}\cdot\Delta r=80\pi\ (\mathrm{cm}^3),$$

所以球的体积约增加 $80\pi\ \mathrm{cm}^3$.

14. 略.

第3章　导数的应用

本章知识结构：

- 导数的应用
  - 微分中值定理
    - 罗尔定理
    - 拉格朗日中值定理
    - 柯西中值定理
  - 洛必达法则$\left(\frac{0}{0}\text{型、}\frac{\infty}{\infty}\text{型、其他未定型}\right)$
  - 函数单调性的判定及极值的求法
  - 曲线凹凸性的判定及拐点的求法
  - 曲线的曲率
    - 曲率的定义
    - 曲率圆和曲率半径
  - 函数的最值
    - 最大值
    - 最小值

3.1　微分中值定理和洛必达法则

一、学习目标

1. 理解罗尔定理、拉格朗日中值定理、柯西中值定理的条件和结论，并会使用这些定理；

2. 熟练掌握用洛必达法则求未定型极限的方法.

二、基本题型及解题方法

题型1　不求导数，判断方程$f'(x)=0$的根的情况.

解题方法：先寻找罗尔定理的条件，然后根据罗尔定理得出结论.

例1　不用求出函数$f(x)=(x-1)(x-2)(x-3)(x-4)$的导数，说明方程$f'(x)=0$有几个实根，并指出它们所在区间.

视　频

例1

解　因为$f(1)=f(2)=f(3)=f(4)=0$，所以$f(x)$在闭区间$[1,2]$，$[2,3]$，$[3,4]$满足罗尔定理的三个条件，因此，在$(1,2)$内至少存在一点ξ_1，使$f'(\xi_1)=0$，即ξ_1是$f'(x)$的一个实根；在$(2,3)$内至少存在一点ξ_2，使$f'(\xi_2)=0$，即ξ_2是$f'(x)$的又一个实根，又在$(3,4)$内至少存在一点ξ_3，使$f'(\xi_3)=0$，即ξ_3是$f'(x)$的又一个实根.

又因为$f'(x)$为三次多项式，最多只能有三个实根，故$f'(x)$恰好有三个实根，分别在区间$(1,2)$，$(2,3)$和$(3,4)$内.

题型2　求满足条件的ξ.

解题方法：先掌握好微分中值定理的条件，然后根据条件找到等式，最后解出ξ.

例 2 下列函数在给定区间上是否满足罗尔定理的条件？若满足，请求出中值 ξ.

(1) $f(x)=1-\sqrt[3]{x^2}$, $[-1,1]$; (2) $f(x)=x\sqrt{3-x}$, $[0,3]$.

解 (1)显然 $f(x)$ 在 $[-1,1]$ 上连续，但 $f'(x)=-\dfrac{2}{3}x^{-\frac{1}{3}}$，所以 $f(x)$ 在 $x=0$ 处不可导，故不满足罗尔定理条件.

(2)显然 $f(x)$ 在 $[0,3]$ 上连续，且 $f'(x)=\dfrac{3(2-x)}{2\sqrt{3-x}}$ 在 $(0,3)$ 内可导，又 $f(0)=f(3)=0$，满足了罗尔定理的三个条件，由此得，至少存在一点 $\xi\in(0,3)$，使得 $f'(\xi)=0$，即 $f'(\xi)=\dfrac{3(2-\xi)}{2\sqrt{3-\xi}}=0$，$\xi\in(0,3)$，则 $\xi=2$.

题型 3 利用洛必达法则求“$\dfrac{0}{0}$”与“$\dfrac{\infty}{\infty}$”型极限.

解题方法：在验证了是这两种类型极限后，首先应该想到第 1 章中提到的各种方法，如约去零因子、等价无穷小替换等，然后再结合洛必达法则一起解题. 在应用该法则时要注意，分子分母同时取导数，当取导数之后仍为“$\dfrac{0}{0}$”或“$\dfrac{\infty}{\infty}$”，可以再次利用洛必达法则，而且当洛必达法则失败时，也不代表极限不存在，要重新研究.

例 3 求下列极限：

(1) $\lim\limits_{x\to1}\dfrac{x^3-1+\ln x}{e^x-e}$; (2) $\lim\limits_{x\to0}\dfrac{e^x+\ln(1-x)-1}{x-\arctan x}$.

解 (1) $\lim\limits_{x\to1}\dfrac{x^3-1+\ln x}{e^x-e}=\lim\limits_{x\to1}\dfrac{(x^3-1+\ln x)'}{(e^x-e)'}=\lim\limits_{x\to1}\dfrac{3x^2+\dfrac{1}{x}}{e^x}=\dfrac{4}{e}$.

(2) $\lim\limits_{x\to0}\dfrac{e^x+\ln(1-x)-1}{x-\arctan x}=\lim\limits_{x\to0}\dfrac{[e^x+\ln(1-x)-1]'}{(x-\arctan x)'}=\lim\limits_{x\to0}\dfrac{e^x+\dfrac{1}{x-1}}{1-\dfrac{1}{1+x^2}}$.

题型 4 利用洛必达法则求其他形式的未定型.

解题方法：其他未定型极限主要包括 $\infty-\infty$，$0\cdot\infty$，1^∞，0^0，∞^0，首先要把它们转化为 $\dfrac{0}{0}$ 型或 $\dfrac{\infty}{\infty}$ 型，再用洛必达法则求之. 各未定型极限转化为 $\dfrac{0}{0}$ 或 $\dfrac{\infty}{\infty}$ 的过程如下：

(1) $0\cdot\infty=\dfrac{0}{\dfrac{1}{\infty}}=\dfrac{0}{0}$ 或 $0\cdot\infty=\dfrac{\infty}{\dfrac{1}{0}}=\dfrac{\infty}{\infty}$;

(2) $\infty-\infty$.

①分式 − 分式，通分化为 $\dfrac{0}{0}$ 或 $\dfrac{\infty}{\infty}$；②根式 − 根式，分子有理化，化为 $\dfrac{0}{0}$ 或 $\dfrac{\infty}{\infty}$.

(3) $1^\infty=e^{\infty\ln1}=e^{\infty\cdot0}$（方便用第二重要极限的可使用第二重要极限来求）.

(4) $0^0=e^{0\ln0}=e^{0\cdot\infty}$.

(5) $\infty^0=e^{0\ln\infty}=e^{0\cdot\infty}$.

例 4 求下列极限：

视频

例4（4）

(1) $\lim\limits_{x\to 0} x^2 e^{-\frac{1}{x^2}}$；　　(2) $\lim\limits_{x\to 0^+} x^x$；

(3) $\lim\limits_{x\to 0}\left(\dfrac{\sin x}{x}\right)^{\frac{1}{1-\cos x}}$；　　(4) $\lim\limits_{x\to +\infty}(e^{3x}-5x)^{\frac{1}{x}}$；

(5) $\lim\limits_{x\to 0^+}\left(\ln\dfrac{1}{x}\right)^x$；　　(6) $\lim\limits_{x\to 1}\left(\dfrac{1}{x-1}-\dfrac{1}{\ln x}\right)$.

解 (1) 原式 $=\lim\limits_{x\to 0}\dfrac{e^{\frac{1}{x^2}}}{\frac{1}{x^2}}=\lim\limits_{x\to 0}\dfrac{e^{\frac{1}{x^2}}\left(\frac{1}{x^2}\right)'}{\left(\frac{1}{x^2}\right)'}=\lim\limits_{x\to 0} e^{\frac{1}{x^2}}=\infty$.

(2) 原式 $=\lim\limits_{x\to 0^+} e^{x\ln x}=e^{\lim\limits_{x\to 0^+} x\ln x}$.

又 $\lim\limits_{x\to 0^+} x\ln x=\lim\limits_{x\to 0^+}\dfrac{\ln x}{\frac{1}{x}}=\lim\limits_{x\to 0^+}\dfrac{\frac{1}{x}}{-\frac{1}{x^2}}=\lim\limits_{x\to 0^+}(-x)=0$.

则

$$原式=e^{\lim\limits_{x\to 0^+} x\ln x}=e^0=1.$$

(3) 原式 $=\lim\limits_{x\to 0} e^{\frac{1}{1-\cos x}\ln\left(\frac{\sin x}{x}\right)}=e^{\lim\limits_{x\to 0}\frac{1}{1-\cos x}\ln\left(\frac{\sin x}{x}\right)}$，因为当 $x\to 0$ 时，$1-\cos x\sim\dfrac{1}{2}x^2$，$\sin x\sim x$，因此有

$$\lim_{x\to 0}\frac{1}{1-\cos x}\ln\left(\frac{\sin x}{x}\right)=\lim_{x\to 0}\frac{\ln\sin x-\ln x}{\frac{1}{2}x^2}=\lim_{x\to 0}\frac{\frac{\cos x}{\sin x}-\frac{1}{x}}{x}$$

$$=\lim_{x\to 0}\frac{x\cos x-\sin x}{x^2\sin x}=\lim_{x\to 0}\frac{x\cos x-\sin x}{x^3}$$

$$=\lim_{x\to 0}\frac{\cos x-x\sin x-\cos x}{3x^2}=\lim_{x\to 0}\frac{-\sin x}{3x}$$

$$=-\frac{1}{3},$$

所以

$$原式=e^{-\frac{1}{3}}.$$

(4) 原式 $=\lim\limits_{x\to +\infty} e^{\frac{1}{x}\ln(e^{3x}-5x)}=e^{\lim\limits_{x\to +\infty}\frac{\ln(e^{3x}-5x)}{x}}$，又

$$\lim_{x\to +\infty}\frac{\ln(e^{3x}-5x)}{x}=\lim_{x\to +\infty}\frac{3e^{3x}-5}{e^{3x}-5x}=\lim_{x\to +\infty}\frac{9e^{3x}}{3e^{3x}-5}=\lim_{x\to +\infty}\frac{27e^{3x}}{9e^{3x}}=3,$$

所以

$$原式=e^3.$$

(5) 原式 $=\lim\limits_{x\to 0^+} e^{x\ln\frac{1}{x}}=e^{\lim\limits_{x\to 0^+} x\ln\frac{1}{x}}$.

又

$$\lim_{x\to 0^+} x\ln\frac{1}{x}=\lim_{x\to 0^+}\frac{\ln\frac{1}{x}}{\frac{1}{x}}=\lim_{x\to 0^+}\frac{x\left(\frac{1}{x}\right)'}{\left(\frac{1}{x}\right)'}=0,$$

所以

$$原式=1.$$

(6) 原式 $=\lim\limits_{x\to 1}\dfrac{\ln x-x+1}{(x-1)\ln x}=\lim\limits_{x\to 1}\dfrac{\frac{1}{x}-1}{\ln x+(x-1)\cdot\frac{1}{x}}=\lim\limits_{x\to 1}\dfrac{\frac{1}{x}-1}{\ln x+1-\frac{1}{x}}$

$$=\lim_{x\to 1}\frac{-\frac{1}{x^2}}{\frac{1}{x}+\frac{1}{x^2}}=-\frac{1}{2}.$$

三、习题详解

习题 3.1 A 组

1. 填空题：

(1) 函数 $y=\ln(x+1)$ 在区间 $[0,1]$ 上满足拉格朗日中值定理条件的 $\xi=$______.

(2) 设 $f(x)=x(x+1)(2x+1)(3x-1)$，则在区间 $(-1,1)$ 内，方程 $f'(x)=0$ 有______个实根.

(3) 设函数 $f(x)=x+ax^2+bx^3$ 在区间 $[-2,2]$ 上满足罗尔定理的全部条件，且 $x=1$ 是其满足罗尔中值定理的中值，则 $a=$______，$b=$______.

解 (1) 因为 $y'=\dfrac{1}{x+1}$，由拉格朗日中值定理可知 $f'(\xi)=\dfrac{f(b)-f(a)}{b-a}=\dfrac{f(1)-f(0)}{1-0}=\ln 2$，即 $\dfrac{1}{\xi+1}=\ln 2$，解得 $\xi=\dfrac{1}{\ln 2}-1$.

(2) 因为 $f(0)=f\left(-\dfrac{1}{2}\right)=f\left(\dfrac{1}{3}\right)=f(-1)$，所以 $f(x)$ 在闭区间 $\left[-1,-\dfrac{1}{2}\right]$，$\left[-\dfrac{1}{2},0\right]$，即 ξ_1 是 $f'(x)$ 的一个实根；在 $\left(-\dfrac{1}{2},0\right)$ 内至少存在一点 ξ_2，使 $f(\xi_2)=0$，即 ξ_2 是 $f'(x)$ 的又一个实根；在 $\left(0,\dfrac{1}{3}\right)$ 内至少存在一点 ξ_3，使 $f(\xi_3)=0$，即 ξ_3 是 $f'(x)\left[0,\dfrac{1}{3}\right]$ 满足罗尔定理的三个条件，因此，在 $\left(-1,-\dfrac{1}{2}\right)$ 内至少存在一点 ξ_1，使 $f(\xi_1)=0$，因为 $f'(x)$ 为三次多项式，最多只能有三个实根，故 $f'(x)$ 恰好有三个实根.

(3) 由题可知 $f'(x)=1+2ax+3bx^2$，且 $f(-2)=f(2)$，$f'(1)=0$，即

$$\begin{cases}-2+4a-8b=2+4a+8b\\1+2a+3b=0\end{cases},$$

解得

$$\begin{cases}a=-\dfrac{1}{8}\\[2mm] b=-\dfrac{1}{4}\end{cases}.$$

2. 选择题：

(1) 下列函数中，在 $[-1,1]$ 上满足罗尔中值定理所有条件的是（　　）.

A. e^x　　B. $\ln(2x+3)$　　C. $1-x^2$　　D. $\dfrac{1}{1-x^2}$

(2) 设函数 $f(x)$ 在 $[a,b]$ 上连续，在 (a,b) 内可导，$f(a)=f(b)$，则曲线 $y=f(x)$ 在 (a,b) 内平行于 x 轴的切线（　　）.

A. 仅有一条　　B. 至少有一条　　C. 不一定存在　　D. 不存在

(3) 极限 $\lim\limits_{x\to 0}\dfrac{x^2\sin\dfrac{1}{x}}{\sin x}=$（　　）.

A. 0　　B. 1　　C. ∞　　D. 不存在但不是 ∞

(4) 下列极限问题中能直接使用洛必达法则的是（　　）.

A. $\lim\limits_{x\to 0^+}\dfrac{e^{-\frac{1}{x}}}{x}$　　B. $\lim\limits_{x\to 1}\dfrac{1-x}{\sin(1-x^2)}$

C. $\lim\limits_{x\to\infty}\dfrac{x-\sin x}{x\sin x}$　　D. $\lim\limits_{x\to+\infty}x\left(\dfrac{\pi}{2}-\arctan x\right)$

解 (1) 选项 A：$f(-1)\neq f(1)$；选项 B：$f(-1)\neq f(1)$；选项 D：函数 $f(x)$ 在两端点处无定义. 故该

题选 C.

(2)由罗尔中值定理可知该曲线 $y=f(x)$ 在 (a,b) 内至少存在一点 ξ,使得 $f'(\xi)=0$,即至少存在一点使该点处的切线斜率为0. 故该题选 B.

(3) $\lim\limits_{x\to 0}\dfrac{x^2\sin\dfrac{1}{x}}{\sin x}=\lim\limits_{x\to 0}\dfrac{x\sin\dfrac{1}{x}}{\dfrac{\sin x}{x}}=\lim\limits_{x\to 0}x\sin\dfrac{1}{x}=0$. 故该题选 A.

(4)该题选 B.

3. 求下列极限:

(1) $\lim\limits_{x\to 1}\dfrac{x^3-3x+2}{x^3-x^2-x+1}$;

(2) $\lim\limits_{x\to 0}\dfrac{e^x-e^{-x}-2x}{x-\sin x}$;

(3) $\lim\limits_{x\to 0}\dfrac{\tan x-x}{x^2\tan x}$;

(4) $\lim\limits_{x\to\pi/2}\dfrac{\ln\sin x}{(\pi-2x)^2}$;

(5) $\lim\limits_{x\to 0^+}\dfrac{\ln\tan 7x}{\ln\tan 2x}$;

(6) $\lim\limits_{x\to\frac{\pi}{2}^+}\dfrac{\ln\left(x-\dfrac{\pi}{2}\right)}{\tan x}$.

解 (1)所给极限为$\dfrac{0}{0}$型,由洛必达法则,有

$$\text{原式}=\lim_{x\to 1}\frac{(x^3-3x+2)'}{(x^3-x^2-x+1)'}=\lim_{x\to 1}\frac{3x^2-3}{3x^2-2x-1},$$

仍为$\dfrac{0}{0}$型,再利用洛必达法则,得

$$\text{原式}=\lim_{x\to 1}\frac{6x}{6x-2}=\frac{3}{2}.$$

(2)所给极限为$\dfrac{0}{0}$型,由洛必达法则,有

$$\text{原式}=\lim_{x\to 0}\frac{e^x+e^{-x}-2}{1-\cos x}=\lim_{x\to 0}\frac{e^x+e^{-x}-2}{\dfrac{1}{2}x^2}=2\lim_{x\to 0}\frac{e^x+e^{-x}-2}{x^2},$$

仍为$\dfrac{0}{0}$型,再利用洛必达法则,得

$$\text{原式}=2\lim_{x\to 0}\frac{e^x-e^{-x}}{2x}=2\lim_{x\to 0}\frac{e^x+e^{-x}}{2}=2.$$

(3)所给极限为$\dfrac{0}{0}$型,由洛必达法则,有

$$\text{原式}=\lim_{x\to 0}\frac{\tan x-x}{x^3}=\lim_{x\to 0}\frac{\sec^2x-1}{3x^2}=\lim_{x\to 0}\frac{\tan^2x}{3x^2}=\lim_{x\to 0}\frac{x^2}{3x^2}=\frac{1}{3}.$$

(4)所给极限为$\dfrac{0}{0}$型,由洛必达法则,有

$$\lim_{x\to\pi/2}\frac{\ln\sin x}{(\pi-2x)^2}=\lim_{x\to\pi/2}\frac{\cot x}{-4(\pi-2x)},$$

仍为$\dfrac{0}{0}$型,再利用洛必达法则,得

$$\text{原式}=\lim_{x\to\pi/2}\frac{-\csc^2x}{8}=-\frac{1}{8}\lim_{x\to\pi/2}\frac{1}{\sin^2x}=-\frac{1}{8}.$$

(5) $\text{原式}=\lim\limits_{x\to 0^+}\dfrac{\dfrac{1}{\tan 4x}\cdot\sec^2 7x\cdot 7}{\dfrac{1}{\tan 2x}\cdot\sec^2 2x\cdot 2}=\dfrac{7}{2}\lim\limits_{x\to 0^+}\dfrac{\tan 2x\cdot\dfrac{1}{\cos^2 7x}}{\tan 7x\cdot\dfrac{1}{\cos^2 2x}}$

$$=\frac{7}{2}\lim_{x\to 0^+}\frac{\tan 2x\cdot\cos^2 2x}{\tan 7x\cdot\cos^2 7x}=\frac{7}{2}\lim_{x\to 0^+}\frac{2}{7}\cdot\frac{\cos^2 2x}{\cos^2 7x}=1.$$

(6)原式 $=\lim\limits_{x\to\frac{\pi}{2}^+}\dfrac{\ln\left(x-\frac{\pi}{2}\right)}{\tan x}=\lim\limits_{x\to\frac{\pi}{2}^+}\dfrac{\frac{1}{x-\frac{\pi}{2}}}{\sec^2 x}=\lim\limits_{x\to\frac{\pi}{2}^+}\dfrac{\cos^2 x}{x-\frac{\pi}{2}}=\lim\limits_{x\to\frac{\pi}{2}^+}\dfrac{-2\cos x\sin x}{1}=0.$

习题 3-1 B 组

1. 求下列极限:

(1) $\lim\limits_{x\to\infty}x(e^{\frac{1}{x}}-1)$;

(2) $\lim\limits_{x\to 1}\tan\frac{\pi}{2}x\ln(2-x)$;

(3) $\lim\limits_{x\to 0}\left(\frac{1}{x}-\frac{1}{e^x-1}\right)$;

(4) $\lim\limits_{x\to 0}\left[\frac{1}{\ln(1+x)}-\frac{1}{x}\right]$;

(5) $\lim\limits_{x\to 0^+}(\cot x)^{\frac{1}{\ln x}}$;

(6) $\lim\limits_{x\to 0^+}(\cos\sqrt{x})^{\frac{\pi}{x}}$.

解 (1)原式 $=\lim\limits_{x\to+\infty}\dfrac{e^{\frac{1}{x}}-1}{x^{-1}}=\lim\limits_{x\to+\infty}\dfrac{e^{\frac{1}{x}}\cdot(-x^{-2})}{-x^{-2}}=\lim\limits_{x\to+\infty}e^{\frac{1}{x}}=1.$

(2)原式 $=\lim\limits_{x\to 1}\dfrac{\ln(2-x)}{\cot\frac{\pi}{2}x}=\lim\limits_{x\to 1}\dfrac{\frac{-1}{2-x}}{-\frac{\pi}{2}\csc^2\frac{\pi}{2}x}=\dfrac{2}{\pi}.$

(3)原式 $=\lim\limits_{x\to 0}\left(\dfrac{1}{x}-\dfrac{1}{e^x-1}\right)=\lim\limits_{x\to 0}\dfrac{e^x-1-x}{x(e^x-1)}=\lim\limits_{x\to 0}\dfrac{e^x-1-x}{x^2}=\lim\limits_{x\to 0}\dfrac{e^x-1}{2x}=\lim\limits_{x\to 0}\dfrac{x}{2x}=\dfrac{1}{2}.$

(4)原式 $=\lim\limits_{x\to 0}\dfrac{x-\ln(1+x)}{x\ln(1+x)}=\lim\limits_{x\to 0}\dfrac{x-\ln(1+x)}{x^2}=\lim\limits_{x\to 0}\dfrac{1-\frac{1}{1+x}}{2x}=\lim\limits_{x\to 0}\dfrac{1}{2(1+x)}==\dfrac{1}{2}.$

(5)原式 $=\lim\limits_{x\to 0^+}(\cot x)^{\frac{1}{\ln x}}=\lim\limits_{x\to 0^+}e^{\ln(\cot x)\frac{1}{\ln x}}=\lim\limits_{x\to 0^+}e^{\frac{1}{\ln x}\ln(\cot x)}=\lim\limits_{x\to 0^+}e^{\frac{\ln(\cot x)}{\ln x}}$,

而 $$\lim_{x\to 0^+}\frac{\ln(\cot x)}{\ln x}=\lim_{x\to 0^+}\frac{-\frac{1}{\cot x}\cdot\csc^2 x}{\frac{1}{x}}=-\lim_{x\to 0^+}\frac{x\csc^2 x}{\cot x}=-\lim_{x\to 0^+}\frac{x}{\sin x}\cdot\frac{1}{\cos x}=-1.$$

故有 $$\lim_{x\to 0^+}(\cot x)^{\frac{1}{\ln x}}=e^{-1}.$$

(6)原式 $=\lim\limits_{x\to 0^+}e^{\frac{\pi}{x}\cdot\ln\cos\sqrt{x}}=e^{\lim\limits_{x\to 0^+}\frac{\pi}{x}\cdot\ln\cos\sqrt{x}}$,

而 $$\lim_{x\to 0^+}\frac{\pi}{x}\cdot\ln\cos\sqrt{x}=\pi\lim_{x\to 0^+}\frac{\ln\cos\sqrt{x}}{x}=\pi\lim_{x\to 0^+}\frac{1}{\cos\sqrt{x}}\cdot(-\sin\sqrt{x})\cdot\frac{1}{2\sqrt{x}}$$

$$=-\pi\lim_{x\to 0^+}\frac{\tan\sqrt{x}}{2\sqrt{x}}-\pi\lim_{x\to 0^+}\frac{\sqrt{x}}{2\sqrt{x}}=-\frac{\pi}{2}.$$

故有 $$\lim_{x\to 0^+}(\cos\sqrt{x})^{\frac{\pi}{x}}=e^{-\frac{\pi}{2}}.$$

2. 证明方程 $4x^3+3x^2-6x+1=0$ 在(0,1)内至少有一个实根.

证明 构造函数 $f(x)=x^4+x^3-3x^2+x+a$,因为该函数在[0,1]上连续,在(0,1)内可导,又 $f(0)=f(1)=a$,即 $f(x)$ 满足罗尔中值定理的条件,所以至少存在一点 $\xi\in(0,1)$,使得 $f'(\xi)=0$,即 $4\xi^3+3\xi^2-6\xi+1=0$.

这说明 $x=\xi$ 是方程 $4x^3+3x^2-6x+1=0$ 的一个实根,证明成立.

3.2 函数的特性

一、学习目标

1. 掌握用导数判断函数的单调性的方法；
2. 理解函数的极值的概念，掌握用导数求函数极值的方法；
3. 会用导数求曲线的凹凸性与拐点.

二、基本题型及解题方法

题型1 利用导数讨论函数的单调性和单调区间.

解题方法：(1) 确定函数$f(x)$的定义域，并求其导数$f'(x)$；

(2) 求出$f(x)$的全部驻点与不可导点；

(3) 讨论$f'(x)$在驻点和不可导点左、右两侧邻近符号变化的情况，确定函数的单调性和单调区间.

例1 讨论函数$y=x-\ln(1+x)$的单调性.

解 该函数的定义域为$(-1,+\infty)$.

$$y'=1-\frac{1}{1+x}=\frac{x}{1+x}.$$

令$y'=0$得驻点$x=0$.

列表讨论y'的符号及函数y的单调性：

x	$(-1,0)$	$(0,+\infty)$
y'	$-$	$+$
y	↘	↗

综上，函数在$(-1,0)$上单调减少，在$(0,+\infty)$上单调增加.

题型2 求函数的极值.

解题方法(一)：(1) 确定函数$f(x)$的定义域，并求其导数$f'(x)$；

(2) 求出$f(x)$的全部驻点与不可导点；

(3) 讨论$f'(x)$在驻点和不可导点左、右两侧邻近符号变化的情况，确定函数的极值点；

(4) 求出各极值点的函数值，就得到函数$f(x)$的全部极值.

解题方法(二)：(1) 确定定义域，并求出所给函数的全部驻点；

(2) 考察函数的二阶导数在驻点处的正负，确定极值点；

(3) 求出极值点处的函数值，得到极值.

注：第二种方法有一定的局限性，当$f''(x_0)=0$，此法就不能用了. 事实上，当$f'(x_0)=0$，$f''(x_0)=0$时，$f(x)$在x_0处可能取得极大值，也可能取得极小值，也可能没有极值. 例如，$f(x)=-x^2$，$g(x)=x^2$，$\varphi(x)=x^3$这三个函数在$x=0$处就分别属于这三种情况. 因此，如果函数在驻点处的二阶导数为零，则还得用第一种方法来判定.

视 频

例2

例 2 讨论函数$f(x)=\sqrt[3]{(2x-x^2)^2}$的单调性并求其极值.

解 该函数的定义域为$(-\infty,+\infty)$,

$$f'(x)=\frac{2}{3}(2x-x^2)^{-\frac{1}{3}}(2-2x)=\frac{4}{3}\frac{1-x}{\sqrt[3]{x(2-x)}}.$$

令$f'(x)=0$得驻点$x=1$,又$x=0$及$x=2$为其不可导点.

列表讨论y'的符号及函数y的单调性和极值:

x	$(-\infty,0)$	0	$(0,1)$	1	$(1,2)$	2	$(2,+\infty)$
y'	$-$	不存在	$+$	0	$-$	不存在	$+$
y	↘	极小值点	↗	极大值点	↘	极小值点	↗

综上,函数在$(-\infty,0)$及$(1,2)$上单调减少,在$(0,1)$及$(2,+\infty)$上单调增加,其极大值为$f(1)=1$,极小值为$f(0)=f(2)=0$.

题型 3 证明不等式.

解题方法:(1)构造辅助函数$F(x)$;

(2)求$f'(x)$,并验证$F(x)$在指定区间的增减性;

(3)求出区间端点的函数值或极值,比较后即证.

例 3 当$x>0$时,试证$x>\ln(1+x)$成立.

证明 设$F(x)=x-\ln(1+x)$,只需证$F(x)>F(0)=0$.

因为

$$f'(x)=1-\frac{1}{1+x}=\frac{x}{1+x},$$

显然当$x>0$时,$f'(x)>0$,则当$x>0$时,$F(x)$单调递增,

$$F(x)>F(0)=0,$$

即

$$x>\ln(1+x)$$

题型 4 利用函数的单调性证明方程$f(x)=0$的根的唯一性.

解题方法:(1)构造辅助函数$f(x)$;

(2)根据闭区间上连续函数性质中的零点定理证明$f(x)=0$的根的存在性;

(3)利用函数的单调性说明根的唯一性.

视 频

例4

例 4 证明方程$x^5+x+1=0$在区间$(-1,0)$内有且只有一个实根.

解 设$f(x)=x^5+x+1$,显然$f(x)$在$[-1,0]$上连续,且$f(-1)=-1$,$f(0)=1$.

由零点定理得:在$(-1,0)$上,至少有一点ξ,使得$f(\xi)=0$,即方程$x^5+x+1=0$在区间$(-1,0)$内至少有一个实根.

又因为$f'(x)=5x^4+1>0$,故$f(x)$在区间$(-1,0)$单调递增,即$f(x)$在区间$(-1,0)$上至多有一个零点.

综上,方程$x^5+x+1=0$在区间$(-1,0)$内有且只有一个实根.

题型 5 求曲线的拐点,判断曲线的凹凸性及凹凸区间.

解题方法:(1)求$f''(x)$;

(2)令$f''(x)=0$,解出在区间I内的全部实根,并求出在区间I内$f''(x)$不存在的点;

(3)对步骤(2)中求出的每一个点,检查其左右两侧邻近$f''(x)$的符号,确定曲线的凹凸区间和拐点.

例 5 求函数 $y=x^4(12\ln x-7)$ 图形的凹凸区间和拐点.

解 函数的定义域为 $(0,+\infty)$,

$$y'=4x^3(12\ln x-7)+12x^3,$$

$$y''=12x^2(12\ln x-7)+48x^2+36x^2=144x^2\ln x.$$

令 $y''=0$ 得 $x=1$,列表讨论 y'' 的符号及曲线的凹凸和拐点:

x	$(0,1)$	1	$(1,+\infty)$
y''	$-$	0	$+$
y	$\cap$	拐点 $(1,-7)$	$\cup$

综上,曲线的凹区间为 $(1,+\infty)$,凸区间为 $(0,1)$,拐点为 $(1,-7)$.

三、习题详解

习题 3.2 A 组

1. 选择题:

(1) 函数 $f(x)=2x+3\sqrt[3]{x^2}$ (　　).

A. 只有极大值

B. 只有极小值

C. 在 $x=-1$ 处取极大值,在 $x=0$ 处取极小值

D. 在 $x=-1$ 处取极小值,在 $x=0$ 处取极大值

(2) $f'(x_0)=0$, $f''(x_0)>0$ 是函数 $f(x)$ 在点 $x=x_0$ 处有极值的(　　).

A. 必要条件　　B. 充分条件

C. 充要条件　　D. 无关条件

(3) 函数 $y=f(x)$ 在点 $x=x_0$ 处取得极大值,则必有(　　).

A. $f'(x_0)=0$　　B. $f''(x_0)<0$

C. $f'(x_0)=0$ 且 $f''(x_0)<0$　　D. $f'(x_0)=0$ 或不存在

(4) 设 $f(x)=(x-1)^{\frac{2}{3}}$,则点 $x=1$ 是 $f(x)$ 的(　　).

A. 间断点　　B. 可导点　　C. 驻点　　D. 极值点

(5) 设 $x=1$ 是 $f(x)=\dfrac{1}{x^2+bx+2}$ 的驻点,则 $b=$ (　　).

A. -2　　B. 2　　C. $\dfrac{1}{2}$　　D. $-\dfrac{1}{2}$

(6) 设函数 $f(x)$ 在 $[0,1]$ 上可导,且 $f'(x)>0$, $f(0)<0$, $f(1)>0$,则 $f(x)$ 在 $(0,1)$ 内(　　).

A. 至少有两个零点　　B. 有且仅有一个零点

C. 没有零点　　D. 零点个数不能确定

(7) 下列曲线 $y=f(x)$ 在定义域内凹的是(　　).

A. $y=e^{-x}$　　B. $y=\ln(1+x^2)$

C. $y=x^2-x^3$　　D. $y=\sin x$

(8) 曲线 $y=e^{-x^2}$ (　　).

A. 无拐点　　B. 有一个拐点

C. 有两个拐点　　D. 有三个拐点

解 (1)因为函数的定义域为 **R**，$f'(x)=2+\dfrac{2}{\sqrt[3]{x}}$. 令 $f'(x)=0$，得驻点 $x=-1$. 此外 $x=0$ 为函数的不可导点，所以该函数在区间 $(-\infty,-1)$、$(0,+\infty)$ 上单调递增，在区间 $(-1,0)$ 上单调递减，即函数在 $x=-1$ 处取得极大值 $f(-1)=1$，在 $x=0$ 处取得极小值 $f(0)=0$，故该题选 C.

(2) 由极值存在的第二充分条件可知，该题选 B.

(3)因为函数 $y=f(x)$ 在点 $x=x_0$ 处取得极大值，则点 $x=x_0$ 为函数的驻点或不可导点，即 $f'(x_0)=0$ 或不存在，故该题选 D.

(4)由 $f'(x)=\dfrac{2}{3}(x-1)^{-\frac{1}{3}}$ 可知该函数在 $x=1$ 处的导数不存在，即点 $x=1$ 是 $f(x)$ 的极值点，故该题选 D.

(5)因为 $f'(x)=-\dfrac{2x+b}{(x^2+bx+2)^2}$，则 $f'(1)=-\dfrac{2+b}{(3+b)^2}=0$，解得 $b=-2$，故该题选 A.

(6)因为 $f(0)<0$，$f(1)>0$，所以函数在 $[0,1]$ 内至少存在一点使 $f(x)=0$；又在区间 $[0,1]$ 上 $f'(x)>0$，所以函数 $f(x)$ 在区间 $[0,1]$ 上单调递增，即 $f(x)$ 在区间 $[0,1]$ 上至多存在一个零点. 综上，$f(x)$ 在 $(0,1)$ 上有且仅有一个零点，故该题选 B.

(7)函数 $y=e^{-x}$ 的定义域为 **R**，且 $y'=-e^{-x}$，$y''=e^{-x}>0$ 恒成立，所以函数 $f(x)$ 在定义域上的图形是凹的. 故该题选 A.

(8)因为 $y'=-2xe^{-x^2}$，$y''=2e^{-x^2}(2x^2-1)$，令 $y''=0$ 得 $x=\pm\dfrac{\sqrt{2}}{2}$，所以曲线 $y=e^{-x^2}$ 有两个拐点，故该题选 C.

2. 确定下列函数的单调区间并求其极值：

(1) $f(x)=2x^3-9x^2+12x-3$；　　(2) $f(x)=x^4-2x^2-5$；

(3) $f(x)=x-\dfrac{3}{2}x^{\frac{2}{3}}$；　　(4) $f(x)=2x^2-\ln x$；

(5) $f(x)=x+\sqrt{1-x}$；　　(6) $f(x)=\sqrt[3]{(2x-a)(a-x)^2}\quad(a>0)$.

解 (1)该函数的定义域为 $(-\infty,+\infty)$，

$$f'(x)=6x^2-18x+12=6(x^2-3x+2)=6(x-1)(x-2).$$

令 $f'(x)=0$，得驻点 $x=1$ 及 $x=2$.

列表讨论 y' 的符号及函数 y 的单调性和极值：

x	$(-\infty,1)$	1	$(1,2)$	2	$(2,+\infty)$
y'	+	0	−	0	+
y	↗	极大值点	↘	极小值点	↗

综上，函数在 $(-\infty,1)$ 及 $(2,+\infty)$ 上单调递增，在 $(1,2)$ 上单调递减，其极大值 $f(1)=2$，极小值 $f(2)=1$.

(2)该函数的定义域为 $(-\infty,+\infty)$，

$$f'(x)=4x^3-4x=4x(x^2-1).$$

令 $f'(x)=0$，得驻点 $x=0$，$x=-1$ 及 $x=1$.

列表讨论 y' 的符号及函数 y 的单调性和极值：

x	$(-\infty,-1)$	−1	$(-1,0)$	0	$(0,1)$	1	$(1,+\infty)$
y'	−	0	+	0	−	0	+
y	↘	极小值点	↗	极大值点	↘	极小值点	↗

综上,函数在$(-\infty,-1)$及$(0,1)$上单调减少,在$(-1,0)$及$(1,+\infty)$上单调增加,其极大值$f(0)=-5$,极小值$f(\pm1)=-6$.

(3)该函数的定义域为$(-\infty,+\infty)$,

$$y'=1-x^{-\frac{1}{3}}=\frac{\sqrt[3]{x}-1}{\sqrt[3]{x}}.$$

令$y'=0$得驻点$x=1$,又$x=0$为该函数的不可导点.

列表讨论函数y的极值:

x	$(-\infty,0)$	0	$(0,1)$	1	$(1,+\infty)$
y'	+	不存在	−	0	+
y	↗	极大值点	↘	极小值点	↗

综上,函数在$(0,1)$上单调减少,在$(-\infty,0)$及$(1,+\infty)$上单调增加,其极大值$f(0)=0$,极小值$f(1)=-\frac{1}{2}$.

(4)该函数的定义域为$(0,+\infty)$,

$$f'(x)=4x-\frac{1}{x}=\frac{4x^2-1}{x}.$$

令$f'(x)=0$,得驻点$x=\frac{1}{2}$.

列表讨论y'的符号及函数y的单调性和极值:

x	$\left(0,\frac{1}{2}\right)$	$\frac{1}{2}$	$\left(\frac{1}{2},+\infty\right)$
y'	+	0	+
y	↘	极小值点	↗

综上,函数在$\left(0,\frac{1}{2}\right)$上单调减少,在$\left(\frac{1}{2},+\infty\right)$上单调增加,其极小值$f\left(\frac{1}{2}\right)=\frac{1}{2}+\ln 2$.

(5)该函数的定义域为$(-\infty,1]$,

$$f'(x)=1-\frac{1}{2}(1-x)^{-\frac{1}{2}}=\frac{2\sqrt{1-x}-1}{2\sqrt{1-x}}.$$

令$f'(x)=0$,得驻点$x=\frac{3}{4}$.

列表讨论y'的符号及函数y的单调性和极值:

x	$\left(-\infty,\frac{3}{4}\right)$	$\frac{3}{4}$	$\left(\frac{3}{4},1\right)$
y'	+	0	+
y	↗	极大值点	↘

综上,函数在$\left(\frac{3}{4},1\right)$上单调减少,在$\left(-\infty,\frac{3}{4}\right)$上单调增加,其极大值$f\left(\frac{3}{4}\right)=\frac{5}{4}$,无极小值.

(6)该函数的定义域为$(-\infty,+\infty)$,

$$f'(x)=\frac{1}{3}[(2x-a)(a-x)^2]^{\frac{2}{3}}[2(a-x)^2-2(2x-a)(a-x)]$$

$$=\frac{2}{3}\cdot\frac{2a-3x}{\sqrt[3]{(2x-a)^2(a-x)}}.$$

令 $f'(x)=0$，得驻点 $x=\frac{2}{3}a$，此处 $x=a$ 为函数的不可导点.

列表讨论y'的符号及函数 y 的单调性和极值：

x	$\left(-\infty,\frac{2}{3}a\right)$	$\frac{2}{3}a$	$\left(\frac{2}{3}a,a\right)$	a	$(a,+\infty)$
y'	+	0	−	不存在	+
y	↗	极大值点	↘	极小值点	↗

综上，函数在$\left(-\infty,\frac{2}{3}a\right)$及$(a,+\infty)$上单调增加，在$\left(\frac{2}{3}a,a\right)$上单调减少，其极大值$f\left(\frac{2}{3}a\right)=\frac{a}{3}$，极小值为$f(a)=0$.

3. 求下列函数图形的拐点和凹凸区间：

(1) $y=3x^4-4x^3+1$；
(2) $y=a^2-\sqrt[3]{x-b}$；
(3) $y=\ln(1+x^2)$；
(4) $y=x^3-5x^2+3x+5$；
(5) $y=xe^{-x}$；
(6) $y=(x+1)^4+e^x$.

解 (1) 函数的定义域为$(-\infty,+\infty)$，

$$y'=12x^3-12x^2,\quad y''=36x^2-24x=12x(3x-2).$$

令 $y''=0$，得 $x=0$ 与 $x=\frac{2}{3}$.

列表讨论y''的符号及曲线的凹凸和拐点：

x	$(-\infty,0)$	0	$\left(0,\frac{2}{3}\right)$	$\frac{2}{3}$	$\left(\frac{2}{3},+\infty\right)$
y''	+	0	−	0	+
y	∪	拐点$(0,1)$	∩	拐点$\left(\frac{2}{3},\frac{11}{27}\right)$	∪

综上，曲线的凹区间为$(-\infty,0)$与$\left(\frac{2}{3},+\infty\right)$，凸区间为$\left(0,\frac{2}{3}\right)$，拐点为$(0,1)$与$\left(\frac{2}{3},\frac{11}{27}\right)$.

(2) 函数的定义域为$(-\infty,+\infty)$，

$$y'=-\frac{1}{3}(x-b)^{-\frac{2}{3}},\quad y''=\frac{2}{9}\cdot\frac{1}{\sqrt[3]{(x-b)^5}}.$$

由于在 $x=b$ 处函数的二阶导数不存在，列表讨论y''的符号及曲线的凹凸和拐点：

x	$(-\infty,b)$	b	$(b,+\infty)$
y''	−	不存在	+
y	∩	拐点(b,a^2)	∪

综上，曲线的凹区间为$(b,+\infty)$，凸区间为$(-\infty,b)$，拐点为(b,a^2).

(3) 函数的定义域为$(-\infty,+\infty)$，

$$y'=\frac{2x}{1+x^2},\quad y''=\frac{2-2x^2}{(1+x^2)^2}.$$

令 $y''=0$，得 $x=\pm1$.

列表讨论y''的符号及曲线的凹凸和拐点：

x	$(-\infty,-1)$	-1	$(-1,1)$	1	$(1,+\infty)$
y''	−	0	+	0	−
y	∩	拐点$(-1,\ln 2)$	∪	拐点$(1,\ln 2)$	∩

综上,曲线的凹区间为$(-1,1)$,凸区间为$(-\infty,-1)$及$(1,+\infty)$,拐点为$(-1,\ln 2)$与$(1,\ln 2)$.

(4)函数的定义域为$(-\infty,+\infty)$,

$$y'=3x^2-10x+3,\quad y''=6x-10.$$

令$y''=0$,得$x=\dfrac{5}{3}$.

列表讨论y''的符号及曲线的凹凸和拐点:

x	$\left(-\infty,\dfrac{5}{3}\right)$	$\dfrac{5}{3}$	$\left(\dfrac{5}{3},+\infty\right)$
y''	$-$	0	$+$
y	$\cap$	拐点$\left(\dfrac{5}{3},\dfrac{20}{27}\right)$	$\cup$

综上,曲线的凸区间为$\left(-\infty,\dfrac{5}{3}\right)$,凹区间为$\left(\dfrac{5}{3},+\infty\right)$,拐点为$\left(\dfrac{5}{3},\dfrac{20}{27}\right)$.

(5)函数的定义域为$(-\infty,+\infty)$,

$$y'=(1-x)e^{-x},\quad y''=(x-2)e^{-x}.$$

令$y''=0$,得$x=2$.

列表讨论y''的符号及曲线的凹凸和拐点:

x	$(-\infty,2)$	2	$(2,+\infty)$
y''	$-$	0	$+$
y	$\cap$	拐点$(2,2e^{-2})$	$\cup$

综上,曲线的凹区间为$(2,+\infty)$,凸区间为$(-\infty,2)$,拐点为$(2,2e^{-2})$.

(6)函数的定义域为$(-\infty,+\infty)$,

$$y'=4(x+1)^3+e^x,\quad y''=12(x+1)^2+e^x.$$

因为,定义域内$y''>0$恒成立,所以,曲线$y=(x+1)^4+e^x$在定义域内为凹的,其凹区间为$(-\infty,+\infty)$.

4. 证明不等式:$e^x>1+x(x>0)$.

证明 设$f(x)=e^x-1-x$,则$f(x)$在$[0,+\infty)$连续,

$$f'(x)=e^x-1>0\quad(x>0),$$

即$f(x)$在$(0,+\infty)$上单调递增.

由$f(x)$在$[0,+\infty)$的连续性,知$\forall x>0$,有$f(x)>f(0)=0$,即$e^x>1+x\ (x>0)$.

习题 3.2 B 组

1. 证明方程$x^3-3x^2-9x+1=0$在$(0,1)$内有唯一的实根.

证明 设$f(x)=x^3-3x^2-9x+1$,由初等函数的连续性知该函数在$[0,1]$上连续,又$f(0)=1$,$f(1)=-10$,即$f(0)\cdot f(1)<0$.

由闭区间上连续函数的零点定理可知,$f(x)$在$(0,1)$内至少有一个零点.

又由
$$f'(x)=3x^2-6x-9=3(x-3)(x+1)<0\quad(0<x<1).$$
可知$f(x)$在$(0,1)$上为单调减少函数,因此,如果$f(x)$在$(0,1)$内至多只有一个零点,故方程$x^3-3x^2-9x+1=0$在$(0,1)$内有唯一的实根.

2. 一个容器中的水量Q随着时间t的增加而增加,但增加量越来越少,试确定Q关于时间t的一阶导数的符号.

解 由于容器中的水量Q随着时间t的增加而增加,说明Q是关于t的单调递增函数,所以$Q'(t)>0$,即Q关于时间t的一阶层数为正的.

3. 某工程建筑公司承包了一段公路的建设任务，建设周期至少为 3 年，如果这一公路的建设有两个可供选择的方案模型，即模型 1：$L_1(t)=\dfrac{3t}{t+1}$；模型 2：$L_2(t)=\dfrac{t^2}{t+1}+2$，其中 $L_1(t)$，$L_2(t)$ 表示利润（单位：百万元），t 为时间（单位：年）. 问哪种方案模型最优？

解 构造函数

$$L(t)=\frac{3t}{t+1}-\frac{t^2}{t+1}-2,$$

则

$$L'(t)=\frac{3}{(t+1)^2}-\frac{t^2+2t}{(t+1)^2}=-\frac{t^2+2t-3}{(t+1)^2}.$$

当 $t\geqslant 3$ 时，$L(t)<0$，

即

$$L(t)=\frac{3t}{t+1}-\frac{t^2}{t+1}-2\leqslant L(3)=-2<0,$$

所以

$$\frac{3t}{t+1}<\frac{t^2}{t+1}+2.$$

因此第二种方案模型最优.

4. 某病人在心脏收缩的一个周期内血压 p（单位：mmHg，1 mmHg = 133.322 Pa）的数学模型为 $p=\dfrac{25t^2+123}{t^2+1}$，其中 t（单位：s）表示血液从心脏流出的时间. 问：病人在心脏收缩的一个周期内，血压是单调递增还是单调递减的？

解 由题可知

$$p'=\frac{50t(t^2+1)-2t(25t^2+123)}{(t^2+1)^2}=\frac{-196t}{(t^2+1)^2}<0,$$

所以血压是单调递减的.

3.3 函数最值的应用

一、学习目标

1. 掌握在闭区间 $[a,b]$ 上连续的函数的最大值和最小值的求法；
2. 了解最值的简单应用.

二、基本题型及解题方法

题型 1 求函数 $f(x)$ 在 $[a,b]$ 上的最大（小）值.

解题方法：解题一般步骤如下：

(1) 求出函数 $f(x)$ 在 (a,b) 内的全部驻点及不可导点（即求出一切可能的极值点）；

(2) 计算 (1) 中各点对应函数值及 $f(a)$，$f(b)$；

(3) 比较 (2) 中诸值的大小，其中最大的就是最大值，最小的就是最小值.

例 1 求函数 $f(x)=x^4-8x^2+2$ 在区间 $[-1,3]$ 上的最大值和最小值.

解 $f'(x)=4x^3-16x=4x(x^2-4)$.

令 $f'(x)=0$，得区间 $(-1,3)$ 内的驻点 $x_1=0$，$x_2=2$，

$$f(0)=2,\quad f(2)=-14,\quad f(-1)=-5,\quad f(3)=11,$$

比较得，最大值 $f(3)=11$，最小值 $f(2)=-14$.

题型 2 利用最值解简单的应用问题.

解题方法: 先建立合适的目标函数,再根据题意求最大值或最小值[若函数 $f(x)$ 在区间 I 内只有一个可能的极值点 x_0,并且函数在该点确有极值,那么,当 $f(x_0)$ 为极大值时,$f(x_0)$ 就是函数在所给区间上的最大值;当 $f(x_0)$ 为极小值时,$f(x_0)$ 就是函数在所给区间上的最小值].

例 2 某房地产公司有 50 套公寓要出租,当租金定为每月 180 元时,公寓会全部租出去;当租金每月增加 10 元时,就有一套公寓租不出去. 而租出去的每套房子每月需花费 20 元的整修维护费. 试问房租定为多少可获得最大收入?

视频

例2

解 设房租定在每月 x 元可获得最大收入 $f(x)$,由题意可建立目标函数

$$f(x)=\left(50-\frac{x-180}{10}\right)(x-20)=-\frac{x^2}{10}+70x-1\ 360,\quad x\geqslant 180.$$

因为 $f'(x)=-\frac{1}{5}x+70$,令 $f'(x)=0$ 可得可能的极值点 $x=350$,且唯一,又 $f''(350)=-\frac{1}{5}<0$,所以 $f(x)$ 在 $x=350$ 取得最大值 $f(350)=10\ 890$,即房租定为 350 元时可获得最大收入 10 890 元.

三、习题详解

习题 3.3 A 组

1. 填空题:

(1) 函数 $y=x+\sqrt{1-x}$ 在 $[-3,1]$ 上的最大值点 $x=$__________.

(2) 函数 $y=\ln(x^2+1)$ 在区间 $[-1,2]$ 上的最大值为__________,最小值为__________.

解 (1) 因为 $y'=(x+\sqrt{1-x})'=1-\frac{1}{2}(1-x)^{-\frac{1}{2}}=\frac{2\sqrt{1-x}-1}{2\sqrt{1-x}}$,令 $y'=0$ 得 $x=\frac{3}{4}$;又 $f(-3)=-1$,$f\left(\frac{3}{4}\right)=\frac{5}{4}$,$f(1)=1$,则函数 $y=x+\sqrt{1-x}$ 在 $[-3,1]$ 上的最大值点 $x=\frac{3}{4}$.

(2) 由于 $y'=\frac{2x}{x^2+1}$,令 $y'=0$ 得 $x=0$;又 $f(-1)=\ln 2$,$f(2)=\ln 5$,$f(0)=0$,所以函数 $y=\ln(x^2+1)$ 在区间 $[-1,2]$ 上的最大值为 $\ln 5$,最小值为 0.

2. 求下列函数在给定区间上的最大值和最小值:

(1) $y=2x^3+3x^2-12x+14,\quad x\in[-3,4]$.

(2) $y=x+2\sqrt{x},\quad x\in[0,4]$.

(3) $y=x^4-2x^2+5,\quad x\in[-2,2]$.

解 (1) $f'(x)=6x^2+6x-12=6(x^2+x-2)=6(x-1)(x+2)$.

令 $f'(x)=0$,得区间 $[-3,4]$ 内的驻点 $x_1=1$,$x_2=-2$.

$$f(-3)=23,\quad f(-2)=34,\quad f(1)=7,\quad f(4)=142,$$

比较得,最大值 $f(4)=142$,最小值 $f(1)=7$.

(2) 由 $y'=1+\frac{1}{\sqrt{x}}>0$,知该函数在 $[0,4]$ 上单调增加,所以,函数在 $[0,4]$ 上的最大值为 $f(4)=8$,最小值为 $f(0)=0$.

(3) $y'=4x^3-4x=4x(x-1)(x+1)$.

令 $y'=0$ 得 $(-2,2)$ 上的驻点 $x=-1$,$x=0$ 及 $x=1$.

$$y\big|_{x=-1}=y\big|_{x=1}=4,\quad y\big|_{x=0}=5,\quad y\big|_{x=-2}=y\big|_{x=2}=13,$$

所以，函数在$[-2,2]$的最大值为$y|_{x=-2}=y|_{x=2}=13$，最小值为$y|_{x=-1}=y|_{x=1}=4$.

习题 3.3　B 组

1. (**石油管道的铺设**)如图 3-1 所示，要铺设一个石油管道，需将石油从炼油厂输送到石油灌装点，炼油厂附近有条宽为 2.5 km 的河，石油灌装点在炼油厂的对岸沿河下游 10 km 处. 已知在水中铺设管道的费用为 6 万元/km，在河边铺设管道的费用为 4 万元/km. 问：怎样铺设管道，才能使总铺设费用最低？（提示：在河边找一点 P.）

解　设点 P 到炼油厂的距离为 x，则总铺设费用为

$$y=f(x)=4x+6\sqrt{2.5^2+(10-x)^2}\quad(0\leqslant x\leqslant 10).$$

因为
$$y'=4-\frac{6(10-x)}{\sqrt{2.5^2+(10-x)^2}},$$

令 $y'=0$，得 $x=10-\sqrt{5}\approx 7.75$.

当 P 点距离炼油厂的距离为 7.764 km 时，管道铺设的费用最低.

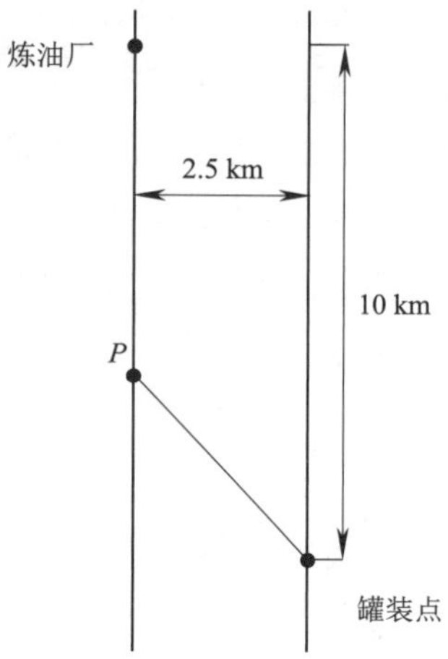

图　3-1

2. (**横梁的最大承载能力**)如图 3-2 所示，在建筑工地上，工人要把截面直径为 d 的圆木加工成矩形木料，用作水平横梁，问怎样加工才能使横梁的承载能力最大？（提示：横梁的承载能力与横梁的抗弯截面系数 $\omega=\frac{1}{6}bh^2$ 成正比，其中 b,h 分别为横梁的底宽和高.）

解　由题可知 $b^2+h^2=d^2$，则 $h^2=d^2-b^2$，将上式代入横梁的抗弯截面系统 $\omega=\frac{1}{6}bh^2$ 中得 $\omega=\frac{1}{6}b(d^2-b^2)$.

令桥梁的承载能力$y=k\omega=k\cdot\frac{1}{6}b(d^2-b^2)$，

$$y'=\frac{1}{6}kd^2-\frac{1}{6}k\cdot 3b^2=\frac{1}{6}kd^2-\frac{1}{2}kb^2.$$

令 $y'=0$ 得 $b^2=\frac{1}{3}d^2$，即 $b=\frac{\sqrt{3}}{3}d$，计算得 $h=\frac{\sqrt{6}}{3}d$.

所以当 $b=\frac{\sqrt{3}}{3}d,h=\frac{\sqrt{6}}{3}d$ 时，才能使横梁的承载能力最大.

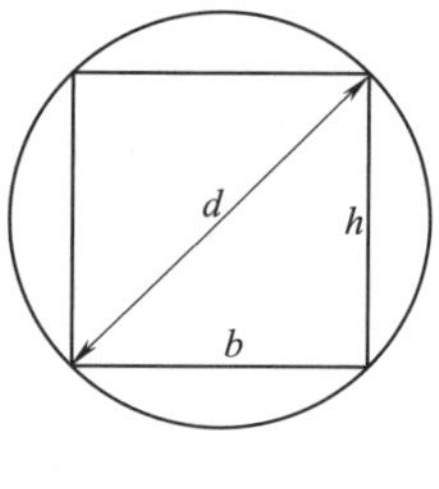

图　3-2

3. (**最大利润**)某快餐店汉堡的价格与每月的需求量(单位：个)的关系为 $P(x)=\frac{60\,000-x}{20\,000}$，成本函数为 $C(x)=5\,000+0.56x\ (0\leqslant x\leqslant 50\,000)$，其中 x 表示需求量(产量). 问：产量为多少时，快餐店可以获得最大利润？

解　设快餐店的利润

$$y=xP(x)-C(x)=\frac{60\,000-x}{20\,000}x-(5\,000+0.56x)=-\frac{x^2}{20\,000}+2.44x-5\,000,$$

则
$$y'=-\frac{1}{10\,000}x+2.44.$$

令 $y'=0$ 得 $x=24\,400$，且该函数在 $x=24\,400$ 处取得最大值，所以产量为 24 400 时，快餐店可以获得最大利润.

4. (**最佳行驶速度**)人在雨中行走的速度不同，淋雨量便会不同，设淋雨量 y 是人行走速度 v(单位：m/s)的函数，其函数关系为 $y=v^3-6v^2+9v+4$. 问：行走速度为多少时，可使淋雨量达到最小？

解 $y'=3v^2-12v+9=3(v^2-4v+3)=3(v-1)(v-3)$.

令 $y'=0$,得 $v=1$ 及 $v=3$,又 $y|_{v=1}=8$, $y|_{v=3}=4$,所以当行走速度为 3 m/s 时,可使淋雨量达到最小.

*3.4 曲线的曲率

一、学习目标

1. 掌握曲线在给定点处曲率和曲率半径的计算;
2. 掌握曲线弧微分的计算;
3. 了解曲率的简单应用.

二、基本题型及解题方法

题型 1 求曲线的弧微分.

解题方法: 解题一般步骤如下:

(1)对曲线 $y=f(x)$ 求导;

(2)利用曲率的计算公式 $ds=\sqrt{1+\left(\frac{dy}{dx}\right)^2}$ 或 $ds=\sqrt{1+y'^2}dx$ 计算弧微分.

例 1 求曲线 $y=\sin x-\cos^3 x$ 的弧微分.

解 因为 $y'=\cos x+3\cos^2 x\sin x$,所以曲线的弧微分为

$$\begin{aligned} ds &= \sqrt{1+y'^2}dx=\sqrt{1+(\cos x+3\cos^2 x\sin x)^2}dx \\ &= \sqrt{1+\cos^2 x\left(1+\frac{3}{2}\sin 2x\right)^2}dx. \end{aligned}$$

题型 2 求曲线的最大曲率.

解题方法: 先求曲线的一阶导数与二阶导数,再根据曲率公式求出曲率的表达式,若使曲率最大,需使上述表达式中的分母最小,即求分母的最小值(根据求最值的三步进行计算).

例 2 求椭圆 $\begin{cases} x=a\cos t \\ y=b\sin t \end{cases}$ $(0\leqslant t\leqslant 2\pi)$ 在何处曲率最大?

解 $x'=-a\sin t$, $x''=-a\cos t$;

$y'=b\cos t$, $y''=-b\sin t$,

故曲线为

$$k=\frac{|x'y''-x''y'|}{(x'^2+y'^2)^{\frac{3}{2}}}=\frac{ab}{(a^2\sin^2 t+b^2\cos^2 t)^{\frac{3}{2}}}.$$

显然若使曲率最大,只需使 $f(t)=a^2\sin^2 t+b^2\cos^2 t$ 最小即可.

求驻点 $f'(t)=2a^2\sin t\cos t-2b^2\cos t\sin t=(a^2-b^2)\sin 2t$.

令 $f'(t)=0$,得 $t=0$, $t=\frac{\pi}{2}$, $t=\pi$, $t=\frac{3\pi}{2}$, $t=2\pi$.

计算驻点处的函数值:

$$f'(0)=b^2,\quad f'\left(\frac{\pi}{2}\right)=a^2,\quad f'(\pi)=b^2,\quad f'\left(\frac{3\pi}{2}\right)=a^2,\quad f'(2\pi)=b^2.$$

设 $0<b<a$，则 $t=0,\pi,2\pi$ 时 $f(t)$ 取最小值，从而 K 取最大值. 这说明椭圆在点$(\pm a,0)$处曲率最大.

三、习题详解

习题 3.4 A 组

1. 求下列曲线的弧微分：

(1) $y=3x^3+2x$； (2) $y=\sin x-\cos^3 x$.

解 (1) 因为 $y'=(3x^3+2x)'=9x^2+2$，

所以曲线的弧微分 $ds=\sqrt{1+y'^2}\,dx=\sqrt{1+(9x^2+2)^2}\,dx$.

(2) 因为 $y'=\cos x+3\cos^2 x\sin x$，

所以曲线的弧微分 $ds=\sqrt{1+y'^2}\,dx=\sqrt{1+(\cos x+3\cos^2 x\sin x)^2}\,dx$

$$=\sqrt{1+\cos^2 x\left(1+\frac{3}{2}\sin 2x\right)^2}\,dx.$$

2. 求下列各曲线在给定点处的曲率和曲率半径：

(1) $y=2x+3$，点$(1,1)$；(2) $y=\ln(x+2)$，点$(0,0)$；

(3) $xy=1$，点$(1,1)$；(4) $y=\sin x$，点$\left(\frac{\pi}{4},\frac{\sqrt{2}}{2}\right)$.

解 (1) 由 $y=2x+1$，得

$$y'=2,\quad y''=0.$$

因此
$$y'|_{x=1}=2,\quad y''|_{x=1}=0.$$

代入公式便得曲线 $y=2x+1$ 在点$(1,1)$处的曲率为

$$k=\frac{0}{(1+2^2)^{\frac{3}{2}}}=0.$$

曲率半径为
$$R=\frac{1}{k}=\infty.$$

(2) 由 $y=\ln(x+2)$，得

$$y'=\frac{1}{x+2},\quad y''=-\frac{1}{(x+2)^2},$$

因此
$$y'|_{x=0}=\frac{1}{2},\quad y''|_{x=1}=-\frac{1}{4}.$$

代入公式便得曲线 $y=\ln(x+1)$ 在点$(0,0)$处的曲率为

$$k=\frac{\frac{1}{4}}{\left(1+\frac{1}{2}^2\right)^{\frac{3}{2}}}=\frac{2\sqrt{125}}{125}=\frac{2\sqrt{5}}{25}.$$

曲率半径为
$$R=\frac{1}{k}=\frac{5\sqrt{5}}{2}.$$

(3) 由 $y=\frac{1}{x}$，得

$$y'=-\frac{1}{x^2},\quad y''=\frac{2}{x^3}.$$

因此
$$y'|_{x=1}=-1,\quad y''|_{x=1}=2.$$

代入公式便得曲线 $xy=1$ 在点$(1,1)$处的曲率为

$$k=\frac{2}{[1+(-1)^2]^{\frac{3}{2}}}=\frac{\sqrt{2}}{2}.$$

曲率半径为
$$R=\frac{1}{k}=\sqrt{2}.$$

(4)由 $y=\sin x$,得

$$y'=\cos x,\quad y''=-\sin x,$$

因此
$$y'\big|_{x=\frac{\pi}{4}}=\frac{\sqrt{2}}{2},\quad y''\big|_{x=\frac{\pi}{4}}=-\frac{\sqrt{2}}{2}.$$

代入公式便得曲线 $y=\sin x$ 在点$\left(\frac{\pi}{4},\frac{\sqrt{2}}{2}\right)$处的曲率为

$$k=\frac{\frac{\sqrt{2}}{2}}{\left[1+\left(\frac{\sqrt{2}}{2}\right)^2\right]^{\frac{3}{2}}}=\frac{2}{3\sqrt{3}}.$$

曲率半径为
$$R=\frac{1}{k}=\frac{3\sqrt{3}}{2}.$$

3. 在区间$(0,\pi)$内,求曲线 $y=\sin x$ 上曲率最大的点.

解 由 $y=\sin x$,得

$$y'=\cos x,\quad y''=-\sin x.$$

将其代入曲率公式中,得

$$k=\frac{|-\sin x|}{(1+\cos^2 x)^{\frac{3}{2}}}=\frac{1}{R}.$$

要使 k 取得最大值,只需分母最小,即 $x=\frac{\pi}{2}$. 于是,正弦曲线上曲率最大处的点的坐标为$\left(\frac{\pi}{2},1\right)$.

习题 3.4 B 组

1. (**车对桥的压力**)如图 3-3 所示,汽车连同载重共 5 t,在抛物线型的拱桥上行驶,速度为21.6 km/h,桥的跨度为 10 m,桥的矢高为 0.25 m,求汽车越过桥顶时对桥的压力.

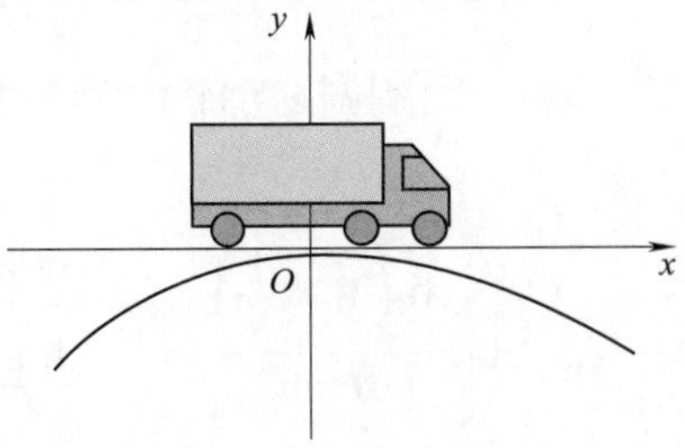

图 3-3

解 以顶点为原点,顶点处切线为 x 轴,则该抛物线方程为 $y=-ax^2$,且满足 $x=5$ 时,$y=-0.25$,则 $a=0.01$,即抛物线的方程为 $y=-0.01x^2$,则 $y'=-0.02x$,$y''=-0.02$.

由于汽车越过桥顶时对桥的压力 $F=mg-\frac{mv^2}{r}$,且在抛物线顶点处 r 等于该点曲率圆的半径,也就是曲率的倒数,又在 $x=0$ 处的曲率

$$k=\frac{|y''|}{\sqrt{(1+y'^2)^3}}=\frac{0.02}{1}=0.02.$$

所以
$$r=\frac{1}{k}=50.$$

代入 F 得
$$F=mg-\frac{mv^2}{r}=5\ 000\times9.8-\frac{5\ 000\times\left(\frac{26.1}{3.6}\right)^2}{50}(\mathrm{N})=43\ 743.8(\mathrm{N}).$$

2. (**挠曲线的曲率**)有一个长度为 l 的悬臂直梁,一端固定在墙内,另一端自由,当自由端有力 p 作用时,

直梁发生微小的弯曲. 建立如图 3-4 所示的直角坐标系，直梁挠曲线的方程为 $y=\frac{p}{EI}\left(\frac{1}{2}lx^2-\frac{1}{6}x^3\right)$，其中 EI 为正常数，试求该直梁挠曲线在 $x=0$，$x=\frac{l}{2}$，$x=l$ 处的曲率.

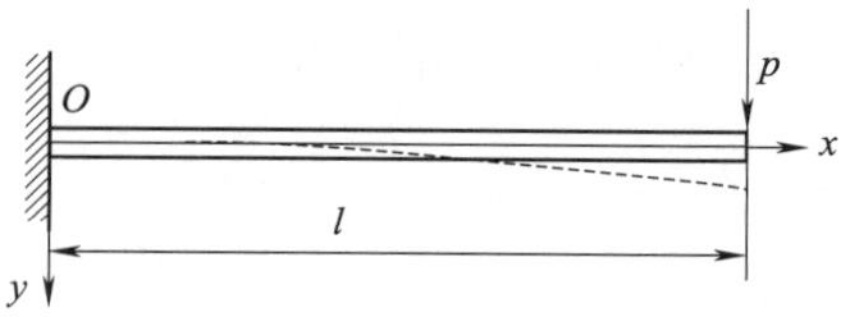

图 3-4

解 由题得

$$y'=\frac{p}{EI}\left(lx-\frac{1}{2}x^2\right),\quad y''=\frac{p}{EI}(l-x).$$

将其代入曲率公式中，得

$$k=\frac{\left|\frac{p}{EI}(l-x)\right|}{\left[1+\frac{p^2}{E^2I^2}\left(lx-\frac{1}{2}x^2\right)^2\right]^{\frac{3}{2}}}.$$

所以

$$k\Big|_{x=0}=\frac{pl}{EI},\quad k\Big|_{x=\frac{l}{2}}=\frac{pl}{2EI},\quad k\Big|_{x=l}=0.$$

综合测试 3

一、填空题

1. 如果函数 $f(x)$ 在 $[a,b]$ 上可导，则在 (a,b) 内至少存在一点 ξ，使 $f'(\xi)=$__________.

2. $\lim\limits_{x\to+\infty}\frac{\ln\left(1+\frac{1}{x}\right)}{\arctan x}=$__________.

3. 函数 $y=2x^3+3x^2-12x-1$ 的单调减少区间是__________.

4. 函数 $y=\sin x-x$ 在定义域内单调__________.

5. 若函数 $y=f(x)$ 在 (a,b) 可导，则曲线 $f(x)$ 在 (a,b) 内取凹的充要条件是__________.

6. 曲线 $y=x+x^{\frac{5}{3}}$ 的凹区间是__________.

解 1. 由拉格朗日中值定理可知：$f'(\xi)=\frac{f(b)-f(a)}{b-a}$.

2. $\lim\limits_{x\to+\infty}\frac{\ln\left(1+\frac{1}{x}\right)}{\arctan x}==\lim\limits_{x\to+\infty}\frac{\frac{1}{1+\frac{1}{x}}\cdot\left(-\frac{1}{x^2}\right)}{\frac{1}{1+x^2}}=\lim\limits_{x\to+\infty}\frac{-\frac{1}{x^2+x}}{\frac{1}{1+x^2}}=-\lim\limits_{x\to+\infty}\frac{1+x^2}{x^2+x}=-1.$

3. $y'=6x^2+6x-12=6(x-1)(x+2)$，令 $y'<0$，解得 $-2<x<1$，即该函数的单调减少区间是 $(-2,1)$.

4. 由于函数 $y=\sin x-x$ 的定义域为 $\mathbf{R}$，且 $y'=(\sin x-x)'=\cos x-1<0$，所以该函数在定义域内单调减少.

5. $f''(x)>0$.

6. 由于曲线 $y=x+x^{\frac{5}{3}}$ 的定义域为 $\mathbf{R}$，$y'=1+\frac{5}{3}x^{\frac{2}{3}}$，$y''=\frac{10}{9}x^{-\frac{1}{3}}$，又 $x=0$ 为曲线函数 $f(x)$ 的二阶不可导点，且在区间 $(-\infty,0)$ 上 $y''<0$，所以该曲线的凹区间为 $(-\infty,0)$.

二、选择题

1. 下列函数中，当 $x\in[-1,1]$ 时，满足罗尔定理的有(　　).

A. $y=x^3$　　B. $y=\ln|x|$　　C. $y=x^2$　　D. $y=\frac{1}{1-x^2}$

2. 设$\lim\limits_{x\to a}f(x)=\lim\limits_{x\to a}g(x)=0$,且在点 a 的某邻域中(点 a 可除外),$f'(x)$与 $g'(x)$都存在且$g(x)\neq0$,则$\lim\limits_{x\to a}\dfrac{f(x)}{g(x)}$存在是$\lim\limits_{x\to a}\dfrac{f'(x)}{g'(x)}$存在的(   ).

A. 充分条件　　B. 必要条件

C. 充要条件　　D. 既非充分也非必要条件

3. 设$f'(x)=(x-1)(2x+1)$,$x\in(-\infty,+\infty)$,则在$\left(\dfrac{1}{2},1\right)$内,$f(x)$(   ).

A. 单调增加,曲线$f(x)$为凹的　　B. 单调减少,曲线$f(x)$为凹的

C. 单调增加,曲线$f(x)$为凸的　　D. 单调减少,曲线$f(x)$为凸的

4. 下列函数是单调函数的是(   ).

A. $y=\ln(1+x^2)$　　B. $y=xe^x$　　C. $y=\ln|x|$　　D. $y=x+\sin x$

5. 下列(   )是函数 $y=x-\ln(1+x)$的单调减少区间.

A. $(-1,+\infty)$　　B. $(-1,0)$　　C. $(0,+\infty)$　　D. $(-\infty,-1)$

6. 下列结论正确的是(   ).

A. 可导函数的极值点必是此函数的驻点

B. 可导函数的极值点必是此函数的最值点

C. 若 x_0 是函数$f(x)$的极值点,则必有$f'(x_0)=0$

D. 若$f'(x_0)=0$,则 x_0 一定是函数$f(x)$的极值点

7. 关于函数 $y=x^3$,以下说法正确的是(   ).

A. 存在极值点　　B. 存在最值点

C. 存在驻点　　D. 在定义域内单调递减

8. 关于最值下列说法正确的是(   ).

A. 最值点必在极值点中取得

B. 最值点处的导数值为 0

C. 最值点在极值点与两个端点处的函数值中取得

D. 最大值肯定是极大值点

解　1. 罗尔定理的三个条件为:(1)$f(x)$在闭区间$[a,b]$上连续;(2)$f(x)$在开区间(a,b)内可导;(3)$f(x)$在区间端点处的函数值相等. 选项 A:$f(-1)\neq f(1)$;选项 B:$y=\ln|x|$在区间$[-1,1]$内不连续;选项 D:在两端点处无定义. 故该题选 C.

2. 由洛必达法则可知,该题选 D.

3. 由于在$\left(\dfrac{1}{2},1\right)$内$f'(x)=(x-1)(2x+1)<0$,所以在$\left(\dfrac{1}{2},1\right)$内函数$f(x)$单调减少;又在$\left(\dfrac{1}{2},1\right)$内$y''=4x-1>0$,所以在$\left(\dfrac{1}{2},1\right)$内曲线$f(x)$为凹的,故该题选 B.

4. 由于函数 $y=x+\sin x$ 的导函数$f'(x)=1+\cos x\geqslant0$ 恒成立,所以该函数在定义域单调增加,故该题选 D.

5. 由于 $y'=1-\dfrac{1}{1+x}=\dfrac{x}{1+x}$,令 $y'<0$,得 $-1<x<0$,即函数 $y=x-\ln(1+x)$的单调减少区间为$(-1,0)$. 故该题选 B.

6. 若 x_0 是函数$f(x)$的极值点,则该点处的切线为平行于 x 轴的直线,即该点处的切线斜率为 0,由此可得$f'(x_0)=0$,故该题选 C.

7. 因为 $y'=(x^3)'=3x^2$,令 $y'=0$ 得 $x=0$,所以函数 $y=x^3$ 存在驻点,故该题选 C.

8. 该题选 C.

三、解答题

1. 证明方程 $x^5+x-1=0$ 只有一个正根.

证明 设 $f(x)=x^5+x-1$，则 $f(x)$ 在 $[0,1]$ 上连续，$f(0)=-1<0$，$f(1)=1>0$.

由零点定理可知，至少存在一点 $x_1\in(0,1)$，使 $f(x_1)=0$，即方程 $x^5+x-1=0$ 在 $(0,1)$ 内至少有一个正根.

若方程 $x^5+x-1=0$ 还有一个正根 x_2，即 $f(x_2)=0$，则由 $f(x)=x^5+x-1$ 在 $[x_1,x_2]$（或 $[x_2,x_1]$）上连续，在 (x_1,x_2) 或 (x_2,x_1) 内可导，可知 $f(x)$ 满足罗尔定理的条件，故至少存在一点 $\xi\in(x_1,x_2)$ 或 (x_2,x_1)，使得 $f'(\xi)=0$，这与 $f'(\xi)=5\xi^4+1>0$ 矛盾. 因此方程 $x^5+x-1=0$ 只有一个正根.

2. 求极限：$\lim\limits_{x\to0}\dfrac{3x-\sin 3x}{(1-\cos x)\ln(1+2x)}$.

解
$$原式=\lim_{x\to0}\frac{3x-\sin 3x}{\frac{1}{2}x^2\cdot 2x}=\lim_{x\to0}\frac{3x-\sin 3x}{x^3}=\lim_{x\to0}\frac{3-3\cos 3x}{3x^2}=\lim_{x\to0}\frac{1-\cos 3x}{x^2}$$
$$=\lim_{x\to0}\frac{\frac{(3x)^2}{2}}{x^2}=\frac{9}{2}.$$

3. 求极限：$\lim\limits_{x\to0^+}x^{\sin x}$.

解 由于 $\lim\limits_{x\to0^+}x^{\sin x}=\lim\limits_{x\to0^+}e^{\sin x\ln x}$，

又
$$\lim_{x\to0^+}\sin x\ln x=\lim_{x\to0^+}\frac{\ln x}{\frac{1}{\sin x}}=\lim_{x\to0^+}\frac{\ln x}{\csc x}=\lim_{x\to0^+}\frac{\frac{1}{x}}{-\csc x\cot x}=-\lim_{x\to0^+}\frac{\frac{1}{x}}{\frac{1}{\sin x}\cdot\frac{1}{\tan x}}=-\lim_{x\to0^+}\frac{\sin x\tan x}{x}=0,$$

所以
$$\lim_{x\to0^+}x^{\sin x}=e^0=1.$$

4. 求极限：$\lim\limits_{x\to1}\left(\dfrac{2}{x^2-1}-\dfrac{1}{x-1}\right)$.

解
$$原式=\lim_{x\to1}\frac{2-(x+1)}{x^2-1}=\lim_{x\to1}\frac{1-x}{x^2-1}=-\lim_{x\to1}\frac{1}{x+1}=-\frac{1}{2}.$$

5. 已知 $y=2x^3-x^4$，试讨论其单调性，并求其极值.

解 该函数的定义域为 $\mathbf{R}$，
$$y'=6x^2-4x^3=2x^2(3-2x).$$

令 $y'=0$，得
$$x_1=0,\quad x_2=\frac{3}{2}.$$

列表讨论 y' 的符号及函数 y 的单调性和极值：

x	$(-\infty,0)$	0	$\left(0,\frac{3}{2}\right)$	$\frac{3}{2}$	$\left(\frac{3}{2},+\infty\right)$
y'	+	0	+	0	−
y	↗	不是极值点	↗	极大值点	↘

综上，函数在 $\left(\frac{3}{2},+\infty\right)$ 上单调减少，在 $(-\infty,0)$ 及 $\left(0,\frac{3}{2}\right)$ 上单调增加，其极大值 $f\left(\frac{3}{2}\right)=\frac{27}{16}$.

6. 求曲线 $y=x^3(1-x)$ 的凹凸区间和拐点.

解 函数的定义域为 $(-\infty,+\infty)$，
$$y'=3x^2-4x^3,\quad y''=6x-12x^2=6x(1-2x).$$

令 $y''=0$,得 $x=0$ 与 $x=\frac{1}{2}$.

列表讨论y''的符号及曲线的凹凸和拐点:

x	$(-\infty,0)$	0	$\left(0,\frac{1}{2}\right)$	$\frac{1}{2}$	$\left(\frac{1}{2},+\infty\right)$
y''	$-$	0	$+$	0	$-$
y	$\cap$	拐点$(0,0)$	$\cup$	拐点$\left(\frac{1}{2},\frac{1}{16}\right)$	$\cap$

综上,曲线的凸区间为$(-\infty,0)$与$\left(\frac{1}{2},+\infty\right)$,凹区间为$\left(0,\frac{1}{2}\right)$,拐点为$(0,0)$与$\left(\frac{1}{2},\frac{1}{16}\right)$.

7. 求函数 $y=x^4-2x^2+5$ 在区间$[-2, 2]$上的最值.

解 $y'=4x^3-4x=4x(x^2-1)$.

令 $y'=0$,得$(-2,2)$上的驻点 $x=-1$,$x=0$ 及 $x=1$.

$$y\big|_{x=-1}=y\big|_{x=1}=4,\quad y\big|_{x=0}=5,\quad y\big|_{x=-2}=y\big|_{x=2}=13,$$

所以,函数在$[-2,2]$的最大值为 $y\big|_{x=-2}=y\big|_{x=2}=13$,最小值为 $y\big|_{x=-1}=y\big|_{x=1}=4$.

8. 有一个半径为 R 的圆形广场,在广场中心的上方设置一个灯. 问灯设多高能使广场周围的环道最亮?已知当灯高为 x 时,照明度 $y=\frac{k\cos\alpha}{x^2+R^2}$,其中 k 为比例系数,如图 3-5 所示.

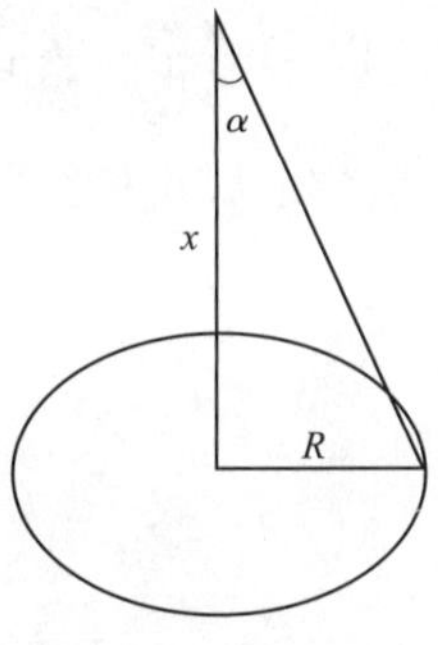

图 3-5

解 由题可知
$$\cos\alpha=\frac{x}{\sqrt{x^2+R^2}},$$

则照明度
$$y=\frac{k\cos\alpha}{x^2+R^2}=\frac{k\cdot\frac{x}{\sqrt{x^2+R^2}}}{x^2+R^2}=\frac{kx}{(x^2+R^2)^{\frac{3}{2}}}.$$

又
$$y'=\frac{k(x^2+R^2)^{\frac{3}{2}}-3kx^2(x^2+R^2)^{\frac{1}{2}}}{(x^2+R^2)^3}=\frac{k(R^2-2x^2)}{(x^2+R^2)^{\frac{5}{2}}}.$$

令 $y'=0$,得 $x=\frac{\sqrt{2}}{2}R$,

所以当灯的高度为$\frac{\sqrt{2}}{2}R$ 时,广场周围的环道最亮.

9. 某房地产公司有 50 套公寓要出租,当租金定为每月 180 元时,公寓会全部租出去;当租金每月增加 10 元时,就有一套公寓租不出去. 而租出去的每套房子每月需花费 20 元的整修维护费. 试问房租定为多少可获得最大收入?

解 设房租为每月 x 元,租出去的房子有 $50-\frac{x-180}{10}$套,每月的总收入为

$$R(x)=(x-20)\left(50-\frac{x-180}{10}\right)=(x-20)\left(68-\frac{x}{10}\right),$$

$$R'(x)=\left(68-\frac{x}{10}\right)+(x-20)\cdot\left(-\frac{1}{10}\right)=70-\frac{x}{5}.$$

令 $R'(x)=0$ 得 $x=350$(唯一驻点),故每月每套租金为 350 元时收入最高.

最大收入为
$$R(x)=(350-20)\left(68-\frac{350}{10}\right)=10\ 890(\text{元}).$$

10.(**容积问题**)设有一块边长为 a 的正方形铁皮,在每个角截去同样大小的正方形,问截去正方形的边长多大,才能使剩下的铁皮折成的无盖方盒容积最大?

解析:首先列出容积与小正方形的边长的函数关系,建立实际问题的函数模型,利用导数作为工具求解该最值问题.(注意自变量的取值范围)

解 设小正方形的边长为 x,则盒底的边长为 $a-2x$,由于 $a-2x>0$,则 $x\in\left(0,\frac{a}{2}\right)$,且方盒是以边长为 $a-2x$的正方形作底面,高为 x 的正方体,其体积为

$$V=x(a-2x)^2,\quad x\in\left(0,\frac{a}{2}\right).$$

$$V'=(a-2x)(a-6x).$$

令 $V'=0$,则 $x_1=\frac{a}{2}$,$x_2=\frac{a}{6}$.

由 $x_1=\frac{a}{2}\notin\left(0,\frac{a}{2}\right)$,且对于 $x\in\left(0,\frac{a}{6}\right)$,$V'>0$;$\in\left(\frac{a}{6},\frac{a}{2}\right)$,$V'<0$,

所以 $V\left(\frac{a}{6}\right)=\frac{2a^3}{27}$即为容积的最大值,此时小正方形的边长为$\frac{a}{6}$,即截去小正方形边长$\frac{a}{6}$时,能使剩下的铁皮折成的无盖方盒容积最大.

第 4 章　不定积分

本章知识结构：

- 不定积分
  - 概念与性质
    - 原函数与不定积分的概念
    - 不定积分基本公式
    - 性质
      - 与微分运算的互逆性
      - 线性运算
  - 积分法
    - 直接积分法
    - 换元积分法
      - 第一换元积分法（凑微分法）
      - 第二换元积分法
        - 简单根式代换
        - 三角代换
    - 分部积分法

4.1　不定积分的概念与性质

一、学习目标

1. 理解原函数与不定积分的概念、不定积分的几何意义；
2. 掌握不定积分的基本公式和性质．

二、基本题型及解题方法

题型 1　有关概念与性质的问题．

解题方法：理解原函数与不定积分的概念，掌握性质(1)．

例 1　(1)填空：函数____________的原函数为 $\ln(5x)$．

(2)若在区间 (a,b) 内 $f'(x)=g'(x)$，则在 (a,b) 内一定有(　　)．

A. $f(x)=g(x)$　　　　B. $f(x)=g(x)+C$

C. $\left(\int f(x)\mathrm{d}x\right)'=\left(\int g(x)\mathrm{d}x\right)'$　　　　D. $\mathrm{d}\left(\int f(x)\mathrm{d}x\right)=\mathrm{d}\left(\int g(x)\mathrm{d}x\right)$

解　由原函数的相关知识，可得(1)题所求函数为 $[\ln(5x)]'=\dfrac{1}{x}$；(2)题应选择 B.

例 2　填空：$\mathrm{d}\int \mathrm{d}f(x)=$____________．

解　由性质(1)，可得 $\mathrm{d}\int \mathrm{d}f(x)=\mathrm{d}f(x)$．

题型2 已知$f(x)$的原函数，求$f(x)$或与$f(x)$相关的函数.

解题方法：首先对已知的原函数求导，可得$f(x)$，然后再进行相关运算.

例3 选择：若$\int f(x)e^{\frac{1}{x}}dx = e - e^{\frac{1}{x}} + C$，则$f(x) = ($　　$)$.

A. $\frac{1}{x}$　　B. $\frac{1}{x^2}$　　C. $-\frac{1}{x}$　　D. $-\frac{1}{x^2}$

解 对$\int f(x)e^{\frac{1}{x}}dx = e - e^{\frac{1}{x}} + C$的两边同时求导，得$f(x)e^{\frac{1}{x}} = \frac{1}{x^2}e^{\frac{1}{x}}$，从而$f(x) = \frac{1}{x^2}$，即应选择B.

题型3 直接积分法.

解题方法：通常需要对被积函数进行初等函数的恒等变形，如加减项、分子分母同乘、因式分解、完全平方、三角函数的二倍角公式、同角三角函数间的关系等，然后利用不定积分的基本公式和运算法则.

视频

例4（2）

例4 计算下列不定积分：

(1) $\int \frac{1-x}{1-\sqrt{x}}dx$；　　(2) $\int \frac{1-2x^2}{1+x^2}dx$；

(3) $\int (2^x + 3^x)^2 dx$；　　(4) $\int \frac{\cos 2x}{\cos x - \sin x}dx$.

解 (1) 原式 $= \int \frac{(1-\sqrt{x})(1+\sqrt{x})}{1-\sqrt{x}}dx = \int (1+\sqrt{x})dx = x + \frac{2}{3}x^{\frac{3}{2}} + C$.

(2) 原式 $= \int \frac{-2-2x^2+3}{1+x^2}dx = \int \left(-2 + \frac{3}{1+x^2}\right)dx = -2x + 3\arctan x + C$.

(3) 原式 $= \int (4^x + 2\cdot 6^x + 9^x)dx = \frac{1}{\ln 4}4^x + \frac{2}{\ln 6}6^x + \frac{1}{\ln 9}9^x + C$.

(4) 原式 $= \int \frac{\cos^2 x - \sin^2 x}{\cos x - \sin x}dx = \int \frac{(\cos x - \sin x)(\cos x + \sin x)}{\cos x - \sin x}dx$

$= \int (\cos x + \sin x)dx = \sin x - \cos x + C$.

三、习题详解

习题4.1 A组

1. 填空题

(1) 已知$\int f(x)dx = \sin^2 x + C$，则$f(x) =$ ________.

(2) 已知$\left[\int f(x)dx\right]' = \ln x$，则$f(x) =$ ________.

(3) $\int d\ln(x-1) =$ ________.

解 (1) 已知$f(x) = \left(\int f(x)dx\right)'$，则$f(x) = (\sin^2 x)' = 2\sin x\cos x = \sin 2x$.

(2) 因为$\left[\int f(x)dx\right]' = f(x)$，所以$f(x) = \ln x$.

(3) 由不定积分的性质$\int dF(x) = F(x) + C$，可知$\int d\ln(x-1) = \ln(x-1) + C$.

2. 选择题

(1)设$f(x)$为连续函数,则$\left[\int f(x)\mathrm{d}x\right]' =$(　　).

A. $f(x)+C$　　B. $f(x)$　　C. $f(x)\mathrm{d}x$　　D. $f'(x)$

(2)若$F(x)$是$f(x)$的一个原函数,C为不等于0也不等1的其他任意常数,则(　　)也必是$f(x)$的原函数.

A. $CF(x)$　　B. $F(Cx)$　　C. $F\left(\frac{x}{C}\right)$　　D. $F(x)+C$

(3)下列函数中,是同一函数的原函数的是(　　).

A. $\frac{1}{2}\sin^2 x$与$\frac{1}{4}\cos 2x$　　B. $\frac{1}{2}\sin^2 x$与$-\frac{1}{4}\cos 2x$

C. $\ln|\ln x|$与$2\ln x$　　D. $\tan^2\frac{x}{2}$与$\csc^2\frac{x}{2}$

(4)已知曲线$y=f(x)$在点(x,y)的切线斜率为$\frac{1}{x^2}$,且过点(1,1),则此曲线方程是(　　).

A. $\frac{1}{x}$　　B. $\frac{1}{x}+2$　　C. $-\frac{1}{x}$　　D. $-\frac{1}{x}+2$.

(5)下列不定积分中不正确的是(　　).

A. $\int\tan x\mathrm{d}x = \sec^2 x + C$　　B. $\int\frac{1}{x}\mathrm{d}x = \ln|3x| + C$

C. $\int\frac{1}{\sqrt{1-x^2}}\mathrm{d}x = -\arccos x + C$　　D. $\int\frac{1}{1+x^2}\mathrm{d}x = -\mathrm{arccot}\, x + C$.

解　(1)B. (2)D.

(3)因为$\left(\frac{1}{2}\sin^2 x\right)' = \sin x\cos x$,而$\left(\frac{1}{4}\cos 2x\right)' = -\frac{1}{2}\sin 2x = -\sin x\cos x$,即A错. 对$\ln|\ln x|$求导时,讨论①$\ln x>0$时,$(\ln|\ln x|)' = (\ln\ln x)' = \frac{1}{x\ln x}$. ②$\ln x<0$时,$(\ln|\ln x|)' = [\ln(-\ln x)]' = \left(-\frac{1}{\ln x}\right)\cdot\left(-\frac{1}{x}\right) = \frac{1}{x\ln x}$. 即$(\ln|\ln x|)' = \frac{1}{x\ln x}$,而$(2\ln x)' = \frac{2}{x}$. 即C错. $\left(\tan^2\frac{x}{2}\right)' = 2\tan\frac{x}{2}\cdot\sec^2\frac{x}{2}\cdot\frac{1}{2} = \tan\frac{x}{2}\cdot\sec^2\frac{x}{2}$,而$\left(\csc^2\frac{x}{2}\right)' = 2\csc\frac{x}{2}\cdot\left(-\csc\frac{x}{2}\right)\cdot\cot\frac{x}{2}\cdot\frac{1}{2} = -\csc^2\frac{x}{2}\cdot\cot\frac{x}{2}$. 即D错;因为$\left(\frac{1}{2}\sin^2 x\right)' = \frac{1}{2}\cdot 2\cdot\sin x\cos x = \sin x\cos x$,且$\left(-\frac{1}{4}\cos 2x\right)' = -\frac{1}{4}\cdot -2\cdot\sin 2x = \sin x\cos x$,即B对. 所以选择B.

(4)由题意可知,$f(x)' = \frac{1}{x^2}$,则$f(x) = \int\frac{1}{x^2}\mathrm{d}x = -\frac{1}{x} + C$,将(1,1)代入,可得$C=2$. 即所求曲线方程为$f(x) = -\frac{1}{x}+2$. 所以选择D.

(5)要验证不定积分结果是否正确,可对结果求导,看导数是否等于被积函数. 因为$(\sec^2 x + C)' = 2\mathrm{sce}^2 x\tan x$,而$(\ln|3x|+C)' = \frac{1}{x}$,则A不正确、B正确. C和D符合积分公式. 所以选择A.

3. 求下列不定积分:

(1)$\int\sqrt{x\sqrt{x\sqrt{x}}}\mathrm{d}x$;　　(2)$\int\sqrt{x}(x-3)\mathrm{d}x$;

(3)$\int\frac{(x^2-3)(x+1)}{x^2}\mathrm{d}x$;　　(4)$\int\frac{(2x-1)(\sqrt{x}+1)}{\sqrt{x}}\mathrm{d}x$;

(5) $\int \frac{x^2}{1+x^2}dx$；　(6) $\int \frac{1+x}{1+\sqrt[3]{x}}dx$；

(7) $\int \frac{e^{2x}-1}{e^x+1}dx$；　(8) $\int \cos^2\frac{x}{2}dx$；

(9) $\int \cot^2 x dx$；　(10) $\int \frac{\sin^2 x}{1+\cos 2x}dx$.

解 (1)原式 $=\int \sqrt{x\sqrt{x\sqrt{x}}}\,dx=\int x^{\frac{7}{8}}dx=\frac{x^{\frac{7}{8}+1}}{\frac{7}{8}+1}+C=\frac{8}{15}x^{\frac{15}{8}}+C$.

(2)原式 $=\int(x^{\frac{3}{2}}-3x^{\frac{1}{2}})dx=\frac{2}{5}x^{\frac{5}{2}}-3\cdot\frac{2}{3}x^{\frac{3}{2}}+C=\frac{2}{5}x^{\frac{5}{2}}-2x^{\frac{3}{2}}+C$.

(3)原式 $=\int\frac{x^3+x^2-3x-3}{x^2}dx=\int\left(x+1-\frac{3}{x}-\frac{3}{x^2}\right)dx=\frac{1}{2}x^2+x-3\ln|x|+\frac{3}{x}+C$.

(4)原式 $=\int\frac{2x\sqrt{x}-\sqrt{x}+2x-1}{\sqrt{x}}dx=\int\left(2x-1+2\sqrt{x}-\frac{1}{\sqrt{x}}\right)dx$

$=x^2-x+\frac{4}{3}x^{\frac{3}{2}}-2\sqrt{x}+C$.

(5)原式 $=\int\frac{(x^2+1)-1}{1+x^2}dx=\int\left(1-\frac{1}{1+x^2}\right)dx=x-\arctan x+C$.

(6)原式 $=\int\frac{1+(x^{\frac{1}{3}})^3}{1+x^{\frac{1}{3}}}dx=\int\frac{(1+x^{\frac{1}{3}})(1-x^{\frac{1}{3}}+x^{\frac{2}{3}})}{1+x^{\frac{1}{3}}}dx=x-\frac{3}{4}x^{\frac{4}{3}}+\frac{3}{5}x^{\frac{5}{3}}+C$.

(7)原式 $=\int\frac{(e^x-1)(e^x+1)}{e^x+1}dx=\int(e^x-1)dx=e^x-x+C$.

(8)原式 $=\int\frac{1+\cos x}{2}dx=\frac{1}{2}(x+\sin x)+C$.

(9)原式 $=\int(\csc^2 x-1)dx=-\cot x-x+C$.

(10)原式 $=\int\frac{\sin^2 x}{2\cos^2 x}dx=\frac{1}{2}\int\tan^2 x dx=\frac{1}{2}\int(\sec^2 x-1)dx=\frac{1}{2}(\tan x-x)+C$.

习题 4.1　B 组

1. 已知某积分曲线的切线斜率为 $k=\frac{1}{4}x, x\in(-\infty,+\infty)$，

(1)求积分曲线组；

(2)求通过点$\left(2,\frac{5}{2}\right)$的积分曲线.

解 (1)设积分曲线的方程为 $y=f(x)$，由题意知 $f'(x)=\frac{1}{4}x$，则

$f(x)=\int\frac{1}{4}xdx+C=\frac{1}{8}x^2+C$，$y=\frac{1}{8}x^2+C$（$C$ 为任意常数）即为积分曲线组.

(2)将 $x=2, y=\frac{5}{2}$ 代入得 $C=2$，所以通过点$\left(2,\frac{5}{2}\right)$的积分曲线为 $y=\frac{1}{8}x^2+2$.

2. (冰的厚度函数)池塘结冰的速度为$\frac{dy}{dt}=k\sqrt{t}$，其中 y 是自结冰起到 t 时刻的冰的厚度，y 的单位为 cm，t 的单位为 h，k 是正常数，求 y 关于 t 的函数.

解 已知$\frac{dy}{dt}=k\sqrt{t}$,由不定积分定义可得$y=\int k\sqrt{t}\,dt==\frac{2}{3}kt^{\frac{3}{2}}+C$.

4.2 换元积分法

一、学习目标

灵活掌握两种换元积分法.

二、基本题型及解题方法

题型1 利用凑微分法求不定积分.

解题方法:熟记基本积分公式,熟悉常见的凑微分类型,灵活掌握"凑"的技巧.

例1 求下列不定积分:

(1) $\int\frac{e^{-3\sqrt{x}}}{\sqrt{x}}dx$;　　(2) $\int\frac{x}{4+x^4}dx$;

(3) $\int\tan^4 x dx$;　　(4) $\int\frac{dx}{\sqrt{1+x-x^2}}$.

视频 例1(1)

解 (1)原式 $=2\int e^{-3\sqrt{x}}d\sqrt{x}=-\frac{2}{3}\int e^{-3\sqrt{x}}d(-3\sqrt{x})=-\frac{2}{3}e^{-3\sqrt{x}}+C$.

(2)原式 $=\int\frac{x}{4\left(1+\frac{x^4}{4}\right)}dx=\frac{1}{4}\int\frac{x}{1+\left(\frac{x^2}{2}\right)^2}dx=\frac{1}{4}\int\frac{1}{1+\left(\frac{x^2}{2}\right)^2}d\frac{x^2}{2}$

$=\frac{1}{4}\arctan\frac{x^2}{2}+C.$

(3)原式 $=\int(\sec^2x-1)\tan^2xdx=\int\sec^2x\cdot\tan^2xdx-\int\tan^2xdx$

$=\int\tan^2xd(\tan x)-\int(\sec^2x-1)dx=\frac{1}{3}\tan^3x-\tan x+x+C.$

(4) $\int\frac{dx}{\sqrt{\frac{5}{4}-\left(x^2-x+\frac{1}{4}\right)}}=\int\frac{dx}{\sqrt{\frac{5}{4}-\left(x-\frac{1}{2}\right)^2}}=\int\frac{1}{\sqrt{\left(\frac{\sqrt{5}}{2}\right)^2-\left(x-\frac{1}{2}\right)^2}}d\left(x-\frac{1}{2}\right)$

$=\arcsin\frac{x-\frac{1}{2}}{\frac{\sqrt{5}}{2}}+C=\arcsin\frac{2x-1}{\sqrt{5}}+C.$

题型2 利用根式代换求不定积分.

解题方法:直接令被积函数中的根式为新变量,以去掉根号. 若被积函数中有不同次的根式,可令它们的最小公倍数次根式为新变量,以去掉所有根号.

例2 计算下列不定积分:

(1) $\int\frac{1}{x}\sqrt{\frac{1-x}{1+x}}dx$;　　(2) $\int\frac{dx}{\sqrt[3]{x}+\sqrt{x}}$.

解 (1) 令$\sqrt{\dfrac{1-x}{1+x}}=t$,则$x=\dfrac{1-t^2}{1+t^2}$,$\mathrm{d}x=-\dfrac{4t}{(1+t^2)^2}\mathrm{d}t$,从而

$$\text{原式}=-\int\frac{1+t^2}{1-t^2}\cdot t\cdot\frac{4t}{(1+t^2)^2}\mathrm{d}t=2\int\frac{2t^2}{(t^2-1)(t^2+1)}\mathrm{d}t$$

$$=2\int\left(\frac{1}{t^2-1}+\frac{1}{t^2+1}\right)\mathrm{d}t=\ln\left|\frac{t-1}{t+1}\right|+2\arctan t+C.$$

将$t=\sqrt{\dfrac{1-x}{1+x}}$代入,得

$$\int\frac{1}{x}\sqrt{\frac{1-x}{1+x}}\mathrm{d}x=\ln\left|\frac{\sqrt{\frac{1-x}{1+x}}-1}{\sqrt{\frac{1-x}{1+x}}+1}\right|+2\arctan\sqrt{\frac{1-x}{1+x}}+C$$

$$=\ln\left|\frac{\sqrt{1-x}-\sqrt{1+x}}{\sqrt{1-x}+\sqrt{1+x}}\right|+2\arctan\sqrt{\frac{1-x}{1+x}}+C.$$

视频

例2（2）

(2)令$\sqrt[6]{x}=t$,则$x=t^6$,$\sqrt[3]{x}=t^2$,$\sqrt{x}=t^3$,$\mathrm{d}x=6t^5\mathrm{d}t$,于是

$$\int\frac{\mathrm{d}x}{\sqrt[3]{x}+\sqrt{x}}=\int\frac{6t^5}{t^2+t^3}\mathrm{d}t=6\int\frac{t^3}{1+t}\mathrm{d}t=6\int\frac{(t^3+1)-1}{1+t}\mathrm{d}t$$

$$=6\int\left(t^2-t+1-\frac{1}{1+t}\right)\mathrm{d}t=2t^3-3t^2+t-\ln(1+t)+C\quad(\text{注意 } t=\sqrt[6]{x}>0)$$

$$\xlongequal[t=\sqrt[6]{x}]{\text{回代}}2\sqrt{x}-3\sqrt[3]{x}+\sqrt[6]{x}-\ln(1+\sqrt[6]{x})+C.$$

题型3 利用三角代换求不定积分.

解题方法:熟悉三角代换的常见类型.

例3 求下列不定积分:

(1) $\displaystyle\int\frac{1}{x^4\sqrt{x^2+1}}\mathrm{d}x$; (2) $\displaystyle\int\sqrt{5-4x-x^2}\,\mathrm{d}x$.

解 (1)令$x=\tan t$,$-\dfrac{\pi}{2}<t<\dfrac{\pi}{2}$,则$\sqrt{x^2+1}=\sec t$,$\mathrm{d}x=\sec^2 t\mathrm{d}t$,从而

$$\int\frac{1}{x^4\sqrt{x^2+1}}\mathrm{d}x=\int\frac{1}{\tan^4 x\sec x}\cdot\sec^2 t\mathrm{d}t=\int\frac{\cos^3 t}{\sin^4 t}\mathrm{d}t$$

$$=\int\frac{1-\sin^2 t}{\sin^4 t}\mathrm{d}(\sin t)=\int\left(\frac{1}{\sin^4 t}-\frac{1}{\sin^2 t}\right)\mathrm{d}(\sin t)$$

$$=-\frac{1}{3\sin^3 t}+\frac{1}{\sin t}+C=-\frac{\sqrt{(1+x^2)^3}}{3x^3}+\frac{\sqrt{1+x^2}}{x}+C\quad(\text{见图 4-1}).$$

(2) $\displaystyle\int\sqrt{5-4x-x^2}\,\mathrm{d}x=\int\sqrt{9-(x+2)^2}\,\mathrm{d}x$.

令$x+2=3\sin t$,则$\sqrt{9-(x+2)^2}=3\cos t$,$\mathrm{d}x=3\cos t\mathrm{d}t$,从而

$$\text{原式}=9\int\cos^2 t\mathrm{d}t=\frac{9}{2}\int(1+\cos 2t)\mathrm{d}t$$

$$=\frac{9}{2}(t+\sin t\cos t)+C=\frac{9}{2}\arcsin\frac{x+2}{3}+\frac{x+2}{2}\sqrt{5-4x-x^2}+C\quad(\text{见图 4-2}).$$

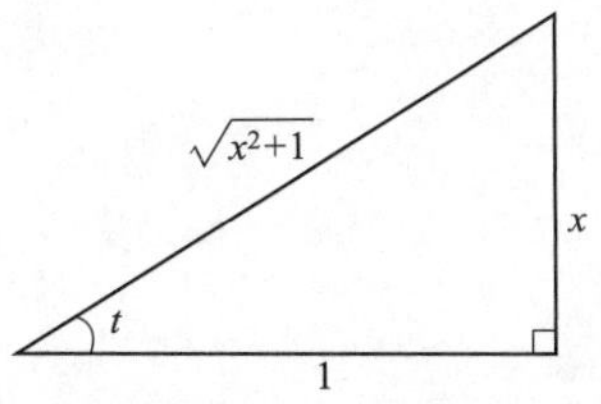

图 4-1

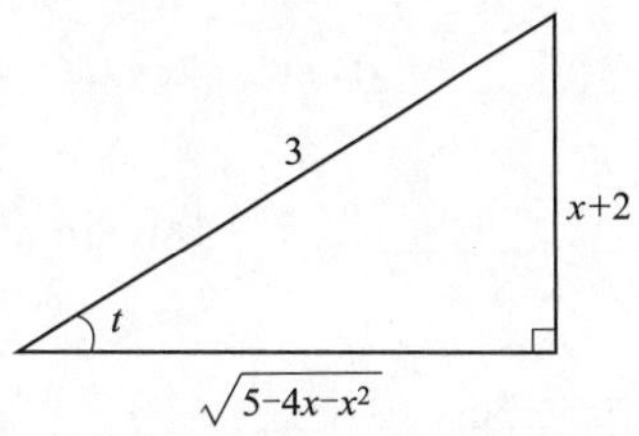

图 4-2

题型 4 被积函数含有 $\sqrt{a^2-x^2}$、$\sqrt{x^2+a^2}$ 或 $\sqrt{x^2-a^2}$，且在根号外有 x 的奇次方.

解题方法：用根式代换比用三角代换更简便.

例 4 计算下列不定积分：

(1) $\int \frac{x^5}{\sqrt{1+x^2}}\mathrm{d}x$；　　(2) $\int \frac{\sqrt{x^2-9}}{x}\mathrm{d}x$.

解 (1) 令 $\sqrt{1+x^2}=t$，则 $x=\sqrt{t^2-1}$，$\mathrm{d}x=\frac{t}{\sqrt{t^2-1}}\mathrm{d}t$，从而

$$\int \frac{x^5}{\sqrt{1+x^2}}\mathrm{d}x=\int \frac{(t^2-1)^2\sqrt{t^2-1}}{t}\cdot\frac{t}{\sqrt{t^2-1}}\mathrm{d}t=\int(t^4-2t^2+1)\mathrm{d}t$$

$$=\frac{1}{5}t^5-\frac{2}{3}t^3+t+C.$$

将 $t=\sqrt{1+x^2}$ 代入上式，得

$$\text{原式}=\frac{1}{5}\sqrt{(1+x^2)^5}-\frac{2}{3}\sqrt{(1+x^2)^3}+\sqrt{1+x^2}+C.$$

(2) 令 $\sqrt{x^2-9}=t$，则 $x=\sqrt{t^2+9}$，$\mathrm{d}x=\frac{t}{\sqrt{t^2+9}}\mathrm{d}t$，

$$\int \frac{\sqrt{x^2-9}}{x}\mathrm{d}x=\int \frac{t}{\sqrt{t^2+9}}\cdot\frac{t}{\sqrt{t^2+9}}\mathrm{d}t=\int \frac{t^2}{t^2+9}\mathrm{d}t=\int\left(1-\frac{9}{t^2+9}\right)\mathrm{d}t$$

$$=t-3\arctan\frac{t}{3}+C.$$

将 $t=\sqrt{x^2-9}$ 代入上式，得

$$\text{原式}=\sqrt{x^2-9}-3\arctan\frac{\sqrt{x^2-9}}{3}+C.$$

三、习题详解

习题 4.2　A 组

1. 填空题

(1) $\mathrm{d}x=$ ________ $\mathrm{d}(ax)$.

(2) $x\mathrm{d}x=$ ________ $\mathrm{d}(2x^2+1)$.

(3) $\mathrm{e}^{2x}\mathrm{d}x=$ ________ $\mathrm{d}(\mathrm{e}^{2x})$.

(4) $\frac{1}{x}\mathrm{d}x=$ ________ $\mathrm{d}(3-5\ln x)$.

(5) $\cos\frac{3}{2}x\mathrm{d}x=$ __________ $\mathrm{d}(\sin\frac{3}{2}x)$.

(6) $\frac{1}{\sqrt{1-x^2}}\mathrm{d}x=$ __________ $\mathrm{d}(3-4\arcsin x)$.

(7) $\int f'(3x+2)\mathrm{d}x=$ __________.

(8)若 $\int f(x)\mathrm{d}x=\cos x+C$,则 $\int xf(x^2)\mathrm{d}x=$ __________.

(9)若 $\int f(x)\mathrm{d}x=F(x)+C$,则 $\int \mathrm{e}^xf(\mathrm{e}^x)\mathrm{d}x=$ __________.

(10) $\int f(x)f'(x)\mathrm{d}x=$ __________.

解 (1) $\frac{1}{a}$. (2) $\frac{1}{4}$. (3) $\frac{1}{2}$. (4) $-\frac{1}{5}$. (5) $\frac{2}{3}$. (6) $-\frac{1}{4}$.

(7)因为 $\int f'(x)\mathrm{d}x=f(x)+C$,所以 $\int f'(3x+2)\mathrm{d}x=\frac{1}{3}\int f'(3x+2)\mathrm{d}(3x+2)=\frac{1}{3}f(3x+2)+C$.

(8) $\int xf(x^2)\mathrm{d}x=\frac{1}{2}\int f(x^2)\mathrm{d}x^2=\frac{1}{2}\cos x^2+C$.

(9) $\int \mathrm{e}^xf(\mathrm{e}^x)\mathrm{d}x=\int f(\mathrm{e}^x)\mathrm{d}\mathrm{e}^x=F(\mathrm{e}^x)+C$.

(10) $\int f(x)f'(x)\mathrm{d}x=\int f(x)\mathrm{d}f(x)=\frac{1}{2}f^2(x)+C$.

2. 选择题

(1)设 $f(x)$ 是连续函数,且 $\int f(x)\mathrm{d}x=F(x)+C$,则下列各式正确的是(　　).

A. $\int f(x^2)x\mathrm{d}x=F(x^2)+C$

B. $\int f(3x+2)\mathrm{d}x=F(3x+2)+C$

C. $\int f(\mathrm{e}^x)\mathrm{e}^x\mathrm{d}x=F(\mathrm{e}^x)+C$

D. $\int f(\ln 2x)\frac{\mathrm{d}x}{2x}=F(\ln 2x)+C$

(2)若 $f(x)=\mathrm{e}^{-x}$,则 $\int\frac{f'(\ln x)}{x}\mathrm{d}x=$(　　).

A. $\frac{1}{x}+C$　　B. $-\frac{1}{x}+C$　　C. $\ln x+C$　　D. $-\ln x+C$

(3)设 $f'(x)$ 连续,则(　　).

A. $\int f'(2x)\mathrm{d}x=\frac{1}{2}f(2x)+C$

B. $\int f'(2x)\mathrm{d}x=f(2x)+C$

C. $\int f'(2x)\mathrm{d}x=f(x)+C$

D. $\left[\int f(2x)\mathrm{d}x\right]'=2f(2x)$

解 (1)因为 $\int f(x^2)x\mathrm{d}x=\frac{1}{2}\int f(x^2)\mathrm{d}x^2=\frac{1}{2}F(x^2)+C$,则 A 错;

因为 $\int f(3x+2)\mathrm{d}x=\frac{1}{3}\int f(3x+2)\mathrm{d}(3x+2)=\frac{1}{3}F(3x+2)+C$,则 B 错;

因为 $\int f(\ln 2x)\frac{\mathrm{d}x}{2x}=\frac{1}{2}\int f(\ln 2x)\frac{1}{2x}\mathrm{d}(2x)=\frac{1}{2}\int f(\ln 2x)\mathrm{d}(\ln 2x)=\frac{1}{2}F(\ln 2x)+C$,则 D 错;

而 $\int f(\mathrm{e}^x)\mathrm{e}^x\mathrm{d}x=\int f(\mathrm{e}^x)\mathrm{d}\mathrm{e}^x=F(\mathrm{e}^x)+C$,显然 C 是对的.

(2) $\int\frac{f'(\ln x)}{x}\mathrm{d}x=\int f'(\ln x)\mathrm{d}\ln x=f(\ln x)+C$,由 $f(x)=\mathrm{e}^{-x}$ 得 $f(\ln x)=\mathrm{e}^{-\ln x}=\frac{1}{x}$,从而 $\int\frac{f'(\ln x)}{x}\mathrm{d}x=$

$\frac{1}{x}+C$. 所以选择 A.

(3) 由于 $\int f'(2x)\mathrm{d}x=\frac{1}{2}\int f'(2x)\mathrm{d}(2x)=\frac{1}{2}f(2x)+C$，即 B 和 C 是错的.

而 $\left(\int f(2x)\mathrm{d}x\right)'=\left(\frac{1}{2}\int f(2x)\mathrm{d}(2x)\right)'=\frac{1}{2}f(2x)$，即 D 错. 所以选择 A.

3. 计算下列不定积分:

(1) $\int\frac{1}{3+2x}\mathrm{d}x$;

(2) $\int\sin 2x\mathrm{d}x$

(3) $\int x\sqrt{1-x^2}\mathrm{d}x$;

(4) $\int\frac{\sin\sqrt{x}}{\sqrt{x}}\mathrm{d}x$;

(5) $\int\frac{\mathrm{d}x}{x^2-x-6}$;

(6) $\int\frac{\mathrm{d}x}{x^2+4x+6}$;

(7) $\int\frac{\mathrm{d}x}{\sqrt{1-2x-x^2}}$;

(8) $\int\frac{x+3}{x^2+2x+10}\mathrm{d}x$;

(9) $\int\frac{1}{1+\mathrm{e}^{2x}}\mathrm{d}x$;

(10) $\int\sin^2x\cos^3x\mathrm{d}x$;

(11) $\int\tan^5x\cdot\sec^3x\mathrm{d}x$;

(12) $\int\tan^{10}x\cdot\sec^2x\mathrm{d}x$.

解 (1) 原式 $=\frac{1}{2}\int\frac{1}{3+2x}\mathrm{d}(3+2x)=\frac{1}{2}\ln|3+2x|+C$.

(2) 原式 $=\frac{1}{2}\int\sin 2x\mathrm{d}(2x)=-\frac{1}{2}\cos 2x+C$.

(3) 原式 $=-\frac{1}{2}\int\sqrt{1-x^2}\mathrm{d}(1-x^2)=-\frac{1}{2}\cdot\frac{2}{3}(1-x^2)^{\frac{3}{2}}+C=-\frac{1}{3}(1-x^2)^{\frac{3}{2}}+C$.

(4) 原式 $=2\int\sin\sqrt{x}\mathrm{d}\sqrt{x}=-2\cos\sqrt{x}+C$.

(5) 原式 $=\int\frac{1}{(x-3)(x+2)}\mathrm{d}x=\frac{1}{5}\int\left(\frac{1}{x-3}-\frac{1}{x+2}\right)\mathrm{d}x=\frac{1}{5}\ln\left|\frac{x-3}{x+2}\right|+C$.

(6) 原式 $=\int\frac{1}{(x+2)^2+(\sqrt{2})^2}\mathrm{d}x=\frac{1}{\sqrt{2}}\arctan\frac{x+2}{\sqrt{2}}+C$.

(7) 原式 $=\int\frac{\mathrm{d}x}{\sqrt{2-(x+1)^2}}=\int\frac{1}{\sqrt{(\sqrt{2})^2-(x+1)^2}}\mathrm{d}(x+1)=\arcsin\frac{x+1}{\sqrt{2}}+C$.

(8) 原式 $=\int\frac{\frac{1}{2}(x^2+2x+10)'+2}{x^2+2x+10}\mathrm{d}x=\frac{1}{2}\int\frac{(x^2+2x+10)'}{x^2+2x+10}\mathrm{d}x+2\int\frac{1}{(x+1)^2+3^2}\mathrm{d}x$

$=\frac{1}{2}\ln(x^2+2x+10)+\frac{2}{3}\arctan\frac{x+1}{3}+C$.

(9) 原式 $=\int\frac{1+\mathrm{e}^{2x}-\mathrm{e}^{2x}}{1+\mathrm{e}^{2x}}\mathrm{d}x=\int\left(1-\frac{\mathrm{e}^{2x}}{1+\mathrm{e}^{2x}}\right)\mathrm{d}x$

$=x-\frac{1}{2}\int\frac{1}{1+\mathrm{e}^{2x}}\mathrm{d}(\mathrm{e}^{2x}+1)=x-\frac{1}{2}\ln(\mathrm{e}^{2x}+1)+C$.

(10) 原式 $=\int\sin^2x\cos^2x\mathrm{d}(\sin x)=\int(\sin^2x-\sin^4x)\mathrm{d}(\sin x)$

$=\frac{1}{3}\sin^3x-\frac{1}{5}\sin^5x+C$.

(11)原式 $=\int \tan^4x\sec^2x\mathrm{d}(\sec x)=\int(\sec^2x-1)^2\sec^2x\mathrm{d}(\sec x)$

$=\frac{1}{7}\sec^7x-\frac{2}{5}\sec^5x+\frac{1}{3}\sec^3x+C.$

(12)原式 $=\int \tan^{10}x\mathrm{d}\tan x=\frac{1}{11}\tan^{11}x+C.$

4. 计算下列不定积分:

(1) $\int \frac{\sqrt{x-1}}{x}\mathrm{d}x$;　　(2) $\int \frac{\mathrm{d}x}{1+\sqrt[3]{x+2}}$;

(3) $\int \frac{\mathrm{d}x}{\sqrt{(x^2+1)^3}}$;　　(4) $\int \frac{x^2}{\sqrt{a^2-x^2}}\mathrm{d}x\quad(a>0)$.

解　(1)令 $\sqrt{x-1}=t$,则 $x=t^2+1,\mathrm{d}x=2t\mathrm{d}t$,

原式 $=\int \frac{t}{t^2+1}\cdot 2t\mathrm{d}t=2\int \frac{t^2}{1+t^2}\mathrm{d}t=2\int\left(1-\frac{1}{1+t^2}\right)\mathrm{d}t=2(t-\arctan t)+C.$

将 $t=\sqrt{x-1}$ 代入上式,得 $\int \frac{\sqrt{x-1}}{x}\mathrm{d}x=2(\sqrt{x-1}-\arctan\sqrt{x-1})+C.$

(2)令 $\sqrt[3]{x+2}=t$,则 $x=t^3-2,\mathrm{d}x=3t^2\mathrm{d}t$

原式 $=\int \frac{1}{1+t}\cdot 3t^2\mathrm{d}t=3\int \frac{t^2}{1+t}\mathrm{d}t=3\int \frac{(t^2-1)+1}{1+t}\mathrm{d}t=3\int\left(t-1+\frac{1}{1+t}\right)\mathrm{d}t$

$=3\left(\frac{1}{2}t^2-t+\ln|1+t|\right)+C.$

将 $t=\sqrt[3]{x+2}$ 代入上式,得

$\int \frac{\mathrm{d}x}{1+\sqrt[3]{x+2}}=\frac{3}{2}\sqrt[3]{(x+2)^2}-3\sqrt[3]{x+2}+3\ln\left|1+\sqrt[3]{x+2}\right|+C.$

(3)令 $x=\tan t\left(-\frac{\pi}{2}<x<\frac{\pi}{2}\right)$则 $\mathrm{d}x=\sec^2t\mathrm{d}t$,

原式 $=\int \frac{1}{\sqrt{(\tan^2t+1)^3}}\cdot\sec^2t\mathrm{d}t$

$=\int \frac{1}{\sqrt{\sec^6t}}\cdot\sec^2t\mathrm{d}t=\int \frac{1}{\sec t}\mathrm{d}t=\int\cos t\mathrm{d}t=\sin t+C.$

由于 $x=\tan t(-\frac{\pi}{2}<x<\frac{\pi}{2})$,所以 $\sin t=\frac{x}{\sqrt{x^2+1}}$(见图 4-3),

于是所求积分为 $\int \frac{\mathrm{d}x}{\sqrt{(x^2+1)^3}}=\sin t=\frac{x}{\sqrt{x^2+1}}+C.$

(4)令 $x=a\sin t,-\frac{\pi}{2}\leqslant x\leqslant\frac{\pi}{2}$,则 $\sqrt{a^2-x^2}=a\cos t,\mathrm{d}x=a\cos t\mathrm{d}t$(见图 4-4). 从而

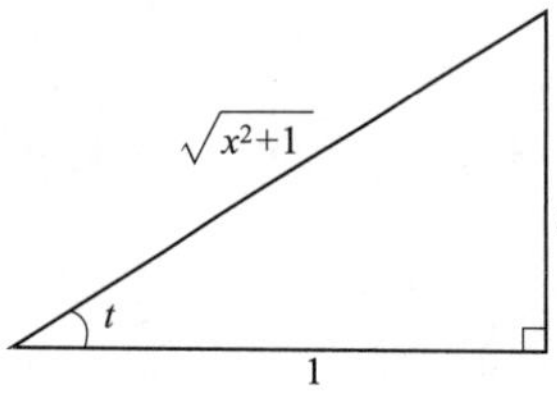

图　4-3

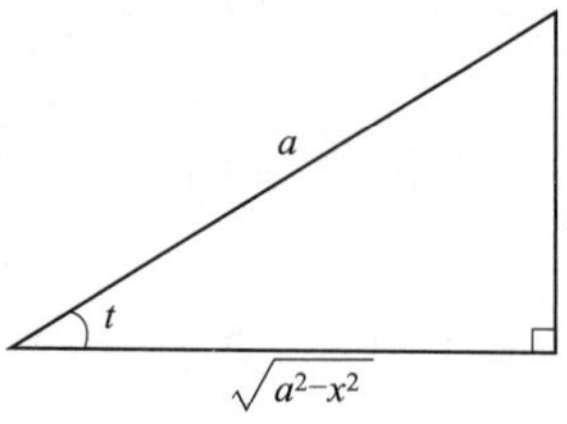

图　4-4

$$原式 =\int \frac{a^2\sin^2 t}{a\cos t}\cdot a\cos t\mathrm{d}t=a^2\int \sin^2 t\mathrm{d}t=\frac{a^2}{2}\int(1-\cos 2t)\mathrm{d}t$$

$$=\frac{a^2}{2}(t-\sin t\cos t)+C=\frac{a^2}{2}\left(\arcsin\frac{x}{a}-\frac{x}{a^2}\sqrt{a^2-x^2}\right)+C.$$

习题 4.2 B 组

1. 求下列不定积分:

(1) $\int \frac{x\mathrm{d}x}{x^4-1}$; (2) $\int \frac{1-x^7}{x(1+x^7)}\mathrm{d}x$;

(3) $\int \frac{\ln x}{x\sqrt{1+\ln^2 x}}\mathrm{d}x$; (4) $\int \frac{1}{\sqrt{2x+3}+\sqrt{2x-1}}\mathrm{d}x$;

(5) $\int \frac{1}{1+\sin x}\mathrm{d}x$; (6) $\int \frac{\mathrm{d}x}{(1+\sqrt[3]{x})\sqrt{x}}$;

(7) $\int \frac{\cos x}{\sqrt{2+\cos 2x}}\mathrm{d}x$; (8) $\int \frac{x^3+4}{x^2\sqrt{4-x^2}}\mathrm{d}x$.

解 (1)原式 $=\frac{1}{2}\int \frac{1}{(x^2-1)(x^2+1)}\mathrm{d}(x^2)=\frac{1}{4}\int\left(\frac{1}{x^2-1}-\frac{1}{x^2+1}\right)\mathrm{d}(x^2)$

$$=\frac{1}{4}\ln\left|\frac{x^2-1}{x^2+1}\right|+C.$$

(2)原式 $=\int \frac{(1+x^7)-2x^7}{x(1+x^7)}\mathrm{d}x=\int\left(\frac{1}{x}-\frac{2x^6}{1+x^7}\right)\mathrm{d}x$

$$=\ln|x|-\frac{2}{7}\int\frac{1}{1+x^7}\mathrm{d}(x^7+1)=\ln|x|-\frac{2}{7}\ln|1+x^7|+C.$$

(3)原式 $=\int \frac{\ln x}{\sqrt{1+\ln^2 x}}\mathrm{d}(\ln x)=\frac{1}{2}\int\frac{1}{\sqrt{1+\ln^2 x}}\mathrm{d}(1+\ln^2 x)=\sqrt{1+\ln^2 x}+C.$

(4)原式 $=\int \frac{\sqrt{2x+3}-\sqrt{2x-1}}{(\sqrt{2x+3}+\sqrt{2x-1})(\sqrt{2x+3}-\sqrt{2x-1})}\mathrm{d}x=\int\frac{\sqrt{2x+3}-\sqrt{2x-1}}{4}\mathrm{d}x$

$$=\frac{1}{8}\int\sqrt{2x+3}\,\mathrm{d}(2x+3)-\frac{1}{8}\int\sqrt{2x-1}\,\mathrm{d}(2x-1)$$

$$=\frac{1}{8}\cdot\frac{2}{3}(2x+3)^{\frac{3}{2}}-\frac{1}{8}\cdot\frac{2}{3}(2x-1)^{\frac{3}{2}}+C=\frac{1}{12}(2x+3)^{\frac{3}{2}}-\frac{1}{12}(2x-1)^{\frac{3}{2}}+C.$$

(5)原式 $=\int\frac{1-\sin x}{(1+\sin x)(1-\sin x)}\mathrm{d}x=\int\frac{1-\sin x}{1-\sin^2 x}\mathrm{d}x=\int\frac{1-\sin x}{\cos^2 x}\mathrm{d}x=\int\left(\frac{1}{\cos^2 x}-\frac{\sin x}{\cos^2 x}\right)\mathrm{d}x$

$$=\int(\sec^2 x-\tan x\sec x)\mathrm{d}x=\tan x-\sec x+C.$$

(6)令 $\sqrt[6]{x}=t$,则 $x=t^6$, $\sqrt[3]{x}=t^2$, $\sqrt{x}=t^3$, $\mathrm{d}x=6t^5\mathrm{d}t$,从而

$$原式 =\int\frac{1}{(1+t^2)t^3}\cdot 6t^5\mathrm{d}t=6\int\frac{t^2}{1+t^2}\mathrm{d}t=6\int\left(1-\frac{1}{1+t^2}\right)\mathrm{d}t=6(t-\arctan t)+C.$$

将 $t=\sqrt[6]{x}$ 代入上式,得

$$\int\frac{\mathrm{d}x}{(1+\sqrt[3]{x})\sqrt{x}}=6(\sqrt[6]{x}-\arctan\sqrt[6]{x})+C.$$

(7)原式 $=\int\frac{1}{\sqrt{3-2\sin^2 x}}\mathrm{d}\sin x=\int\frac{1}{\sqrt{(\sqrt{3})^2-(\sqrt{2}\sin x)^2}}\mathrm{d}\sin x$

$$= \frac{1}{\sqrt{2}}\int \frac{1}{\sqrt{(\sqrt{3})^2 - (\sqrt{2}\sin x)^2}}\mathrm{d}(\sqrt{2}\sin x) = \frac{1}{\sqrt{2}}\arcsin\sqrt{\frac{2}{3}}\sin x + C.$$

(8)令 $x = 2\sin t$，$\mathrm{d}x = 2\cos t\mathrm{d}t$，从而

$$原式 = \int \frac{8\sin^3 t + 4}{4\sin^2 t \cdot 2\cos t} 2\cos t\mathrm{d}t = \int \frac{2\sin^3 t + 1}{\sin^2 t}\mathrm{d}t$$

$$= \int (2\sin t + \csc^2 t)\mathrm{d}t = -2\cos t - \cot t.$$

因为 $\sin t = \frac{x}{2}$，$\cos t = \frac{\sqrt{4 - x^2}}{2}$，$\cot t = \frac{\sqrt{4 - x^2}}{x}$，

所以

$$原式 = -\sqrt{4 - x^2} - \frac{\sqrt{4 - x^2}}{x} + C.$$

4.3 分部积分法

一、学习目标

熟练掌握分部积分法的基本题型及解题技巧.

二、基本题型与解题方法

题型 1 被积函数是三角函数与其他函数的乘积.

解题方法：其他函数原位置不动，将三角函数移至微分号 d 的后面.

视 频

例1（2）

例 1 求下列不定积分：

(1) $\int x\tan x\sec^4 x\mathrm{d}x$；　　(2) $\int \sin x \cdot \ln\tan x\mathrm{d}x$.

解 (1) $\int x\tan x\sec^4 x\mathrm{d}x = \int x\sec^3 x\mathrm{d}(\sec x) = \frac{1}{4}\int x\mathrm{d}(\sec^4 x)$

$$= \frac{1}{4}x\sec^4 x - \frac{1}{4}\int \sec^4 x\mathrm{d}x = \frac{1}{4}x\sec^4 x - \frac{1}{4}\int (\tan^2 x + 1)\mathrm{d}(\tan x)$$

$$= \frac{1}{4}x\sec^4 x - \frac{1}{12}\tan^3 x - \frac{1}{4}\tan x + C.$$

(2) $\int \sin x \cdot \ln\tan x\mathrm{d}x = -\int \ln\tan x\mathrm{d}(\cos x)$

$$= -\cos x \cdot \ln\tan x + \int \cos x\mathrm{d}(\ln\tan x) = -\cos x \cdot \ln\tan x + \int \frac{1}{\sin x}\mathrm{d}x$$

$$= -\cos x \cdot \ln\tan x + \ln|\csc x - \cot x| + C.$$

题型 2 被积函数是指数函数与其他函数的乘积.

解题方法：其他函数原位置不动，将指数函数移至微分号 d 的后面.

例 2 求下列不定积分：

(1) $\int \frac{1}{x^4}\mathrm{e}^{-\frac{1}{x}}\mathrm{d}x$；　　(2) $\int \frac{x\mathrm{e}^x}{(\mathrm{e}^x + 1)^2}\mathrm{d}x$.

解 (1) $\int \frac{1}{x^4}e^{-\frac{1}{x}}dx = \int \frac{1}{x^2}e^{-\frac{1}{x}}d\left(-\frac{1}{x}\right) = \int \frac{1}{x^2}d\left(e^{-\frac{1}{x}}\right)$

$$= \frac{1}{x^2}e^{-\frac{1}{x}} - \int e^{-\frac{1}{x}}d\left(\frac{1}{x^2}\right) = \frac{1}{x^2}e^{-\frac{1}{x}} + 2\int \frac{1}{x^3}e^{-\frac{1}{x}}dx$$

$$= \frac{1}{x^2}e^{-\frac{1}{x}} + 2\int \frac{1}{x}d\left(e^{-\frac{1}{x}}\right) = \frac{1}{x^2}e^{-\frac{1}{x}} + \frac{2}{x}e^{-\frac{1}{x}} - 2\int e^{-\frac{1}{x}}d\left(\frac{1}{x}\right)$$

$$= \frac{1}{x^2}e^{-\frac{1}{x}} + \frac{2}{x}e^{-\frac{1}{x}} + 2e^{-\frac{1}{x}} + C = \left(\frac{1}{x^2} + \frac{2}{x} + 2\right)e^{-\frac{1}{x}} + C.$$

(2) $\int \frac{xe^x}{(e^x+1)^2}dx = \int \frac{x}{(e^x+1)^2}d(e^x+1) = -\int xd\left(\frac{1}{e^x+1}\right)$

$$= -\frac{x}{e^x+1} + \int \frac{1}{e^x+1}dx = -\frac{x}{e^x+1} + \int \frac{e^{-x}}{1+e^{-x}}dx$$

$$= -\frac{x}{e^x+1} - \ln(1+e^{-x}) + C = \frac{xe^x}{e^x+1} - \ln(1+e^x) + C.$$

题型 3 被积函数是对数函数与其他函数的乘积.

解题方法: 对数函数原位置不动,将其他函数移至微分号 d 的后面.

例 3 求下列不定积分:

(1) $\int \frac{\ln x}{(1+x^2)^{\frac{3}{2}}}dx$;　　(2) $\int \frac{\ln^3 x}{x^2}dx$.

解 (1) 令 $x = \tan t$,则 $dx = \sec^2 t dt$ (见图 4-5). 于是

$$\int \frac{1}{(1+x^2)^{\frac{3}{2}}}dx = \int \frac{1}{\sec^3 t}\cdot \sec^2 t dt = \int \cos t dt = \sin t + C$$

$$= \frac{x}{\sqrt{1+x^2}} + C.$$

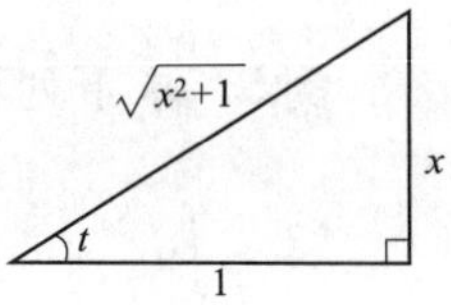

图 4-5

从而, $\int \frac{\ln x}{(1+x^2)^{\frac{3}{2}}}dx = \int \ln x d\left(\frac{x}{\sqrt{1+x^2}}\right) = \frac{x}{\sqrt{1+x^2}}\ln x - \int \frac{x}{\sqrt{1+x^2}}\cdot\frac{1}{x}dx$

$$= \frac{x}{\sqrt{1+x^2}}\ln x - \int \frac{1}{\sqrt{1+x^2}}dx = \frac{x\ln x}{\sqrt{1+x^2}} - \ln(x+\sqrt{1+x^2}) + C.$$

(2) $\int \frac{\ln^3 x}{x^2}dx = -\int \ln^3 x d\left(\frac{1}{x}\right) = -\frac{1}{x}\ln^3 x + 3\int \frac{1}{x^2}\ln^2 x dx$

$$= -\frac{1}{x}\ln^3 x - 3\int \ln^2 x d\left(\frac{1}{x}\right) = -\frac{1}{x}\ln^3 x - \frac{3}{x}\ln^2 x + 6\int \frac{1}{x^2}\ln x dx$$

$$= -\frac{1}{x}\ln^3 x - \frac{3}{x}\ln^2 x - 6\int \ln x d\left(\frac{1}{x}\right) = -\frac{1}{x}\ln^3 x - \frac{3}{x}\ln^2 x - \frac{6}{x}\ln x + 6\int \frac{1}{x^2}dx$$

$$= -\frac{1}{x}\ln^3 x - \frac{3}{x}\ln^2 x - \frac{6}{x}\ln x - \frac{6}{x} + C$$

$$= -\frac{1}{x}(\ln^3 x + 3\ln^2 x + 6\ln x + 6) + C.$$

题型 4 被积函数是反三角函数与其他函数的乘积.

解题方法: 反三角函数原位置不动,将其他函数移至微分号 d 的后面.

例 4 求下列不定积分:

(1) $\int e^{-x}\arctan e^{x}dx$; (2) $\int \dfrac{(1-x)\arcsin(1-x)}{\sqrt{2x-x^2}}dx$.

解 (1)原式 $=-\int \arctan e^{x}d(e^{-x})=-e^{-x}\arctan e^{x}+\int e^{-x}\cdot\dfrac{e^{x}}{1+e^{2x}}dx$

$$=-e^{-x}\arctan e^{x}+\int\left(1-\frac{e^{2x}}{1+e^{2x}}\right)dx$$

$$=-e^{-x}\arctan e^{x}+x-\frac{1}{2}\ln(1+e^{2x})+C.$$

(2) $\int \dfrac{(1-x)\arcsin(1-x)}{\sqrt{2x-x^2}}dx=\dfrac{1}{2}\int \dfrac{\arcsin(1-x)}{\sqrt{2x-x^2}}d(2x-x^2)$

$$=\int \arcsin(1-x)d(\sqrt{2x-x^2})$$

$$=\sqrt{2x-x^2}\arcsin(1-x)-\int\sqrt{2x-x^2}d[\arcsin(1-x)]$$

$$=\sqrt{2x-x^2}\arcsin(1-x)+\int dx$$

$$=\sqrt{2x-x^2}\arcsin(1-x)+x+C.$$

题型 5 被积函数是三角函数与指数函数的乘积.

解题方法:三角函数和指数函数均可以移至微分号 d 的后面.

例 5 求下列不定积分: $\int e^{-2x}\sin\dfrac{x}{2}dx$.

解 $\int e^{-2x}\sin\dfrac{x}{2}dx=-2\int e^{-2x}d\left(\cos\dfrac{x}{2}\right)=-2e^{-2x}\cos\dfrac{x}{2}+2\int\cos\dfrac{x}{2}d(e^{-2x})$

$$=-2e^{-2x}\cos\frac{x}{2}-4\int e^{-2x}\cos\frac{x}{2}dx$$

$$=-2e^{-2x}\cos\frac{x}{2}-8\int e^{-2x}d\left(\sin\frac{x}{2}\right)$$

$$=-2e^{-2x}\cos\frac{x}{2}-8e^{-2x}\sin\frac{x}{2}-16\int e^{-2x}\sin\frac{x}{2}dx.$$

移项整理,得

$$\int e^{-2x}\sin\frac{x}{2}dx=-\frac{2}{17}e^{-2x}\left(\cos\frac{x}{2}+4\sin\frac{x}{2}\right)+C.$$

题型 6 被积函数仅是反三角函数或对数函数.

解题方法:将微分号 d 后面的变量 x 作为分部积分公式中的函数 v.

视频

例6(2)

例 6 求下列不定积分:

(1) $\int \arcsin^3 x dx$; (2) $\int \ln(x+\sqrt{1+x^2})dx$.

解 (1) $\int \arcsin^3 x dx=x\arcsin^3 x-3\int x\arcsin^2 x\cdot\dfrac{1}{\sqrt{1-x^2}}dx$

$$=x\arcsin^3 x+3\int\arcsin^2 x d(\sqrt{1-x^2})$$

$$= x\arcsin^3 x + 3\sqrt{1-x^2}\arcsin^2 x - 3\int\sqrt{1-x^2}\,\mathrm{d}(\arcsin^2 x)$$

$$= x\arcsin^3 x + 3\sqrt{1-x^2}\arcsin^2 x - 6x\arcsin x + 6\int\frac{x}{\sqrt{1-x^2}}\mathrm{d}x$$

$$= x\arcsin^3 x + 3\sqrt{1-x^2}\arcsin^2 x - 6x\arcsin x - 6\sqrt{1-x^2} + C.$$

(2) $\int\ln(x+\sqrt{1+x^2})\mathrm{d}x = x\ln(x+\sqrt{1+x^2}) - \int x\mathrm{d}[\ln(x+\sqrt{1+x^2})]$

$$= x\ln(x+\sqrt{1+x^2}) - \int x\cdot\frac{1}{\sqrt{1+x^2}}\mathrm{d}x$$

$$= x\ln(x+\sqrt{1+x^2}) - \sqrt{1+x^2} + C.$$

注:(1)中也可令 $\arcsin x = t$,原式化为 $\int t^3\cos t\mathrm{d}t$,然后再用分部积分法求.

题型 7 被积函数含有抽象函数的导数.

解题方法:常用分部积分法,将抽象函数的导数移至微分号 d 的后面.

例 7 已知 $f(x)$ 的一个原函数为 e^x,试求 $\int xf''(x)\mathrm{d}x$.

解 因为 $f(x)$ 的一个原函数为 e^x,则 $f(x)=\mathrm{e}^x$, $f'(x)=\mathrm{e}^x$,

从而
$$\int xf''(x)\mathrm{d}x = \int x\mathrm{d}f'(x) = xf'(x) - \int f'(x)\mathrm{d}x = xf'(x) - f(x) + C$$
$$= (x-1)\mathrm{e}^x + C.$$

三、习题详解

习题 4.3 A 组

1. 求下列不定积分:

(1) $\int x^2\sin x\mathrm{d}x$;

(2) $\int x\tan^2 x\mathrm{d}x$;

(3) $\int x\mathrm{e}^{-x}\mathrm{d}x$;

(4) $\int x\ln x\mathrm{d}x$;

(5) $\int x\ln(1+x^4)\mathrm{d}x$;

(6) $\int x^2\arccos x\mathrm{d}x$;

(7) $\int\cos\sqrt{x}\mathrm{d}x$;

(8) $\int\ln(1+\sqrt{x})\mathrm{d}x$.

解 (1)原式 $= -\int x^2\mathrm{d}(\cos x) = -x^2\cos x + \int\cos x\mathrm{d}(x^2)$

$$= -x^2\cos x + 2\int x\mathrm{d}(\sin x) = -x^2\cos x + 2x\sin x - 2\int\sin x\mathrm{d}x$$

$$= -x^2\cos x + 2x\sin x + 2\cos x + C.$$

(2)原式 $= \int x(\sec^2 x - 1)\mathrm{d}x = \int x\mathrm{d}(\tan x) - \frac{1}{2}x^2$

$$= x\tan x - \int\tan x\mathrm{d}x - \frac{1}{2}x^2 = x\tan x + \ln|\cos x| - \frac{1}{2}x^2 + C.$$

(3)原式 $= -\int x\mathrm{d}\mathrm{e}^{-x} = -x\mathrm{e}^{-x} + \int\mathrm{e}^{-x}\mathrm{d}x = -x\mathrm{e}^{-x} - \mathrm{e}^{-x} + C.$

(4)原式 $= \frac{1}{2}\int \ln x\mathrm{d}x^2 = \frac{1}{2}x^2\ln x - \frac{1}{2}\int x^2\mathrm{d}\ln x = \frac{1}{2}x^2\ln x - \frac{1}{4}x^2 + C$

(5)原式 $= \frac{1}{2}\int \ln(1+x^4)\mathrm{d}(x^2) = \frac{1}{2}x^2\ln(1+x^4) - \frac{1}{2}\int x^2\mathrm{d}\ln(1+x^4)$

$= \frac{1}{2}x^2\ln(1+x^4) - \frac{1}{2}\int \frac{x^2\cdot 4x^3}{1+x^4}\mathrm{d}x = \frac{1}{2}x^2\ln(1+x^4) - \int \frac{x^4}{1+x^4}\mathrm{d}(x^2)$

$= \frac{1}{2}x^2\ln(1+x^4) - \int\left(1 - \frac{1}{1+(x^2)^2}\right)\mathrm{d}(x^2)$

$= \frac{1}{2}x^2\ln(1+x^4) - x^2 + \arctan x^2 + C.$

(6)原式 $= \frac{1}{3}\int \arccos x\mathrm{d}(x^3)$

$= \frac{1}{3}x^3\arccos x - \frac{1}{3}\int x^3\cdot\left(-\frac{1}{\sqrt{1-x^2}}\right)\mathrm{d}x$

$= \frac{1}{3}x^3\arccos x - \frac{1}{6}\int \frac{-x^2}{\sqrt{1-x^2}}\mathrm{d}(x^2)$

$= \frac{1}{3}x^3\arccos x + \frac{1}{6}\int\left(\sqrt{1-x^2} - \frac{1}{\sqrt{1-x^2}}\right)\mathrm{d}(1-x^2)$

$= \frac{1}{3}x^3\arccos x + \frac{1}{9}(1-x^2)^{\frac{3}{2}} - \frac{1}{3}\sqrt{1-x^2} + C.$

(7)原式 $= 2\int \sqrt{x}\cos\sqrt{x}\mathrm{d}(\sqrt{x}) = 2\int \sqrt{x}\mathrm{d}(\sin\sqrt{x})$

$= 2\sqrt{x}\sin\sqrt{x} - 2\int \sin\sqrt{x}\mathrm{d}(\sqrt{x})$

$= 2\sqrt{x}\sin\sqrt{x} + 2\cos\sqrt{x} + C.$

(8)原式 $= x\ln(1+\sqrt{x}) - \int x\mathrm{d}[\ln(1+\sqrt{x})]$

$= x\ln(1+\sqrt{x}) - \int \frac{x}{1+\sqrt{x}}\mathrm{d}(\sqrt{x})$

$= x\ln(1+\sqrt{x}) - \int \frac{(\sqrt{x})^2 - 1 + 1}{1+\sqrt{x}}\mathrm{d}(\sqrt{x})$

$= x\ln(1+\sqrt{x}) - \int\left(\sqrt{x} - 1 + \frac{1}{1+\sqrt{x}}\right)\mathrm{d}(\sqrt{x})$

$= (x-1)\ln(1+\sqrt{x}) - \frac{1}{2}x + \sqrt{x} + C.$

2. 设$\frac{\ln x}{x}$为$f(x)$的一个原函数,求$\int xf'(x)\mathrm{d}x$.

解 由题意可知 $\int f(x)\mathrm{d}x = \frac{\ln x}{x} + C$,且$f(x) = \left(\frac{\ln x}{x}\right)' = \frac{1-\ln x}{x^2}$,则

$\int xf'(x)\mathrm{d}x = \int x\mathrm{d}f(x) = xf(x) - \int f(x)\mathrm{d}x = \frac{x(1-\ln x)}{x^2} - \frac{\ln x}{x} + C = \frac{1-2\ln x}{x} + C.$

习题 4.3 B 组

1. 求下列不定积分:

(1) $\int \frac{\arcsin\sqrt{x}}{\sqrt{1-x}}\mathrm{d}x$;

(2) $\int \frac{\ln\sin x}{\cos^2 x}\mathrm{d}x$;

(3) $\int \frac{x\cos x}{\sin^3 x}dx$; (4) $\int \frac{xe^{\arctan x}}{(1+x^2)^{\frac{3}{2}}}dx$.

解 (1)原式 $=-2\int \arcsin\sqrt{x}\,d\sqrt{1-x}=-2\sqrt{1-x}\cdot\arcsin\sqrt{x}+2\int\sqrt{1-x}\,d(\arcsin\sqrt{x})$

$$=-2\sqrt{1-x}\cdot\arcsin\sqrt{x}+\int\frac{1}{\sqrt{x}}dx=-2\sqrt{1-x}\cdot\arcsin\sqrt{x}+2\sqrt{x}+C.$$

(2)原式 $=\int \ln\sin x\,d\tan x=\tan x\cdot\ln\sin x-\int\tan x\,d\ln\sin x$

$$=\tan x\cdot\ln\sin x-\int\tan x\cdot\frac{\cos x}{\sin x}dx=\tan x\cdot\ln\sin x-x+C.$$

(3)原式 $=\int x\cdot\cot x\cdot\csc^2 x\,dx=-\frac{1}{2}\int x\,d\csc^2 x=-\frac{1}{2}x\csc^2 x+\frac{1}{2}\int\csc^2 x\,dx$

$$=-\frac{1}{2}x\csc^2 x-\frac{1}{2}\cot x+C.$$

(4)原式 $=\int\frac{x}{\sqrt{1+x^2}}de^{\arctan x}=\frac{xe^{\arctan x}}{\sqrt{1+x^2}}-\int e^{\arctan x}d\frac{x}{\sqrt{1+x^2}}$

$$=\frac{xe^{\arctan x}}{\sqrt{1+x^2}}-\int\frac{e^{\arctan x}}{(1+x^2)^{\frac{3}{2}}}dx=\frac{xe^{\arctan x}}{\sqrt{1+x^2}}-\int\frac{1}{\sqrt{1+x^2}}de^{\arctan x}$$

$$=\frac{xe^{\arctan x}}{\sqrt{1+x^2}}-\frac{e^{\arctan x}}{\sqrt{1+x^2}}+\int e^{\arctan x}d\frac{1}{\sqrt{1+x^2}}$$

$$=\frac{xe^{\arctan x}}{\sqrt{1+x^2}}-\frac{e^{\arctan x}}{\sqrt{1+x^2}}-\int\frac{xe^{\arctan x}}{(1+x^2)^{\frac{3}{2}}}dx,$$

从而

$$2\int\frac{xe^{\arctan x}}{(1+x^2)^{\frac{3}{2}}}dx=\frac{xe^{\arctan x}}{\sqrt{1+x^2}}-\frac{e^{\arctan x}}{\sqrt{1+x^2}}+C,$$

即

$$\int\frac{xe^{\arctan x}}{(1+x^2)^{\frac{3}{2}}}dx=\frac{1}{2}\left(\frac{xe^{\arctan x}}{\sqrt{1+x^2}}-\frac{e^{\arctan x}}{\sqrt{1+x^2}}\right)+C=\frac{x-1}{2\sqrt{1+x^2}}e^{\arctan x}+C.$$

综合测试 4

一、填空题

1. $\frac{d}{dx}\int\frac{\cos x}{x^2}dx=$ ________; $\int d\frac{\cos x}{x^2}=$ ________.

2. 若 $\int f(x)dx=x^2+C$,则 $\int xf(1-x^2)dx=$ ________.

3. $\int e^x f'(e^x)dx=$ ________.

4. 若 $\int xf(x)dx=x\sin x-\int\sin x\,dx$,则 $f(x)=$ ________.

5. 已知 $f(x)$ 的一个原函数为 $\frac{\sin x}{x}$,则 $\int xf'(x)dx=$ ________.

6. $\int\frac{a^{\frac{1}{x}}}{x^2}dx=$ ________.

7. $\int xe^{-x^2}dx=$ ________.

8. $\int \frac{2x-3}{x^2-3x+8}dx=$ ______.

9. $\int \frac{1}{\sqrt{x}}\cos\sqrt{x}\,dx=$ ______.

解 1. 由不定积分性质可知 $\frac{d}{dx}\int \frac{\cos x}{x^2}dx=\frac{\cos x}{x^2}, \int d\frac{\cos x}{x^2}=\frac{\cos x}{x^2}+C.$

2. 已知 $\int f(x)dx=x^2+C$,则

$$\int xf(1-x^2)dx=-\frac{1}{2}\int f(1-x^2)d(1-x^2)$$
$$=-\frac{1}{2}(1-x^2)^2+C.$$

3. $\int e^x f'(e^x)dx=\int f'(e^x)de^x=f(e^x)+C.$

4. 由分部积分公式可知,$f(x)dx=d\sin x$,则 $f(x)=(\sin x)'=\cos x$.

5. 已知 $\int f(x)dx=\frac{\sin x}{x}+C$,则 $f(x)=\left(\frac{\sin x}{x}\right)'=\frac{x\cos x-\sin x}{x^2}$,

从而 $\int xf'(x)dx=\int xdf(x)=xf(x)-\int f(x)dx=\cos x-\frac{2\sin x}{x}+C.$

6. $\int \frac{a^{\frac{1}{x}}}{x^2}dx=-\int a^{\frac{1}{x}}d\frac{1}{x}=-\frac{a^{\frac{1}{x}}}{\ln a}+C.$

7. $\int xe^{-x^2}dx=-\frac{1}{2}\int e^{-x^2}d(-x^2)=-\frac{1}{2}e^{-x^2}+C.$

8. $\int \frac{2x-3}{x^2-3x+8}dx=\int \frac{(x^2-3x+8)'}{x^2-3x+8}dx=\int \frac{1}{x^2-3x+8}d(x^2-3x+8)$

$$=\ln(x^2-3x+8)+C.$$

9. $\int \frac{1}{\sqrt{x}}\cos\sqrt{x}\,dx=2\int \cos\sqrt{x}\,d\sqrt{x}=2\sin\sqrt{x}+C.$

二、选择题

1. 设 $f(x)$ 的一个原函数是 $F(x)=2x^2-1$,则 $f(x)$ 为(　　).

A. $\frac{2}{3}x^3-x$　　B. $\frac{2}{3}x^3-x+C$　　C. $4x$　　D. $4x-1+C$

2. 下列各式中,正确的是(　　).

A. $\int x^{\frac{5}{2}}dx=\frac{5}{2}x^{\frac{3}{2}}+C$　　B. $\int x^{\frac{5}{2}}dx=\frac{7}{2}x^{\frac{7}{2}}+C$

C. $\int x^{\frac{5}{2}}dx=\frac{7}{2}x^{\frac{2}{7}}+C$　　D. $\int x^{\frac{5}{2}}dx=\frac{2}{7}x^{\frac{7}{2}}+C$

3. 下列各式中,正确的是(　　).

A. $\int \cos x dx=\sin x+C$　　B. $\int \sec x\tan x dx=-\sec x+C$

C. $\int \frac{1}{\sqrt{1-x^2}}dx=\arccos x+C$　　D. $\int \csc^2 x dx=\cot x+C$

4. $d\left[\int f(x)dx\right]=$(　　).

A. $F(x)+C$　　B. $F(x)$

C. $f(x)$ D. $f(x)\mathrm{d}x$

5. 下列各式中正确的是( ).

A. $\csc x \cdot \cot x\mathrm{d}x = \mathrm{d}(\csc x)$ B. $\csc^2 x\mathrm{d}x = \mathrm{d}(\cot x)$

C. $\tan^2 x\mathrm{d}x = \mathrm{d}(\sec x)$ D. $\sec x \cdot \tan x\mathrm{d}x = \mathrm{d}(\sec x)$

6. 积分 $\int \frac{1}{x \cdot \ln x}\mathrm{d}x$ 等于( ).

A. $\ln|\ln x| + C$ B. $-\frac{1}{\ln^2 x} + C$

C. $\ln \ln x + C$ D. $|\ln x| + C$

7. 下列各式中错误的是( ).

A. $-\frac{1}{x^2}\mathrm{d}x = \mathrm{d}\left(\frac{1}{x}\right)$ B. $\frac{1}{\sqrt{1-3x^2}}\mathrm{d}x = \sqrt{3}\,\mathrm{d}(\arcsin x)$

C. $a^x\mathrm{d}x = \frac{1}{\ln a}\mathrm{d}(a^x)$ D. $2x\mathrm{d}x = \mathrm{d}(x^2)$

解 1. 由原函数定义知 $f(x) = (2x^2-1)' = 4x$. 所以选择 C.

2. $\int x^{\frac{5}{2}}\mathrm{d}x = \frac{x^{\frac{5}{2}+1}}{\frac{5}{2}+1} + C = \frac{2}{7}x^{\frac{7}{2}} + C$. 所以选择 D.

3. A 4. D 5. D

6. $\int \frac{1}{x \cdot \ln x}\mathrm{d}x = \int \frac{1}{\ln x}\mathrm{d}\ln x = \ln|\ln x| + C$. 所以选择 A.

7. 由微分公式可知 A、C、D 都是对的. 而 B 中 $\sqrt{3}\,\mathrm{d}(\arcsin x) = \frac{\sqrt{3}}{\sqrt{1-x^2}}\mathrm{d}x$,显然是错的,所以选择 B.

三、计算题

1. $\int \frac{3x^4+3x^2+1}{x^2+1}\mathrm{d}x$; 2. $\int \sec x(\sec x + \tan x)\mathrm{d}x$;

3. $\int \frac{1}{\mathrm{e}^x + \mathrm{e}^{-x}}\mathrm{d}x$; 4. $\int \frac{x^3}{9+x^2}\mathrm{d}x$;

5. $\int \frac{1}{\sqrt{x}(1+x)}\mathrm{d}x$; 6. $\int \frac{\cos 2x}{\sin^2 x \cos^2 x}\mathrm{d}x$;

7. $\int \frac{\sec^2 x}{2+\tan^2 x}\mathrm{d}x$; 8. $\int \sec^6 x\mathrm{d}x$;

9. $\int (x^2-5x+7)\cos 2x\mathrm{d}x$; 10. $\int \cos \ln x\mathrm{d}x$.

解 1. 原式 $= \int \frac{3x^2(x^2+1)+1}{x^2+1}\mathrm{d}x = \int 3x^2\mathrm{d}x + \int \frac{1}{x^2+1}\mathrm{d}x = x^3 + \arctan x + C$.

2. 原式 $= \int (\sec^2 x + \sec x\tan x)\mathrm{d}x = \tan x + \sec x + C$.

3. 原式 $= \int \frac{1}{\mathrm{e}^x + \frac{1}{\mathrm{e}^x}}\mathrm{d}x = \int \frac{\mathrm{e}^x}{(\mathrm{e}^x)^2+1}\mathrm{d}x = \int \frac{1}{(\mathrm{e}^x)^2+1}\mathrm{d}\mathrm{e}^x = \arctan \mathrm{e}^x + C$.

4. 原式 $= \frac{1}{2}\int \frac{x^2}{9+x^2}\mathrm{d}x^2 = \frac{1}{2}\int \frac{(x^2+9)-9}{9+x^2}\mathrm{d}x^2 = \frac{1}{2}\int \mathrm{d}x^2 - \frac{9}{2}\int \frac{1}{9+x^2}\mathrm{d}x^2$

$= \frac{1}{2}x^2 - \frac{9}{2}\ln(9+x^2) + C$.

5. 原式 $= 2\int \frac{1}{1+(\sqrt{x})^2}\mathrm{d}(\sqrt{x}) = 2\arctan\sqrt{x} + C$.

6. 原式 $= \int \frac{\cos^2 x - \sin^2 x}{\sin^2 x\cos^2 x}\mathrm{d}x = \int \frac{1}{\sin^2 x}\mathrm{d}x - \int \frac{1}{\cos^2 x}\mathrm{d}x = -\cot x - \tan x + C$.

7. 原式 $= \int \frac{\mathrm{d}(\tan x)}{(\sqrt{2})^2 + \tan^2 x} = \frac{1}{\sqrt{2}}\arctan\frac{\tan x}{\sqrt{2}} + C$.

8. 原式 $= \int \sec^4 x\mathrm{d}\tan x = \int (1+\tan^2 x)^2\mathrm{d}\tan x = \int (1+2\tan^2 x + \tan^4 x)\mathrm{d}\tan x$

$= \tan x + \frac{2}{3}\tan^3 x + \frac{1}{5}\tan^5 x + C$.

9. 原式 $= \frac{1}{2}\int (x^2-5x+7)\mathrm{d}\sin 2x = \frac{1}{2}(x^2-5x+7)\sin 2x - \frac{1}{2}\int \sin 2x\mathrm{d}(x^2-5x+7)$

$= \frac{1}{2}(x^2-5x+7)\sin 2x - \frac{1}{2}\int (2x-5)\sin 2x\mathrm{d}x$

$= \frac{1}{2}(x^2-5x+7)\sin 2x + \frac{1}{4}\int (2x-5)\mathrm{d}\cos 2x$

$= \frac{1}{2}(x^2-5x+7)\sin 2x + \frac{1}{4}(2x-5)\cos 2x - \frac{1}{4}\int \cos 2x\mathrm{d}(2x-5)$

$= \frac{1}{2}(x^2-5x+7)\sin 2x + \frac{1}{4}(2x-5)\cos 2x - \frac{1}{2}\int \cos 2x\mathrm{d}x$

$= \frac{1}{2}(x^2-5x+7)\sin 2x + \frac{1}{4}(2x-5)\cos 2x - \frac{1}{4}\sin 2x + C$.

10. 原式 $= x\cos\ln x - \int x\mathrm{d}\cos\ln x = x\cos\ln x + \int x\cdot\sin\ln x\cdot\frac{1}{x}\mathrm{d}x$

$= x\cos\ln x + \int \sin\ln x\mathrm{d}x$

$= x\cos\ln x + x\sin\ln x - \int x\mathrm{d}\sin\ln x$

$= x\cos\ln x + x\sin\ln x - \int \cos\ln x\mathrm{d}x$.

则
$$2\int \cos\ln x\mathrm{d}x = x\cos\ln x + x\sin\ln x + C,$$

从而
$$\int \cos\ln x\mathrm{d}x = \frac{1}{2}x(\cos\ln x + \sin\ln x) + C.$$

四、解答题

1. 设某物体由静止开始做直线运动,在 t s 时的速度为 $3t^2$ m/s,问:

(1)3 s 后物体离开出发点的距离是多少?

(2)需要多长时间走完 1 000 m?

解 由于速度是位移函数对时间的导数,因此对速度作不定积分便得位移函数. 设此物体自坐标原点沿横轴正向由静止开始运动,位移函数为 $s=s(t)$.

因为 $s'(t)=v(t)=3t^2$,所以 $s(t) = \int 3t^2\mathrm{d}t = t^3 + C$. 而 $s(0)=0$,代入得 $C=0$,因此位移函数为 $s(t)=t^3$.

(1)3 s 后物体离开出发点的距离为 $s(3)=3^3=27(\mathrm{m})$.

(2)已知 $t^3=1\ 000$,则 $t=\sqrt[3]{1\ 000}=10(\mathrm{s})$.

2. 某种商品在一年中的销售速度为 $v(t)=100+100\sin t,(0\leqslant t\leqslant 12)$,其中 t 为时间,单位为月,求此商品前 3 个月的销售总量.(已知 $\cos 3\approx -0.99$)

解 设销售总量为 $P(t)$. 因为 $P'(t)=V(t)=100+100\sin t$,所以

$$P(t)=\int(100+100\sin t)\mathrm{d}t=100t-100\cos t+C.$$

而 $P(0)=0$,代入得 $C=100$. 于是商品前 3 个月的销售总量 $P(3)=300-100\cos 3+100\approx 499$.

3. 某数据表明,2005—2010 年,世界石油消耗总量指数增长,且增长速度为 $R(t)=320\mathrm{e}^{0.05t}$(单位:亿桶/年),$t=0$ 对应 2005 年,试计算从 2005 年到 2010 年,世界石油消耗总量是多少?($\mathrm{e}^{0.25}\approx 1.284\ 025$)

解 设 $T(t)$ 表示从 2005 年($t=0$)起,到第 t 年石油消耗的总量.

$T'(t)$ 就是石油消耗率 $R(t)$,即 $T'(t)=R(t)=320\mathrm{e}^{0.05t}$,所以

$$T(t)=\int 320\mathrm{e}^{0.05t}\mathrm{d}t=\frac{320}{0.05}\int \mathrm{e}^{0.05t}\mathrm{d}(0.05t)=6\ 400\mathrm{e}^{0.05t}+C.$$

而 $T(0)=0$,代入得 $C=-6\ 400$.

于是 2005—2010 年,世界石油消耗总量

$$T(5)=6\ 400\mathrm{e}^{0.25}-6\ 400\approx 1\ 817.76(\text{亿桶}).$$

第5章　定积分

本章知识结构：

定积分
- 定积分（正常积分）
  - 概念与性质
  - 积分限函数
  - 微积分基本公式
  - 换元积分法与分部积分法
- *广义积分
  - 无穷区间的广义积分
  - 无界函数的广义积分

5.1　定积分的概念与性质

一、学习目标

1. 理解定积分的概念；
2. 掌握定积分的几何意义和性质，能利用定积分的几何意义和性质解决一些问题．

二、基本题型及解题方法

题型1　定积分的概念理解题．

解题方法：理解定积分的概念要注意，定积分是一极限值，是一确定的常数（因此，其导数应该为零），该常数仅与被积函数及积分区间有关，而与积分变量用什么字母表示无关．

例1　填空：(1) $\dfrac{\mathrm{d}}{\mathrm{d}x}\left(\int_0^{\ln 5}\sqrt{\mathrm{e}^x-1}\,\mathrm{d}x\right)=$ ________．

(2) 设 $f(x)$ 为连续函数，则 $\int_2^3 f(x)\mathrm{d}x+\int_3^1 f(u)\mathrm{d}u+\int_1^2 f(t)\mathrm{d}t=$ ________．

解　(1) $\dfrac{\mathrm{d}}{\mathrm{d}x}\left(\int_0^{\ln 5}\sqrt{\mathrm{e}^x-1}\,\mathrm{d}x\right)=0$．

(2) 因为
$$\int_3^1 f(u)\mathrm{d}u=\int_3^1 f(x)\mathrm{d}x,\quad \int_1^2 f(t)\mathrm{d}t=\int_1^2 f(x)\mathrm{d}x,$$
所以
$$\int_2^3 f(x)\mathrm{d}x+\int_3^1 f(u)\mathrm{d}u+\int_1^2 f(t)\mathrm{d}t=\int_2^2 f(x)\mathrm{d}x=0.$$

题型2　利用定积分的几何意义求定积分．

解题方法：根据 $y=f(x)$，$x=a$，$x=b$ 及 x 轴所围成的特殊图形的面积来求 $\int_a^b f(x)\mathrm{d}x$，直观简便．

例2　利用定积分的几何意义求下列定积分：

(1) $\int_0^2\sqrt{4-x^2}\,\mathrm{d}x$；　　(2) $\int_a^b\sqrt{(x-a)(b-x)}\,\mathrm{d}x$　$(a<b)$．

解 (1)因为$f(x)=\sqrt{4-x^2}\,(x\in[0,2])$是以(0,0)为圆心,以2为半径的$\frac{1}{4}$圆周,而该圆的面积为$S=\pi r^2=4\pi$,由定积分的几何意义知

$$\int_0^2\sqrt{4-x^2}\,dx=\frac{1}{4}\cdot 4\pi=\pi$$

(2)因为$f(x)=\sqrt{(x-a)(b-x)}=\sqrt{\left(\frac{b-a}{2}\right)^2-\left(x-\frac{a+b}{2}\right)^2}$,$x\in[a,b]$是以$\left(\frac{a+b}{2},0\right)$为圆心,以$\frac{b-a}{2}$为半径的上半圆周,而该上半圆的面积为

$$S=\frac{1}{2}\pi r^2=\frac{\pi}{2}\left(\frac{b-a}{2}\right)^2=\frac{\pi}{8}(b-a)^2.$$

由定积分的几何意义,知

$$\int_a^b\sqrt{(x-a)(b-x)}\,dx=\frac{\pi}{8}(b-a)^2.$$

题型3 利用定积分的性质求定积分.

解题方法:定积分有一个很重要的性质——奇函数在对称区间上的定积分值为0. 利用此性质可方便地计算定积分.

例3 填空:$\int_{-1}^1 x^{2\,002}(e^x-e^{-x})\,dx=$____________.

解 设$f(x)=x^{2\,002}(e^x-e^{-x})$,$x\in[-1,1]$,

因为 $$f(-x)=(-x)^{2\,002}(e^{-x}-e^x)=-x^{2\,002}(e^x-e^{-x})=-f(x),$$

即$f(x)$为奇函数. 由定积分的性质可得

$$\int_{-1}^1 x^{2\,002}(e^x-e^{-x})\,dx=0.$$

题型4 不计算定积分,比较积分值的大小.

解题方法:应用定积分的单调性. 根据定积分的单调性,在同一积分区间上,只需比较被积函数的大小关系,就可比较出积分值的大小.

比较被积函数的大小,有时只需根据基本初等函数的性质,有时还需要利用单调性证明不等式.

例4 不计算定积分,比较下列积分值的大小:

(1) $\int_0^1 e^{x^2}dx$与$\int_0^1 e^{x^3}dx$;　　(2) $\int_0^{\frac{\pi}{2}}\sin x\,dx$与$\int_0^{\frac{\pi}{2}}x\,dx$.

解 (1)由于当$0\leqslant x\leqslant 1$时,$x^2\geqslant x^3$,又因为指数函数e^u是单调增加函数,所以$e^{x^2}\geqslant e^{x^3}$,因此$\int_0^1 e^{x^2}dx\geqslant\int_0^1 e^{x^3}dx$.

(2)设$f(x)=\sin x-x$,$0\leqslant x\leqslant\frac{\pi}{2}$,显然$f(x)$在$\left[0,\frac{\pi}{2}\right]$上连续,在$\left(0,\frac{\pi}{2}\right)$内,$f'(x)=\cos x-1<0$,从而函数$f(x)$在$\left[0,\frac{\pi}{2}\right]$上单调递减,所以

$$f(x)\leqslant f(0)=0,$$

即有当$0\leqslant x\leqslant\frac{\pi}{2}$时,$\sin x\leqslant x$,因此

$$\int_0^{\frac{\pi}{2}} \sin x\mathrm{d}x \leqslant \int_0^{\frac{\pi}{2}} x\mathrm{d}x .$$

题型 5 估计定积分的值.

解题方法:应用积分估值定理.先求出被积函数在积分区间上的最值,再利用定积分的估值不等式,即可估计出定积分的值.

视频

例5(2)

例 5 估计下列定积分的值:

(1) $\int_0^4 e^{\sqrt{x}}\mathrm{d}x$;　　(2) $\int_2^0 e^{x^2-x}\mathrm{d}x$.

解 (1)因为 $f(x)=e^{\sqrt{x}}$ 在 $[0,4]$ 上单调增加,故其最大值、最小值分别为 $M=f(4)=e^2$、$m=f(0)=e^0=1$,由估值定理,得

$$m(4-0) \leqslant \int_0^4 e^{\sqrt{x}}\mathrm{d}x \leqslant M(4-0) ,$$

即

$$4 \leqslant \int_0^4 e^{\sqrt{x}}\mathrm{d}x \leqslant 4e^2 .$$

(2)已知 $f(x)=e^{x^2-x}$,令 $f'(x)=e^{x^2-x}\cdot(2x-1)=0$,则 $f(x)$ 在区间 $(0,2)$ 内的驻点为 $x=\frac{1}{2}$.

由于

$$f\left(\frac{1}{2}\right)=e^{-\frac{1}{4}},\quad f(0)=1,\quad f(2)=e^2,$$

则 $f(x)$ 在区间 $[0,2]$ 上的最大值和最小值分别为

$$M=f(2)=e^2,\quad m=f\left(\frac{1}{2}\right)=e^{-\frac{1}{4}},$$

于是

$$2e^{-\frac{1}{4}}=e^{-\frac{1}{4}}\cdot(2-0)\leqslant \int_0^2 e^{x^2-x}\mathrm{d}x \leqslant e^2\cdot(2-0)=2e^2 ,$$

不等式两端同乘 (-1) 得

$$-2e^2 \leqslant \int_2^0 e^{x^2-x}\mathrm{d}x \leqslant -2e^{-\frac{1}{4}} .$$

三、习题详解

习题 5.1 A 组

1. 选择题

(1)定积分 $\int_a^b f(x)\mathrm{d}x$ 的值(　　).

A. 与积分变量有关　　B. 与区间 $[a,b]$ 的分法及点 ξ_i 的取法有关

C. 为曲边梯形的面积　　D. 仅与被积函数及积分区间 $[a,b]$ 有关

(2) $\frac{\mathrm{d}}{\mathrm{d}x}\int_a^b \arctan x\mathrm{d}x=$ (　　).

A. $\arctan x$　　B. $\arctan b-\arctan a$　　C. 0　　D. $\frac{1}{1+x^2}$

(3)设 $f(x)$ 在 $[a,b]$ 上连续,则下列各式中(　　)不成立.

A. $\int_a^b f(x)\mathrm{d}x=\int_a^b f(t)\mathrm{d}t$　　B. $\int_a^b f(x)\mathrm{d}x=-\int_b^a f(x)\mathrm{d}x$

C. $\int_a^a f(x)\mathrm{d}x=0$　　D. 若 $\int_a^b f(x)\mathrm{d}x=0$,则 $f(x)=0$

(4)根据定积分的几何意义,下列各式中正确的是(　　).

A. $\int_{-3}^{-2} x^2\mathrm{d}x<0$　　B. $\int_{-3}^{-2} x^3\mathrm{d}x<0$

C. $\int_{\pi}^{2\pi}\sin x\mathrm{d}x > 0$　　　　D. $\int_{\frac{\pi}{2}}^{\pi}\cos x\mathrm{d}x > 0$

(5)设$f(x)$在$[a,b]$上连续,则曲线$y=f(x)$与直线$x=a,x=b,y=0$所围成的平面图形的面积等于(　　).

A. $\int_{a}^{b}f(x)\mathrm{d}x$　　　　B. $\left|\int_{a}^{b}f(x)\mathrm{d}x\right|$

C. $\int_{a}^{b}|f(x)|\mathrm{d}x$　　　　D. $f'(\xi)(b-a)$,　$(a<\xi<b)$

解　(1)由定积分定义可知,选择 D.

(2)由定积分定义知$\int_{a}^{b}\arctan x\mathrm{d}x$为常数,则$\frac{\mathrm{d}}{\mathrm{d}x}\int_{a}^{b}\arctan x\mathrm{d}x=0$,所以选择 C.

(3)由定积分定义可知,选择 D.

(4)在$[-3,-2]$上,$x^2>0$,从而$\int_{-3}^{-2}x^2\mathrm{d}x>0$;在$[-3,-2]$上,$x^3<0$,从而$\int_{-3}^{-2}x^3\mathrm{d}x<0$;在$[\pi,2\pi]$上,$\sin x\leqslant0$,从而$\int_{\pi}^{2\pi}\sin x\mathrm{d}x\leqslant0$;在$[\frac{\pi}{2},\pi]$上,$\cos x\leqslant0$,从而$\int_{\frac{\pi}{2}}^{\pi}\cos x\mathrm{d}x\leqslant0$;所以选择 B.

(5)由定积分的几何意义和积分中值定理可知 A、B、D 不正确. 应选择 C.

2. 利用定积分的几何意义说明下列等式:

(1) $\int_{0}^{1}2x\mathrm{d}x=1$;　　　　(2) $\int_{0}^{2\pi}\sin x\mathrm{d}x=0$.

解　(1)被积函数$f(x)=2x$与直线$x=1$及x轴所围成的图形如图 5-1 所示,

则
$$\int_{0}^{1}2x\mathrm{d}x=\frac{1}{2}\cdot1\cdot2=1.$$

(2)被积函数$f(x)=\sin x$与x轴所围成的图形有两部分,面积相等,都用A表示,如图 5-2 所示.

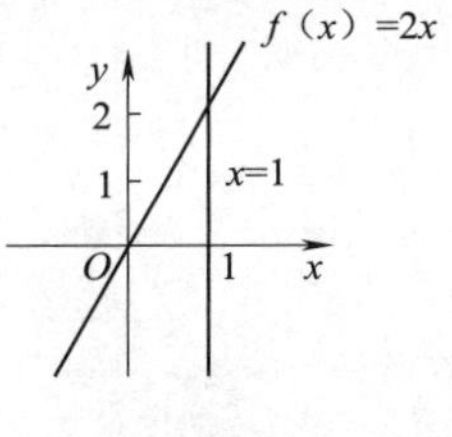

图　5-1

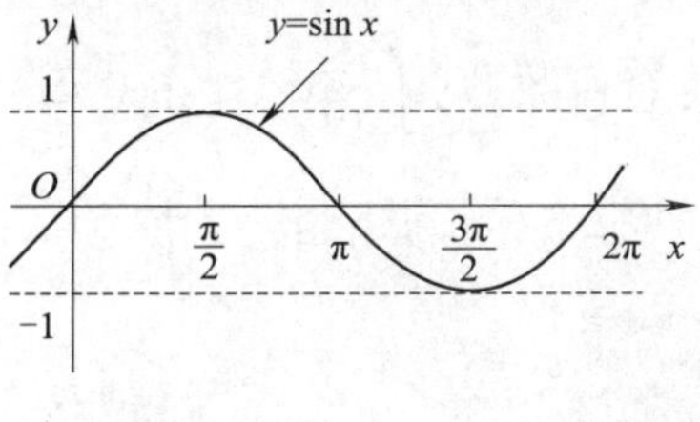

图　5-2

则$\int_{0}^{2\pi}\sin x\mathrm{d}x=A-A=0$

3. 比较下列各组积分值的大小:

(1) $\int_{1}^{2}\ln x\mathrm{d}x$与$\int_{1}^{2}\ln^2x\mathrm{d}x$;　　　　(2) $\int_{0}^{1}\mathrm{e}^x\mathrm{d}x$与$\int_{0}^{1}(1+x)\mathrm{d}x$.

解　(1)当$1\leqslant x\leqslant2$时,$0=\ln1\leqslant\ln x\leqslant\ln2<1$,从而$\ln x\geqslant(\ln x)^2$,因此$\int_{1}^{2}\ln x\mathrm{d}x\geqslant\int_{1}^{2}\ln^2x\mathrm{d}x$.

(2)设$f(x)=\mathrm{e}^x-1-x,0\leqslant x\leqslant1$,显然$f(x)$在$[0,1]$上连续,在$(0,1]$内,$f'(x)=\mathrm{e}^x-1>0$,从而函数$f(x)$在$[0,1]$上单调增加,所以
$$f(x)\geqslant f(0)=\mathrm{e}^0-1-0=0,$$
即当$0\leqslant x\leqslant1$时,$\mathrm{e}^x\geqslant1+x$,因此$\int_{0}^{1}\mathrm{e}^x\mathrm{d}x\geqslant\int_{0}^{1}(1+x)\mathrm{d}x$.

4. 估计下列各积分的值:

(1) $\int_{\frac{\pi}{4}}^{\frac{5\pi}{4}}(1+\sin^2x)\mathrm{d}x$;　　　　(2) $\int_{0}^{-2}x\mathrm{e}^x\mathrm{d}x$.

解 (1)设$f(x)=1+\sin^2x$,令$f'(x)=2\sin x\cos x=\sin 2x=0$得$f(x)$在区间$\left(\frac{\pi}{4},\frac{5\pi}{4}\right)$内的驻点$x_1=\frac{\pi}{2}$,$x_2=\pi$,由于

$$f\left(\frac{\pi}{2}\right)=2,\quad f(\pi)=1,\quad f\left(\frac{\pi}{4}\right)=\frac{3}{2},\quad f\left(\frac{5\pi}{4}\right)=\frac{3}{2},$$

则$f(x)$在区间$\left[\frac{\pi}{4},\frac{5\pi}{4}\right]$上的最大值和最小值分别为$M=f\left(\frac{\pi}{2}\right)=2$、$m=f(\pi)=1$,于是

$$1\cdot\left(\frac{5\pi}{4}-\frac{\pi}{4}\right)\leqslant\int_{\frac{\pi}{4}}^{\frac{5\pi}{4}}(1+\sin^2x)\mathrm{d}x\leqslant 2\cdot\left(\frac{5\pi}{4}-\frac{\pi}{4}\right),$$

即

$$\pi\leqslant\int_{\frac{\pi}{4}}^{\frac{5\pi}{4}}(1+\sin^2x)\mathrm{d}x\leqslant 2\pi$$

(2)设$f(x)=x\mathrm{e}^x$,令$f'(x)=\mathrm{e}^x+x\mathrm{e}^x=\mathrm{e}^x(1+x)=0$,得$f(x)$在区间$(-2,0)$内的驻点$x=-1$,由于

$$f(-1)=-\frac{1}{\mathrm{e}},\quad f(-2)=-\frac{2}{\mathrm{e}^2},\quad f(0)=0,$$

则$f(x)$在区间$[-2,0]$上的最大值和最小值分别为$M=f(0)=0$、$m=f(-1)=-\frac{1}{\mathrm{e}}$,于是

$$-\frac{1}{\mathrm{e}}\cdot(0+2)\leqslant\int_{-2}^{0}x\mathrm{e}^x\mathrm{d}x\leqslant 0\cdot(0+2),$$

即

$$0\leqslant\int_{0}^{-2}x\mathrm{e}^x\mathrm{d}x\leqslant\frac{2}{\mathrm{e}}.$$

5. 计算$\int_{-1}^{1}(x+\sqrt{1-x^2})^2\mathrm{d}x$.

解 $\int_{-1}^{1}(x+\sqrt{1-x^2})^2\mathrm{d}x=\int_{-1}^{1}(2x\sqrt{1-x^2}+1)\mathrm{d}x=\int_{-1}^{1}2x\sqrt{1-x^2}\mathrm{d}x+\int_{-1}^{1}\mathrm{d}x$,

其中$f(x)=2x\sqrt{1-x^2}$为奇函数,则$\int_{-1}^{1}2x\sqrt{1-x^2}\mathrm{d}x=0$,

即

$$\int_{-1}^{1}(x+\sqrt{1-x^2})^2\mathrm{d}x=\int_{-1}^{1}2x\sqrt{1-x^2}\mathrm{d}x+\int_{-1}^{1}\mathrm{d}x=\int_{-1}^{1}\mathrm{d}x=2.$$

习题 5.1 B 组

1. 求函数$f(x)=\sqrt{1-x^2}$在闭区间$[-1,1]$上的平均值.

解 函数$f(x)=\sqrt{1-x^2}$在闭区间$[-1,1]$上的平均值$f(\xi)=\frac{1}{2}\int_{-1}^{1}\sqrt{1-x^2}\mathrm{d}x$

$f(x)=\sqrt{1-x^2}\,(x\in[-1,1])$是以$(0,0)$为圆心,以1为半径的$\frac{1}{2}$圆周,而该圆的面积为$S=\pi r^2=\pi$,由定积分的几何意义知

$$f(\xi)=\frac{1}{2}\int_{-1}^{1}\sqrt{1-x^2}\mathrm{d}x=\frac{1}{2}\cdot\frac{1}{2}\pi=\frac{\pi}{4}.$$

2. 设$f(x)$在区间$[a,b]$上非负,在(a,b)内$f''(x)>0$,$f'(x)<0$,$I_1=\frac{b-a}{2}[f(a)+f(b)]$,$I_2=\int_a^b f(x)\mathrm{d}x$,$I_3=(b-a)f(b)$,请比较$I_1,I_2,I_3$的大小.

解 由已知条件可知$f(x)$在$[a,b]$上是凹函数且单调递减. 画草图如图 5-3 所示。

$I_1=\frac{b-a}{2}[f(a)+f(b)]$表示的是图中直角梯形的面积. 由于$f(x)\geqslant 0$,则$I_2=\int_a^b f(x)\mathrm{d}x$表示的是图中

$f(x)$与直线 $x=a$、直线 $x=b$ 围成的曲边梯形的面积．$I_3=(b-a)f(b)$表示的是图中矩形的面积．显然，$I_1>I_2>I_3$．

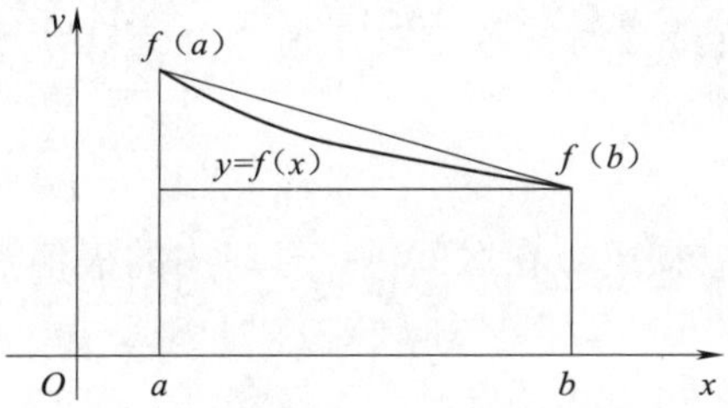

图　5-3

5.2　微积分基本公式

一、学习目标

1. 熟悉积分上限函数及其求导定理，会求积分限函数的导数；
2. 掌握牛顿-莱布尼茨公式．

二、基本题型及解题方法

题型 1　积分限函数的求导问题．

解题方法：对积分限函数求导，首先要区分积分限函数的自变量和积分变量．积分限函数的自变量是积分限上的变量，对积分限函数求导就是对积分限上的变量求导，与积分变量没有关系．因此当遇到被积函数中含有积分限上的变量的情况，应首先设法将积分限上的变量从被积函数中分离出来，然后再进行求导．

例 1　(1)设 $F(x)=\int_x^{x^2} te^{t^2}\mathrm{d}t$，求 $f'(x)$．

(2)设函数 $y=y(x)$由方程 $\int_0^{y^2} e^{t^2}\mathrm{d}t+\int_x^0 \sin t\mathrm{d}t=0$ 所确定，求$\frac{\mathrm{d}y}{\mathrm{d}x}$．

解　(1)$f'(x)=x^2e^{(x^2)^2}\cdot(x^2)'-xe^{x^2}=2x^3e^{x^4}-xe^{x^2}$．

(2)已知方程两边同时对 x 求导，得

$e^{(y^2)^2}\cdot(y^2)'-\sin x=0$，　即 $e^{y^4}\cdot 2y\cdot y'-\sin x=0$，

因此
$$\frac{\mathrm{d}y}{\mathrm{d}x}=y'=\frac{\sin x}{2ye^{y^4}}.$$

题型 2　利用积分限函数求极限．

解题方法：首先判断所给极限是否为$\frac{0}{0}$极限或$\frac{\infty}{\infty}$极限，然后用洛必达法则对分子、分母分别按积分限函数求导．

例 2　求极限：$\lim\limits_{x\to 0}\frac{\left(\int_0^x e^{-t^2}\mathrm{d}t\right)^2}{\int_0^x te^{2t^2}\mathrm{d}t}$．

解
$$\lim_{x\to 0}\frac{\left(\int_0^x e^{-t^2}\mathrm{d}t\right)^2}{\int_0^x te^{2t^2}\mathrm{d}t}\overset{\frac{0}{0}}{=\!=}\lim_{x\to 0}\frac{2\int_0^x e^{-t^2}\mathrm{d}t\cdot e^{-x^2}}{xe^{2x^2}}=2\lim_{x\to 0}\frac{\int_0^x e^{-t^2}\mathrm{d}t}{x}\overset{\frac{0}{0}}{=\!=}2\lim_{x\to 0}\frac{e^{-x^2}}{1}=2.$$

题型 3 讨论积分限函数的性质.

解题方法： 积分限函数作为一种函数，当然可以像一般函数一样讨论其奇偶性、单调性、凹凸性等性质，并可求其最值、极值及拐点，解决方法与一般函数相同.

例 3 设 $f(x)=\int_{-1}^{x}\frac{t\cos\frac{\pi}{2}t}{\sqrt{1+t^2}}\mathrm{d}t$，求 $f(x)$ 在区间 $\left(-\frac{1}{2},2\right)$ 内的极值点.

解 $f'(x)=\frac{x\cos\frac{\pi}{2}x}{\sqrt{1+x^2}}$，令 $f'(x)=0$ 得区间 $\left(-\frac{1}{2},2\right)$ 内的驻点 $x_1=0,x_2=1$.

当 $-\frac{1}{2}<x<0$ 时，$f'(x)<0$，函数 $f(x)$ 单调减少；当 $0<x<1$ 时，$f'(x)>0$，函数 $f(x)$ 单调增加；当 $1<x<2$ 时，$f'(x)<0$，函数 $f(x)$ 单调减少.

因此，$x=0\in\left(-\frac{1}{2},2\right)$ 是函数 $f(x)$ 的极小值点，$x=1\in\left(-\frac{1}{2},2\right)$ 是函数 $f(x)$ 的极大值点.

题型 4 利用牛顿-莱布尼茨公式求定积分.

解题方法： 要计算定积分，只需求得被积函数的一个原函数，然后将积分上、下限代入作差，即得定积分的值. 因此，计算定积分的关键是找出被积函数的一个原函数.

例 4 计算下列定积分：

(1) $\int_{1}^{\sqrt{3}}\frac{1}{x^2(1+x^2)}\mathrm{d}x$； (2) $\int_{0}^{\frac{\pi}{4}}\tan^3\theta\mathrm{d}\theta$.

解 (1) 不定积分的直接积分法：

$$\int_{1}^{\sqrt{3}}\frac{1}{x^2(1+x^2)}\mathrm{d}x=\int_{1}^{\sqrt{3}}\frac{(1+x^2)-x^2}{x^2(1+x^2)}\mathrm{d}x=\int_{1}^{\sqrt{3}}\left(\frac{1}{x^2}-\frac{1}{1+x^2}\right)\mathrm{d}x$$

$$=\left(-\frac{1}{x}-\arctan x\right)\Big|_{1}^{\sqrt{3}}=1-\frac{1}{\sqrt{3}}-\frac{\pi}{12}.$$

(2) 不定积分的凑微分法：

$$\int_{0}^{\frac{\pi}{4}}\tan^3\theta\mathrm{d}\theta=\int_{0}^{\frac{\pi}{4}}\tan\theta(\sec^2\theta-1)\mathrm{d}\theta=\int_{0}^{\frac{\pi}{4}}\tan\theta\mathrm{d}(\tan\theta)-\int_{0}^{\frac{\pi}{4}}\tan\theta\mathrm{d}\theta$$

$$=\left(\frac{1}{2}\tan^2\theta+\ln|\cos\theta|\right)\Big|_{0}^{\frac{\pi}{4}}=\frac{1}{2}(1-\ln 2).$$

题型 5 被积函数是分段函数的定积分计算.

解题方法： 首先找到被积函数在积分区间内的分段点，它们将积分区间分成若干个子区间，然后根据定积分对积分区间的可加性，进行分段计算.

视频

例5（2）

例 5 计算下列定积分：

(1) $\int_{0}^{1}|2x-1|\mathrm{d}x$； (2) $\int_{0}^{\frac{\pi}{2}}\sqrt{1-\sin 2x}\mathrm{d}x$.

解 (1) $\int_{0}^{1}|2x-1|\mathrm{d}x=\int_{0}^{\frac{1}{2}}(1-2x)\mathrm{d}x+\int_{\frac{1}{2}}^{1}(2x-1)\mathrm{d}x=(x-x^2)\Big|_{0}^{\frac{1}{2}}+(x^2-x)\Big|_{\frac{1}{2}}^{1}=\frac{1}{2}$

(2) $\int_0^{\frac{\pi}{2}} \sqrt{1-\sin 2x}\,dx = \int_0^{\frac{\pi}{2}} |\sin x - \cos x|\,dx = \int_0^{\frac{\pi}{4}} (\cos x - \sin x)\,dx + \int_{\frac{\pi}{4}}^{\frac{\pi}{2}} (\sin x - \cos x)\,dx$

$$= (\sin x + \cos x)\Big|_0^{\frac{\pi}{4}} + (-\cos x - \sin x)\Big|_{\frac{\pi}{4}}^{\frac{\pi}{2}} = 2(\sqrt{2}-1).$$

三、习题详解

习题 5.2 A 组

1. 填空题

(1) 设 $\int_a^x f(t)\,dt = \sin^2 x$，则 $f(x) =$ ______.

(2) 设 $f(x) = \int_{\sin x}^1 \sqrt{1-t^2}\,dt$，则 $f'\left(\frac{\pi}{2}\right) =$ ______.

(3) 设 $y = \int_x^3 \cos^2 t\,dt$，则 $\frac{dy}{dx} =$ ______，$\frac{dy}{dt} =$ ______.

(4) 已知函数 $y = \int_0^x te^t\,dt$，则 $y''(0) =$ ______.

(5) $\lim\limits_{x\to 0} \frac{\int_0^x e^t \sin t^2\,dt}{x^3} =$ ______.

解 (1) $f(x) = \left(\int_a^x f(t)\,dt\right)' = (\sin^2 x)' = 2\sin x\cos x = \sin 2x$.

(2) 由于 $f'(x) = \left(\int_{\sin x}^1 \sqrt{1-t^2}\,dt\right)' = -\sqrt{\cos^2 x}\cdot \cos x$，则 $f'\left(\frac{\pi}{2}\right) = 0$.

(3) $\frac{dy}{dx} = -\cos^2 x$，$\frac{dy}{dt} = 0$. y 对 t 求导时，应把 x 看成常数，所以 $\int_x^3 \cos^2 t\,dt$ 是一个定值，导数为 0.

(4) $y' = xe^x$，$y'' = e^x + xe^x = e^x(1+x)$，则 $y''(0) = 1$.

(5) $\lim\limits_{x\to 0} \frac{\int_0^x e^t \sin t^2\,dt}{x^3} = \lim\limits_{x\to 0} \frac{e^x \sin x^2}{3x^2} = \lim\limits_{x\to 0} \frac{e^x}{3} = \frac{1}{3}$.

2. 选择题

(1) 设 $f(x)$ 为连续函数，则积分上限函数 $\int_a^x f(t)\,dt$ 是(　　).

A. $f'(x)$ 的一个原函数　　B. $f'(x)$ 的所有原函数

C. $f(x)$ 的一个原函数　　D. $f(x)$ 的所有原函数

(2) 设 $y = \int_0^x (t-1)(t-2)\,dt$，则 $y'|_{x=0} =$ (　　).

A. -2　　B. -1　　C. 1　　D. 2

(3) $\int_0^1 f'(2x)\,dx =$ (　　).

A. $2[f(2)-f(0)]$　　B. $2[f(1)-f(0)]$

C. $\frac{1}{2}[f(2)-f(0)]$　　D. $\frac{1}{2}[f(1)-f(0)]$

解 (1) 由定理 2 知 $\int_a^x f(t)\,dt$ 是 $f(x)$ 的一个原函数. 所以选择 C.

(2) 由于 $y' = (x-1)(x-2)$，则 $y'|_{x=0} = 2$. 所以选择 D.

(3) $\int_0^1 f'(2x)\mathrm{d}x = \frac{1}{2}\int_0^1 f'(2x)\mathrm{d}(2x) = \frac{1}{2}f(2x)\Big|_0^1 = \frac{1}{2}[f(2)-f(0)]$. 所以选择 C.

3. 计算下列定积分:

(1) $\int_0^1 \frac{x^2}{1+x^2}\mathrm{d}x$;　　(2) $\int_1^{\sqrt{3}} \frac{1+2x^2}{x^2(1+x^2)}\mathrm{d}x$;

(3) $\int_0^{\frac{\pi}{2}} \cos^2 x\sin x\mathrm{d}x$;　　(4) $\int_{\frac{1}{\pi}}^{\frac{2}{\pi}} \frac{1}{x^2}\sin\frac{1}{x}\mathrm{d}x$;

(5) $\int_0^{\frac{1}{2}} \frac{\arcsin x}{\sqrt{1-x^2}}\mathrm{d}x$;　　(6) $\int_{-2}^{2} \max\{x,x^2\}\mathrm{d}x$.

解 (1) $\int_0^1 \frac{x^2}{1+x^2}\mathrm{d}x = \int_0^1 \frac{(x^2+1)-1}{1+x^2}\mathrm{d}x = \int_0^1\left(1-\frac{1}{1+x^2}\right)\mathrm{d}x = (x-\arctan x)\Big|_0^1 = 1-\frac{\pi}{4}$.

(2) $\int_1^{\sqrt{3}} \frac{1+2x^2}{x^2(1+x^2)}\mathrm{d}x = \int_1^{\sqrt{3}} \frac{(1+x^2)+x^2}{x^2(1+x^2)}\mathrm{d}x = \int_1^{\sqrt{3}}\left(\frac{1}{x^2}+\frac{1}{1+x^2}\right)\mathrm{d}x$

$$=\left(-\frac{1}{x}+\arctan x\right)\Bigg|_1^{\sqrt{3}} = 1-\frac{1}{\sqrt{3}}+\frac{\pi}{12}.$$

(3) $\int_0^{\frac{\pi}{2}} \cos^2 x\sin x\mathrm{d}x = -\int_0^{\frac{\pi}{2}} \cos^2 x\mathrm{d}\cos x = -\frac{1}{3}\cos^3 x\Bigg|_0^{\frac{\pi}{2}} = \frac{1}{3}$.

(4) $\int_{\frac{1}{\pi}}^{\frac{2}{\pi}} \frac{1}{x^2}\sin\frac{1}{x}\mathrm{d}x = -\int_{\frac{1}{\pi}}^{\frac{2}{\pi}}\sin\frac{1}{x}\mathrm{d}\frac{1}{x} = \cos\frac{1}{x}\Bigg|_{\frac{1}{\pi}}^{\frac{2}{\pi}} = 1$.

(5) $\int_0^{\frac{1}{2}} \frac{\arcsin x}{\sqrt{1-x^2}}\mathrm{d}x = \int_0^{\frac{1}{2}}\arcsin x\mathrm{d}\arcsin x = \frac{1}{2}\arcsin^2 x\Bigg|_0^{\frac{1}{2}} = \frac{\pi^2}{72}$.

(6) $\int_{-2}^{2} \max\{x,x^2\}\mathrm{d}x = \int_{-2}^{0} x^2\mathrm{d}x + \int_0^1 x\mathrm{d}x + \int_1^2 x^2\mathrm{d}x = \frac{1}{3}x^3\Bigg|_{-2}^{0} + \frac{1}{2}x^2\Bigg|_0^1 + \frac{1}{3}x^3\Bigg|_1^2$

$$=\frac{8}{3}+\frac{1}{2}+\frac{7}{3}=\frac{11}{2}.$$

习题 5.2　B 组

1. 求积分上限函数 $F(x)=\int_0^x (x-t)\cos t\mathrm{d}t$ 的导数.

解 因为 $F(x) = x\int_0^x \cos t\mathrm{d}t - \int_0^x t\cos t\mathrm{d}t$,

所以
$$f'(x) = \int_0^x \cos t\mathrm{d}t + x\cos x - x\cos x = \sin t\Big|_0^x = \sin x.$$

2. 设由 $x(t) = \int_0^t \sin u\mathrm{d}u, y(t) = \int_0^t \cos u\mathrm{d}u$ 确定函数 $y=y(x)$,求$\frac{\mathrm{d}y}{\mathrm{d}x}$.

解 $\mathrm{d}x = \left(\int_0^t \sin u\mathrm{d}u\right)'\mathrm{d}t = \sin t\mathrm{d}t, \mathrm{d}y = \left(\int_0^t \cos u\mathrm{d}u\right)'\mathrm{d}t = \cos t\mathrm{d}t$.

所以
$$\frac{\mathrm{d}y}{\mathrm{d}x}=\frac{\cos t\mathrm{d}t}{\sin t\mathrm{d}t}=\cot t.$$

3. 设由方程 $\int_0^y \mathrm{e}^t\mathrm{d}t + \int_0^x \cos t\mathrm{d}t = 0$ 确定隐函数 $y=y(x)$,求$\frac{\mathrm{d}y}{\mathrm{d}x}$.

解 已知方程两边同时对 x 求导,得

$$\mathrm{e}^y\cdot y'+\cos x=0,$$

因此
$$\frac{\mathrm{d}y}{\mathrm{d}x}=y'=-\frac{\cos x}{\mathrm{e}^y}.$$

4. 求函数$f(x)=\int_{1/2}^{x}\ln t\mathrm{d}t$的极值点.

解 $f'(x)=\ln x$,令$f'(x)=0$,得驻点$x=1$,而$f''(x)=\dfrac{1}{x}$,$f''(1)=1>0$,所以$x=1$是$f(x)$的极小值点.

5. 设$f(n)=\int_{0}^{\frac{\pi}{4}}\tan^{n}x\mathrm{d}x$,其中$n$为正整数,证明:$f(3)+f(5)=\dfrac{1}{4}$.

证明

$$\begin{aligned}f(3)+f(5)&=\int_{0}^{\frac{\pi}{4}}\tan^{3}x\mathrm{d}x+\int_{0}^{\frac{\pi}{4}}\tan^{5}x\mathrm{d}x=\int_{0}^{\frac{\pi}{4}}\tan^{3}x(1+\tan^{2}x)\mathrm{d}x\\&=\int_{0}^{\frac{\pi}{4}}\tan^{3}x\sec^{2}x\mathrm{d}x=\int_{0}^{\frac{\pi}{4}}\tan^{3}x\mathrm{d}(\tan x)\\&=\frac{1}{4}\tan^{4}x\Big|_{0}^{\frac{\pi}{4}}=\frac{1}{4}.\end{aligned}$$

5.3 定积分的换元积分法和分部积分法

一、学习目标

熟练应用换元积分法和分部积分法计算定积分.

二、基本题型及解题方法

题型1 利用换元法计算定积分.

解题方法:定积分的换元法与不定积分有所不同.定积分换元的目的在于求出积分值,而不定积分换元的目的是求被积函数的原函数,因此,不定积分换元之后需要回代,而定积分只需要在换元的同时变换积分限,将原积分变换成一个积分值相等的新积分即可.

例1 计算下列定积分:

视频

例1(2)

(1) $\int_{\frac{3}{4}}^{1}\dfrac{\mathrm{d}x}{\sqrt{1-x}-1}$;　　(2) $\int_{\frac{1}{\sqrt{2}}}^{1}\dfrac{\sqrt{1-x^{2}}}{x^{2}}\mathrm{d}x$.

解 (1)令$\sqrt{1-x}=t$,则$x=1-t^{2}$,$\mathrm{d}x=-2t\mathrm{d}t$,$\begin{array}{c|l}x&\frac{3}{4}\to1\\t&\frac{1}{2}\to0\end{array}$,

$$原式=\int_{\frac{1}{2}}^{0}\frac{-2t}{t-1}\mathrm{d}t=2\int_{0}^{\frac{1}{2}}\frac{(t-1)+1}{t-1}\mathrm{d}t=2(t+\ln|t-1|)\Big|_{0}^{\frac{1}{2}}=1-2\ln 2.$$

(2)令$x=\sin t$,则$\sqrt{1-x^{2}}=\cos t$,$\mathrm{d}x=\cos t\mathrm{d}t$,$\begin{array}{c|l}x&\frac{1}{\sqrt{2}}\to1\\t&\frac{\pi}{4}\to\frac{\pi}{2}\end{array}$,

$$原式=\int_{\frac{\pi}{4}}^{\frac{\pi}{2}}\frac{\cos t}{\sin^{2}t}\cos t\mathrm{d}t=\int_{\frac{\pi}{4}}^{\frac{\pi}{2}}\cot^{2}t\mathrm{d}t=\int_{\frac{\pi}{4}}^{\frac{\pi}{2}}(\csc^{2}t-1)\mathrm{d}t=(-\cot t-t)\Big|_{\frac{\pi}{4}}^{\frac{\pi}{2}}=1-\frac{\pi}{4}.$$

题型2 利用定积分的换元法证明或求解一些问题.

解题方法:根据要证的等式或者结论的特征选择适当的换元.

例2 设函数$f(x)$在$[0,1]$上连续,证明:

$$\int_{0}^{\pi}xf(\sin x)\mathrm{d}x=\frac{\pi}{2}\int_{0}^{\pi}f(\sin x)\mathrm{d}x.$$

证明 令 $x=\pi-t$,则$\dfrac{x\,|_{0\to\pi}}{t\,|_{\pi\to 0}}$,于是

$$\int_0^{\pi} xf(\sin x)\,\mathrm{d}x = \int_{\pi}^{0}(\pi-t)f[\sin(\pi-t)](-\mathrm{d}t)$$

$$= \pi\int_0^{\pi} f(\sin t)\,\mathrm{d}t - \int_0^{\pi} tf(\sin t)\,\mathrm{d}t$$

$$= \pi\int_0^{\pi} f(\sin x)\,\mathrm{d}x - \int_0^{\pi} xf(\sin x)\,\mathrm{d}x\ ,$$

所以

$$\int_0^{\pi} xf(\sin x)\,\mathrm{d}x = \frac{\pi}{2}\int_0^{\pi} f(\sin x)\,\mathrm{d}x$$

例 3 设$f(2x-1)=x\mathrm{e}^x$,求$\int_3^5 f(t)\,\mathrm{d}t$.

解 令 $t=2x-1$,则 $\mathrm{d}t=2\mathrm{d}x$,$\dfrac{t\,|_{3\to 5}}{x\,|_{2\to 3}}$,

$$\int_3^5 f(t)\,\mathrm{d}t = 2\int_2^3 f(2x-1)\,\mathrm{d}x = 2\int_2^3 x\mathrm{e}^x\,\mathrm{d}x = 2\int_2^3 x\,\mathrm{d}(\mathrm{e}^x) = 2x\mathrm{e}^x\Big|_2^3 - 2\int_2^3 \mathrm{e}^x\,\mathrm{d}x$$

$$=6\mathrm{e}^3-4\mathrm{e}^2-2\mathrm{e}^x\Big|_2^3=2\mathrm{e}^2(2\mathrm{e}-1).$$

题型 3 利用定积分中已经证得的结论求定积分.

解题方法: 本节中利用换元法证得了定积分的一些结论,诸如函数在对称区间上的定积分、周期函数的定积分等,利用这些结论可以非常便捷地计算定积分.

例 4 计算下列定积分:

(1) $\int_{-2}^{3} |x^2+5|x|-2|\,\mathrm{d}x$; (2) $\int_a^{a+\pi} \sin^2 2x(\tan x+1)\,\mathrm{d}x$.

解 (1)被积函数$f(x)=|x^2+5|x|-2|$为偶函数,因此

$$\text{原式} = \int_{-2}^{2} |x^2+5|x|-2|\,\mathrm{d}x + \int_2^3 |x^2+5|x|-2|\,\mathrm{d}x$$

$$= 2\int_0^2 (x^2+5x-2)\,\mathrm{d}x + \int_2^3 (x^2+5x-2)\,\mathrm{d}x$$

$$=2\left(\frac{1}{3}x^3+\frac{5}{2}x^2-2x\right)\Big|_0^2+\left(\frac{1}{3}x^3+\frac{5}{2}x^2-2x\right)\Big|_2^3=34\,\frac{1}{6}.$$

(2)函数$\sin^2 2x$及 $\tan x$ 均是以 π 为周期的周期函数,由周期函数的积分性质,有

$$\text{原式} = \int_0^{\pi} \sin^2 2x(\tan x+1)\,\mathrm{d}x = \int_{-\frac{\pi}{2}}^{\frac{\pi}{2}} \sin^2 2x(\tan x+1)\,\mathrm{d}x$$

$$= \int_{-\frac{\pi}{2}}^{\frac{\pi}{2}} \sin^2 2x\tan x\,\mathrm{d}x + \int_{-\frac{\pi}{2}}^{\frac{\pi}{2}} \sin^2 2x\,\mathrm{d}x$$

$$= 0 + 2\int_0^{\frac{\pi}{2}} \sin^2 2x\,\mathrm{d}x = \int_0^{\frac{\pi}{2}} (1-\cos 4x)\,\mathrm{d}x = \left(x-\frac{1}{4}\sin 4x\right)\Big|_0^{\frac{\pi}{2}} = \frac{\pi}{2}.$$

题型 4 利用分部积分法计算定积分.

解题方法: 定积分的分部积分法与不定积分的分部积分法的区别之处仅在于它把先积出来的部分原函数 uv 先行代入积分限变为数值,使积分过程变的简捷.

例 5 计算下列定积分:

(1) $\int_0^{\pi} (x\sin x)^2\,\mathrm{d}x$; (2) $\int_1^2 x\log_2 x\,\mathrm{d}x$.

解　(1) $\int_0^{\pi}(x\sin x)^2\mathrm{d}x = \frac{1}{2}\int_0^{\pi}x^2(1-\cos 2x)\mathrm{d}x = \frac{1}{2}\int_0^{\pi}x^2\mathrm{d}x - \frac{1}{2}\int_0^{\pi}x^2\cos 2x\mathrm{d}x$

$$= \frac{1}{6}x^3\Big|_0^{\pi} - \frac{1}{4}\int_0^{\pi}x^2\mathrm{d}(\sin 2x) = \frac{1}{6}\pi^3 - \frac{1}{4}x^2\sin 2x\Big|_0^{\pi} + \frac{1}{4}\int_0^{\pi}2x\sin 2x\mathrm{d}x$$

$$= \frac{1}{6}\pi^3 - 0 - \frac{1}{4}\int_0^{\pi}x\mathrm{d}(\cos 2x) = \frac{1}{6}\pi^3 - \frac{1}{4}x\cos 2x\Big|_0^{\pi} + \frac{1}{4}\int_0^{\pi}\cos 2x\mathrm{d}x$$

$$= \frac{1}{6}\pi^3 - \frac{1}{4}\pi + \frac{1}{8}\sin 2x\Big|_0^{\pi} = \frac{\pi^3}{6} - \frac{\pi}{4}.$$

视 频

例5(1)

(2) $\int_1^2 x\log_2 x\mathrm{d}x = \frac{1}{2}\int_1^2\log_2 x\mathrm{d}(x^2) = \frac{1}{2}x^2\log_2 x\Big|_1^2 - \frac{1}{2}\int_1^2 x^2\frac{1}{x\ln 2}\mathrm{d}x$

$$= 2 - \frac{1}{4\ln 2}x^2\Big|_1^2 = 2 - \frac{3}{4\ln 2}.$$

题型5　被积函数中含有积分限函数.

解题方法:当被积函数中含有积分限函数时,常用分部积分法,且将积分限函数选为分部积分公式中的 u.

例6　已知函数 $f(x) = \int_1^x \mathrm{e}^{-t^2}\mathrm{d}t$,求 $\int_0^1 f(x)\mathrm{d}x$.

解　$\int_0^1 f(x)\mathrm{d}x = [xf(x)]\Big|_0^1 - \int_0^1 xf'(x)\mathrm{d}x = -\int_0^1 x\mathrm{e}^{-x^2}\mathrm{d}x = \frac{1}{2}\mathrm{e}^{-x^2}\Big|_0^1 = \frac{\mathrm{e}^{-1}-1}{2}$.

题型6　被积函数中含有抽象函数的导数.

解题方法:常利用分部积分法.

例7　设 $f''(x)$ 在 $[0,1]$ 上连续,且 $f(0)=1, f(2)=3, f'(2)=5$,求 $\int_0^1 xf''(2x)\mathrm{d}x$.

解　$\int_0^1 xf''(2x)\mathrm{d}x = \frac{1}{2}\int_0^1 x\mathrm{d}[f'(2x)] = \frac{1}{2}xf'(2x)\Big|_0^1 - \frac{1}{2}\int_0^1 f'(2x)\mathrm{d}x$

$$= \frac{1}{2}f'(2) - \frac{1}{4}f(2x)\Big|_0^1 = \frac{1}{2}f'(2) - \frac{1}{4}f(2) + \frac{1}{4}f(0) = 2.$$

三、习题详解

习题 5.3　A 组

1. 填空题:已知 $\int_0^1 f(x)\mathrm{d}x = 1$, $f(1) = 0$,则 $\int_0^1 xf'(x)\mathrm{d}x =$ ________.

解　$\int_0^1 xf'(x)\mathrm{d}x = \int_0^1 x\mathrm{d}f(x) = [xf(x)]\Big|_0^1 - \int_0^1 f(x)\mathrm{d}x = f(1) - 1 = -1$.

2. 选择题:

(1)设 $f(x)$ 是连续函数,则 $\int_a^b f(x)\mathrm{d}x - \int_a^b f(a+b-x)\mathrm{d}x =$ (　　).

A. 0　　B. 1　　C. $a+b$　　D. $\int_a^b f(x)\mathrm{d}x$

(2)设 $f(x)$ 的一个原函数为 $\sin x$,则 $\int_0^{\frac{\pi}{2}} xf(x)\mathrm{d}x =$ (　　).

A. 0　　B. $\frac{\pi}{2}$　　C. $\frac{\pi}{2}+1$　　D. $\frac{\pi}{2}-1$

解　(1)令 $a+b-x=t$ 则 $x=a+b-t$, $\mathrm{d}x=-\mathrm{d}t$, $\frac{x\,|\,a\to b}{t\,|\,b\to a}$,

则 $$\int_a^b f(a+b-x)\mathrm{d}x = -\int_b^a f(t)\mathrm{d}t.$$

由于积分变量用什么字母表示无关，

即 $$\int_a^b f(x)\mathrm{d}x - \int_a^b f(a+b-x)\mathrm{d}x = \int_a^b f(x)\mathrm{d}x - \int_a^b f(x)\mathrm{d}x = 0,$$

所以选择 A.

(2)由已知条件可知，$\int_0^{\frac{\pi}{2}} xf(x)\mathrm{d}x = \int_0^{\frac{\pi}{2}} x(\sin x)'\mathrm{d}x = \int_0^{\frac{\pi}{2}} x\mathrm{d}\sin x$

$$= (x\sin x)\Big|_0^{\frac{\pi}{2}} - \int_0^{\frac{\pi}{2}} \sin x\mathrm{d}x = \frac{\pi}{2} + \cos x\Big|_0^{\frac{\pi}{2}} = \frac{\pi}{2} - 1,$$

所以选择 D.

3. 计算下列定积分：

(1) $\int_0^4 \frac{x+2}{\sqrt{2x+1}}\mathrm{d}x$；

(2) $\int_0^2 \frac{\mathrm{d}x}{\sqrt{x+1}+\sqrt{(x+1)^3}}$；

(3) $\int_{\ln 3}^{\ln 8} \sqrt{\mathrm{e}^x+1}\,\mathrm{d}x$；

(4) $\int_0^1 \frac{x^2}{\sqrt{2-x^2}}\mathrm{d}x$；

(5) $\int_0^1 \frac{x}{(1+x^2)^2}\mathrm{d}x$；

(6) $\int_1^{\sqrt{2}} \frac{1}{x\sqrt{x^2-1}}\mathrm{d}x$；

(7) $\int_1^{\mathrm{e}} \sqrt{x}\ln x\mathrm{d}x$；

(8) $\int_1^3 \arctan\sqrt{x}\,\mathrm{d}x$；

(9) $\int_0^{\frac{\pi}{2}} \mathrm{e}^{-x}\cos x\mathrm{d}x$；

(10) $\int_0^1 \ln(1+x^2)\mathrm{d}x$.

解 (1)令 $\sqrt{2x+1}=t$，则 $x=\frac{1}{2}(t^2-1)$，$\mathrm{d}x=t\mathrm{d}t$，$\frac{x\,|\,_{0\to 4}}{t\,|\,_{1\to 3}}$，

$$原式 = \int_1^3 \frac{\frac{1}{2}(t^2-1)+2}{t}\cdot t\mathrm{d}t = \int_1^3\left(\frac{1}{2}t^2+\frac{3}{2}\right)\mathrm{d}t = \left(\frac{1}{6}t^3+\frac{3}{2}t\right)\Big|_1^3 = \frac{22}{3}.$$

(2)令 $\sqrt{x+1}=t$，则 $x=t^2-1$，$\mathrm{d}x=2t\mathrm{d}t$，$\frac{x\,|\,_{0\to 2}}{t\,|\,_{1\to\sqrt{3}}}$，

$$原式 = \int_1^{\sqrt{3}} \frac{2t}{t+t^3}\mathrm{d}t = 2\int_1^{\sqrt{3}} \frac{1}{1+t^2}\mathrm{d}t = 2\arctan t\,\Big|_1^{\sqrt{3}} = \frac{\pi}{6}.$$

(3)令 $\sqrt{\mathrm{e}^x+1}=t$，则 $x=\ln(t^2-1)$，$\mathrm{d}x=\frac{2t}{t^2-1}\mathrm{d}t$，$\frac{x\,|\,_{\ln 3\to\ln 8}}{t\,|\,_{2\to 3}}$，

$$原式 = \int_2^3 t\cdot\frac{2t\mathrm{d}t}{t^2-1} = 2\int_2^3\left(1+\frac{1}{t^2-1}\right)\mathrm{d}t = 2\left(t+\frac{1}{2}\ln\left|\frac{t-1}{t+1}\right|\right)\Big|_2^3 = 2+\ln\frac{3}{2}.$$

(4)令 $x=\sqrt{2}\sin t$，则 $\sqrt{2-x^2}=\sqrt{2}\cos t$，$\mathrm{d}x=\sqrt{2}\cos t\mathrm{d}t$，$\frac{x\,|\,_{0\to 1}}{t\,|\,_{0\to\frac{\pi}{4}}}$

$$原式 = \int_0^{\frac{\pi}{4}} \frac{2\sin^2 t}{\sqrt{2}\cos t}\cdot\sqrt{2}\cos t\mathrm{d}t = 2\int_0^{\frac{\pi}{4}}\sin^2 t\mathrm{d}t = 2\int_0^{\frac{\pi}{4}}\frac{1-\cos 2t}{2}\mathrm{d}t = \int_0^{\frac{\pi}{4}}(1-\cos 2t)\mathrm{d}t$$

$$= \left(t-\frac{1}{2}\sin 2t\right)\Big|_0^{\frac{\pi}{4}} = \frac{\pi}{4}.$$

(5)令 $x=\tan t$，则 $1+x^2=\sec^2 t$，$\mathrm{d}x=\sec^2 t\mathrm{d}t$，$\frac{x\,|\,_{0\to 1}}{t\,|\,_{0\to\frac{\pi}{4}}}$

$$原式 = \int_0^{\frac{\pi}{4}}\frac{\tan t}{\sec^4 t}\cdot\sec^2 t\mathrm{d}t = \int_0^{\frac{\pi}{4}}\frac{\tan t}{\sec^2 t}\mathrm{d}t = \int_0^{\frac{\pi}{4}}\sin t\cos t\mathrm{d}t = \frac{1}{2}\int_0^{\frac{\pi}{4}}\sin 2t\mathrm{d}t$$

$$= \frac{1}{4}\int_0^{\frac{\pi}{4}} \sin 2t \mathrm{d}2t = -\frac{1}{4}\cos 2t \Big|_0^{\frac{\pi}{4}} = \frac{1}{4}.$$

(6)令 $x = \sec t$，则 $\sqrt{x^2-1} = \tan t$，$\mathrm{d}x = \sec t\tan t\mathrm{d}t$，$\dfrac{x\,|_{1\to\sqrt{2}}}{t\,|_{0\to\frac{\pi}{4}}}$，从而

原式 $= \int_0^{\frac{\pi}{4}} \frac{1}{\sec t\tan t}\sec t\tan t\mathrm{d}t = \int_0^{\frac{\pi}{4}} 1\mathrm{d}t = \frac{\pi}{4}.$

(7)原式 $= \frac{2}{3}\int_1^{\mathrm{e}} \ln x\mathrm{d}(x^{\frac{3}{2}}) = \frac{2}{3}x^{\frac{3}{2}}\ln x\Big|_1^{\mathrm{e}} - \frac{2}{3}\int_1^{\mathrm{e}} x^{\frac{3}{2}}\cdot\frac{1}{x}\mathrm{d}x$

$$= \frac{2}{3}\mathrm{e}^{\frac{3}{2}} - \frac{2}{3}\int_1^{\mathrm{e}} x^{\frac{1}{2}}\mathrm{d}x = \frac{2}{3}\mathrm{e}^{\frac{3}{2}} - \frac{4}{9}x^{\frac{3}{2}}\Big|_1^{\mathrm{e}} = \frac{2}{9}\mathrm{e}^{\frac{3}{2}} + \frac{4}{9}.$$

(8)令 $\sqrt{x} = t$，则 $x = t^2$，$\mathrm{d}x = \mathrm{d}(t^2)$，$\dfrac{x\,|_{1\to 3}}{t\,|_{1\to\sqrt{3}}}$，

原式 $= \int_1^{\sqrt{3}} \arctan t\mathrm{d}(t^2) = t^2\arctan t\Big|_1^{\sqrt{3}} - \int_1^{\sqrt{3}} t^2\cdot\frac{1}{1+t^2}\mathrm{d}t$

$$= \frac{3\pi}{4} - \int_1^{\sqrt{3}}\left(1 - \frac{1}{1+t^2}\right)\mathrm{d}t = \frac{3\pi}{4} - (t - \arctan t)\Big|_1^{\sqrt{3}}$$

$$= \frac{3\pi}{4} - \left(\sqrt{3} - 1 - \frac{\pi}{12}\right) = \frac{5\pi}{6} + 1 - \sqrt{3}.$$

(9)原式 $= \int_0^{\frac{\pi}{2}} \mathrm{e}^{-x}\mathrm{d}(\sin x) = \mathrm{e}^{-x}\sin x\Big|_0^{\frac{\pi}{2}} - \int_0^{\frac{\pi}{2}} \sin x\cdot(-\mathrm{e}^{-x})\mathrm{d}x$

$$= \mathrm{e}^{-\frac{\pi}{2}} - \int_0^{\frac{\pi}{2}} \mathrm{e}^{-x}\mathrm{d}(\cos x) = \mathrm{e}^{-\frac{\pi}{2}} - \mathrm{e}^{-x}\cos x\Big|_0^{\frac{\pi}{2}} + \int_0^{\frac{\pi}{2}} \cos x\cdot(-\mathrm{e}^{-x})\mathrm{d}x$$

$$= \mathrm{e}^{-\frac{\pi}{2}} + 1 - \int_0^{\frac{\pi}{2}} \mathrm{e}^{-x}\cos x\mathrm{d}x$$

移项整理，得原式 $= \frac{1}{2}(\mathrm{e}^{-\frac{\pi}{2}} + 1)$.

(10)原式 $= x\ln(1+x^2)\Big|_0^1 - \int_0^1 x\cdot\frac{2x}{1+x^2}\mathrm{d}x = \ln 2 - 2\int_0^1\left(1 - \frac{1}{1+x^2}\right)\mathrm{d}x$

$$= \ln 2 - 2(x - \arctan x)\Big|_0^1 = \ln 2 - 2 + \frac{\pi}{2}.$$

习题 5.3　B 组

1. 已知 $\int_0^x f(t)\mathrm{d}t = \frac{1}{2}x^2$，求 $\int_0^1 \mathrm{e}^{-x}f(x)\mathrm{d}x$.

解　由于 $f(x) = \left[\int_0^x f(t)\mathrm{d}t\right]' = \left(\frac{1}{2}x^2\right)' = x$，

则 $\int_0^1 \mathrm{e}^{-x}f(x)\mathrm{d}x = \int_0^1 x\mathrm{e}^{-x}\mathrm{d}x = -\int_0^1 x\mathrm{d}\mathrm{e}^{-x}$

$$= (-x\mathrm{e}^{-x})\Big|_0^1 + \int_0^1 \mathrm{e}^{-x}\mathrm{d}x = -\frac{1}{\mathrm{e}} - \mathrm{e}^{-x}\Big|_0^1 = 1 - \frac{2}{\mathrm{e}}.$$

2. 已知 $f(0) = 1$，$f(1) = 2$，$f'(1) = 3$，求 $\int_0^1 xf''(x)\mathrm{d}x$.

解　$\int_0^1 xf''(x)\mathrm{d}x = \int_0^1 x\mathrm{d}f'(x) = [xf'(x)]\Big|_0^1 - \int_0^1 f'(x)\mathrm{d}x = 3 - f(x)\Big|_0^1 = 2.$

3. 设函数$f(x)=\begin{cases}x+1 & x<0\\ x^2 & x\geqslant 0\end{cases}$,计算$\int_{-2}^{0}f(x+1)\mathrm{d}x$.

解 令$x+1=t$,则$\mathrm{d}x=\mathrm{d}t$,$\dfrac{x\big|_{-2\to 0}}{t\big|_{-1\to 1}}$,

原式$=\int_{-1}^{1}f(t)\mathrm{d}t=\int_{-1}^{0}(t+1)\mathrm{d}t+\int_{0}^{1}t^2\mathrm{d}t=\left(\dfrac{1}{2}t^2+t\right)\Big|_{-1}^{0}+\dfrac{1}{3}t^3\Big|_{0}^{1}=\dfrac{5}{6}$.

4. 设$f(2x-1)=\dfrac{\ln x}{x}$,求$\int_{1}^{2\mathrm{e}-1}f(t)\mathrm{d}t$.

解 令$t=2x-1$,则$\mathrm{d}t=2\mathrm{d}x$,$\dfrac{t\big|_{1\to 2\mathrm{e}-1}}{x\big|_{1\to \mathrm{e}}}$,

$\int_{1}^{2\mathrm{e}-1}f(t)\mathrm{d}t=2\int_{1}^{\mathrm{e}}f(2x-1)\mathrm{d}x=2\int_{1}^{\mathrm{e}}\dfrac{\ln x}{x}\mathrm{d}x=2\int_{1}^{\mathrm{e}}\ln x\mathrm{d}(\ln x)=\ln^2x\Big|_{1}^{\mathrm{e}}=1$.

*5.4 广义积分

一、学习目标

1. 理解广义积分的概念;
2. 掌握广义积分的计算及两个重要结论.

二、基本题型及解题方法

题型1 计算广义积分.

解题方法:广义积分收敛时,具有正常积分的性质与积分方法,如换元积分法、分部积分法及广义的牛顿-莱布尼茨公式.在用广义的牛顿-莱布尼茨公式时,无穷远点或无界点处的原函数应取极限.

广义积分的一般计算步骤如下:

(1)区分类型(无穷限积分还是瑕积分),对既有无穷区间的广义积分又有无界函数的广义积分的混合型,一定要进行分解,使各单个积分均为单一类型.

(2)求出被积函数的原函数.

(3)按定义求出各广义积分的值,然后求出各值的代数和即为所求广义积分的值.

另外需注意,无界函数的广义积分很容易当成正常积分来计算而导致错误.

例1 求下列广义积分:

(1) $\int_{0}^{+\infty}\mathrm{e}^{-x}\sin x\mathrm{d}x$; (2) $\int_{-\infty}^{+\infty}\dfrac{\mathrm{d}x}{\mathrm{e}^{x}+\mathrm{e}^{-x}}$.

解 (1) $\int_{0}^{+\infty}\mathrm{e}^{-x}\sin x\mathrm{d}x=-\int_{0}^{+\infty}\mathrm{e}^{-x}\mathrm{d}(\cos x)$

$=-\mathrm{e}^{-x}\cos x\Big|_{0}^{+\infty}+\int_{0}^{+\infty}\cos x\mathrm{d}(\mathrm{e}^{-x})=1-\int_{0}^{+\infty}\mathrm{e}^{-x}\cos x\mathrm{d}x$

$=1-\int_{0}^{+\infty}\mathrm{e}^{-x}\mathrm{d}(\sin x)=1-\mathrm{e}^{-x}\sin x\Big|_{0}^{+\infty}+\int_{0}^{+\infty}\sin x\mathrm{d}(\mathrm{e}^{-x})$

$=1-\int_{0}^{+\infty}\mathrm{e}^{-x}\sin x\mathrm{d}x$,

移项整理,得
$$\int_0^{+\infty} e^{-x}\sin x\mathrm{d}x=\frac{1}{2}.$$

(2) $\int_{-\infty}^{+\infty}\frac{\mathrm{d}x}{e^x+e^{-x}}=\int_{-\infty}^{+\infty}\frac{e^x}{(e^x)^2+1}\mathrm{d}x=\int_{-\infty}^{+\infty}\frac{1}{(e^x)^2+1}\mathrm{d}(e^x)$

$=\arctan e^x\Big|_{-\infty}^{+\infty}=\frac{\pi}{2}-0=\frac{\pi}{2}.$

例 2 求下列广义积分:

(1) $\int_0^1\ln x\mathrm{d}x$; (2) $\int_{-1}^1\frac{\mathrm{d}x}{x(x+2)}$.

解 (1) $\int_0^1\ln x\mathrm{d}x=(x\ln x)\big|_{0^+}^1-\int_0^1\mathrm{d}x=-1$,

这里
$$\lim_{x\to0^+}x\ln x=\lim_{x\to0^+}\frac{\ln x}{\frac{1}{x}}=\lim_{x\to0^+}\frac{\frac{1}{x}}{-\frac{1}{x^2}}=-\lim_{x\to0^+}x=0.$$

(2) $\int_{-1}^1\frac{\mathrm{d}x}{x(x+2)}=\int_{-1}^0\frac{\mathrm{d}x}{x(x+2)}+\int_0^1\frac{\mathrm{d}x}{x(x+2)}$,

因为 $\int_{-1}^0\frac{\mathrm{d}x}{x(x+2)}=\left(\frac{1}{2}\ln\left|\frac{x}{x+2}\right|\right)\Big|_{-1}^{0^-}=\frac{1}{2}\lim_{x\to0^-}\ln\left|\frac{x}{x+2}\right|-0=+\infty$,

即 $\int_{-1}^0\frac{\mathrm{d}x}{x(x+2)}$发散,所以原广义积分$\int_{-1}^1\frac{\mathrm{d}x}{x(x+2)}$发散.

例 3 计算广义积分$\int_0^{+\infty}\frac{\mathrm{d}x}{\sqrt{x(x+1)^3}}$.

解 令$\sqrt{x}=t$,则$x=t^2$,$x\to0^+$时$t\to0$,$x\to+\infty$时$t\to+\infty$,于是
$$\int_0^{+\infty}\frac{\mathrm{d}x}{\sqrt{x(x+1)^3}}=\int_0^{+\infty}\frac{2t\mathrm{d}t}{t(t^2+1)^{\frac{3}{2}}}=2\int_0^{+\infty}\frac{\mathrm{d}t}{(t^2+1)^{\frac{3}{2}}}.$$

再令$t=\tan u$,取$u=\arctan t$,$t=0$时$u=0$,$t\to+\infty$时$u\to\frac{\pi}{2}$,于是
$$\int_0^{+\infty}\frac{\mathrm{d}x}{\sqrt{x(x+1)^3}}=2\int_0^{\frac{\pi}{2}}\frac{\sec^2u\mathrm{d}u}{\sec^3u}=2\int_0^{\frac{\pi}{2}}\cos u\mathrm{d}u=2.$$

例 4 判断广义积分$\int_1^{+\infty}\frac{x^{\frac{3}{2}}}{1+x^2}\mathrm{d}x$的敛散性.

解 因为$\int_1^{+\infty}\frac{x^{\frac{3}{2}}}{1+x^2}\mathrm{d}x=\lim_{x\to\infty}\frac{x^2\sqrt{x}}{1+x^2}=+\infty$,故题设广义积分发散.

题型 2 利用重要结论判断广义积分的敛散性或求其值.

例 5 选择:下列广义积分收敛的是( ).

A. $\int_1^{+\infty}\frac{1}{\sqrt{x}}\mathrm{d}x$　B. $\int_1^{+\infty}\frac{1}{x}\mathrm{d}x$　C. $\int_1^{+\infty}\frac{1}{x^2}\mathrm{d}x$　D. $\int_1^{+\infty}\sqrt{x}\mathrm{d}x$

解 根据重要结论(1),易知应选 C.

例 6 填空:$\int_0^1\frac{1}{\sqrt{x}}\mathrm{d}x=($　　$)$.

解 根据重要结论(2),易知$\int_0^1\frac{1}{\sqrt{x}}\mathrm{d}x=2$.

三、习题详解

习题 5.4 A 组

1. 判断下列各广义积分的敛散性,若收敛,求其值:

(1) $\int_0^{+\infty} e^{-x}dx$; (2) $\int_{-\infty}^{+\infty} \frac{dx}{1+x^2}$;

(3) $\int_{\frac{2}{\pi}}^{+\infty} \frac{1}{x^2}\sin\frac{1}{x}dx$; (4) $\int_1^{+\infty} \frac{1}{\sqrt{x}}dx$;

(5) $\int_0^{+\infty} xe^{-x^2}dx$; (6) $\int_0^{+\infty} xe^{-x}dx$.

解 (1)原式 $= -\int_0^{+\infty} e^{-x}d(-x) = -e^{-x}\Big|_0^{+\infty} = 1$,此广义积分收敛.

(2)原式 $= \arctan x\Big|_{-\infty}^{+\infty} = \frac{\pi}{2} - \left(-\frac{\pi}{2}\right) = \pi$,此广义积分收敛.

(3)原式 $= -\int_{\frac{2}{\pi}}^{+\infty} \sin\frac{1}{x}d\frac{1}{x} = \cos\frac{1}{x}\Big|_{\frac{2}{\pi}}^{+\infty} = \cos 0 - \cos\frac{\pi}{2} = 1$,此广义积分收敛.

(4)原式 $= 2\sqrt{x}\Big|_1^{+\infty} = +\infty$,此广义积分发散.

(5)原式 $= -\frac{1}{2}\int_0^{+\infty} e^{-x^2}d(-x^2) = -\frac{1}{2}e^{-x^2}\Big|_0^{+\infty} = \frac{1}{2}$,此广义积分收敛.

(6)原式 $= -\int_0^{+\infty} xde^{-x} = -xe^{-x}\Big|_0^{+\infty} - \int_0^{+\infty} e^{-x}dx = 0 + e^{-x}\Big|_0^{+\infty} = 1$,此广义积分收敛.

2. 判断下列各广义积分的敛散性,若收敛,求其值:

(1) $\int_0^a \frac{dx}{\sqrt{a^2 - x^2}}$ $(a > 0)$; (2) $\int_1^2 \frac{dx}{x\ln x}$;

(3) $\int_1^2 \frac{x}{\sqrt{x-1}}dx$; (4) $\int_0^2 \frac{e^x}{(e^x - 1)^{\frac{1}{3}}}dx$.

解 (1)原式 $= \arcsin\frac{x}{a}\Big|_0^{a^-} = \lim\limits_{x\to a^-}\arcsin\frac{x}{a} - \arcsin 0 = \frac{\pi}{2}$,所以此广义积分收敛.

(2)原式 $= \int_1^2 \frac{1}{\ln x}d\ln x = \ln|\ln x|\Big|_{1^+}^2 = \ln\ln 2 - \lim\limits_{x\to 1^+}\ln\ln x$,

因为 $\lim\limits_{x\to 1^+}\ln\ln x = -\infty$,所以此广义积分发散.

(3)原式 $= \int_1^2 \frac{(x-1)+1}{\sqrt{x-1}}dx = \int_1^2\left(\sqrt{x-1} + \frac{1}{\sqrt{x-1}}\right)d(x-1)$

$$= \left(\frac{2}{3}(x-1)^{\frac{3}{2}} + 2\sqrt{x-1}\right)\Big|_{1^+}^2 = \frac{8}{3},$$

所以此广义积分收敛.

(4)原式 $= \int_0^2 \frac{1}{(e^x - 1)^{\frac{1}{3}}}d(e^x - 1) = \frac{3}{2}(e^x - 1)^{\frac{2}{3}}\Big|_{0^+}^2 = \frac{3}{2}(e^2 - 1)^{\frac{2}{3}}$,

所以此广义积分收敛.

习题 5.4 B 组

1. 设反常积分 $\int_0^{+\infty}\frac{k}{1+x^2}dx=1$，其中 k 为常数，求 k.

解 因为 $\int_0^{+\infty}\frac{k}{1+x^2}dx=k\arctan x\Big|_0^{+\infty}=\frac{\pi}{2}k$，由题设有 $\frac{\pi}{2}k=1$，故 $k=\frac{2}{\pi}$.

综合测试 5

一、填空题

1. 估计积分值的范围：________ $\leqslant\int_0^1 e^{x^2}dx\leqslant$ ________.

2. 设 $\int_0^x f(t)dt=x\sin x$，则 $f(x)=$ ________.

3. $\int_{-1}^1\frac{x\ln(1+x^2)}{1+x^2}dx=$ ________.

4. 设 $f(x)=\int_0^x\sin t dt$，则 $f\left(f\left(\frac{\pi}{2}\right)\right)=$ ________.

5. 若 $\int_0^{+\infty}e^{-kx}dx=2$，则 $k=$ ________.

解 1. 设 $f(x)=e^{x^2}$，令 $f'(x)=2xe^{x^2}=0$，得驻点 $x=0$，由于

$$f(0)=1,\quad f(1)=e,$$

则 $f(x)$ 在区间 $[0,1]$ 上的最大值和最小值分别为 $M=f(1)=e$、$m=f(0)=1$，由估值定理得

$$1=1\cdot(1-0)\leqslant\int_0^1 e^{x^2}dx\leqslant e\cdot(1+0)=e,$$

即

$$1\leqslant\int_0^1 e^{x^2}dx\leqslant e.$$

2. 已知 $\int_0^x f(t)dt=x\sin x$，则 $f(x)=(x\sin x)'=\sin x+x\cos x$.

3. $f(x)=\frac{x\ln(1+x^2)}{1+x^2}$ 为奇函数，由性质 7 可知 $\int_{-1}^1\frac{x\ln(1+x^2)}{1+x^2}dx=0$.

4. $f\left(\frac{\pi}{2}\right)=\int_0^{\frac{\pi}{2}}\sin t dt=-\cos t\Big|_0^{\frac{\pi}{2}}=1$，$f\left(f\left(\frac{\pi}{2}\right)\right)=\int_0^1\sin t dt=-\cos t\Big|_0^1=1-\cos 1$.

5. $\int_0^{+\infty}e^{-kx}dx=-\frac{1}{k}\int_0^{+\infty}e^{-kx}d(-kx)=-\frac{1}{k}e^{-kx}\Big|_0^{+\infty}=-\frac{1}{k}(0-1)=\frac{1}{k}=2$，所以 $k=\frac{1}{2}$.

二、选择题

1. 设 $f(x)$ 为 $[-a,a]$ 上定义的连续奇函数，且当 $x>0$ 时，$f(x)>0$，则下列求由 $y=f(x)$，$x=-a$，$x=a$ 及 x 轴所围成的平面图形的面积 A 的式子中不正确的是（　　）.

A. $2\int_0^a f(x)dx$　　B. $\int_{-a}^a|f(x)|dx$

C. $\int_0^a f(x)dx-\int_{-a}^0 f(x)dx$　　D. $\int_0^a f(x)dx+\int_{-a}^0 f(x)dx$.

2. 下列不等式中，正确的是（　　）.

A. $\int_0^1 xdx\leqslant\int_0^1 t^2dt$　　B. $\int_0^1 x^3dx\leqslant\int_0^1 t^2dt$；

C. $\int_1^2 x^3 dx \leqslant \int_1^2 t^2 dt$ D. $\int_1^2 \ln x dx \leqslant \int_1^2 \ln^2 x dt$

3. 设$f(x)=\begin{cases}\sin x & x\geqslant 0\\ \cos x & x<0\end{cases}$,则$\int_{-\pi}^{\pi} f(x)dx = ($ $)$.

A. 1 B. -1 C. 2 D. -2

4. 设$I_1=\int_0^{\frac{\pi}{4}} x dx, I_2=\int_0^{\frac{\pi}{4}}\sqrt{x}dx, I_3=\int_0^{\frac{\pi}{4}}\sin^2 x dx$,则$I_1,I_2,I_3$之间的大小关系为(   ).

A. $I_1>I_2>I_3$ B. $I_2>I_1>I_3$

C. $I_3>I_1>I_2$ D. $I_1>I_3>I_2$

5. 设$y=y(x)$由方程$\int_0^y e^{-t}dt+\int_0^x e^t dt=0$确定,则$\frac{dy}{dx}$(   ).

A. e^{x+y} B. e^{x-y} C. $-e^{x+y}$ D. $-e^{x-y}$

6. 当(   )时,反常积分$\int_0^{+\infty} e^{kx}dx$收敛.

A. $k>0$ B. $k\geqslant 0$ C. $k<0$ D. $k\leqslant 0$

7. $\int_{-\infty}^{+\infty} f(x)dx$收敛是$\int_0^{+\infty} f(x)dx$与$\int_{-\infty}^0 f(x)dx$都收敛的(   ).

A. 充分条件 B. 必要条件 C. 充要条件 D. 无关条件

解

1. 由定积分的几何意义及奇函数的对称性可知A、B、C选项都正确. 本题中,

$$\int_{-a}^{a}|f(x)|dx = -\int_{-a}^{0} f(x)dx+\int_0^a f(x)dx = 2\int_0^a f(x)dx,$$

显然D不正确,所以选择D.

2. 当$0\leqslant x\leqslant 1$时,$x\geqslant x^2$,因此$\int_0^1 x dx\geqslant \int_0^1 x^2 dx$. 由于积分变量用什么字母表示无关. 因此$\int_0^1 x dx\geqslant\int_0^1 t^2 dt$;同理可得$\int_0^1 x^3 dx\leqslant\int_0^1 t^2 dt$. 所以A不正确,B正确.

当$x\geqslant 1$时,$x^3\geqslant x^2$,因此$\int_1^2 x^3 dx\geqslant\int_1^2 x^2 dx$,即$\int_1^2 x^3 dx\geqslant\int_1^2 t^2 dx$. 所以C不正确.

当$1\leqslant x\leqslant 2$时,$0=\ln 1\leqslant \ln x\leqslant \ln 2<1$,从而$\ln x\geqslant(\ln x)^2$,因此$\int_1^2 \ln x dx\geqslant\int_1^2 \ln^2 x dx$. 所以D不正确. 本题应选B.

3. $\int_{-\pi}^{\pi} f(x)dx=\int_{-\pi}^{0}\cos x dx+\int_0^{\pi}\sin x dx=\sin x|_{-\pi}^{0}-\cos x|_0^{\pi}=2$,所以选择C.

4. 当$0<x<1$时,$\sqrt{x}>x$,因此$\int_0^{\frac{\pi}{4}}\sqrt{x}dx>\int_0^{\frac{\pi}{4}}x dx$;

由于$\sin x$在$\left[0,\frac{\pi}{2}\right]$单调递增,则当$0<x<\frac{\pi}{4}$时,$x>x^2>\sin^2 x$,

因此
$$\int_0^{\frac{\pi}{4}} x dx>\int_0^{\frac{\pi}{4}} x^2 dx>\int_0^{\frac{\pi}{4}}\sin^2 x dx,$$

从而
$$\int_0^{\frac{\pi}{4}}\sqrt{x}dx>\int_0^{\frac{\pi}{4}} x dx>\int_0^{\frac{\pi}{4}}\sin^2 x dx,$$

即$I_2>I_1>I_3$,所以选择B.

5. 方程两边同时对x求导,$e^{-y}\cdot y'+e^x=0$. 则$y'=-\frac{e^x}{e^{-y}}=-e^{x+y}$,所以选择C.

6. $\int_0^{+\infty} e^{kx}dx = \frac{1}{k}\int_0^{+\infty} e^{kx}d(kx) = \frac{1}{k}e^{kx}\Big|_0^{+\infty}$，要使反常积分 $\int_0^{+\infty} e^{kx}dx$ 收敛，则 $k<0$，所以选择 C.

7. 由无穷区间的广义积分定义可知是充要条件，所以选择 C.

三、解答题

1. 设 $f(x)$ 是 $(-\infty,+\infty)$ 上的连续函数且满足 $f(x) = 3x^2 - x\int_0^1 f(x)dx$，求 $f(x)$.

解 设 $\int_0^1 f(x)dx = a$，则 $f(x)=3x^2-ax$，

从而
$$a = \int_0^1 f(x)dx = \int_0^1 3x^2dx - a\int_0^1 xdx = x^3\Big|_0^1 - \frac{a}{2}x^2\Big|_0^1 = 1-\frac{a}{2},$$

所以
$$a=\frac{2}{3},\quad f(x)=3x^2-\frac{2}{3}x.$$

2. 求极限：$\lim\limits_{x\to 0}\dfrac{\int_0^{x^2} te^t dt}{\int_0^x x^2\sin t dt}$.

解
$$\lim_{x\to 0}\frac{\int_0^{x^2} te^t dt}{\int_0^x x^2\sin t dt} = \lim_{x\to 0}\frac{2x\cdot x^2e^{x^2}}{2x\int_0^x \sin t dt + x^2\sin x} = \lim_{x\to 0}\frac{2x^2}{2\int_0^x \sin t dt + x\sin x}$$
$$= \lim_{x\to 0}\frac{4x}{2\sin x+\sin x+x\cos x} = \lim_{x\to 0}\frac{4}{3\frac{\sin x}{x}+\cos x} = 1.$$

3. 设函数 $f(x) = \int_0^x te^{-t}dt$，求其极值及其图像的拐点.

解 $f'(x)=xe^{-x}$，令 $f'(x)=0$，得驻点 $x=0$. 又
$$f''(x)=e^{-x}-xe^{-x}=e^{-x}(1-x),\quad f''(0)=1>0,$$
所以 $x=0$ 是 $f(x)$ 的极小值点，此时极小值为 $f(0)=\int_0^0 te^{-t}dt=0$.

令 $f''(x)=0$，得 $x=1$，且当 $x<1$ 时，$f''(x)>0$，当 $x>1$ 时，$f''(x)<0$，又
$$f(1)=\int_0^1 te^{-t}dt = -\int_0^1 td(e^{-t}) = -te^{-t}\Big|_0^1 + \int_0^1 e^{-t}dt = -e^{-1}-e^{-t}\Big|_0^1 = 1-\frac{2}{e},$$
因此 $\left(1,1-\frac{2}{e}\right)$ 为拐点.

4. $\int_{-1}^1 \frac{x+|x|}{1+x^2}dx$.

解
$$\int_{-1}^1 \frac{x+|x|}{1+x^2}dx = \int_{-1}^0 \frac{x-x}{1+x^2}dx + \int_0^1\frac{x+x}{1+x^2}dx = \int_0^1 \frac{1}{1+x^2}d(1+x^2).$$
$$=\ln(1+x^2)\Big|_0^1=\ln 2.$$

5. $\int_0^1 \frac{x}{(2-x^2)\sqrt{1-x^2}}dx$.

解 令 $x=\sin t$，$\sqrt{1-x^2}=\cos t$，$dx=\cos tdt$，$\dfrac{x\,|_{0\to 1}}{t\,|_{0\to\frac{\pi}{2}}}$

原式 $=\int_0^{\frac{\pi}{2}}\frac{\sin t}{(2-\sin^2 t)\cdot\cos t}\cos tdt = \int_0^{\frac{\pi}{2}}\frac{\sin t}{2-\sin^2 t}dt = -\int_0^{\frac{\pi}{2}}\frac{1}{1+\cos^2 t}d\cos t$

$$= -\arctan(\cos t)\Big|_0^{\frac{\pi}{2}} = \frac{\pi}{4}.$$

6. $\int_{\frac{1}{2}}^{1} e^{\sqrt{2x-1}}dx$.

解 令 $\sqrt{2x-1}=t$,则 $x=\frac{t^2+1}{2}$, $dx=tdt$, $\frac{x\,|\,\frac{1}{2}\to 1}{t\,|\,0\to 1}$,

原式 $=\int_0^1 e^t\cdot tdt=\int_0^1 td(e^t)=te^t\Big|_0^1-\int_0^1 e^t dt=e-e^t\Big|_0^1=1$.

7. $\int_1^{+\infty}\frac{1}{x(1+\ln^2 x)}dx$.

解 原式 $=\int_1^{+\infty}\frac{1}{1+\ln^2 x}d(\ln x)=\arctan(\ln x)\Big|_1^{+\infty}=\frac{\pi}{2}$.

8. 设 $f(x)=\begin{cases}\frac{1}{1+x} & x\geqslant 0\\ \frac{1}{1+e^x} & x<0\end{cases}$,求 $\int_0^2 f(x-1)dx$.

解 令 $x-1=t$,则 $dx=dt$, $\frac{x\,|\,0\to 2}{t\,|\,-1\to 1}$,

$$\int_0^2 f(x-1)dx=\int_{-1}^1 f(t)dt=\int_{-1}^0\frac{1}{1+e^t}dt+\int_0^1\frac{1}{1+t}dt=\int_{-1}^0\frac{e^{-t}}{e^{-t}+1}dt+\ln(1+t)\Big|_0^1$$

$$=-\ln(e^{-t}+1)\Big|_{-1}^0+\ln 2=\ln(1+e).$$

第 6 章　定积分的应用

本章知识结构：

- 定积分的应用
  - 定积分的元素法
  - 几何应用
    - 平面图形的面积
      - 直角坐标系
      - 参数方程
      - * 极坐标系
    - 立体体积
      - 旋转体的体积
      - 平行截面面积为已知的立体体积
    - 平面曲线的弧长
  - * 物理应用
    - 功
    - 液体压力

6.1　定积分的微元法

一、学习目标

了解定积分微元法的基本内容.

二、基本题型及解题方法

（略）

三、习题详解

（略）

6.2　定积分的几何应用

一、学习目标

1. 掌握在直角坐标系中用定积分表达和计算平面图形的面积；
2. 理解曲线用参数方程表示时用定积分表达和计算平面图形的面积；
3. 了解在极坐标系中用定积分表达和计算平面图形的面积；
4. 掌握用定积分表达和计算旋转体的体积；
5. 了解用定积分表达和计算平行截面面积为已知的立体的体积；
6. 掌握用定积分表达和计算平面曲线的弧长 .

二、基本题型及解题方法

题型1 直角坐标系中平面图形的面积.

解题方法：一般应先求出曲线与坐标轴或曲线与曲线之间的交点，据此作出平面图形的草图，然后根据图形特征，选择相应的积分变量并确定其积分区间，最后写出面积的积分表达式进行计算.

例1 计算由曲线 $y=x^3-6x$ 和 $y=x^2$ 所围成的图形的面积.

解 因为曲线 $y=x^3-6x=x(x-\sqrt{6})(x+\sqrt{6})$ 的零点为 $x_1=-\sqrt{6}$，$x_2=0$，$x_3=\sqrt{6}$，且其与曲线 $y=x^2$ 的交点为 $(-2,4)$，$(0,0)$ 及 $(3,9)$，据此作出题设图形的草图（见图6-1）. 则所求面积为

$$\begin{aligned}A&=\int_{-2}^{0}(x^3-6x-x^2)\mathrm{d}x+\int_{0}^{3}(x^2-x^3+6x)\mathrm{d}x\\&=\left(\frac{1}{4}x^4-3x^2-\frac{1}{3}x^3\right)\Bigg|_{-2}^{0}+\left(\frac{1}{3}x^3-\frac{1}{4}x^4+3x^2\right)\Bigg|_{0}^{3}\\&=21\frac{1}{12}.\end{aligned}$$

例2 已知曲线 $x=ky^2(k>0)$ 与直线 $y=-x$ 所围图形的面积为 $\frac{9}{48}$，试求 k 的值.

解 曲线 $x=ky^2$ 与 $y=-x$ 的交点为 $(0,0)$ 和 $\left(\frac{1}{k},-\frac{1}{k}\right)$，作出题设平面图形的草图（见图6-2），则

$$\frac{9}{48}=\int_{0}^{\frac{1}{k}}\left(-x+\sqrt{\frac{x}{k}}\right)\mathrm{d}x=\left(-\frac{1}{2}x^2+\frac{2}{3\sqrt{k}}x^{\frac{3}{2}}\right)\Bigg|_{0}^{\frac{1}{k}}=\frac{1}{6k^2},$$

故 $k=\frac{2\sqrt{2}}{3}$.

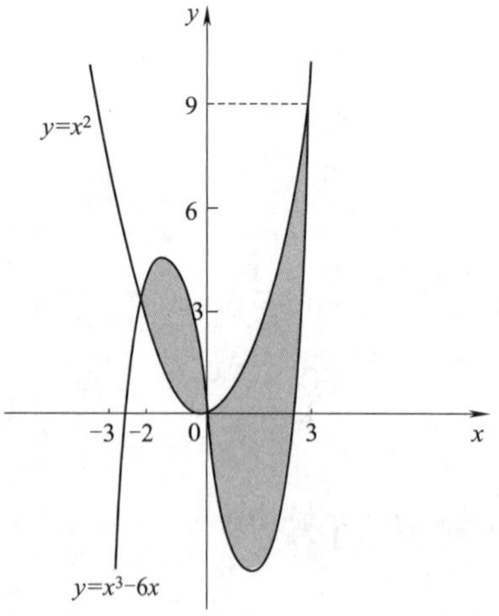

图 6-1

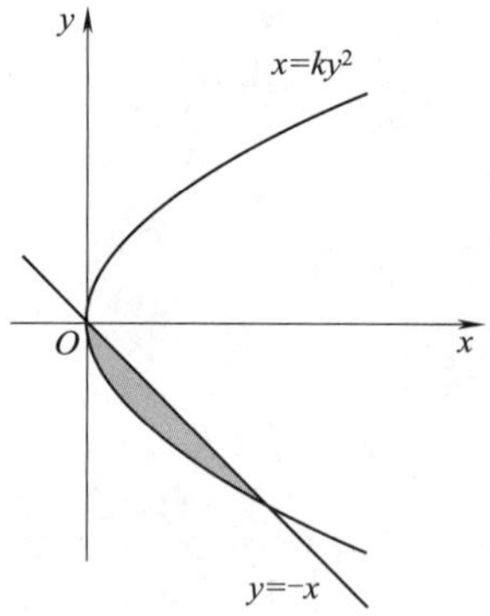

图 6-2

例3 求曲线 $y=\frac{1}{x}$ 与直线 $y=x$，$x=2$ 所围图形的面积.

解 求曲线 $y=\frac{1}{x}$ 与直线 $y=x$ 交点，解得 $x=1$（仅考虑 $x>0$ 情况）. 结合直线 $x=2$，积分区间为 $[1,2]$. 根据题设作出平面图形的草图（见图6-3），则所求面积为

$$A=\int_{1}^{2}\left(x-\frac{1}{x}\right)\mathrm{d}x=\frac{1}{2}x^2\Bigg|_{1}^{2}-\ln|x|\Bigg|_{1}^{2}=\frac{3}{2}-\ln 2.$$

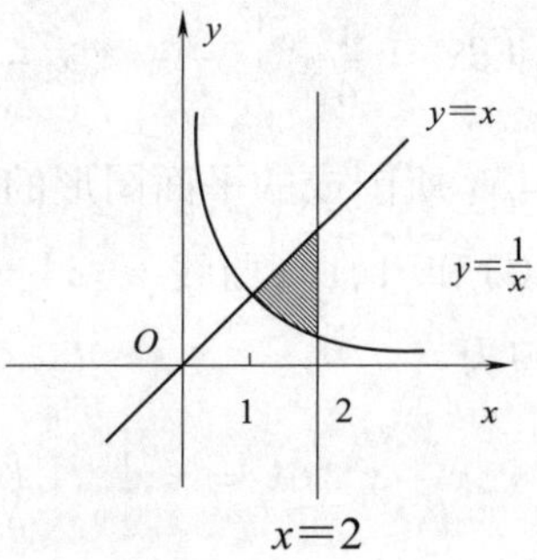

图 6-3

题型 2 旋转体的体积.

解题方法：由曲线 $y=f(x)$、直线 $x=a$、$x=b(a<b)$ 及 x 轴所围成的曲边梯形无论是绕 x 轴还是绕 y 轴旋转而成的旋转体，求其体积时均取 x 为积分变量，用切片法求 V_x，用薄壳法求 V_y；由曲线 $x=\varphi(y)$、直线 $y=c$、$y=d(c<d)$ 及 y 轴所围成的曲边梯形无论是绕 x 轴还是绕 y 轴旋转而成的旋转体，求其体积时均取 y 为积分变量，用薄壳法求 V_x，用切片法求 V_y.

例 4 求由曲线 $y=\sqrt{x}$ 与直线 $x=1$，$x=4$ 及 $y=0$ 所围成的图形绕 y 轴旋转一周所生成的旋转体的体积.

解 作出题设平面图形的草图（见图 6-4），用薄壳法求体积，得

$$V_y=2\pi\int_1^4 xy\mathrm{d}x=2\pi\int_1^4 x\sqrt{x}\,\mathrm{d}x=\frac{4}{5}\pi x^{\frac{5}{2}}\Big|_1^4=24\frac{4}{5}\pi.$$

视频 例4

例 5 求曲线 $xy=4$，$y\geqslant1$，$x>0$ 所围成的图形绕 y 轴旋转而成的旋转体的体积.

解 作出草图（见图 6-5），用切片法求所求的体积，得

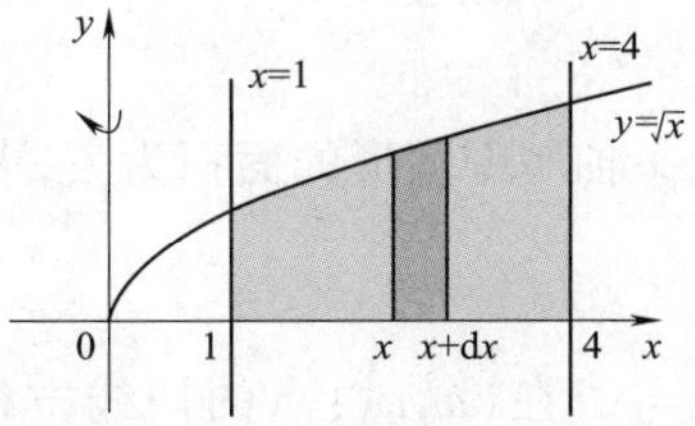

图 6-4

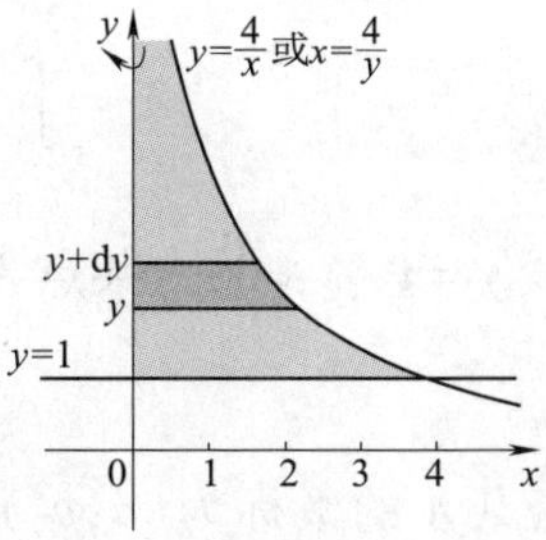

图 6-5

$$V_y=\pi\int_1^{+\infty}x^2\mathrm{d}y=16\pi\int_1^{+\infty}\frac{1}{y^2}\mathrm{d}y=-16\pi\frac{1}{y}\Big|_1^{+\infty}=16\pi.$$

三、习题详解

习题 6.2 A 组

1. 求曲线 $y=\sqrt{x-1}$ 与其在点 $(2,1)$ 处的切线及 x 轴所围图形的面积.

解 由 $y'=\dfrac{1}{2\sqrt{x-1}}$，$y'\Big|_{x=2}=\dfrac{1}{2}$ 知 $y=\sqrt{x-1}$ 在 $(2,1)$ 点的切线方程为 $y-1=\dfrac{1}{2}(x-2)$， 即 $y=\dfrac{1}{2}x$.

作出题设平面图形的草图（见图 6-6）. 则所求面积为

$$A=\int_0^2\frac{1}{2}x\mathrm{d}x-\int_1^2\sqrt{x-1}\,\mathrm{d}x=\frac{1}{4}x^2\Big|_0^2-\frac{2}{3}(x-1)^{\frac{3}{2}}\Big|_1^2=1-\frac{2}{3}=\frac{1}{3}.$$

2. 求由抛物线 $y=x^2$ 与直线 $y=x,y=3x$ 所围成的平面图形的面积.

解 曲线 $y=x^2$ 与 $y=x$ 的交点为(0,0)和(1,1),曲线 $y=x^2$ 与 $y=3x$ 的交点为(0,0)和(3,9). 作出题设平面图形的草图(见图 6-7),则所求面积为

$$A=\int_0^1(3x-x)\mathrm{d}x+\int_1^3(3x-x^2)\mathrm{d}x=x^2\Big|_0^1+\left(\frac{3}{2}x^2-\frac{1}{3}x^3\right)\Big|_1^3=\frac{13}{3}.$$

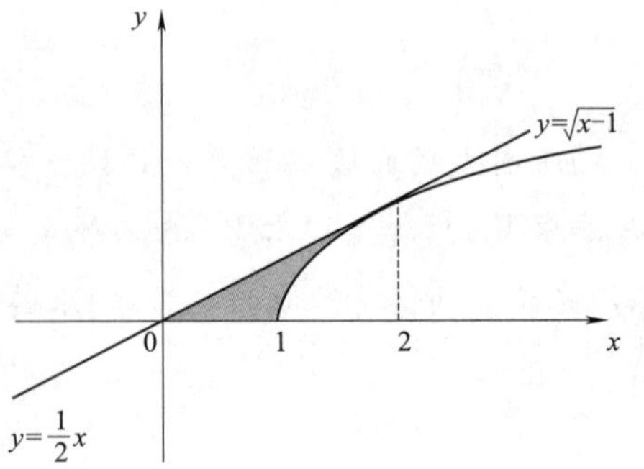

图 6-6

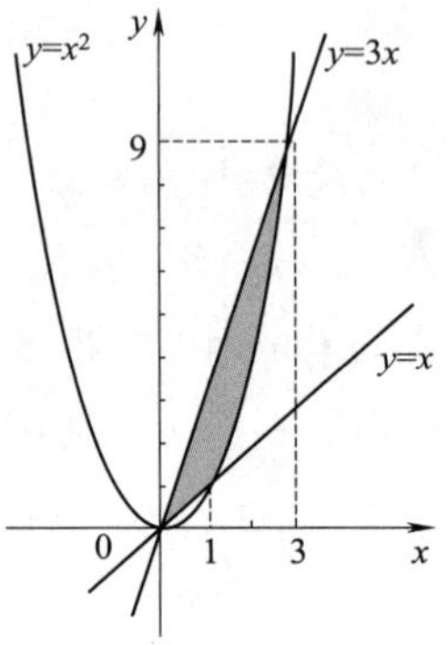

图 6-7

3. 求由曲线 $xy=1$ 及直线 $y=x$, $y=3$ 所围成的平面图形的面积.

解 作出题设平面图形的草图(见图 6-8),先求出曲线 $xy=1$ 与 $x=y$ 交点的纵坐标,解方程组 $\begin{cases}xy=1\\y=x\end{cases}$,得 $y_1=1,y_2=-1$(舍去).

面积微元为
$$\mathrm{d}A=\left(y-\frac{1}{y}\right)\mathrm{d}y,$$

$$A=\int_1^3\left(y-\frac{1}{y}\right)\mathrm{d}y=\left(\frac{1}{2}y^2-\ln y\right)\Big|_1^3=4-\ln 3$$

4. 在曲线 $y=x^2(x\geqslant0)$ 上某点 A 处作一切线,使之与曲线以及 x 轴所围图形的面积为 $\frac{1}{12}$,求过切点 A 的切线方程.

解 设切点 A 的坐标为 (a,a^2). 由 $y'=2x,y'|_{x=a}=2a$ 知 $y=x^2$ 在 (a,a^2) 点的切线方程为 $y-a^2=2a(x-a)$ 即 $y=2ax-a^2$,该切线的横截距为 $x=\frac{a}{2}$. 作出题设平面图形的草图(见图 6-9),由题设有

$$\begin{aligned}\frac{1}{12}&=\int_0^a x^2\mathrm{d}x-\int_{\frac{a}{2}}^a(2ax-a^2)\mathrm{d}x\\&=\frac{1}{3}x^3\Big|_0^a-(ax^2-a^2x)\Big|_{\frac{a}{2}}^a\\&=\frac{1}{3}a^3-\frac{1}{4}a^3=\frac{1}{12}a^3.\end{aligned}$$

解得 $a=1$,故所求的切线方程为 $y=2x-1$.

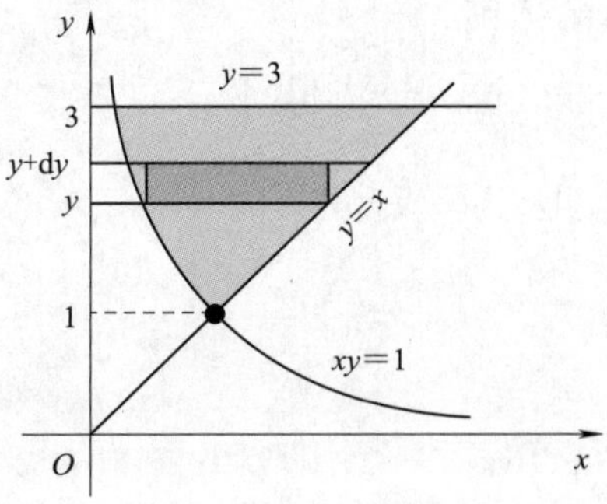

图 6-8

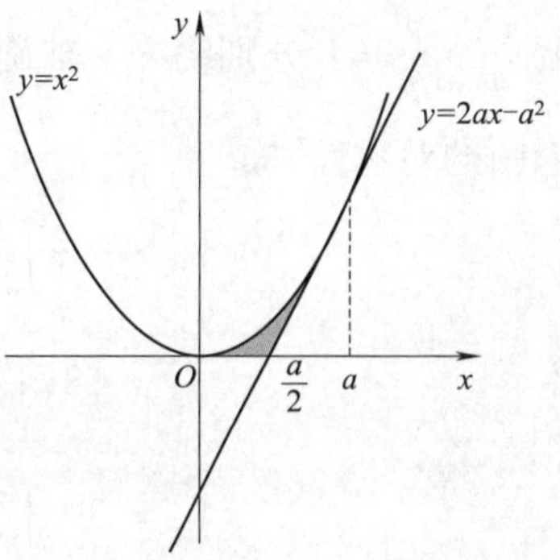

图 6-9

5. 求抛物线 $y=x^2$ 与其在点(1,1)处的切线及 x 轴所围图形绕 x 轴旋转所得的旋转体的体积 V_x.

解 由 $y'=2x, y'|_{x=1}=2$ 知 $y=x^2$ 在(1,1)点的切线方程为 $y-1=2(x-1)$. 即 $y=2x-1$. 该切线的横截距为 $x=\frac{1}{2}$. 作出题设平面图形的草图(见图6-10),所求体积为

$$\begin{aligned}V_x &= \pi\int_0^1 (x^2)^2\mathrm{d}x - \pi\int_{\frac{1}{2}}^1 (2x-1)^2\mathrm{d}x \\ &= \pi\int_0^1 x^4\mathrm{d}x - \pi\int_{\frac{1}{2}}^1 (4x^2-4x+1)\mathrm{d}x \\ &= \frac{\pi}{5}x^5\Big|_0^1 - \pi\left(\frac{4}{3}x^3-2x^2+x\right)\Big|_{\frac{1}{2}}^1 \\ &= \frac{\pi}{5}-\left(\frac{\pi}{3}-\frac{\pi}{6}\right)=\frac{\pi}{30}.\end{aligned}$$

6. 求抛物线 $y=x^2$ 与直线 $y=2x$ 所围图形分别绕 x 轴和 y 轴旋转所得的旋转体的体积.

解 曲线 $y=x^2$ 与 $y=2x$ 的交点为(0,0)和(2,4). 作出题设平面图形的草图(见图6-11)

$$\begin{aligned}V_x &= \pi\int_0^2[(2x)^2-(x^2)^2]\mathrm{d}x = \pi\int_0^2(4x^2-x^4)\mathrm{d}x \\ &= \pi\left(\frac{4}{3}x^3-\frac{1}{5}x^5\right)\Big|_0^2 = \frac{64}{15}\pi.\end{aligned}$$

$$\begin{aligned}V_y &= \pi\int_0^4\left[(\sqrt{y})^2-\left(\frac{y}{2}\right)^2\right]\mathrm{d}y \\ &= \pi\int_0^4\left(y-\frac{y^2}{4}\right)\mathrm{d}y = \pi\left(\frac{1}{2}y^2-\frac{1}{12}y^3\right)\Big|_0^4 = \frac{8}{3}\pi.\end{aligned}$$

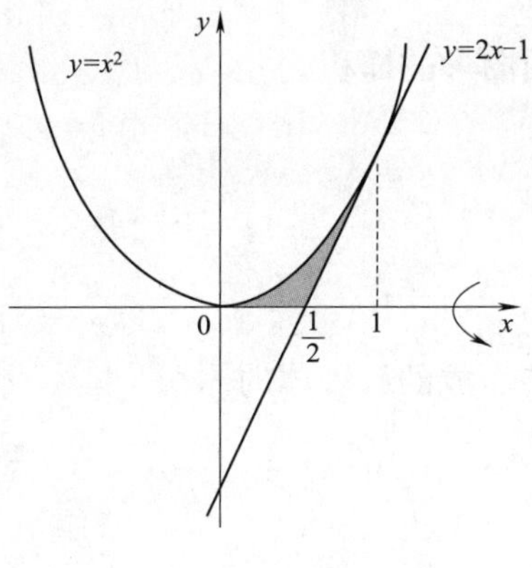

图 6-10

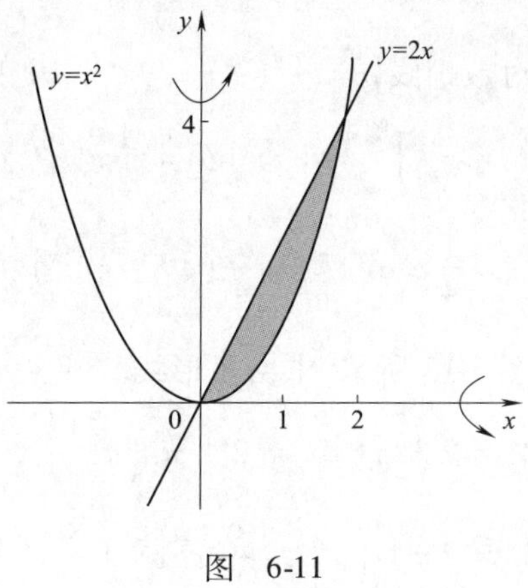

图 6-11

7. 求椭圆$\frac{x^2}{4}+\frac{y^2}{9}=1$分别绕$x,y$轴旋转一周生成的旋转体的体积.

解 由椭圆的对称性,知

$$V_x = 2\pi\int_0^2 y^2\mathrm{d}x = 2\pi\int_0^2\left(9-\frac{9}{4}x^2\right)\mathrm{d}x$$

$$= 18\pi\left(x-\frac{1}{12}x^3\right)\Big|_0^2 = 24\pi,$$

$$V_y = 2\pi\int_0^3 x^2\mathrm{d}y = 2\pi\int_0^3 4\left(1-\frac{1}{9}y^2\right)\mathrm{d}y$$

$$= 8\pi\left(y-\frac{1}{3}y^3\right)\Big|_0^3 = 16\pi.$$

8. 求由曲线$x^2+(y-5)^2=16$所围成的图形绕x轴旋转构成旋转体的体积.

解 作出草图(见图6-12),该曲线与y轴相交于$y_1=1,y_2=9$. 由图形的对称性,若用薄壳法求绕x轴旋转而成的旋转体的体积,则有

$$V_x = 2\cdot 2\pi\int_1^9 yx\mathrm{d}y = 4\pi\int_1^9 y\sqrt{16-(y-5)^2}\,\mathrm{d}y.$$

令$y-5=4\sin t$,则$\sqrt{16-(y-5)^2}=4\cos t$,$\mathrm{d}y=4\cos t\mathrm{d}t$,且当$y=1$时,$t=-\frac{\pi}{2}$,当$y=9$时,$t=\frac{\pi}{2}$,因此

$$V_x = 4\pi\int_{-\frac{\pi}{2}}^{\frac{\pi}{2}}(4\sin t+5)\cdot 4\cos t\cdot 4\cos t\mathrm{d}t$$

$$= 64\pi\int_{-\frac{\pi}{2}}^{\frac{\pi}{2}}(4\sin t\cos^2 t+5\cos^2 t)\mathrm{d}t$$

$$= 640\pi\int_0^{\frac{\pi}{2}}\cos^2 t\mathrm{d}t = 640\pi\cdot\frac{1}{2}\cdot\frac{\pi}{2} = 160\pi^2.$$

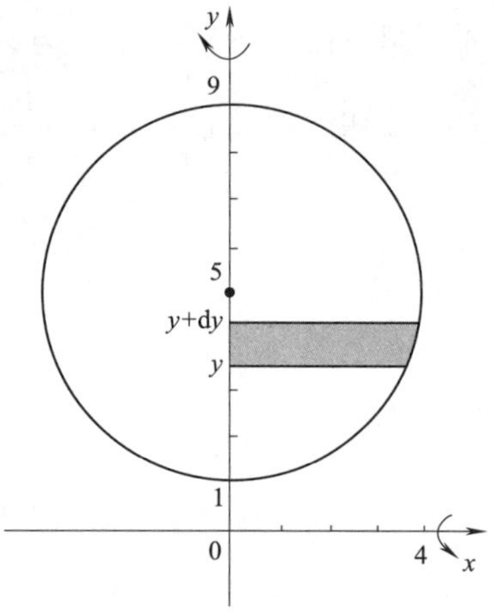

图 6-12

若用切片法求绕x轴旋转而成的旋转体的体积,则有

$$V_x = 2\pi\int_0^4[(5+\sqrt{16-x^2})^2-(5-\sqrt{16-x^2})^2]\mathrm{d}x = 40\pi\int_0^4\sqrt{16-x^2}\mathrm{d}x.$$

令$x=4\sin t$,则$\sqrt{16-x^2}=4\cos t$,$\mathrm{d}x=4\cos t\mathrm{d}t$,且当$x=0$时,$t=0$,当$x=4$时,$t=\frac{\pi}{2}$,因此

$$V_x = 40\pi\int_0^{\frac{\pi}{2}}4\cos t\cdot 4\cos t\mathrm{d}t = 40\times 16\pi\int_0^{\frac{\pi}{2}}\cos^2 t\mathrm{d}t = 40\times 16\pi\cdot\frac{1}{2}\cdot\frac{\pi}{2} = 160\pi^2.$$

习题 6.2 B 组

1. 求对数螺线$\rho=ae^{\theta}(-\pi\leqslant\theta\leqslant\pi)$及射线$\theta=\pi$所围成的平面图形的面积.

解 $A = \frac{1}{2}\int_{-\pi}^{\pi}(ae^{\theta})^2\mathrm{d}\theta = \frac{1}{2}a^2\int_{-\pi}^{\pi}e^{2\theta}\mathrm{d}\theta = \frac{1}{4}a^2\int_{-\pi}^{\pi}e^{2\theta}\mathrm{d}2\theta$

$$=\frac{1}{4}a^2e^{2\theta}\Big|_{-\pi}^{\pi}=\frac{a^2}{4}(e^{2\pi}-e^{-2\pi}).$$

2. 如图6-13所示,求由星形线$x^{\frac{2}{3}}+y^{\frac{2}{3}}=a^{\frac{2}{3}}(a\geqslant 0)$绕$x$轴旋转而成的旋转体的体积.

解 $V = 2\int_0^a\pi y^2\mathrm{d}x = 2\int_0^a\pi\left(a^{\frac{2}{3}}-x^{\frac{2}{3}}\right)^3\mathrm{d}x = 2\pi\int_0^a\left(a^2-3a^{\frac{4}{3}}x^{\frac{2}{3}}+3a^{\frac{2}{3}}x^{\frac{4}{3}}-x^2\right)\mathrm{d}x$

$$= 2\pi\int_0^a\left(a^2x-\frac{9}{5}a^{\frac{4}{3}}x^{\frac{5}{3}}+\frac{9}{7}a^{\frac{2}{3}}x^{\frac{7}{3}}-\frac{1}{3}x^3\right)\Big|_0^a$$

$$= \frac{32}{105}\pi a^3 .$$

3. 计算底面是半径为 R 的圆,而垂直于底面上一条固定直径的所有截面都是等边三角形的立体体积(见图 6-14).

解 取 x 为积分变量,x 变化范围$[-a,a]$,相应的截面为等边三角形,由于底面是半径为 R 的圆,所以相应于点 x 的截面的底边长为 $2\sqrt{R^2-x^2}$,高为$\sqrt{3}\sqrt{R^2-x^2}$,因此体积为

$$V = \int_{-R}^{R}\sqrt{3}(R^2-x^2)\,\mathrm{d}x = \sqrt{3}\left(R^2x-\frac{1}{3}x^3\right)\Big|_{-R}^{R} = \frac{4\sqrt{3}}{3}R^3 .$$

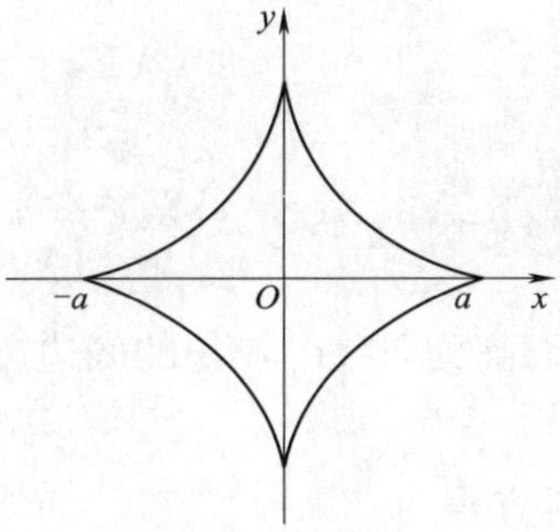

图 6-13

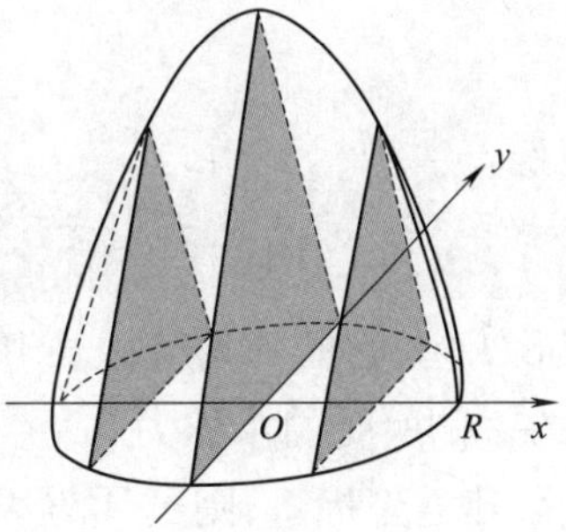

图 6-14

4. 计算曲线 $y=\ln x$ 上相应于$\sqrt{3}\leqslant x\leqslant\sqrt{8}$的一段弧的长度.

解 $$s = \int_{\sqrt{3}}^{\sqrt{8}}\sqrt{1+(y')^2}\,\mathrm{d}x = \int_{\sqrt{3}}^{\sqrt{8}}\sqrt{1+\frac{1}{x^2}}\,\mathrm{d}x = \int_{\sqrt{3}}^{\sqrt{8}}\frac{\sqrt{1+x^2}}{x}\mathrm{d}x \xlongequal{\sqrt{1+x^2}=t}$$

$$\int_2^3\frac{t}{\sqrt{t^2-1}}\cdot\frac{t}{\sqrt{t^2-1}}\mathrm{d}t = \int_2^3\frac{t^2-1+1}{t^2-1}\mathrm{d}x = \int_2^3\left(1+\frac{1}{t^2-1}\right)\mathrm{d}x = \left(t+\frac{1}{2}\ln\left|\frac{t-1}{t+1}\right|\right)\Big|_2^3$$

$$= 1+\frac{1}{2}\ln\frac{3}{2}.$$

5. 计算星形线 $x=a\cos^3t,y=a\sin^3t$ 的全长.

解 由参数式弧长公式及对称性,得

$$s = 4\int_0^{\frac{\pi}{2}}\sqrt{[x'(t)]^2+[y'(t)]^2}\,\mathrm{d}t = 4\int_0^{\frac{\pi}{2}}\sqrt{[3a\cos^2t(-\sin t)]^2+[3a\sin^2t\cos t]^2}\,\mathrm{d}t$$

$$= 12a\int_0^{\frac{\pi}{2}}\sin t\cos t\,\mathrm{d}t = 12a\int_0^{\frac{\pi}{2}}\sin t\,\mathrm{d}\sin t = 6a\sin^2t\Big|_0^{\frac{\pi}{2}} = 6a .$$

*6.3 定积分的物理应用

一、学习目标

1. 了解用定积分表达和计算变力沿直线所作的功;
2. 了解用定积分表达和计算水的压力.

二、基本题型及解题方法

题型 1 变力沿直线所作的功.

解题方法:根据已知条件先求出功元素,再求出所作的功.

例 1 一物体按规律 $x = ct^3$ 做直线运动,介质的阻力与速度的平方成正比.计算物体由 $x = 0$ 移至 $x = a$ 时,克服介质阻力所作的功.

解 因为 $x = ct^3$,所以速度 $v = x'(t) = 3ct^2$,阻力 $f = -kv^2 = -9kc^2t^4 \quad (k>0)$.

而 $t = \left(\frac{x}{c}\right)^{\frac{1}{3}}$,故 $f(x) = -9kc^2\left(\frac{x}{c}\right)^{\frac{4}{3}} = -9kc^{\frac{2}{3}}x^{\frac{4}{3}}$,

因此功元素 $\mathrm{d}W = -f(x)\mathrm{d}x$,从而所求功为

$$W = \int_0^a -f(x)\mathrm{d}x = \int_0^a 9kc^{\frac{2}{3}}x^{\frac{4}{3}}\mathrm{d}x = 9kc^{\frac{2}{3}}\int_0^a x^{\frac{4}{3}}\mathrm{d}x = 9kc^{\frac{2}{3}} \cdot \frac{3}{7}x^{\frac{7}{3}}\Big|_0^a$$

$$= \frac{27}{7}kc^{\frac{2}{3}}a^{\frac{7}{3}}.$$

题型 2 水压力.

解题方法: 根据已知条件先求出压力元素,再求出所受的压力.

例 2 有一等腰梯形闸门,它的两条底边长 10 m 和 6 m,高为 20 m. 较长的底边与水面相齐,计算闸门的一侧所受的水压力.

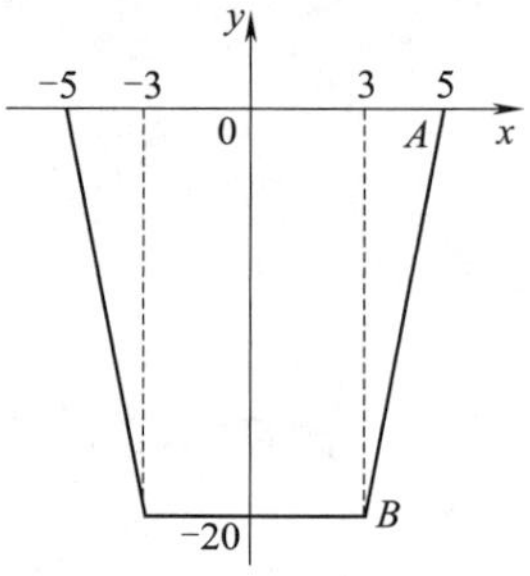

图 6-15

解 如图 6-15 所示,建立坐标系,则过 A、B 两点的直线方程为

$$y = 10x - 50.$$

取 y 为积分变量,y 的变化范围为$[-20,0]$,对应小区间$[y, y+\mathrm{d}y]$的面积近似值为

$$2x\mathrm{d}y = \left(\frac{y}{5} + 10\right)\mathrm{d}y,$$

γ 表示水的密度,因此水压力为

$$P = \int_{-20}^{0}\left(\frac{y}{5} + 10\right)(-y)\gamma g\mathrm{d}y = 1.437\ 3 \times 10^7(\mathrm{N}) = 14\ 373(\mathrm{kN}).$$

三、习题详解

习题 6.3 A 组

1. 填空题:

设一物体受连续的变力 $F(x)$ 作用沿力的方向做直线运动,则物体从 $x = a$ 运动到 $x = b$,变力所作的功为 $W =$ ____________,其中____________为变力 $F(x)$ 使物体由$[a,b]$内的任一闭区间$[x, x+\mathrm{d}x]$的左端点 x 移动到右端点 $x+\mathrm{d}x$ 所作功的近似值,也称其为____________.

解 变力所作的功 $W = \int_a^b F(x)\mathrm{d}x$,$F(x)\mathrm{d}x$ 为变力 $F(x)$ 在$[x, x+\mathrm{d}x]$上所作功的近似值,也称其为功的微元.

2. 解答题:

(1) 变力 $f(x) = x^2 - x$ 使质点沿 x 轴正方向由 $x = 1$ 移动到了 $x = 3$ 处,求变力 $f(x)$ 所作的功.

(2) 由实验知道,弹簧在拉伸过程中需要的力 F(单位:N)与伸长量 s(单位:cm)成正比.即 $F = k \cdot s$(k 是比例常数),如果把弹簧由原长拉伸 6 cm,计算所作的功.

解 (1) 取 x 为积分变量,其变化区间为$[1,3]$,在$[1,3]$上任取子区间$[x, x+\mathrm{d}x]$,与之对应的变力 $f(x)$ 所作的功可以近似于把变力 $f(x)$ 看作常力所作的功,从而得到功元素为

$$\mathrm{d}W = f(x)\mathrm{d}x = (x^2 - x)\mathrm{d}x.$$

以$(x^2 - x)\mathrm{d}x$ 为被积表达式,在$[1,3]$上作定积分,得到所求功为

$$W = \int_1^3 (x^2 - x)\mathrm{d}x = \left(\frac{1}{3}x^3 - \frac{1}{2}x^2\right)\Big|_1^3 = \frac{14}{3}(\mathrm{J}).$$

(2) $W = \int_0^6 ks\mathrm{d}s = \frac{1}{2}ks^2\Big|_0^6 = 18k(\mathrm{N}\cdot\mathrm{cm}) = 0.18k(\mathrm{J})$.

习题 6.3　B 组

1. 半径为 3 m 的半球形水池盛满了水，若把其中的水全部抽尽需要作多少功(水的密度为10^3 kg/m^3，g 取9.8m/s^2).

解　建立坐标系，如图 6-16 所示. 将 x 到 $x+\mathrm{d}x$ 这层水抽出需克服的重力为

$$\mathrm{d}G = \pi(3^2 - x^2)\rho g\mathrm{d}x.$$

要将这层水抽出池外(即提高 x m)，需作的功为

$$\mathrm{d}W = x\mathrm{d}G = \pi\rho g(3^2 - x^2)x\mathrm{d}x,$$

即为功的微元. 因而将水池中的水全部抽出所作的功为

$$\begin{aligned} W &= \int_0^3 \pi\rho g(3^2 - x^2)x\mathrm{d}x \\ &= \pi\rho g\left(3^2\cdot\frac{1}{2}x^2 - \frac{1}{4}x^4\right)\Big|_0^3 \\ &= \frac{81}{4}\pi\rho g \\ &= 6.23\times10^5\ \mathrm{J}. \end{aligned}$$

2. 一底为 8 m，高为 6 m 的等腰三角形薄片，铅直沉在水中，顶在上，底在下且与水面平行，而顶离水面 3 m，试求它侧面所受的压力(水的密度为 10^3 kg/m^3，g 取 9.8 m/s^2).

解　以水平面的直线为 y 轴，过三角形的高向下为 x 轴，建立坐标系，如图 6-17 所示. 三角形的一腰所在直线的方程为 $y = \frac{2}{3}(x-3)$，任取 $x\in[3,9]$. 构造压力微元

$$\mathrm{d}F = \rho g 2\left[\frac{2}{3}(x-3)\right]x\mathrm{d}x = \frac{4}{3}\rho g(x^2 - 3x)\mathrm{d}x$$

$$F = \frac{4}{3}\rho g\int_3^9 (x^2 - 3x)\mathrm{d}x = 168\rho g \approx 1.65\times10^6(\mathrm{N}).$$

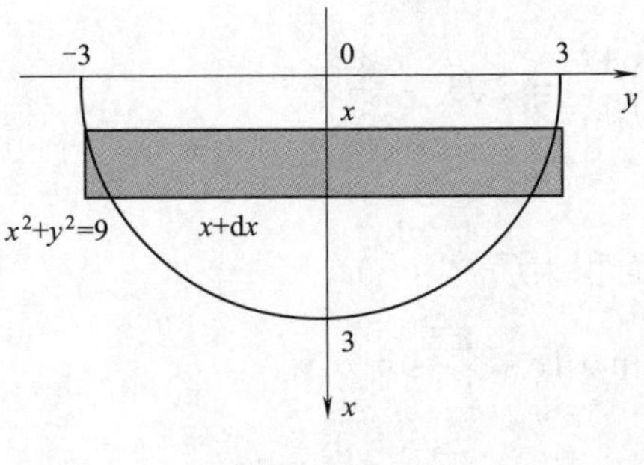

图　6-16

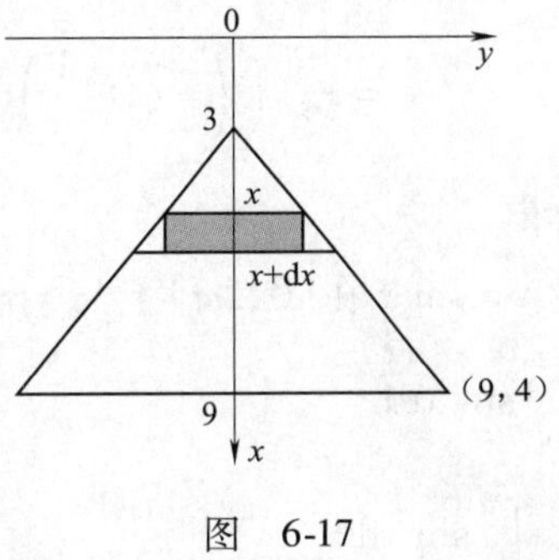

图　6-17

综合测试 6

一、填空题

1. $y = \cos x$ 在 $\left[0, \frac{3}{2}\pi\right]$ 上，(1) 定积分的值__________；(2) 与 x 轴所围平面图形的面积为__________.

2. 设$f(x)=\begin{cases}x^2 & x\in[0,1]\\ \dfrac{1}{x} & x\in[1,e]\end{cases}$(e为自然对数的底数),则$\int_0^e f(x)\,dx$的值为________.

3. 两曲线$y=x^2$与$y=cx^3(c>0)$围成图形的面积为$\frac{2}{3}$,则$c=$________.

4. 由曲线$y=x^3$及直线$y=0,x=1$所围成平面图形绕x轴旋转一周而成的旋转体体积$V_x=$________.

5. 曲线$y=\frac{\sqrt{x}}{3}(3-x)$上相应于$1\leqslant x\leqslant 3$的一段弧的长度$s=$________.

解 1. (1) $\int_0^{\frac{3}{2}\pi}\cos x\,dx=\sin x\Big|_0^{\frac{3}{2}\pi}=-1$, (2) $A=3\int_0^{\frac{\pi}{2}}\cos x\,dx=3$.

2. $\int_0^e f(x)\,dx=\int_0^1 x^2\,dx+\int_1^e\frac{1}{x}\,dx=\frac{1}{3}x^3\Big|_0^1+\ln|x|\Big|_1^e=\frac{1}{3}+1=\frac{4}{3}$.

3. 曲线$y=x^2$与$y=cx^3$的交点为$(0,0)$和$\left(\frac{1}{c},\frac{1}{c^2}\right)$. 则面积为

$$A=\int_0^{\frac{1}{c}}|cx^3-x^2|\,dx=\left|\frac{c}{4}x^4-\frac{1}{3}x^3\right|\Bigg|_0^{\frac{1}{c}}=\left|\frac{1}{12c^3}\right|=\frac{2}{3},$$

则$c=\pm\frac{1}{2}$,已知$c>0$,所以$c=\frac{1}{2}$.

4. 曲线$y=x^3$及直线$y=0,x=1$的交点为$(0,0)$和$(1,1)$,用切片法求得旋转体体积为

$$V_x=\int_0^1\pi(x^3)^2\,dx=\frac{1}{7}\pi x^7\Big|_0^1=\frac{1}{7}\pi.$$

5. 由$y'=\frac{1}{2\sqrt{x}}-\frac{\sqrt{x}}{2}$,可得弧长

$$s=\int_1^3\sqrt{1+y'^2}\,dx=\int_1^3\sqrt{1+\left(\frac{1}{2\sqrt{x}}-\frac{\sqrt{x}}{2}\right)^2}\,dx$$

$$=\frac{1}{2}\int_1^3\left(\sqrt{x}+\frac{1}{\sqrt{x}}\right)dx=\frac{1}{2}\left(\frac{2}{3}x^{\frac{3}{2}}+2\sqrt{x}\right)\Big|_1^3=2\sqrt{3}-\frac{4}{3}.$$

二、选择题

1. 曲线$y=\sin x$在$[0,2\pi]$上与x轴所围的平面图形的面积为(　　).

A. $\int_0^{2\pi}\sin x\,dx$　　B. $\int_0^{\pi}\sin x\,dx+\int_{\pi}^{2\pi}\sin x\,dx$

C. $-\int_0^{2\pi}\sin x\,dx$　　D. $\int_0^{\pi}\sin x\,dx-\int_{\pi}^{2\pi}\sin x\,dx$

2. 已知$y=x^2$与它在$x=a(a>0)$处的切线及y轴所围成的平面图形的面积为a,则$a=$(　　).

A. $\sqrt{3}$　　B. $\frac{\sqrt{3}}{3}$　　C. $\sqrt{2}$　　D. $\frac{\sqrt{2}}{2}$

3. 求由曲线$y^2=x,y=x,y=\sqrt{3}$所围成的平面图形的面积A,其中(　　)是错误的.

A. $A=\int_0^1(y-y^2)\,dy+\int_1^{\sqrt{3}}(y^2-y)\,dy$　　B. $A=\int_1^{\sqrt{3}}(x-\sqrt{x})\,dx+\int_{\sqrt{3}}^3(\sqrt{3}-\sqrt{x})\,dx$

C. $A=\int_1^3(\sqrt{3}-\sqrt{x})\,dx-\frac{1}{2}(\sqrt{3}-1)^2$　　D. $A=\int_1^{\sqrt{3}}(y^2-y)\,dy$

4. 双纽线$(x^2+y^2)^2=x^2-y^2(\rho=\sqrt{\cos 2\theta})$所围成的面积$A=$(　　).

A. $2\int_0^{\frac{\pi}{2}}\cos 2\theta \mathrm{d}\theta$　　B. $2\int_0^{\frac{\pi}{4}}\cos 2\theta \mathrm{d}\theta$

C. $2\int_0^{\frac{\pi}{4}}\sqrt{\cos 2\theta}\mathrm{d}\theta$　　D. $\frac{1}{2}\int_0^{\frac{\pi}{4}}(\cos 2\theta)^2\mathrm{d}\theta$

5. 曲线$y=\frac{\mathrm{e}^x+\mathrm{e}^{-x}}{2}$相应于区间$[0,a]$上的一段弧线的长度为(　　).

A. $\frac{\mathrm{e}^a+\mathrm{e}^{-a}}{2}$　　B. $\frac{\mathrm{e}^a-\mathrm{e}^{-a}}{2}$　　C. $\frac{\mathrm{e}^a+\mathrm{e}^{-a}}{2}+1$　　D. $\frac{\mathrm{e}^a+\mathrm{e}^{-a}}{2}-1$

6. 由曲线$y=\sin x$与$y=\cos x\left(0\leqslant x\leqslant\frac{\pi}{4}\right)$所围成的平面图形绕$x$轴旋转所得的旋转体体积为(　　).

A. $\frac{\pi}{2}$　　B. $\frac{\pi}{4}$　　C. $\frac{1}{2}$　　D. $\frac{1}{4}$

7. 横截面为S,深为H的水池装满水,把水全部抽到离池口高为h的水塔上,则所作功$W=$(　　).

A. $\int_0^H S(h+H-y)g\mathrm{d}y$　　B. $\int_0^h S(h+H-y)g\mathrm{d}y$

C. $\int_0^H S(h-y)g\mathrm{d}y$　　D. $\int_0^{H+h} S(h+H-y)g\mathrm{d}y$

解 1. 由定积分几何意义可知,应选择 D.

2. 由$y'=2x, y'|_{x=a}=2a$知$y=x^2$在$x=a$处的切线方程为

$$y-a^2=2a(x-a),\quad 即\ y=2ax-a^2.$$

该切线的横截距为$x=\frac{a}{2}$. 作出题设平面图形的草图(见图 6-18),由题设有

$$a=\int_0^a(x^2-2ax+a^2)\mathrm{d}x=\left(\frac{1}{3}x^3-ax^2+a^2x\right)\Big|_0^a=\frac{1}{3}a^3.$$

解得$a=\sqrt{3}$,所以选择 A.

3. 作出题设图形的草图(见图 6-19),易知三曲线交点分别为$(1,1)$,$(\sqrt{3},\sqrt{3})$及$(3,\sqrt{3})$.
若取x为积分变量,则

$$A=\int_1^{\sqrt{3}}(x-\sqrt{x})\mathrm{d}x+\int_{\sqrt{3}}^3(\sqrt{3}-\sqrt{x})\mathrm{d}x$$

或

$$A=\int_1^3(\sqrt{3}-\sqrt{x})\mathrm{d}x-\int_1^{\sqrt{3}}(\sqrt{3}-x)\mathrm{d}x=\int_1^3(\sqrt{3}-\sqrt{x})\mathrm{d}x-\frac{1}{2}(\sqrt{3}-1)^2.$$

若取y为积分变量,则$A=\int_1^{\sqrt{3}}(y^2-y)\mathrm{d}y$. 所以选择 A.

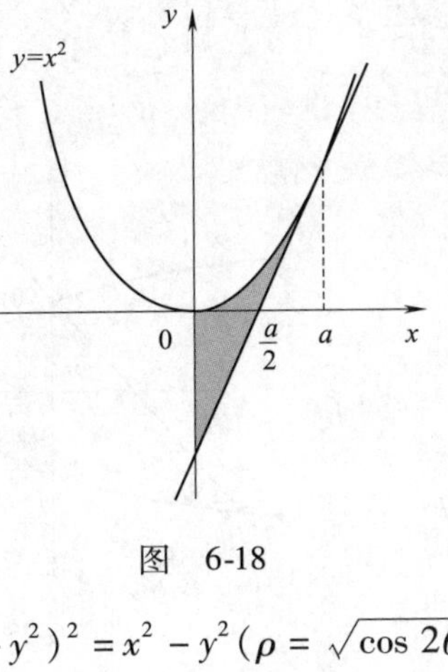

图　6-18

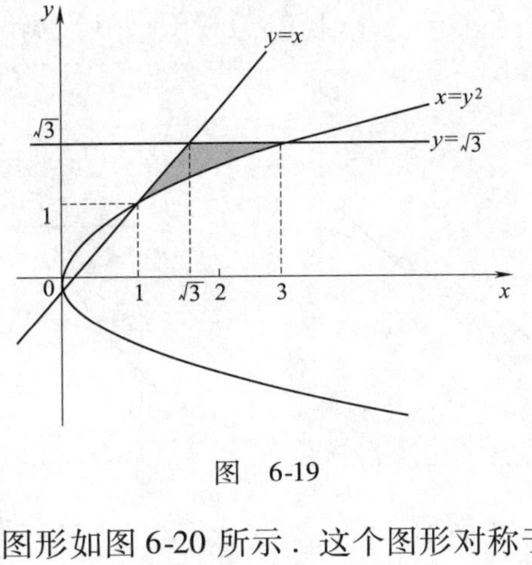

图　6-19

4. 双纽线$(x^2+y^2)^2=x^2-y^2(\rho=\sqrt{\cos 2\theta})$所围图形如图 6-20 所示. 这个图形对称于极轴,因此所求

图形面积 A 是极轴以上部分面积 A_1 的 4 倍.

对于极轴以上部分的图形, θ 的变化区间为 $\left[0,\dfrac{\pi}{4}\right]$.

$$A_1 = \int_0^{\frac{\pi}{4}} \frac{1}{2}(\sqrt{\cos 2\theta})^2 d\theta,$$

则 $A = 4A_1 = 2\int_0^{\frac{\pi}{4}} (\sqrt{\cos 2\theta})^2 d\theta$,所以选择 B.

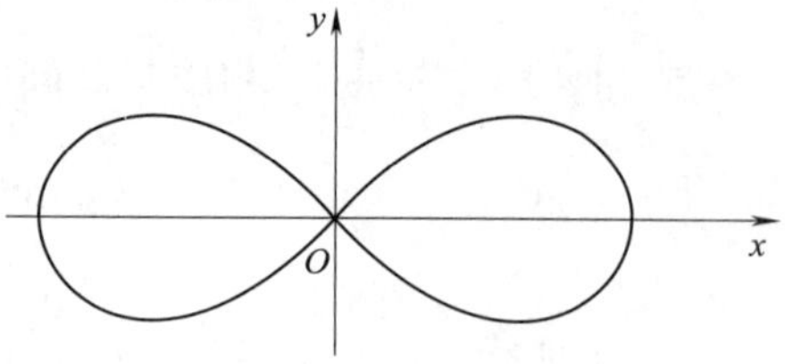

图 6-20

5. 所求弧长为

$$s = \int_0^a \sqrt{1+y'^2}dx = \int_0^a \sqrt{1+\left(\frac{e^x-e^{-x}}{2}\right)^2}dx$$
$$= \int_0^a \sqrt{1+\frac{e^{2x}-2+e^{-2x}}{4}}dx = \int_0^a \sqrt{\frac{(e^x+e^{-x})^2}{4}}dx$$
$$= \frac{e^x+e^{-x}}{2}\Bigg|_0^a = \frac{e^a+e^{-a}}{2} - 1,$$

所以选择 D.

6. 用切片法求得旋转体体积为

$$V_x = \int_0^{\frac{\pi}{4}} \pi(\cos^2 x - \sin^2 x)dx = \pi\int_0^{\frac{\pi}{4}} \cos 2x dx = \frac{1}{2}\pi,$$

所以选择 A.

7. 由题意可知,取深度为积分变量,变化区间为 $[0,H+h]$,所以选择 D.

三、解答题

1. 求由曲线 $y=\sqrt{x}$ 及 $y=x$ 所围成的平面图形的面积.

解 由 $y=\sqrt{x}$ 及 $y=x$ 联立的方程组解得两曲线的交点为 $(0,0)$ 和 $(1,1)$. 作出题设图形的草图(见图 6-21),则所求面积为

$$A = \int_0^1 (\sqrt{x}-x)dx = \left(\frac{2}{3}x^{\frac{3}{2}} - \frac{1}{2}x^2\right)\Bigg|_0^1 = \frac{1}{6}.$$

2. 求由曲线 $y=e^x$ 及直线 $y=e$、$x=0$ 所围成的平面图形的面积.

解 作出题设图形的草图(见图 6-22),易知三曲线的交点分别为 $(0,1)$ $(0,e)$ 及 $(1,e)$. 则所求面积为

$$A = \int_0^1 (e-e^x)dx = (ex-e^x)\Big|_0^1 = 1.$$

3. 求由曲线 $x=1-y^2$ 及 $y=x+1$ 所围成的平面图形的面积.

解 由 $x=1-y^2$ 及 $y=x+1$ 联立的方程组解得两曲线的交点为 $(0,1)$ 和 $(-3,-2)$. 作出题设图形的草图(见图 6-23),则所求面积为

$$A = \int_{-2}^1 [(1-y^2)-(y-1)]dy = \left(2y - \frac{1}{3}y^3 - \frac{1}{2}y^2\right)\Bigg|_{-2}^1 = \frac{9}{2}.$$

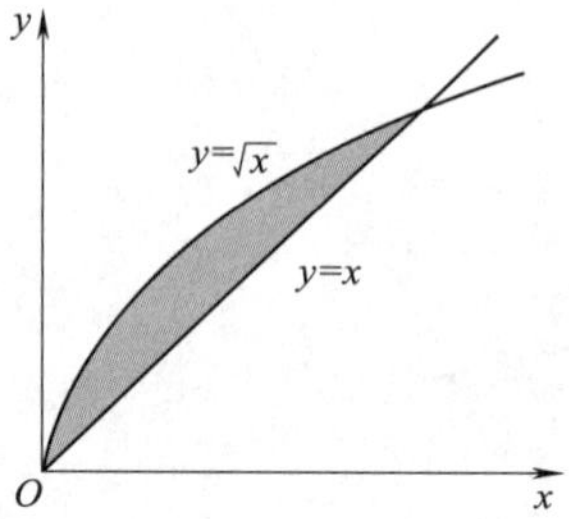

图 6-21

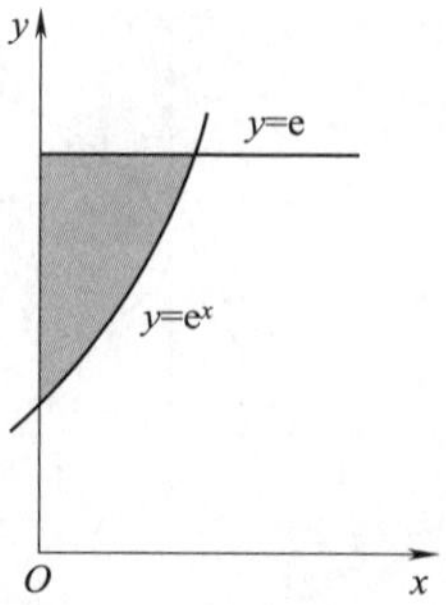

图 6-22

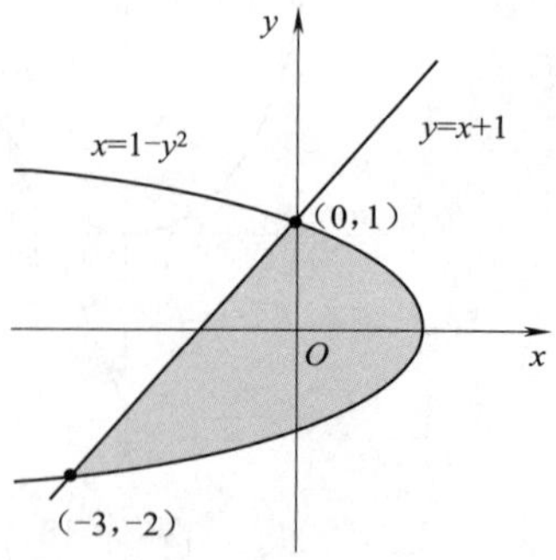

图 6-23

4. 求由曲线 $\rho=2a\cos\theta$ 所围成的平面图形的面积.

解 $$A=\int_{-\frac{\pi}{2}}^{\frac{\pi}{2}}\frac{1}{2}(2a\cos\theta)^2\mathrm{d}\theta=4a\int_0^{\frac{\pi}{2}}\cos^2\theta\mathrm{d}\theta=\pi a^2.$$

5. 求由摆线 $\begin{cases}x=a(\theta-\sin\theta)\\y=a(1-\cos\theta)\end{cases}$ 的一拱($0\leqslant\theta\leqslant2\pi$)与横轴所围成的图形的面积.

解 以 x 为积分变量,则 x 的变化范围为$[0,2\pi a]$,设摆线上的点为(x,y),则所求面积为

$$A=\int_0^{2\pi a}y\mathrm{d}x.$$

令 $x=a(\theta-\sin\theta)$,则 $y=a(1-\cos\theta)$,因此有

$$A=\int_0^{2\pi}a^2(1-\cos\theta)^2\mathrm{d}\theta=a^2\int_0^{2\pi}(1-2\cos\theta+\cos^2\theta)\mathrm{d}\theta=3\pi a^2.$$

6. 求由曲线 $y=x^2$ 及 $x=y^2$ 所围成的平面图形分别绕 x 轴和 y 轴旋转而成的旋转体的体积.

解 曲线 $y=x^2$ 与 $x=y^2$ 的交点为(0,0)和(1,1). 作出题设平面图形的草图(见图6-24). 由切片法得,

$$V_x=\pi\int_0^1[(\sqrt{x})^2-(x^2)^2]\mathrm{d}x=\pi\int_0^1(x-x^4)\mathrm{d}x$$
$$=\pi\left(\frac{1}{2}x^2-\frac{1}{5}x^5\right)\Big|_0^1=\frac{3}{10}\pi.$$
$$V_y=\pi\int_0^1[(\sqrt{y})^2-(y^2)^2]\mathrm{d}y=\pi\int_0^1(y-y^4)\mathrm{d}x$$
$$=\pi\left(\frac{1}{2}y^2-\frac{1}{5}y^5\right)\Big|_0^1=\frac{3}{10}\pi.$$

7. 求由曲线 $y=\arcsin x$ 及直线 $x=1$、$y=0$ 所围成的平面图形绕 x 轴旋转而成的旋转体的体积.

解 作出题设平面图形的草图(见图6-25). 由薄壳法得,

$$V_x=\int_0^{\frac{\pi}{2}}2\pi y(1-\sin y)\mathrm{d}y=2\pi\left(\int_0^{\frac{\pi}{2}}y\mathrm{d}y-\int_0^{\frac{\pi}{2}}y\sin y\mathrm{d}y\right)$$
$$=2\pi\cdot\frac{1}{2}y^2\Big|_0^{\frac{\pi}{2}}+2\pi\int_0^{\frac{\pi}{2}}y\mathrm{d}\cos y$$
$$=\frac{\pi^3}{4}+2\pi y\cos y\Big|_0^{\frac{\pi}{2}}-2\pi\int_0^{\frac{\pi}{2}}\cos y\mathrm{d}y$$
$$=\frac{\pi^3}{4}-2\pi\sin y\Big|_0^{\frac{\pi}{2}}$$
$$=\frac{\pi^3}{4}-2\pi.$$

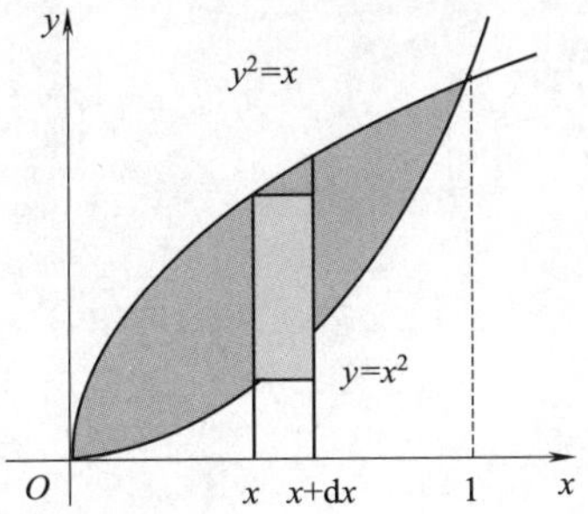

图 6-24

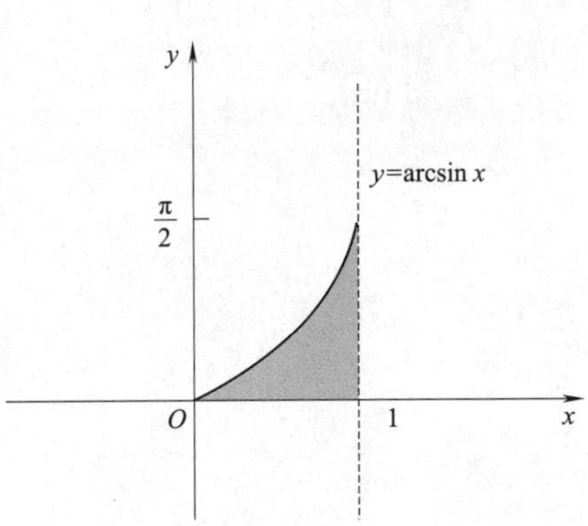

图 6-25

8. 求圆盘$(x-2)^2+y^2\leqslant 1$绕y轴旋转而成的旋转体的体积.

解　这是一个圆环面,可以看作由图形$\{(x,y)\mid 0\leqslant x\leqslant 2+\sqrt{1-y^2},\ -1\leqslant y\leqslant 1\}$绕$y$轴旋转所得的立体减去图形$\{(x,y)\mid 0\leqslant x\leqslant 2-\sqrt{1-y^2},\ -1\leqslant y\leqslant 1\}$绕$y$轴旋转所得的立体,因此

$$\begin{aligned} V_y &= \int_{-1}^{1}\pi(2+\sqrt{1-y^2})^2\mathrm{d}y-\int_{-1}^{1}\pi(2-\sqrt{1-y^2})^2\mathrm{d}y \\ &= 8\pi\left(\frac{y}{2}\sqrt{1-y^2}+\frac{1}{2}\arcsin y\right)\Bigg|_{-1}^{1}=4\pi^2. \end{aligned}$$

9. 计算曲线$y^2=x^3$上相应于$x=0$到$x=1$的一段弧长.

解　对$y^2=x^3$两边求导得,$2y\cdot y'=3x^2$,则$y'=\dfrac{3x^2}{2y}$

$$\begin{aligned} s &= \int_0^1\sqrt{1+y'^2}\,\mathrm{d}x=\int_0^1\sqrt{1+\frac{9x^4}{4y^2}}\mathrm{d}x=\int_0^1\sqrt{1+\frac{9x^4}{4x^3}}\mathrm{d}x=\frac{4}{9}\int_0^1\sqrt{1+\frac{9x}{4}}\mathrm{d}\left(1+\frac{9}{4}x\right) \\ &= \frac{4}{9}\cdot\frac{2}{3}\left(1+\frac{9}{4}x\right)^{\frac{3}{2}}\Bigg|_0^1=\frac{13}{27}\sqrt{13}-\frac{8}{27}. \end{aligned}$$

10. 有一弹簧,用5 N的力可以把它拉长0.01 m,求把它从原始状态拉长0.1 m所作的功.

解　由物理学知道,即$F=kx$,其中k为比例系数.

根据题意,$x=0.01$ m时,$F=5$ N,所以$k=500$. 于是变力函数为

$$F=500x.$$

取x为积分变量,其变化区间为$[0,0.1]$,在$[0,0.1]$上任取子区间$[x,x+\mathrm{d}x]$,与对应的变力F所作的功可以近似于把变力F看作常力所作的功,从而得到功元素为

$$\mathrm{d}W=F\mathrm{d}x=500x\mathrm{d}x.$$

以$500x\mathrm{d}x$为被积表达式,在$[0,0.1]$上作定积分,得到所求功为

$$W=\int_0^{0.1}500x\mathrm{d}x=250x^2\Big|_0^{0.1}=2.5\ (\mathrm{J}).$$

第 7 章　常微分方程

本章知识结构：

- 常微分方程
  - 基本概念
    - 微分方程及其阶
    - 微分方程的解
      - 通解
      - 特解
      - 初始条件
  - 一阶微分方程
    - 可分离变量的微分方程
    - 齐次方程
    - 一阶线性微分方程
      - 一阶线性齐次微分方程
      - 一阶线性非齐次微分方程
  - 可降阶的高阶微分方程

7.1　微分方程的基本概念

一、学习目标

了解微分方程的相关概念.

二、基本题型及解题方法

题型 1　判断所给方程的阶数.

解题方法:根据微分方程阶的概念.

例 1　指出下列微分方程的阶数:

(1)$x(y')^2-2yy'+x=0$;　　(2)$\frac{d^2x}{dt^2}+x=2$.

解　(1)由于方程中所含的未知函数 y 的最高阶导数是 y'(一阶导数),故此微分方程是一阶微分方程.

(2)由于方程中所含的未知函数 x 的最高阶导数是$\frac{d^2x}{dt^2}$(二阶导数),故此微分方程是二阶微分方程.

题型 2　验证函数是否是微分方程的解.

解题方法:按微分方程的阶数求出函数的各阶导数,代入方程,验证是否恒等. 若要求验证是否是通解,须再看函数式中所含的独立的任意常数的个数是否与方程的阶数相同.

例 2　验证函数 $x=C_1\cos kt+C_2\sin kt$ 是微分方程

$$\frac{d^2x}{dt^2}+k^2x=0$$

的解,并求满足初始条件 $x\big|_{t=0}=A,\frac{dx}{dt}\Big|_{t=0}=0$ 的特解.

视 频

例2

解 求出所给函数的一、二阶导数

$$\frac{dx}{dt}=-kC_1\sin kt+kC_2\cos kt,\quad \frac{d^2x}{dt^2}=-k^2(C_1\cos kt+C_2\sin kt).$$

将$\frac{d^2x}{dt^2}$及 x 的表达式代入所给微分方程，得

$$-k^2(C_1\cos kt+C_2\sin kt)+k^2(C_1\cos kt+C_2\sin kt)=0,$$

因此，函数 $x=C_1\cos kt+C_2\sin kt$ 是微分方程$\frac{d^2x}{dt^2}+k^2x=0$ 的解．

将条件 $x\big|_{t=0}=A$ 代入 $x=C_1\cos kt+C_2\sin kt$，得 $C_1=A$，将条件$\frac{dx}{dt}\Big|_{t=0}=0$ 及 $C_1=A$ 代入$\frac{dx}{dt}=-kC_1\sin kt+kC_2\cos kt$，得 $C_2=0$，因此所求的特解为 $x=A\cos kt$.

题型 3 求已知函数族所满足的微分方程．

解题方法：有 n 个独立任意常数的函数族，能产生一个不含任意常数的 n 阶微分方程．因此要求已知函数族所满足的微分方程，只需根据函数族中独立的任意常数的个数，对函数族求相应阶数的导数，然后从由已知函数族及其各阶导数联立的方程组中消去任意常数即可．

例 3 求下列函数族所满足的微分方程：

(1) $y=\cos(x+C)$；　　(2) $y=C_1x+C_2x^2$.

解 (1) 由已知得 $y'=-\sin(x+C)$，因为$\sin^2(x+C)+\cos^2(x+C)=1$，故所求微分方程为

$$y^2+(y')^2=1.$$

(2) 由已知得 $y'=C_1+2C_2x$，$y''=2C_2$，因此 $C_2=\frac{1}{2}y''$，$C_1=y'-xy''$，代入已知函数族得

$$y=(y'-xy'')x+\frac{1}{2}y''x^2,\quad 即\frac{1}{2}x^2y''-xy'+y=0.$$

三、习题详解

习题 7.1 A 组

1. 填空题：

(1) 一个微分方程，当其中的函数为一元时，称为________，当其中的函数为多元时，称为________.

(2) $y''-y'-y=0$ 是________阶微分方程，其通解含有独立任意常数的个数是________.

解 (1) 常微分方程，偏微分方程．(2) 二阶，2.

2. 选择题：

(1) 下列所给方程中，不是微分方程的是(　　).

A. $xy'=2y$　　B. $x^2+y^2=c^2$

C. $y''+y=0$　　D. $(7x-6y)dx+(x+y)dy=0$

(2) 微分方程 $x(y')^3+2(y')^2+2xy^4=0$ 的阶是(　　).

A. 1　　B. 2　　C. 3　　D. 4

(3) 下列方程中为一阶微分方程的是(　　).

A. $\frac{d^2y}{dx^2}+xy=0$　　B. $dy+3ydx=x^2dx$

C. $\cos y+6x=8$　　D. $y^3+5y''-7y=0$

(4)下列所给的函数,是微分方程 $y''+y=0$ 的通解的是(　　).

A. $y=C_1\cos x$　　B. $y=C_2\sin x$

C. $y=\cos x+C\sin x$　　D. $y=C_1\cos x+C_2\sin x$

解　(1)由微分方程定义知,应选 B.

(2)显然应选 A.

(3)A 为二阶微分方程,B 为一阶微分方程,C 不是微分方程,D 为二阶微分方程,所以选择 B.

(4)由微分方程通解定义知,应选 D.

3. 下列方程中,哪些是微分方程?哪些不是微分方程?

(1)$x\mathrm{d}x+y^2\mathrm{d}y=0$;　　(2)$y''=\frac{1}{a}\sqrt{1+y'^2}$;

(3)$y^3+2xy^2+5=\sin x$;　　(4)$\cos(y'')+\ln y=x+1$.

解　由微分方程定义可知(1)(2)(4)是微分方程,(3)不是微分方程.

4. 试说出下列微分方程的阶数.

(1)$x\left(\frac{\mathrm{d}y}{\mathrm{d}x}\right)^2-2\frac{\mathrm{d}y}{\mathrm{d}x}+4x=0$;　　(2)$(y')^2+5xy=4\cos x$;

(3)$\frac{\mathrm{d}^2y}{\mathrm{d}x^2}+2y=4$;　　(4)$y'''y'+2y''-xy=0$.

解　(1)一阶;　(2)一阶;　(3)二阶;　(4)三阶.

5. 指出下列各题中的函数是否为所给微分方程的解.

(1)$xy'=2y,y=5x^2$;

(2)$y''+y=0,y=3\sin x-4\cos x$.

解　(1)$y'=10x$,将 y 和 y' 代入方程,左边 = 右边 $=20x$,所以 $y=5x^2$ 是所给微分方程的解.

(2)$y'=3\cos x+4\sin x$,$y''=-3\sin x+4\cos x$,将 y 和 y'' 代入方程,左边 = 右边 $=0$,所以 $y=3\sin x-4\cos x$ 是所给微分方程的解.

习题 7.1　B 组

1. 某气体的气压 P,对于温度 T 的变化率与气压成正比,与温度的平方成反比,用微分方程表示以上关系.

解　$\frac{\mathrm{d}P}{\mathrm{d}T}=K\frac{P}{T^2}$(其中 K 为比例常数).

2. (交通事故问题)公路交通事故的现场常会有事故车辆留下的车轮拖痕(称为刹车距离),这是车辆紧急刹车后车轮由于惯性而滑动的距离. 假设车轮与地面的摩擦系数为 $\mu=1.04$,现有一事故车辆,其车轮拖痕为 15 m,那么你知道该事故车辆在紧急刹车前的车速为多少吗?

解　设事故车辆的质量为 m,紧急刹车前的车速为 v_0,紧急刹车后的滑动位移为 $s(t)$,滑动速度为 v_t,经过时间 t_1 后,滑动停止. 由题意可知,$v(0)=v_0,v(t_1)=0,s(0)=0,s(t_1)=15$.

根据牛顿第二定律,有 $ms''(t)=-\mu mg$,即 $s''(t)=-\mu g$,对该等式两边积分,得

$$v(t)=s'(t)=\int-\mu g\mathrm{d}t=-\mu gt+C_1,$$

再积分,得

$$s(t)=\int(-\mu gt+C_1)\mathrm{d}t=-\frac{\mu g}{2}t^2+C_1t+C_2.$$

将 $v(0)=v_0,s(0)=0$ 代入以上两个式子,解得 $C_1=v_0,C_2=0$,所以

$$v(t)=-\mu gt+v_0,\quad s(t)=-\frac{\mu g}{2}t^2+v_0t.$$

将 $v(t_1)=0, s(t_1)=15$ 代入以上两个式子,解得

$$v_0=\sqrt{30\mu g}=\sqrt{30\times1.04\times9.8}\approx17.49.$$

理论上,该事故车辆在紧急刹车前的车速约为 17.49 m/s. 实际上,在车轮开始滑动前,车辆还有一个滚动减速的过程,因此车辆在刹车前的速度要略大于 17.49 m/s.

7.2 可分离变量的微分方程和齐次方程

一、学习目标

1. 理解可分离变量的微分方程的概念,掌握其解法;
2. 理解齐次方程的概念,掌握其解法.

二、基本题型及解题方法

题型 1 求解可分离变量的微分方程.

解题方法:先分离变量,然后两端积分,可得方程的通解,代入初始条件便可得特解.

例 1 求微分方程方程 $\frac{dx}{y}+\frac{dy}{x}=0$ 满足初始条件 $y|_{x=3}=4$ 的特解.

解 将原方程化为

$$\frac{dy}{dx}=-\frac{x}{y},$$

上式分离变量,得

$$ydy=-xdx,$$

两边积分,得

$$\frac{1}{2}y^2=-\frac{1}{2}x^2+\frac{1}{2}C,$$

原方程的通解为

$$y^2=-x^2+C.$$

将初始条件 $y|_{x=3}=4$ 代入通解得 $C=25$,故所求的特解为 $y^2=-x^2+25$.

题型 2 求解齐次方程.

解题方法:先将方程化为 $\frac{dy}{dx}=\varphi\left(\frac{y}{x}\right)$ 的形式,然后令 $\frac{y}{x}=u$,可将原方程化为可分离变量的微分方程,从而求出关于函数 u 通解,最后以 $\frac{y}{x}$ 代替 u,便可得原齐次方程的通解.

视频

例2

例 2 求微分方程 $xy'-x\sin\frac{y}{x}-y=0$ 满足初始条件 $y|_{x=1}=\frac{\pi}{2}$ 的特解.

解 将原方程化为

$$y'-\sin\frac{y}{x}-\frac{y}{x}=0.$$

令 $\frac{y}{x}=u$,则 $y=xu, y'=u+x\frac{du}{dx}$,

因此有

$$u+x\frac{du}{dx}-\sin u-u=0,\text{即 } x\frac{du}{dx}=\sin u,$$

上式分离变量,得

$$\frac{du}{\sin u}=\frac{dx}{x},$$

两边积分,得

$$\ln(\csc u-\cot u)=\ln x+\ln C,$$

即 $1-\cos u=Cx\sin u$，将 $u=\dfrac{y}{x}$ 代入，得原方程的通解为

$$1-\cos\frac{y}{x}=Cx\sin\frac{y}{x},$$

代入初始条件 $y\big|_{x=1}=\dfrac{\pi}{2}$，得 $C=1$，故所求的特解为

$$1-\cos\frac{y}{x}=x\sin\frac{y}{x}.$$

三、习题详解

习题 7.2　A 组

1. 选择题

(1)下列方程中，(　　)不是可分离变量的微分方程．

A. $xy'-\ln y=0$　　B. $(e^{x+y}-e^x)dx+(e^{x+y}+e^y)dy=0$

C. $\cos x dx+\sin x\cos y dy=0$　　D. $xy'-x\sin\dfrac{y}{x}-y=0$

(2)方程 $e^{x-y}\dfrac{dy}{dx}=1$ 的通解是(　　)．

A. $e^x+e^y=C$　　B. $e^x-e^y=C$

C. $e^{-x}+e^{-y}=C$　　D. $e^{-x}-e^{-y}=C$

解　(1)方程 A 可变形为 $y'=\dfrac{1}{x}\ln y$，则该方程是可分离的方程；方程 B 可变形为 $\dfrac{dy}{dx}=\dfrac{e^x}{e^x+1}\cdot\dfrac{1-e^y}{e^y}$，则该方程是可分离的方程；方程 C 可变形为 $\dfrac{dy}{dx}=-\cot x\cdot\sec y$，则该方程是可分离的方程．方程 D 可变形为 $y'=\sin\dfrac{y}{x}+\dfrac{y}{x}$，则该方程是齐次方程．所以选择 D.

(2)将原方程化为
$$\frac{dy}{dx}=\frac{e^y}{e^x},$$
上式分离变量，得
$$\frac{dy}{e^y}=\frac{dx}{e^x},$$
两边积分，得
$$-e^{-y}=-e^{-x}+C,$$
原方程的通解为
$$e^{-x}-e^{-y}=C,$$
所以选择 D.

2. 求下列微分方程的通解：

(1)$\dfrac{dy}{dx}=2xy$；　　(2)$xy'-y\ln y=0$；

(3)$3x^2+5x-5y'=0$；　　(4)$\cos x\sin y dx+\sin x\cos y dy=0$.

解　(1)分离变量，得
$$\frac{dy}{y}=2xdx,$$
两边积分，得
$$\ln y=x^2+\ln C,$$
原方程通解为
$$y=Ce^{x^2}.$$

(2)原方程变形为
$$\frac{dy}{dx}=\frac{y\ln y}{x},$$

分离变量,得 $$\frac{\mathrm{d}y}{y\ln y}=\frac{1}{x}\mathrm{d}x,$$
两边积分,得 $$\ln\ln y=\ln x+\ln C,$$
原方程通解为 $$y=\mathrm{e}^{Cx}.$$

(3)分离变量,得 $$\mathrm{d}y=\left(\frac{3}{5}x^2+x\right)\mathrm{d}x,$$
两边积分,得 $$y=\frac{1}{5}x^3+\frac{1}{2}x^2+C,$$
此为原方程的通解.

(4)原方程变形为 $$\frac{\mathrm{d}y}{\mathrm{d}x}=-\frac{\cos x\sin y}{\sin x\cos y},$$
分离变量,得 $$\cot y\mathrm{d}y=-\cot x\mathrm{d}x,$$
两边积分,得 $$\ln\sin y=-\ln\sin x+\ln C,$$
原方程通解为 $$\sin x\sin y=C.$$

3. 求下列微分方程的通解:

(1) $y'=\frac{y}{x}+\tan\frac{y}{x}$;　　(2) $xy'-y-\sqrt{y^2-x^2}=0$;

(3) $(x^2+y^2)\mathrm{d}x-xy\mathrm{d}y=0$;　　(4) $(x^3+y^3)\mathrm{d}x-3xy^2\mathrm{d}y=0$.

解 (1)令 $u=\frac{y}{x}$,则 $y=ux,\frac{\mathrm{d}y}{\mathrm{d}x}=u+x\frac{\mathrm{d}u}{\mathrm{d}x}$,

于是原方程变为 $$u+x\frac{\mathrm{d}u}{\mathrm{d}x}=u+\tan u,$$
分离变量,得 $$\cot u\mathrm{d}u=\frac{1}{x}\mathrm{d}x,$$
两边积分,得 $$\ln\sin u=\ln x+\ln C,$$
即 $$\sin u=Cx.$$

将 $u=\frac{y}{x}$代入,得原方程的通解为 $\sin\frac{y}{x}=Cx$.

(2)原方程可写成 $$\frac{\mathrm{d}y}{\mathrm{d}x}=\frac{y}{x}+\sqrt{\left(\frac{y}{x}\right)^2-1},$$
令 $\frac{y}{x}=u$,则 $y=ux,\frac{\mathrm{d}y}{\mathrm{d}x}=u+x\frac{\mathrm{d}u}{\mathrm{d}x}$,

于是原方程变为 $$u+x\frac{\mathrm{d}u}{\mathrm{d}x}=u+\sqrt{u^2-1},$$
分离变量,得 $$\frac{\mathrm{d}u}{\sqrt{u^2-1}}=\frac{\mathrm{d}x}{x},$$
两边积分,得 $$\ln(u+\sqrt{u^2-1})=\ln x+\ln C,$$
即 $$u+\sqrt{u^2-1}=Cx,$$
将 $u=\frac{y}{x}$代入,得原方程的通解为 $y+\sqrt{y^2-x^2}=Cx^2$.

(3)原方程可写成 $$\frac{\mathrm{d}y}{\mathrm{d}x}=\frac{x^2+y^2}{xy}=\frac{1+\left(\frac{y}{x}\right)^2}{\frac{y}{x}},$$

令$\frac{y}{x}=u$，则$y=ux$，$\frac{dy}{dx}=u+x\frac{du}{dx}$，

于是原方程变为
$$u+x\frac{du}{dx}=u+\frac{1}{u},$$

分离变量，得
$$udu=\frac{dx}{x},$$

两边积分，得
$$\frac{1}{2}u^2=\ln|x|+C,$$

将$u=\frac{y}{x}$代入，得原方程的通解为$y^2=2x^2(\ln|x|+C)$.

(4)原方程可写成
$$\frac{dy}{dx}=\frac{x^3+y^3}{3xy^2}=\frac{1+\left(\frac{y}{x}\right)^3}{3\cdot\left(\frac{y}{x}\right)^2},$$

令$\frac{y}{x}=u$，则$y=ux$，$\frac{dy}{dx}=u+x\frac{du}{dx}$，

于是原方程变为
$$u+x\frac{du}{dx}=\frac{1+u^3}{3u^2},$$

分离变量，得
$$\frac{3u^2}{1-2u^3}du=\frac{dx}{x},$$

两边积分，得
$$-\frac{1}{2}\ln(1-2u^3)=\ln x+C_1,$$

即
$$2u^3=1-\frac{C}{x^2},$$

将$u=\frac{y}{x}$代入，得原方程的通解为$x^3-2y^3=Cx$.

4. 求下列微分方程满足所给初始条件的特解：

(1)$y'=e^{2x-y}$，$y|_{x=0}=0$；

(2)$y'\sin x=y\ln y$，$y|_{x=\frac{\pi}{2}}=e$；

(3)$(y^2-3x^2)dy+2xydx=0$，$y|_{x=0}=1$；

(4)$y'=\frac{x}{y}+\frac{y}{x}$，$y|_{x=1}=2$.

解 (1)分离变量，得$e^y dy=e^{2x}dx$，两边积分，得$e^y=\frac{1}{2}e^{2x}+C$，此为原方程的通解.

将初始条件$y|_{x=0}=0$代入通解，得$C=\frac{1}{2}$，故所求特解为$e^y=\frac{1}{2}(e^{2x}+1)$.

(2)原方程变形为
$$\frac{dy}{dx}=\frac{y\ln y}{\sin x},$$

分离变量，得
$$\frac{dy}{y\ln y}=\frac{1}{\sin x}dx,$$

两边积分，得
$$\ln\ln y=\ln\tan\frac{x}{2}+\ln C,$$

原方程通解为
$$\ln y=C\tan\frac{x}{2}.$$

将初始条件$y|_{x=\frac{\pi}{2}}=e$代入通解，得$C=1$，

故所求特解为
$$y=e^{\tan\frac{x}{2}}.$$

(3)原方程可写成
$$\frac{dy}{dx}=\frac{2xy}{3x^2-y^2}=\frac{2\cdot\frac{y}{x}}{3-\left(\frac{y}{x}\right)^2},$$

令$\frac{y}{x}=u$,则$y=ux,\frac{dy}{dx}=u+x\frac{du}{dx}$,

于是原方程变为
$$u+x\frac{du}{dx}=\frac{2u}{3-u^2},$$

即
$$x\frac{du}{dx}=\frac{u^3-u}{3-u^2},$$

分离变量,得
$$\frac{3-u^2}{u^3-u}du=\frac{dx}{x}$$

两边积分,得
$$\int\frac{2+(1-u^2)}{u(u^2-1)}du=\int\frac{dx}{x},$$
$$\ln\frac{u^2-1}{u^2}-\ln u=\ln x+\ln C,$$

即
$$\frac{u^2-1}{u^3}=Cx.$$

将$u=\frac{y}{x}$代入,得原方程的通解为$y^2-x^2=Cy^3$.

将初始条件$y|_{x=0}=1$代入通解,得$C=1$,
故所求特解为
$$y^2-x^2=y^3.$$

(4)令$u=\frac{y}{x}$,则$y=ux,\frac{dy}{dx}=u+x\frac{du}{dx}$.

于是原方程变为
$$u+x\frac{du}{dx}=u+\frac{1}{u},$$

即
$$x\frac{du}{dx}=\frac{1}{u},$$

分离变量,得
$$udu=\frac{1}{x}dx,$$

两边积分,得
$$u^2=2(\ln|x|+C).$$

将$u=\frac{y}{x}$代入,得原方程的通解为$y^2=2x^2(\ln|x|+C)$.

将初始条件$y|_{x=1}=2$代入通解,得$C=2$,
故所求特解为
$$y^2=2x^2(\ln|x|+2).$$

习题 7.2 B 组

1. 有一盛满了水的圆锥形漏斗,高为 10 cm,顶角为 60°,漏斗下面有面积为 0.5 cm^2 的孔,求水面高度变化的规律及水流完所需的时间.(已知水从孔口流出的流量$Q=0.62S\sqrt{2gh}$,其中 0.62 为流量系数,S为孔口截面积,g为重力加速度,h为水面到孔口的高度.)

解 水从孔口流出的流量Q是单位时间内流出孔口的水的体积,即$Q=\frac{dV}{dt}$.

于是有
$$\frac{dV}{dt}=0.62S\sqrt{2gh},$$

即
$$dV=0.62S\sqrt{2gh}\,dt. \tag{1}$$

设在时刻 t，水面的高度为 $h=h(t)$. 从图 7-1 可见，$x=h\tan 30°=\frac{\sqrt{3}}{3}h$，于是在时间间隔 $[t,t+\mathrm{d}t]$ 内漏斗流出的水的体积，即水体积的改变量

$$\mathrm{d}V=-\pi x^2\mathrm{d}h=-\frac{\pi}{3}h^2\mathrm{d}h. \tag{2}$$

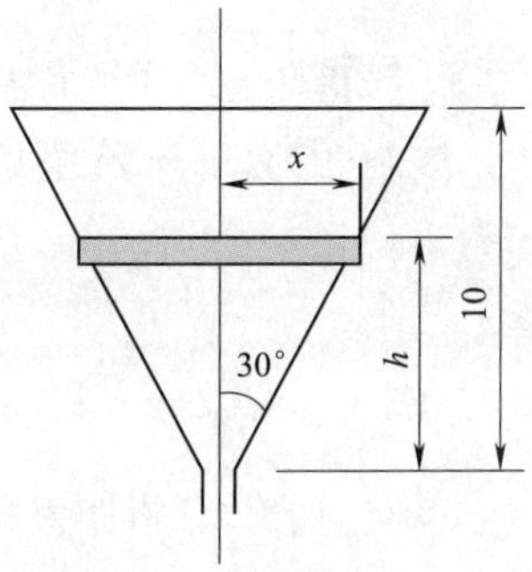

图 7-1

由(1)(2)式得微分方程 $0.62S\sqrt{2gh}\,\mathrm{d}t=-\frac{\pi}{3}h^2\mathrm{d}h$，

并有初值条件 $h|_{t=0}=10$，

分离变量，得 $$\mathrm{d}t=-\frac{\pi}{3\times 0.62S\sqrt{2g}}h^{\frac{3}{2}}\mathrm{d}h,$$

两端积分，得 $$t=-\frac{2\pi}{15\times 0.62S\sqrt{2g}}h^{\frac{5}{2}}+C,$$

将初值条件 $h|_{t=0}=10$ 代入得 $$C=\frac{2\pi}{15\times 0.62S\sqrt{2g}}10^{\frac{5}{2}},$$

于是 $$t=\frac{2\pi}{15\times 0.62S\sqrt{2g}}\left(10^{\frac{5}{2}}-h^{\frac{5}{2}}\right),$$

将 $s=0.5(\mathrm{cm}^2)$，$g=9.8(\mathrm{cm/s^2})$ 代入得 $t=-0.030\,5h^{\frac{5}{2}}+9.64$.

将 $h=0$ 代入得，流完所需时间 $t\approx 10(\mathrm{s})$.

2. 质量为 1 g 的质点受外力作用做直线运动，这外力和时间成正比，和质点运动的速度成反比. 在 $t=10$ s 时，速度等于 50 cm/s，外力为 4 g · cm/s²，问从运动开始经过了 1 min 后的速度是多少？

解 设在时刻 t，质点运动速度为 $v=v(t)$，则

$$f=mv'=k\frac{t}{v}.$$

由 $m=1$，$t=10$，$v=50$，$f=4$ 得 $k=\frac{f\cdot v}{t}=20$. 所以有微分方程

$$v'=20\frac{t}{v},$$

分离变量，得 $$v\mathrm{d}v=20t\mathrm{d}t,$$

积分，得 $$v^2=20t^2+C,$$

将 $t=10$，$v=50$，得 $C=500$，于是方程的特解为 $v=\sqrt{20t^2+500}$，

当 $t=60(\mathrm{s})$ 时，$v=\sqrt{20\times 60^2+500}=269.3(\mathrm{cm/s})$.

7.3 一阶线性微分方程

一、学习目标

1. 了解一阶线性微分方程、线性齐次方程及线性非齐次方程的概念；
2. 了解用常数变易法求线性非齐次方程的通解；
3. 掌握用通解公式求线性非齐次方程的通解.

二、基本题型及解题方法

题型 1 求解一阶线性齐次方程.

解题方法: 一阶线性齐次方程是可分离变量的微分方程,可用分离变量法求解,也可用教材中已经推导出的通解公式求解.

例 1 求微分方程 $x\cos y\cdot y'=1$ 的通解.

解 (解一)将原方程分离变量,得 $\cos y\mathrm{d}y=\dfrac{\mathrm{d}x}{x}$,两边积分,得 $\sin y+C=\ln|x|$,即 $x=\pm\mathrm{e}^{C}\cdot\mathrm{e}^{\sin y}=C\mathrm{e}^{\sin y}$(其中 C 为任意常数)为原方程的通解.

(解二)原方程可化为以 $x=x(y)$ 为未知函数的一阶线性齐次方程:$\dfrac{\mathrm{d}x}{\mathrm{d}y}-(\cos y)x=0$,且其中 $P(y)=-\cos y$,代入一阶线性齐次方程的通解公式,得

$$x=C\mathrm{e}^{-\int P(y)\mathrm{d}y}=C\mathrm{e}^{\int\cos y\mathrm{d}y}=C\mathrm{e}^{\sin y},$$

即原方程的通解为 $x=C\mathrm{e}^{\sin y}$.

题型 2 求解一阶线性非齐次方程.

解题方法: 可用常数变易法求解,也可用教材中已经推导出的通解公式求解.

例 2 求下列微分方程的通解:

视频

例2(1)

(1) $y'-y\sin x=\mathrm{e}^{-\cos x}$;　　(2) $(xy-x-y)\mathrm{d}y-y^2\mathrm{d}x=0$.

解 (1)(解一)常数变易法.由通解公式,可得原方程对应齐次方程 $y'-y\sin x=0$ 的通解为

$$y=C\mathrm{e}^{-\int-\sin x\mathrm{d}x}=C\mathrm{e}^{-\cos x}.$$

设原方程的通解为 $y=C(x)\mathrm{e}^{-\cos x}$,则 $y'=C'(x)\mathrm{e}^{-\cos x}+C(x)\mathrm{e}^{-\cos x}\sin x$,代入原方程,得

$$C'(x)\mathrm{e}^{-\cos x}+C(x)\mathrm{e}^{-\cos x}\sin x-C(x)\mathrm{e}^{-\cos x}\sin x=\mathrm{e}^{-\cos x},$$

即 $C'(x)=1$,故 $C(x)=x+C_1$,因此原方程的通解为

$$y=(x+C_1)\mathrm{e}^{-\cos x}.$$

(解二)原方程是以 $y=y(x)$ 为未知函数的一阶线性非齐次方程,且其中 $P(x)=-\sin x$,$Q(x)=\mathrm{e}^{-\cos x}$,由一阶线性非齐次方程的通解公式,

得

$$y=\mathrm{e}^{-\int P(x)\mathrm{d}x}\left(\int Q(x)\mathrm{e}^{\int P(x)\mathrm{d}x}\mathrm{d}x+C\right)=\mathrm{e}^{\int\sin x\mathrm{d}x}\left(\int\mathrm{e}^{-\cos x}\mathrm{e}^{\int-\sin x\mathrm{d}x}\mathrm{d}x+C\right)$$

$$=\mathrm{e}^{-\cos x}\left(\int\mathrm{e}^{-\cos x}\mathrm{e}^{\cos x}\mathrm{d}x+C\right)=\mathrm{e}^{-\cos x}(x+C),$$

即原方程的通解为 $y=(x+C)\mathrm{e}^{-\cos x}$.

(2)由于原方程中含 y^2,故以 y 为未知函数时不是线性方程,但把 x 作为未知函数时是线性方程.将原方程变形为 $\dfrac{\mathrm{d}x}{\mathrm{d}y}-\dfrac{y-1}{y^2}\cdot x=-\dfrac{1}{y}$,其中 $P(y)=-\dfrac{y-1}{y^2}$,$Q(y)=-\dfrac{1}{y}$,

由一阶线性非齐次方程的通解公式

$$x=\mathrm{e}^{-\int P(y)\mathrm{d}y}\left(C+\int Q(y)\mathrm{e}^{\int P(y)\mathrm{d}y}\mathrm{d}y\right)$$

及

$$\int P(y)\mathrm{d}y=-\int\frac{y-1}{y^2}\mathrm{d}y=-\ln y-\frac{1}{y},$$

$$\int Q(y)e^{\int p(y)dy}dy=-\int\frac{1}{y}\cdot e^{-\ln y-\frac{1}{y}}dy=-\int\frac{1}{y^2}e^{-\frac{1}{y}}dy=-e^{-\frac{1}{y}},$$

得原方程的通解为

$$x=e^{\ln y+\frac{1}{y}}\left(C-e^{-\frac{1}{y}}\right)=ye^{\frac{1}{y}}\left(C-e^{-\frac{1}{y}}\right),\quad 即\ x=Cye^{\frac{1}{y}}-y.$$

三、习题详解

习题 7.3 A 组

1. 选择题

(1)微分方程 $y'-xy'=a(y^2+y')$ 是(　　).

A. 齐次方程　　B. 可分离变量的方程

C. 一阶线性齐次方程　　D. 一阶线性非齐次方程

(2)微分方程 $xy'=2x^2y+x^4$ 是(　　).

A. 齐次方程　　B. 可分离变量的方程

C. 一阶线性齐次方程　　D. 一阶线性非齐次方程

(3)方程 $y'+\frac{1}{y}e^{y^2+3x}=0$ 是(　　).

A. 可分离变量的方程　　B. 齐次方程

C. 一阶线性微分方程　　D. 都不是

(4)对于方程 $xy'+y=x$ 判断正确的是(　　).

①一阶线性非齐次微分方程;②可分离变量的微分方程;③齐次方程;④一阶线性齐次微分方程.

A. ①②　　B. ②③　　C. ③④　　D. ①③

(5)方程 $y'-y\cot x=0$ 的通解是(　　).

A. $y=C\cos x$　　B. $y=C\sin x$

C. $y=C\tan x$　　D. $y=-C\csc x$

解　(1)方程变形为 $y'=\frac{ay^2}{1-x-a}$,此为可分离变量的方程,所以选择 B.

(2)方程变形为 $y'-2xy=x^3$,此为一阶线性非齐次方程,所以选择 D.

(3)方程变形为 $y'=-\frac{e^{y^2}}{y}\cdot e^{3x}$,此为可分离变量的方程,所以选择 A.

(4)方程变形为 $y'+\frac{y}{x}=1$,此为一阶线性非齐次方程;方程还可变形为 $y'=1-\frac{y}{x}$,此为齐次方程. 所以选择 D.

(5)此为一阶线性齐次方程,其中 $P(x)=-\cot x$,代入通解公式得

$$y=Ce^{-\int -\cot x dx}=Ce^{\ln\sin x}=C\sin x,$$

所以选择 B.

2. 求下列微分方程的通解:

(1)$\frac{dy}{dx}+2xy=4x$;　　(2)$\frac{dy}{dx}+y=e^{-x}$;

(3)$y'+y\cos x=e^{-\sin x}$;　　(4)$y'+y\tan x=\sin 2x$.

解　(1)所给方程是一阶线性非齐次方程,其中 $P(x)=2x,Q(x)=4x$,代入通解公式得

$$y=e^{-\int P(x)dx}\left(\int Q(x)e^{\int P(x)dx}dx+C\right)=e^{-\int 2xdx}\left(\int 4xe^{\int 2xdx}dx+C\right)$$

$$= e^{-x^2}\left(\int 4xe^{x^2}dx + C\right)$$

$$= e^{-x^2}(2e^{x^2} + C).$$

(2)所给方程是一阶线性非齐次方程,其中 $P(x)=1, Q(x)=e^{-x}$,代入通解公式得

$$y = e^{-\int dx}\left(\int e^{-x}e^{\int dx}dx + C\right) = e^{-x}\left(\int e^{-x}e^{x}dx + C\right)$$

$$= e^{-x}(x + C).$$

(3)所给方程是一阶线性非齐次方程,其中 $P(x)=\cos x, Q(x)=e^{-\sin x}$,代入通解公式得

$$y = e^{-\int \cos x dx}\left(\int e^{-\sin x}e^{\int \cos x dx}dx + C\right) = e^{-\sin x}\left(\int e^{-\sin x}e^{\sin x}dx + C\right)$$

$$= e^{-\sin x}(x + C).$$

(4)所给方程是一阶线性非齐次方程,其中 $P(x)=\tan x, Q(x)=\sin 2x$,代入通解公式得

$$y = e^{-\int \tan x dx}\left(\int \sin 2x e^{\int \tan x dx}dx + C\right) = e^{\ln\cos x}\left(\int \sin 2x e^{-\ln\cos x}dx + C\right)$$

$$= \cos x\left(\int 2\sin x\cos x \cdot \frac{1}{\cos x}dx + C\right) = \cos x(-2\cos x + C).$$

3. 求下列微分方程满足初始条件的特解:

(1) $\frac{dy}{dx}+3y=8, y|_{x=0}=2$;　　(2) $y'+\frac{1}{x}y=\frac{1}{x^2}, y|_{x=1}=0$;

(3) $\frac{dy}{dx}+5y=-4e^{-3x}, y|_{x=0}=-4$;　　(4) $y'-y=e^{x}, y|_{x=0}=1$.

解　(1)所给方程是一阶线性非齐次方程,其中 $P(x)=3, Q(x)=8$,代入通解公式得

$$y = e^{-\int 3dx}\left(\int 8e^{\int 3dx}dx + C\right) = e^{-3x}\left(\int 8e^{3x}dx + C\right)$$

$$= e^{-3x}\left(\frac{8}{3}e^{3x} + C\right)$$

将初始条件 $y|_{x=0}=2$ 代入通解,得 $C=-\frac{2}{3}$,故所求的特解为 $y=e^{-3x}\left(\frac{8}{3}e^{3x}-\frac{2}{3}\right)$.

(2)所给方程是一阶线性非齐次方程,其中 $P(x)=\frac{1}{x}, Q(x)=\frac{1}{x^2}$,代入通解公式得

$$y = e^{-\int \frac{1}{x}dx}\left(\int \frac{1}{x^2}e^{\int \frac{1}{x}dx}dx + C\right) = \frac{1}{x}(\ln x + C).$$

将初始条件 $y|_{x=1}=0$ 代入通解,得 $C=0$,故所求的特解为 $y=\frac{1}{x}\ln x$.

(3)所给方程是一阶线性非齐次方程,其中 $P(x)=5, Q(x)=-4e^{-3x}$,代入通解公式得

$$y = e^{-\int 5dx}\left(\int -4e^{-3x}e^{\int 5dx}dx + C\right) = e^{-5x}\left(\int -4e^{-3x}e^{5x}dx + C\right)$$

$$= e^{-5x}(-2e^{2x} + C).$$

将初始条件 $y|_{x=0}=-4$ 代入通解,得 $C=-2$,故所求的特解为 $y=-2(e^{-3x}+e^{-5x})$.

(4)所给方程是一阶线性非齐次方程,其中 $P(x)=-1, Q(x)=e^{x}$,代入通解公式得

$$y = e^{-\int -1dx}\left(\int e^{x}e^{\int -1dx}dx + C\right) = e^{x}\left(\int e^{x}e^{-x}dx + C\right)$$

$$= e^{x}(x + C).$$

将初始条件 $y|_{x=0}=1$ 代入通解,得 $C=1$,故所求的特解为 $y=e^{x}(x+1)$.

4. 用适当的变量代换将下列方程化为可分离变量的方程，然后求出通解：

(1) $\frac{dy}{dx}=(x+y)^2$；　　　(2) $\frac{dy}{dx}=\frac{1}{x-y}+1$.

解 (1) 令 $u=x+y$，则 $\frac{dy}{dx}=\frac{du}{dx}-1$，

于是原方程变为
$$\frac{du}{dx}-1=u^2,$$
分离变量，得
$$\frac{du}{1+u^2}=dx,$$
两边积分，得
$$\arctan u=x+C,$$
将 $u=x+y$ 代入，得原方程通解为
$$\arctan(x+y)=x+C.$$

(2) 令 $u=x-y$，则 $\frac{dy}{dx}=1-\frac{du}{dx}$，

于是原方程变为
$$1-\frac{du}{dx}=\frac{1}{u}+1,$$
即
$$\frac{du}{dx}=-\frac{1}{u},$$
分离变量，得
$$u\,du=-dx,$$
两边积分，得
$$u^2=-2x+C,$$
将 $u=x-y$ 代入，得原方程通解为
$$(x-y)^2=-2x+C.$$

习题 7.3　B 组

1. 求一曲线的方程，这条曲线通过原点，并且它在点 (x,y) 处的切线斜率等于 $2x+y$.

解 设曲线的方程为 $y=y(x)$. 由题意可知 $y'=2x+y$，即
$$y'-y=2x,\quad y|_{x=0}=0.$$
$$y=e^{-\int -1dx}\left(\int 2xe^{\int -1dx}dx+C\right)=e^x(-2xe^{-x}-2e^{-x}+C)$$
$$=-2x-2+Ce^x.$$
将 $y|_{x=0}=0$ 代入得 $C=2$，故所求曲线方程为 $y=2(e^x-x-1)$.

2. 设有一质量为 m 的质点做直线运动. 从速度等于零的时刻起，有一个与运动方向一致、大小与时间成正比（比例系数为 k_1）的力作用于它，此外还受一与速度成正比（比例系数为 k_2）的阻力作用. 求质点运动的速度与时间的函数关系.

解 由牛顿定律 $F=ma$，得 $ma=k_1t-k_2v$，

即
$$m\frac{dv}{dt}=k_1t-k_2v,v|_{t=0}=0.$$
将方程改写为
$$\frac{dv}{dt}+\frac{k_2}{m}v=\frac{k_1}{m}t,$$
则
$$v=e^{-\int\frac{k_2}{m}dt}\left(\int\frac{k_1}{m}te^{\int\frac{k_2}{m}dt}dt+C\right)=e^{-\frac{k_2}{m}t}\left(\frac{k_1}{m}\int te^{\frac{k_2}{m}t}dt+C\right)$$
$$=e^{-\frac{k_2}{m}t}\left(\frac{k_1}{k_2}te^{\frac{k_2}{m}t}-\frac{k_1}{k_2}\int e^{\frac{k_2}{m}t}dt+C\right)$$

$$=e^{-\frac{k_2}{m}t}\left(\frac{k_1}{k_2}te^{\frac{k_2}{m}t}-\frac{k_1m}{k_2}e^{\frac{k_2}{m}t}+C\right)$$

$$=\frac{k_1}{k_2}t-\frac{k_1m}{k_2{}^2}+Ce^{-\frac{k_2}{m}t}.$$

将 $v|_{t=0}=0$ 代入得 $C=\frac{k_1m}{k_2{}^2}$,故质点运动的速度与时间的函数关系为

$$v=\frac{k_1}{k_2}t-\frac{k_1m}{k_2{}^2}+\frac{k_1m}{k_2{}^2}e^{-\frac{k_2}{m}t}.$$

3. 验证形如 $yf(xy)\mathrm{d}x+xg(xy)\mathrm{d}y=0$ 的微分方程,可经变量代换 $v=xy$ 化为可分离变量的方程,并求其通解.

解 由 $v=xy$,得 $y=\frac{v}{x}$,$\mathrm{d}y=\frac{x\mathrm{d}v-v\mathrm{d}x}{x^2}$,$\frac{\mathrm{d}y}{\mathrm{d}x}=\frac{\mathrm{d}v}{x\mathrm{d}x}-\frac{v}{x^2}$.

原方程可写成
$$\frac{\mathrm{d}y}{\mathrm{d}x}=-\frac{yf(v)}{xg(v)},$$

于是原方程变为
$$-\frac{vf(v)}{x^2g(v)}=\frac{\mathrm{d}v}{x\mathrm{d}x}-\frac{v}{x^2},$$

即
$$\frac{\mathrm{d}v}{x\mathrm{d}x}=\frac{v[g(v)-f(v)]}{x^2g(v)},$$

分离变量,得
$$\frac{g(v)}{v[g(v)-f(v)]}\mathrm{d}v=\frac{1}{x}\mathrm{d}x,$$

两边积分,得
$$\int\frac{g(v)}{v[g(v)-f(v)]}\mathrm{d}v=\ln|x|+C.$$

将 $v=xy$ 代入,得原方程通解为

$$\int\frac{g(xy)}{v[g(xy)-f(xy)]}\mathrm{d}(xy)=\ln|x|+C.$$

7.4 可降阶的高阶微分方程

一、学习目标

掌握 $y^{(n)}=f(x)$ 型、$y''=f(x,y')$ 型及 $y''=f(y,y')$ 型微分方程的解法.

二、基本题型及解题方法

题型 1 求解 $y^{(n)}=f(x)$ 型微分方程.

解题方法:对原微分方程连续积分 n 次,每积分一次加一个常数.

例 1 求微分方程 $y'''=xe^x$ 的通解.

解 题设方程两边连续积分三次,得

$$y''=\int xe^x\mathrm{d}x=\int xd(e^x)=xe^x-\int e^x\mathrm{d}x=xe^x-e^x+C,$$

$$y'=\int(xe^x-e^x+C)\mathrm{d}x=(xe^x-e^x+C_2)-e^x+Cx=xe^x-2e^x+Cx+C_2,$$

$$y=\int(xe^x-2e^x+Cx+C_2)dx=(xe^x-e^x+C_3)-2e^x+\frac{C}{2}x^2+C_2x$$

$$=xe^x-3e^x+C_1x^2+C_2x+C_3\quad\left(C_1=\frac{C}{2}\right),$$

即所求的通解为
$$y=xe^x-3e^x+C_1x^2+C_2x+C_3.$$

例 2 求微分方程 $y''=\sin x-\cos x$ 的满足条件 $y\left(\frac{\pi}{2}\right)=\pi, y'\left(\frac{\pi}{2}\right)=1$ 的特解.

解 方程两边同时积分,得

$$y'=-\cos x-\sin x+C_1.$$

将条件 $y'\left(\frac{\pi}{2}\right)=1$ 代入,得 $C_1=2$,即 $y'=-\cos x-\sin x+2$.

两边再积分,得

$$y=-\sin x+\cos x+2x+C_2.$$

将条件 $y\left(\frac{\pi}{2}\right)=\pi$ 代入,得 $C_2=1$,故所求特解为

$$y=-\sin x+\cos x+2x+1.$$

题型 2 求解 $y''=f(x,y')$ 型微分方程.

解题方法:此类方程中不显含 y,通常令 $y'=p(x)$,将原方程化为一阶微分方程求解.

例 3 求微分方程 $(1-x^2)y''-xy'=0$ 的满足条件 $y(0)=0, y'(0)=1$ 的特解.

解 该方程为不显含 y 的二阶微分方程,可设 $y'=p(x)$,则 $y''=p'(x)$,于是,原方程化为 $(1-x^2)\cdot p'-x\cdot p=0$,即

$$(1-x^2)p'=xp,$$

分离变量,得 $\frac{dp}{p}=\frac{x}{1-x^2}dx$,两边积分,得 $\ln p=-\frac{1}{2}\ln(1-x^2)+\ln C_1$,即

$$y'=p=\frac{C_1}{\sqrt{1-x^2}},$$

将条件 $y'(0)=1$ 代入得 $C_1=1$,即
$$y'=\frac{1}{\sqrt{1-x^2}},$$

两边再积分,得
$$y=\arcsin x+C_2,$$

将条件 $y(0)=0$ 代入,得 $C_2=0$,故所求特解为 $y=\arcsin x$.

题型 3 求解 $y''=f(y,y')$ 型微分方程.

解题方法:此类方程中不显含 x,故求解时暂把 y 看作自变量,作变换 $y'=p(y)$,将原方程化为一阶微分方程求解.

例 4 求微分方程 $y''=(y')^3+y'$ 的通解.

视频

例4

解 方程中不显含 x,令 $y'=p$,则 $y''=p\frac{dp}{dy}$,于是原方程化为 $p'p=p^3+p$,当 $p\neq0$ 时,有 $p'=p^2+1$,

分离变量,得
$$\frac{dp}{p^2+1}=dy,$$

两边积分,得 $$\arctan p = y + C_1,$$

即 $$y' = \tan(y + C_1),$$

分离变量,得 $$\cot(y + C_1)\mathrm{d}y = \mathrm{d}x,$$

两边积分,得 $$\ln\sin(y + C_1) = x + \ln C_2,$$

原方程的通解为 $$y = \arcsin(C_2 e^x) + C_1.$$

三、习题详解

习题 7.4 A 组

1. 填空题

(1)微分方程 $y'' = e^x$ 的通解为____________.

(2)微分方程 $(x+1)y'' - y' + 1 = 0$ 满足条件 $y(0) = 1, y'(0) = 2$ 的特解为____________.

解 (1) $y' = \int e^x \mathrm{d}x = e^x + C_1, y = \int (e^x + C_1)\mathrm{d}x = e^x + C_1 x + C_2$.

(2)令 $y' = p$,则 $y'' = p'$,原方程变为 $p' - \frac{1}{x+1}p = -\frac{1}{x+1}$,

代入一阶线性非齐次方程的通解公式,得

$$\begin{aligned} p &= e^{-\int -\frac{1}{x+1}\mathrm{d}x}\left(\int \left(-\frac{1}{x+1}\right)e^{\int -\frac{1}{x+1}\mathrm{d}x}\mathrm{d}x + C_1\right) \\ &= (x+1)\left(\int -\frac{1}{(x+1)^2}\mathrm{d}x + C_1\right) = 1 + C_1(x+1), \end{aligned}$$

即 $y' = 1 + C_1(x+1)$. 将 $y'(0) = 2$ 代入得 $C_1 = 1$,即 $y' = x + 2$,

两边积分,得 $y = \frac{1}{2}x^2 + 2x + C_2$. 将 $y(0) = 1$ 代入得 $C_2 = 1$,

故所求特解为 $$y = \frac{1}{2}x^2 + 2x + 1.$$

2. 选择题

(1)微分方程 $y'' = \cos x$ 的通解为(　　).

A. $y = -\cos x + C_1 x + C_2$　　B. $y = \cos x + C_1 x + C_2$

C. $y = -\sin x + C_1 x + C_2$　　D. $y = \sin x + C_1 x + C_2$

(2)微分方程 $y'' = \frac{y'}{x\ln x}$ 的通解为(　　).

A. $y = C_1 x\ln x + C_2$　　B. $y = C_1 x(\ln x - 1) + C_2$

C. $y = x\ln x$　　D. $y = Cx(\ln x - 1)$

(3)方程 $yy'' = (y')^2$ 的通解是(　　).

A. $y = e^{C_1 x}$　　B. $y = C_1 x + C_2$

C. $y = C_2 e^{C_1 x}$　　D. $y = e^{C_1 x} + C_2$

解 (1)由于 $y' = \int \cos x\mathrm{d}x = \sin x + C_1$,则 $y = \int (\sin x + C_1)\mathrm{d}x = -\cos x + C_1 x + C_2$.

所以选择 A.

(2)令 $y' = p$,则 $y'' = p'$,原方程变为 $p' - \frac{1}{x\ln x}p = 0$,代入一阶线性齐次方程的通解公式,得

$$p = C_1 e^{-\int -\frac{1}{x\ln x}\mathrm{d}x} = C_1 \ln x,$$

两边积分,得通解

$$y=\int C_1\ln x\mathrm{d}x=C_1\left(x\ln x-\int x\mathrm{d}\ln x\right)=C_1x(\ln x-1)+C_2,$$

所以选择 B.

(3)方程中不显含 x,令 $y'=p$,则 $y''=p\dfrac{\mathrm{d}p}{\mathrm{d}y}$,原方程化为 $yp\dfrac{\mathrm{d}p}{\mathrm{d}y}=p^2$,分离变量得,$\dfrac{\mathrm{d}p}{p}=\dfrac{\mathrm{d}y}{y}$,两边积分得 $p=C_1y$,即 $y'=C_1y$. 分离变量得,$\dfrac{\mathrm{d}y}{y}=C_1\mathrm{d}x$,两边积分得 $y=C_2\cdot \mathrm{e}^{C_1x}$. 所以选择 C.

3. 求下列方程的通解:

(1)$y''=\dfrac{1}{1+x^2}$; (2)$y''=\ln x$;

(3)$y''=y'+x$; (4)$xy''+y'=0$;

(5)$y''=1+(y')^2$; (6)$y''-(y')^2=0$.

解 (1)对所给方程连续积分两次,得

$$y'=\int\frac{1}{1+x^2}\mathrm{d}x=\arctan x+C_1,$$

$$y=\int(\arctan x+C_1)\mathrm{d}x=x\arctan x-\int\frac{x}{1+x^2}\mathrm{d}x+C_1x$$

$$=x\arctan x-\frac{1}{2}\ln(1+x^2)+C_1x+C_2,$$

即所求的通解为

$$y=x\arctan x-\frac{1}{2}\ln(1+x^2)+C_1x+C_2.$$

(2)对所给方程连续积分两次,得

$$y'=\int\ln x\mathrm{d}x=x\ln x-\int x\mathrm{d}(\ln x)=x(\ln x-1)+C_1,$$

$$y=\int[x(\ln x-1)+C_1]\mathrm{d}x=\frac{1}{2}\int(\ln x-1)\mathrm{d}(x^2)+C_1x$$

$$=\frac{1}{2}x^2(\ln x-1)-\frac{1}{2}\int x^2\mathrm{d}(\ln x-1)+C_1x=\frac{1}{2}x^2(\ln x-1)-\frac{1}{4}x^2+C_1x+C_2$$

$$=\frac{1}{2}x^2\ln x-\frac{3}{4}x^2+C_1x+C_2,$$

即所求的通解为

$$y=\frac{1}{2}x^2\ln x-\frac{3}{4}x^2+C_1x+C_2.$$

(3)令 $y'=p$,则 $y''=p'$,原方程化为 $p'=p+x$,即 $p'-p=x$,这是一个一阶线性非齐次方程,其中 $P(x)=-1$,$Q(x)=x$.

代入一阶线性非齐次方程的通解公式得

$$p=\mathrm{e}^{-\int -1\mathrm{d}x}\left(\int x\mathrm{e}^{\int -1\mathrm{d}x}\mathrm{d}x+C\right)=\mathrm{e}^x[-(x+1)\mathrm{e}^{-x}+C_1],$$

即

$$y'=C_1\mathrm{e}^x-(x+1),$$

两边积分,得

$$y=\int[C_1\mathrm{e}^x-(x+1)]\mathrm{d}x,$$

原方程通解为

$$y=C_1\mathrm{e}^x-\frac{1}{2}x^2-x+C_2.$$

(4)令 $y'=p$,则 $y''=p'$,原方程化为 $p'+\dfrac{1}{x}p=0$,这是一个一阶线性齐次方程,代入一阶线性齐次方程的通解公式得

$$p = C_1 e^{-\int \frac{1}{x}dx} = \frac{C_1}{x},$$

两边积分,得 $$y = C_1 \ln|x| + C_2.$$

(5)令 $y' = p$,则 $y'' = p'$,原方程化为 $p' = 1 + p^2$,这是一个可分离变量的方程,

分离变量,得 $$\frac{dp}{1+p^2} = dx,$$

两边积分,得 $$\arctan p = x + C_1,$$

即 $$y' = p = \tan(x + C_1),$$

两边积分,得 $$y = \int \tan(x + C_1)dx,$$

原方程通解为 $$y = -\ln|\cos(x + C_1)| + C_2.$$

(6)方程中不显含 x,令 $y' = p$,则 $y'' = p\frac{dp}{dy}$,原方程化为 $yp\frac{dp}{dy} - p^2 = 0$.

当 $y \neq 0, p \neq 0$ 时,分离变量得

$$\frac{dp}{p} = \frac{dy}{y},$$

两边积分,得 $$p = c_1 y, \quad 即\frac{dy}{dx} = c_1 y,$$

分离变量得 $$\frac{dy}{y} = c_1 dx,$$

两边积分并化简得 $$y = c_2 e^{c_1 x},$$

在以上求解过程中,假定 $y \neq 0, p \neq 0$,实际上 $y = 0, p = 0$ 即有 $\frac{dy}{dx} = 0$ 有 $y = c$ 也是原方程的解,但是在通解 $y = c_2 e^{c_1 x}$ 中,显然 $c_1 = 0$ 时给出了 $y = c_2$ 又当 $c_2 = 0$ 时包含了解 $y = 0$,故 $y = 0, y = c$ 都包含在通解中.

4. 求下列方程满足初始条件的特解:

(1)$y''' = e^{ax}, y|_{x=1} = y'|_{x=1} = y''|_{x=1} = 0$;

(2)$x^2 y'' + xy' = 1, y|_{x=1} = 0, y'|_{x=1} = 1$;

(3)$y'' = 3\sqrt{y}, \quad y|_{x=0} = 1, \quad y'|_{x=0} = 2$.

解 (1)两边积分,得 $$y'' = \int e^{ax}dx = \frac{1}{a}e^{ax} + C_1.$$

将初始条件 $y''|_{x=1} = 0$ 代入,得 $C_1 = -\frac{1}{a}e^a$,从而 $y'' = \frac{1}{a}(e^{ax} - e^a)$,

两边积分,得 $$y' = \int \frac{1}{a}(e^{ax} - e^a)dx = \frac{1}{a^2}e^{ax} - \frac{1}{a}e^a x + C_2.$$

将初始条件 $y'|_{x=1} = 0$ 代入,得 $C_2 = \frac{1}{a}e^a - \frac{1}{a^2}e^a$,

从而 $$y' = \frac{1}{a^2}e^{ax} - \frac{1}{a}e^a x + \frac{1}{a}e^a - \frac{1}{a^2}e^a,$$

两边积分,得 $$y = \int\left(\frac{1}{a^2}e^{ax} - \frac{1}{a}e^a x + \frac{1}{a}e^a - \frac{1}{a^2}e^a\right)dx$$

$$= \frac{1}{a^3}e^{ax} - \frac{1}{2a}e^a x^2 + \frac{1}{a}e^a x - \frac{1}{a^2}e^a x + C_3.$$

将初始条件 $y|_{x=1} = 0$ 代入,得 $C_3 = \frac{1}{a^2}e^a - \frac{1}{a}e^a + \frac{1}{2a}e^a - \frac{1}{a^3}e^a$,

因此所求方程的特解为

$$y=\frac{1}{a^3}e^{ax}-\frac{e^a}{2a}x^2+\frac{e^a}{a^2}(a-1)x+\frac{e^a}{2a^3}(2a-a^2-2).$$

(2)令 $y'=p$，$y''=p'$ 则 $x^2p'+xp=1$，$p'+\frac{1}{x}p=\frac{1}{x^2}$，

$$p=e^{-\int\frac{1}{x}dx}\left[\int\frac{1}{x^2}e^{\int\frac{1}{x}dx}dx+C_1\right]=\frac{1}{x}\left[\int\frac{1}{x^2}xdx+C_1\right]=\frac{1}{x}\left[\frac{1}{x}dx+C_1\right]=\frac{1}{x}[\ln x+C_1]$$

因为 $y'(1)=1\Rightarrow C_1=1$，$y'=\frac{\ln x}{x}+\frac{1}{x}$，$y=\int\frac{\ln x}{x}dx+\int\frac{1}{x}dx=\frac{1}{2}(\ln x)^2+C_2$，

所以 $y(1)=1\Rightarrow C_2=0$，则特解为 $y=\frac{1}{2}(\ln x)^2+\ln x$.

(3)方程中不显含 x，令 $y'=p$，则 $y''=p\frac{dp}{dy}$，原方程化为 $p\frac{dp}{dy}=3\sqrt{y}$，

分离变量，得 $$pdp=3\sqrt{y}dy,$$

两边积分，得 $$\frac{1}{2}p^2=2y^{\frac{3}{2}}+C_1.$$

将初始条件 $y'\big|_{x=0}=2$ 代入，得 $C_1=0$，

即 $$y'=p=\pm 2y^{\frac{3}{4}}.$$

由 $y''=3\sqrt{y}>0$ 可知 $$y'=2y^{\frac{3}{4}},$$

分离变量，得 $$\frac{dy}{y^{\frac{3}{4}}}=2dx,$$

两边积分，得 $$4y^{\frac{1}{4}}=2x+C_2.$$

将初始条件 $y|_{x=0}=1$ 代入，得 $C_2=4$，

故 $$y^{\frac{1}{4}}=\frac{1}{2}x+1,$$

因此所求方程的特解为 $$y=\left(\frac{1}{2}x+1\right)^4.$$

习题 7.4　B 组

1. 试求 $y''=x$ 的经过点 M(0,1)且在此点与直线 $y=\frac{x}{2}+1$ 相切的积分曲线.

解　已知直线 $y=\frac{x}{2}+1$ 在(0,1)处的切线斜率为$\frac{1}{2}$，由题意可知，所求积分曲线是初值问题

$$y''=x,\quad y|_{x=0}=1,\quad y'|_{x=0}=\frac{1}{2}$$

的解．由 $y''=x$，积分得 $$y'=\frac{1}{2}x^2+C_1.$$

将初始条件 $y'|_{x=0}=\frac{1}{2}$ 代入得，$C_1=\frac{1}{2}$，

即 $$y'=\frac{1}{2}(x^2+1),$$

两边积分，得 $$y=\frac{1}{6}x^3+\frac{1}{2}x+C_2,$$

将初始条件 $y|_{x=0}=1$ 代入得，$C_2=1$，

于是所求积分曲线方程为 $$y=\frac{1}{6}x^3+\frac{1}{2}x+1.$$

2. 设有一质量为 m 的物体在空中由静止开始下落，如果空气阻力 $R=Cv$（其中 C 为常数，v 为物体运动的速度），试求物体下落的距离 s 与时间 t 的函数关系．

解 根据牛顿第二定律，有关系式 $m\frac{d^2s}{dt^2}=mg-c\frac{ds}{dt}$.

由题意可知，此为初值问题，

$$\frac{d^2s}{dt^2}=g-\frac{c}{m}\frac{ds}{dt},\quad s\big|_{t=0}=0,\quad \frac{ds}{dt}\bigg|_{t=0}=0.$$

令 $\frac{ds}{dt}=v$，方程可变为 $$\frac{dv}{dt}=g-\frac{c}{m}v,$$

分离变量，得 $$\frac{dv}{g-\frac{c}{m}v}=dt,$$

两边积分，得 $$\ln\left(g-\frac{c}{m}v\right)=-\frac{c}{m}t+C_1.$$

将初始条件 $v=\frac{ds}{dt}\big|_{t=0}=0$ 代入，得 $C_1=\ln g$，

于是，有 $$v=\frac{ds}{dt}=\frac{mg}{c}(1-e^{-\frac{c}{m}t}),$$

两边积分，得 $s=\frac{mg}{c}\left(t+\frac{m}{c}e^{-\frac{c}{m}t}\right)+C_2$.

将初始条件 $s\big|_{t=0}=0$ 代入，得 $C_2=-\frac{m^2g}{c^2}$，

故所求特解为 $$s=\frac{mg}{c}\left(t+\frac{m}{c}e^{-\frac{c}{m}t}-\frac{m}{c}\right).$$

综合测试 7

一、填空题

1. $xy'''+2x^2y'^2+x^3y=x^4+1$ 是__________阶微分方程．

2. 一阶线性微分方程 $y'+P(x)y=Q(x)$ 的通解为__________．

3. 微分方程 $\sqrt{1-x^2}y'=\sqrt{1-y^2}$ 的通解为__________．

4. 微分方程 $y''=x+\sin x$ 的通解为__________．

5. 已知曲线过点 $(0,0)$，且该曲线任意点 $p(x,y)$ 处的切线斜率等于该点的横坐标与纵坐标之和，则该曲线满足的微分方程为__________，并求出曲线方程为__________．

解 1. 三阶．

2. 通解为 $y=e^{-\int P(x)dx}\left(\int Q(x)e^{\int P(x)dx}dx+C\right)$．

3. 原方程变形为 $$\frac{dy}{dx}=\frac{\sqrt{1-y^2}}{\sqrt{1-x^2}},$$

分离变量，得 $$\frac{dy}{\sqrt{1-y^2}}=\frac{dx}{\sqrt{1-x^2}},$$

两边积分,得
$$\arcsin y = \arcsin x + C,$$
此为原方程的通解.

4. 对所给方程连续积分两次,得

$$y' = \int (x + \sin x)\mathrm{d}x = \frac{1}{2}x^2 - \cos x + C_1,$$

$$y = \int \left(\frac{1}{2}x^2 - \cos x + C_1\right)\mathrm{d}x = \frac{1}{6}x^3 - \sin x + C_1 x + C_2$$

即所求的通解为 $y = \frac{1}{6}x^3 - \sin x + C_1 x + C_2$.

5. 设曲线方程为 $y = f(x)$,曲线过点 (x,y),所以切线斜率 $k = y' = x + y$,即 $\frac{\mathrm{d}y}{\mathrm{d}x} = x + y$. 又由于曲线过点 $(0,0)$,所以曲线所满足的微分方程为 $\frac{\mathrm{d}y}{\mathrm{d}x} = x + y$. $\frac{\mathrm{d}y}{\mathrm{d}x} = x + y$ 一阶线性非齐次微分方程,方程通解为 $y = \mathrm{e}^{-\int(-1)\mathrm{d}x}\left(\int x\mathrm{e}^{\int(-1)\mathrm{d}x}\mathrm{d}x + c\right)$, $y = c\mathrm{e}^{x} - x - 1$,曲线过点 $(0,0)$, $c = 1$,所以曲线方程为 $y = \mathrm{e}^{x} - x - 1$.

二、选择题

1. 微分方程 $\left(\frac{\mathrm{d}y}{\mathrm{d}x}\right)^3 + \frac{\mathrm{d}^2 y}{\mathrm{d}x^2} - y^3 + x^5 = 0$ 是(　　)阶微分方程.

A. 二　　B. 三　　C. 一　　D. 五

2. 在以下选项中,(　　)是一阶线性微分方程.

A. $3y' + y\cos y = x$　　B. $yy' + y = x$

C. $\mathrm{d}y + (x^2 y + x^3)\mathrm{d}x = 0$　　D. $y'' - y' = 0$

3. 在以下选项中,(　　)是可分离变量的微分方程.

A. $(xy^2 + x)\mathrm{d}x + (x^2 y + y)\mathrm{d}y = 0$　　B. $x\mathrm{d}x + y\mathrm{d}y = 1$

C. $\frac{\mathrm{d}y}{\mathrm{d}x} = x^2 + y^2$　　D. $\frac{\mathrm{d}y}{\mathrm{d}x} = x^2 - y^2$

4. 下列微分方程中,是齐次微分方程的是(　　).

A. $y' = \mathrm{e}^{x+y}$　　B. $xy' + y = x^2$

C. $y' - xy - x = 0$　　D. $(x - y)\mathrm{d}x + (x + y)\mathrm{d}y = 0$

5. $y = f(x)$ 是微分方程 $2y'\sqrt{x} = y$ 在初始条件 $y\big|_{x=4} = 1$ 下的特解,则 $f(16) = $(　　).

A. 1　　B. e　　C. e^2　　D. 0

6. 利用公式求解一阶线性非齐次微分方程 $x^2 y' - 2y - \sin x = 0$ 时,通常可将 $P(x)$ 和 $Q(x)$ 设为(　　).

A. $P(x) = -2, Q(x) = \sin x$　　B. $P(x) = -\frac{2}{x^2}, Q(x) = -\frac{\sin x}{x^2}$

C. $P(x) = -2, Q(x) = -\sin x$　　D. $P(x) = -\frac{2}{x^2}, Q(x) = \frac{\sin x}{x^2}$

7. 方程 $y''' = \sin x$ 的通解是(　　).

A. $y = \cos x + \frac{1}{2}C_1 x^2 + C_2 x + C_3$　　B. $y = \cos x + C_1$

C. $y = \sin x + \frac{1}{2}C_1 x^2 + C_2 x + C_3$　　D. $y = 2\sin 2x$

8. 微分方程 $y'+y''=xy''$满足条件 $y'|_{x=2}=1, y|_{x=2}=1$的解是(　　).

A. $y=(x-1)^2$　　　　B. $y=\left(x+\frac{1}{2}\right)^2-\frac{21}{4}$

C. $y=\frac{1}{2}(x-1)^2+\frac{1}{2}$　　　　D. $y=\left(x-\frac{1}{2}\right)^2-\frac{5}{4}$

解　1. 此方程为二阶微分方程，所以选择 A.

2. 其中 A 和 B 选项显然不符合一阶线性微分方程的特征，D 选项是二阶线性微分方程，方程 C 可变形为$\frac{dy}{dx}+x^2y=-x^3$，所以选择 C.

3. 方程 A 可变形为$\frac{dy}{dx}=-\frac{xy^2+x}{x^2y+y}=-\frac{x(y^2+1)}{y(x^2+1)}$，此为可分离变量的微分方程．而 B、C、D 显然都不是可分离变量的微分方程．所以选择 A.

4. 方程 A 可变形为 $y'=e^x\cdot e^y$，此为可分离变量的微分方程；方程 B 可变形为 $y'+\frac{1}{x}\cdot y=x$，此为一阶线性非齐次微分方程；方程 C 可变形为 $y'-xy=x$，此为一阶线性非齐次微分方程；方程 D 可变形为$\frac{dy}{dx}=\frac{y-x}{x+y}=\frac{\frac{y}{x}-1}{1+\frac{y}{x}}$，此为齐次方程．所以选择 D.

5. 方程变形为 $y'=\frac{y}{2\sqrt{x}}$，分离变量得$\frac{dy}{y}=\frac{dx}{2\sqrt{x}}$，积分得 $\ln y=\sqrt{x}+\ln C$，即方程的通解为 $y=Ce^{\sqrt{x}}$．将 $y|_{x=4}=1$代入通解得 $C=e^{-2}$，即 $y=f(x)=e^{-2+\sqrt{x}}$，$f(16)=e^2$．所以选择 C.

6. 将方程变形为 $y'-\frac{2y}{x^2}=\frac{\sin x}{x^2}$，则 $P(x)=-\frac{2}{x^2}$，$Q(x)=\frac{\sin x}{x^2}$，所以选择 D.

7. 对所给方程连续积分三次，

$$y''=\int\sin x\,dx=-\cos x+C_1,$$

$$y'=\int(-\cos x+C_1)\,dx=-\sin x+C_1x+C_2,$$

$$y=\int(-\sin x+C_1x+C_2)\,dx=\cos x+\frac{C_1}{2}x^2+C_2x+C_3,$$

所以选择 A.

8. 令 $y'=p$，则 $y''=p'$，于是，原方程化为 $p+p'=xp'$，即

$$p'-\frac{1}{x-1}p=0,$$

代入一阶线性齐次方程通解公式，得 $p=C_1e^{-\int-\frac{1}{x-1}dx}$，

即

$$y'=p=C_1(x-1).$$

将条件 $y'|_{x=2}=1$代入得 $C_1=1$，即

$$y'=x-1,$$

两边积分，得

$$y'=\frac{1}{2}x^2-x+C_2,$$

将条件 $y|_{x=2}=1$代入，得 $C_2=1$，故所求特解为 $y'=\frac{1}{2}(x-1)^2+\frac{1}{2}$，所以选择 C.

三、解答题

1. 求微分方程 $y'=\frac{\cos x}{3y^2+e^y}$的通解．

解 分离变量,得 $$(3y^2+e^y)dy=\cos x dx,$$
两边积分,得所求方程的通解 $$y^3+e^y=\sin x+C.$$

2. 一曲线上各点切线的斜率等于该点横纵坐标之积,且知该曲线过点(0,1),试求出该曲线方程.

解 设(x,y)为曲线上的点,由题意可知 $y'=xy$, $y|_{x=0}=1$,

分离变量,得 $$\frac{dy}{y}=xdx,$$

两边积分,得 $$\ln y=\frac{1}{2}x^2+C,$$

将初始条件 $y|_{x=0}=1$ 代入,得 $C=0$,

故所求曲线方程为 $$\ln y=\frac{1}{2}x^2.$$

3. 求微分方程 $xy'+y=2\sqrt{xy}$ 的通解.

解 原方程可写成 $$\frac{dy}{dx}=\frac{2\sqrt{xy}-y}{x}=2\sqrt{\frac{y}{x}}-\frac{y}{x}.$$

令$\frac{y}{x}=u$,则 $y=ux$, $\frac{dy}{dx}=u+x\frac{du}{dx}$,

于是原方程变为 $$u+x\frac{du}{dx}=2\sqrt{u}-u,$$

即 $$x\frac{du}{dx}=2(\sqrt{u}-u),$$

分离变量,得 $$\frac{du}{2(u-\sqrt{u})}=-\frac{dx}{x},$$

两边积分,得 $$\ln(\sqrt{u}-1)=-\ln x+\ln C,$$

即 $$\sqrt{u}-1=\frac{C}{x},$$

将 $u=\frac{y}{x}$代入,得原方程的通解为 $y=x\left(\frac{C}{x}+1\right)^2$.

4. 求微分方程 $y'\cos x+y\sin x=1$ 的通解.

解 将原方程变形为 $$y'+\tan x\cdot y=\frac{1}{\cos x}.$$

所给方程是一阶线性非齐次方程,其中 $P(x)=\tan x$, $Q(x)=\frac{1}{\cos x}$,

代入通解公式得
$$\begin{aligned} y &= e^{-\int\tan x dx}\left(\int\frac{1}{\cos x}e^{\int\tan x dx}dx+C\right)\\ &=\cos x\left(\int\frac{1}{\cos^2 x}dx+C\right)=\cos x(\tan x+C). \end{aligned}$$

5. 求微分方程 $y''+y'^2+1=0$ 的通解.

解 令 $y'=p$,则 $y''=p'$,于是,原方程化为 $p'+p^2+1=0$,即
$$\frac{dp}{dx}=-(p^2+1),$$

分离变量,得 $$\frac{dp}{p^2+1}=-dx,$$

两边积分,得 $$\arctan p=-x+C_1,$$

即 $$y'=p=\tan(-x+C_1),$$

两边积分,得
$$y=\int\tan(-x+C_1)\,dx,$$
原方程通解为
$$y=-\ln|\cos(-x+C_1)|+C_2.$$

6. 求微分方程 $y''-ay'^2=0$ 满足条件 $y'|_{x=0}=-1,y|_{x=0}=0$的特解.

解 令 $y'=p$,则原方程化为 $p'-ap^2=0$,

分离变量并积分得
$$\int\frac{dp}{p^2}=\int a\,dx,$$
得
$$-\frac{1}{p}=ax+C_1,$$
即
$$p=-\frac{1}{ax+C_1}.$$

将初始条件 $y'|_{x=0}=-1,y|_{x=0}=0$代入,得 $C_1=1$,

即
$$y'=-\frac{1}{ax+1},$$
于是
$$y=-\int\frac{1}{ax+1}dx=-\frac{1}{a}\ln(ax+1)+C_2,$$

将初始条件 $y|_{x=0}=0$代入,得 $C_2=0$,

因此所求特解为
$$y=-\frac{1}{a}\ln(ax+1).$$

7. 求微分方程 $yy'=y''$满足条件 $y'|_{x=0}=1,y|_{x=0}=0$的特解.

解 方程中不显含 x,令 $y'=p$,则 $y''=p\frac{dp}{dy}$,于是原方程化为 $yp=p\frac{dp}{dy}$,当 $p\neq0$ 时,有 $y=\frac{dp}{dy}$,

分离变量,得
$$dp=y\,dy,$$
两边积分,得
$$p=\frac{1}{2}y^2+C_1,$$
即
$$y'=p=\frac{1}{2}y^2+C_1.$$

将初始条件 $y'|_{x=0}=1,y|_{x=0}=0$代入,得 $C_1=1$.

即
$$y'=\frac{1}{2}y^2+1,$$
分离变量,得
$$\frac{dy}{\frac{1}{2}y^2+1}=dx,$$
两边积分,得
$$\sqrt{2}\int\frac{d\left(\frac{1}{\sqrt{2}}y\right)}{\left(\frac{1}{\sqrt{2}}y\right)^2+1}=\int dx,$$
即
$$\sqrt{2}\arctan\frac{1}{\sqrt{2}}y=x+C_2.$$

将初始条件 $y|_{x=0}=0$代入,得 $C_2=0$,

因此所求特解为
$$y=\sqrt{2}\tan\frac{1}{\sqrt{2}}x.$$

专业模块

◎第8章　线性代数初步

◎第9章　概率统计初步

第 8 章　线性代数初步

本章知识结构：

- 线性代数
  - 行列式
    - 概念及性质
    - 计算：行列式按行（列）展开法则
    - 克莱姆法则：求解线性方程组、讨论齐次线性方程组的解
  - 矩阵
    - 概念
    - 运算：加减、数乘、乘法、方幂等
    - 逆矩阵
      - 概念
      - 可逆矩阵的判定
      - 用初等变换求逆矩阵
      - 用逆矩阵求解矩阵方程
    - 矩阵的秩
      - 概念
      - 用初等变换求矩阵的秩
  - 线性方程组
    - 高斯消元法
    - 线性方程组解的讨论
      - 齐次线性方程组的解的讨论
      - 非齐次线性方程组的解的讨论

8.1　行列式的概念与运算

一、学习目标

1. 理解行列式的概念，掌握对角线展开法；
2. 掌握上三角、下三角、对角形行列式以及转置行列式；
3. 掌握应用行列式的性质进行行列式的计算；
4. 掌握降阶法以及化三角形行列式法.

二、基本题型及解题方法

题型　行列式的计算.

解题方法：行列式计算一般有四种方法：

(1) 对角线法则（一般适用于低阶行列式）；

(2) 利用行列式的性质进行计算；

(3)降阶法；

(4)化三角形行列式法. 可根据实际情况，灵活运用解题方法.

例 1 计算行列式：

(1) $\begin{vmatrix} 1 & \log_a b \\ \log_b a & 1 \end{vmatrix}$； (2) $\begin{vmatrix} 4 & 2 & 3 \\ 2 & 3 & 0 \\ 3 & 0 & 0 \end{vmatrix}$.

解 (1) $\begin{vmatrix} 1 & \log_a b \\ \log_b a & 1 \end{vmatrix} = 1 \cdot 1 - \log_a b \cdot \log_b a = 0.$

(2) $\begin{vmatrix} 4 & 2 & 3 \\ 2 & 3 & 0 \\ 3 & 0 & 0 \end{vmatrix} = 4 \cdot 3 \cdot 0 + 2 \cdot 0 \cdot 3 + 3 \cdot 2 \cdot 0 - 3 \cdot 3 \cdot 3 - 0 \cdot 0 \cdot 4 - 2 \cdot 2 \cdot 0 = 27.$

例 2 计算行列式：

(1) $\begin{vmatrix} 13\,547 & 28\,423 \\ 13\,647 & 28\,523 \end{vmatrix}$； (2) $\begin{vmatrix} a_1+b_1 & 3a_1 & 2b_1 \\ a_2+b_2 & 3a_2 & 2b_2 \\ a_3+b_3 & 3a_3 & 2b_3 \end{vmatrix}$.

解 (1)由于数字较大，直接计算比较复杂.观察到第二行数字均比第一行数字多100，为此，利用性质将行列式改写为

$$\begin{vmatrix} 13\,547 & 28\,423 \\ 13\,647 & 28\,523 \end{vmatrix} = \begin{vmatrix} 13\,547 & 28\,423 \\ 13\,547+100 & 28\,423+100 \end{vmatrix} = \begin{vmatrix} 13\,547 & 28\,423 \\ 13\,547 & 28\,423 \end{vmatrix} + \begin{vmatrix} 13\,547 & 28\,423 \\ 100 & 100 \end{vmatrix}$$

$$= 0 + 100 \times (13\,547 - 28\,423) = -1\,487\,600.$$

(2) $\begin{vmatrix} a_1+b_1 & 3a_1 & 2b_1 \\ a_2+b_2 & 3a_2 & 2b_2 \\ a_3+b_3 & 3a_3 & 2b_3 \end{vmatrix} = \begin{vmatrix} a_1 & 3a_1 & 2b_1 \\ a_2 & 3a_2 & 2b_2 \\ a_3 & 3a_3 & 2b_3 \end{vmatrix} + \begin{vmatrix} b_1 & 3a_1 & 2b_1 \\ b_2 & 3a_2 & 2b_2 \\ b_3 & 3a_3 & 2b_3 \end{vmatrix} = 0 + 0 = 0.$

注：利用行列式的性质计算行列式是行列式计算中比较常用的一种方法.

例 3 计算行列式 $\begin{vmatrix} a_{11} & 0 & 0 & a_{14} \\ 0 & a_{22} & a_{23} & 0 \\ 0 & a_{32} & a_{33} & 0 \\ a_{41} & 0 & 0 & a_{44} \end{vmatrix}$.

解 $\begin{vmatrix} a_{11} & 0 & 0 & a_{14} \\ 0 & a_{22} & a_{23} & 0 \\ 0 & a_{32} & a_{33} & 0 \\ a_{41} & 0 & 0 & a_{44} \end{vmatrix} = a_{11}(-1)^{1+1}\begin{vmatrix} a_{22} & a_{23} & 0 \\ a_{32} & a_{33} & 0 \\ 0 & 0 & a_{44} \end{vmatrix} + a_{14}(-1)^{1+4}\begin{vmatrix} 0 & a_{22} & a_{23} \\ 0 & a_{32} & a_{33} \\ a_{41} & 0 & 0 \end{vmatrix}$

$$= a_{11}a_{22}a_{33}a_{44} - a_{11}a_{23}a_{32}a_{44} - a_{14}a_{22}a_{33}a_{41} + a_{14}a_{23}a_{32}a_{41}$$

$$= (a_{11}a_{44} - a_{14}a_{41})(a_{22}a_{33} - a_{23}a_{32}).$$

例 4 计算行列式 $D = \begin{vmatrix} a-b-c & 2a & 2a \\ 2b & b-c-a & 2b \\ 2c & 2c & c-a-b \end{vmatrix}$.

解 $D = \begin{vmatrix} a-b-c & 2a & 2a \\ 2b & b-c-a & 2b \\ 2c & 2c & c-a-b \end{vmatrix} \xlongequal{r_1+r_2+r_3} \begin{vmatrix} a+b+c & a+b+c & a+b+c \\ 2b & b-c-a & 2b \\ 2c & 2c & c-a-b \end{vmatrix}$

$$=(a+b+c)\begin{vmatrix}1&1&1\\2b&b-c-a&2b\\2c&2c&c-a-b\end{vmatrix}\xlongequal[c_3-c_1]{c_2-c_1}(a+b+c)\begin{vmatrix}1&0&0\\2b&-c-a-b&0\\2c&0&-a-b-c\end{vmatrix}$$

$$=(a+b+c)^3.$$

注:当行列式每行(或列)各元素之和都相等时,一般通过把其余各列(行)加到某一列(行)上,提出公因子后使该列(行)各元素变为1,这样便于化为较多的零元素及三角形行列式.

视频

例5

例5 计算行列式 $D=\begin{vmatrix}1&2&0&1\\1&3&5&0\\0&1&5&6\\1&3&3&4\end{vmatrix}$.

解 $D=\begin{vmatrix}1&2&0&1\\1&3&5&0\\0&1&5&6\\1&3&3&4\end{vmatrix}\xlongequal[r_4-r_1]{r_2-r_1}\begin{vmatrix}1&2&0&1\\0&1&5&-1\\0&1&5&6\\0&1&3&3\end{vmatrix}\xlongequal[r_4-r_2]{r_3-r_2}\begin{vmatrix}1&2&0&1\\0&1&5&-1\\0&0&0&7\\0&0&-2&4\end{vmatrix}$

$$\xlongequal{r_3\leftrightarrow r_4}-\begin{vmatrix}1&2&0&1\\0&1&5&-1\\0&0&-2&4\\0&0&0&7\end{vmatrix}=-[1\times1\times(-2)\times7]=14.$$

注:将行列式化为三角形行列式是行列式计算中比较常用的一种方法.

例6 计算行列式 $D=\begin{vmatrix}2&8&-5&1\\1&9&0&-6\\0&-5&-1&2\\1&0&-7&6\end{vmatrix}$.

解 $D=\begin{vmatrix}2&8&-5&1\\1&9&0&-6\\0&-5&-1&2\\1&0&-7&6\end{vmatrix}\xlongequal{r_1\leftrightarrow r_4}-\begin{vmatrix}1&0&-7&6\\1&9&0&-6\\0&-5&-1&2\\2&8&-5&1\end{vmatrix}\xlongequal[r_4-2r_1]{r_2-r_1}-\begin{vmatrix}1&0&-7&6\\0&9&7&-12\\0&-5&-1&2\\0&8&9&-11\end{vmatrix}$

$$=(-1)\times1\times(-1)^{1+1}\begin{vmatrix}9&7&-12\\-5&-1&2\\8&9&-11\end{vmatrix}\xlongequal[C_3+2C_2]{C_1-5C_2}(-1)\begin{vmatrix}-26&7&2\\0&-1&0\\-37&9&7\end{vmatrix}$$

$$=(-1)(-1)(-1)^{2+2}\begin{vmatrix}-26&2\\-37&7\end{vmatrix}=-108.$$

注:对于一般地数字行列式,通常综合利用行列式的性质——先在行列式的某行(或列)(一般选择有数字1且0较多的行或列)选定一个非零元素,通常选数字1,然后利用性质将该行(或列)的其他元素均化为零,再按该行(或列)展开.这是计算数字行列式最常用的方法.

例4~6都用到把几个运算写在一起的省略写法,这里要注意,后一次运算是作用在前一次运算的基础之上的,故各个运算的次序一般不能颠倒.

三、习题详解

习题 8.1 A 组

1. 计算下列行列式：

(1) $\begin{vmatrix} b & a \\ b^2 & a^2 \end{vmatrix}$；　　(2) $\begin{vmatrix} 2 & 5 \\ 1 & 3 \end{vmatrix}$；

(3) $\begin{vmatrix} 1 & 2 & 3 \\ 2 & 4 & 6 \\ 3 & 5 & 7 \end{vmatrix}$；　　(4) $\begin{vmatrix} 1 & 2 & 1 \\ 4 & -1 & 1 \\ 2 & 1 & -1 \end{vmatrix}$.

解 (1) $\begin{vmatrix} b & a \\ b^2 & a^2 \end{vmatrix} = ba^2 - ab^2 = ab(a-b)$.

(2) $\begin{vmatrix} 2 & 5 \\ 1 & 3 \end{vmatrix} = 2\times3-1\times5=1$.

(3) $\begin{vmatrix} 1 & 2 & 3 \\ 2 & 4 & 6 \\ 3 & 5 & 7 \end{vmatrix} = 1\times(-1)^{1+1}\begin{vmatrix} 4 & 6 \\ 5 & 7 \end{vmatrix} + 2\times(-1)^{1+2}\begin{vmatrix} 2 & 6 \\ 3 & 7 \end{vmatrix} + 3\times(-1)^{1+3}\begin{vmatrix} 2 & 4 \\ 3 & 5 \end{vmatrix} = 0$.

(4) $\begin{vmatrix} 1 & 2 & 1 \\ 4 & -1 & 1 \\ 2 & 1 & -1 \end{vmatrix} = 1\times(-1)^{1+1}\begin{vmatrix} -1 & 1 \\ 1 & -1 \end{vmatrix} + 2\times(-1)^{1+2}\begin{vmatrix} 4 & 1 \\ 2 & -1 \end{vmatrix} +$

$1\times(-1)^{1+3}\begin{vmatrix} 4 & -1 \\ 2 & 1 \end{vmatrix} = 18$.

2. 求方程 $\begin{vmatrix} 1 & 3-y \\ 2 & 2-y \end{vmatrix} = 0$ 的解.

解 由题可得 $1\times(2-y)-2\times(3-y)=0$，
整理得 $y=4$.

3. 设 $D = \begin{vmatrix} 1 & 1 & 1 \\ a & b & c \\ a^2 & b^2 & c^2 \end{vmatrix}$，则元素 a、b、c 的代数余子式分别是多少？

解 元素 a 的代数余子式 $A_{21} = (-1)^{2+1}\begin{vmatrix} 1 & 1 \\ b^2 & c^2 \end{vmatrix} = -\begin{vmatrix} 1 & 1 \\ b^2 & c^2 \end{vmatrix}$；

元素 b 的代数余子式 $A_{22} = (-1)^{2+2}\begin{vmatrix} 1 & 1 \\ a^2 & c^2 \end{vmatrix} = \begin{vmatrix} 1 & 1 \\ a^2 & c^2 \end{vmatrix}$；

元素 c 的代数余子式 $A_{23} = (-1)^{2+3}\begin{vmatrix} 1 & 1 \\ a^2 & b^2 \end{vmatrix} = -\begin{vmatrix} 1 & 1 \\ a^2 & b^2 \end{vmatrix}$.

4. 计算行列式 $D = \begin{vmatrix} 2 & 1 & 1 & 1 \\ 1 & 2 & 1 & 1 \\ 1 & 1 & 2 & 1 \\ 1 & 1 & 1 & 2 \end{vmatrix}$.

解 $D = \begin{vmatrix} 2 & 1 & 1 & 1 \\ 1 & 2 & 1 & 1 \\ 1 & 1 & 2 & 1 \\ 1 & 1 & 1 & 2 \end{vmatrix} \xlongequal{r_1+r_2+r_3+r_4} \begin{vmatrix} 5 & 5 & 5 & 5 \\ 1 & 2 & 1 & 1 \\ 1 & 1 & 2 & 1 \\ 1 & 1 & 1 & 2 \end{vmatrix} = 5\begin{vmatrix} 1 & 1 & 1 & 1 \\ 1 & 2 & 1 & 1 \\ 1 & 1 & 2 & 1 \\ 1 & 1 & 1 & 2 \end{vmatrix}$

$$\xlongequal[r_4-r_1]{\substack{r_2-r_1\\ r_3-r_1}} 5\begin{vmatrix}1&1&1&1\\0&1&0&0\\0&0&1&0\\0&0&0&1\end{vmatrix}=5.$$

习题 8.1 B组

1. 把行列式$\begin{vmatrix}1&2&3&4\\2&3&4&1\\3&4&1&2\\4&1&2&3\end{vmatrix}$化为上三角形行列式,并计算其值.

解 $D=\begin{vmatrix}1&2&3&4\\2&3&4&1\\3&4&1&2\\4&1&2&3\end{vmatrix}\xlongequal{r_1+r_2+r_3+r_4}\begin{vmatrix}10&10&10&10\\2&3&4&1\\3&4&1&2\\4&1&2&3\end{vmatrix}=10\begin{vmatrix}1&1&1&1\\2&3&4&1\\3&4&1&2\\4&1&2&3\end{vmatrix}$

$\xlongequal[r_4-4r]{\substack{r_2-2r_1\\ r_3-3r_1}}10\begin{vmatrix}1&1&1&1\\0&1&2&-1\\0&1&-2&-1\\0&-3&-2&-1\end{vmatrix}\xlongequal[r_4+3r_2]{r_3-r_2}10\begin{vmatrix}1&1&1&1\\0&1&2&1\\0&0&-4&0\\0&0&4&-4\end{vmatrix}\xlongequal{r_4+r_3}10\begin{vmatrix}1&1&1&1\\0&1&2&1\\0&0&-4&0\\0&0&0&-4\end{vmatrix}$

$=160.$

2. 计算行列式 $D=\begin{vmatrix}1&2&3&4\\1&0&1&2\\3&-1&-1&0\\1&2&0&-5\end{vmatrix}$.

解 $D=\begin{vmatrix}1&2&3&4\\1&0&1&2\\3&-1&-1&0\\1&2&0&-5\end{vmatrix}\xlongequal[r_4+2r_3]{r_1+2r_3}\begin{vmatrix}7&0&1&4\\1&0&1&2\\3&-1&-1&0\\7&0&-2&-5\end{vmatrix}=(-1)\times(-1)^{3+2}\begin{vmatrix}7&1&4\\1&1&2\\7&-2&-5\end{vmatrix}$

$\xlongequal[r_3+2r_2]{r_1-r_2}\begin{vmatrix}6&0&2\\1&1&2\\9&0&-1\end{vmatrix}=1\times(-1)^{2+2}\begin{vmatrix}6&2\\9&-1\end{vmatrix}=-6-18=-24.$

3. 计算行列式 $D=\begin{vmatrix}1&4&4&4\\4&2&4&4\\4&4&3&4\\4&4&4&4\end{vmatrix}$.

解 $D=\begin{vmatrix}1&4&4&4\\4&2&4&4\\4&4&3&4\\4&4&4&4\end{vmatrix}=4\begin{vmatrix}1&4&4&4\\4&2&4&4\\4&4&3&4\\1&1&1&1\end{vmatrix}\xlongequal{r_1\leftrightarrow r_4}(-4)\begin{vmatrix}1&1&1&1\\4&2&4&4\\4&4&3&4\\1&4&4&4\end{vmatrix}$

$$\xlongequal[r_4-r_1]{\substack{r_2-4r_1\\ r_3-4r_1}}(-4)\begin{vmatrix}1&1&1&1\\0&-2&0&0\\0&0&-1&0\\0&3&3&3\end{vmatrix}=(-4)\times1\times(-1)^{1+1}\begin{vmatrix}-2&0&0\\0&-1&0\\3&3&3\end{vmatrix}$$

$$=(-4)\times(-2)(-1)^{1+1}\begin{vmatrix}-1&0\\3&3\end{vmatrix}=-24.$$

8.2 克莱姆法则

一、学习目标

1. 理解 n 元线性方程组的概念;
2. 掌握用克莱姆法则解线性方程组的方法.

二、基本题型及解题方法

题型 应用克莱姆法则解线性方程组.

解题方法: 根据克莱姆法则,应先判断方程组的系数行列式是否为零,当系数行列式不为零时,再计算 D_j(使用常数项代替系数行列式中的第 j 列得到),最后可得方程组的解为 $x_j=\dfrac{D_j}{D}\ (j=1,2,\cdots,n)$.

例 1 用克莱姆法则解线性方程组: $\begin{cases}x+3y+2z=0\\2x-y+3z=0.\\3x+2y-z=0\end{cases}$

解 因为系数行列式 $D=\begin{vmatrix}1&3&2\\2&-1&3\\3&2&-1\end{vmatrix}=42\neq0$,而

$$D_x=\begin{vmatrix}0&3&3\\0&-1&2\\0&2&-1\end{vmatrix}=0,\quad D_y=\begin{vmatrix}1&0&3\\2&0&2\\3&0&-1\end{vmatrix}=0,\quad D_z=\begin{vmatrix}1&3&0\\2&-1&0\\3&2&0\end{vmatrix}=0,$$

从而,方程组的解为

$$x=\frac{D_x}{D}=0,\quad y=\frac{D_y}{D}=0,\quad z=\frac{D_z}{D}=0.$$

视 频

例2

例 2 用克莱姆法则解线性方程组: $\begin{cases}x_1-x_2+2x_4=-5\\3x_1+2x_2-x_3-2x_4=6\\4x_1+3x_2-x_3-x_4=0\\2x_1-x_3=0\end{cases}$.

解 因为

$$D=\begin{vmatrix}1&-1&0&2\\3&2&-1&-2\\4&3&-1&-1\\2&0&-1&0\end{vmatrix}\xlongequal{c_1+2c_3}\begin{vmatrix}1&-1&0&2\\1&2&-1&-2\\2&3&-1&-1\\0&0&-1&0\end{vmatrix}$$

$$=(-1)\cdot(-1)^{4+3}\begin{vmatrix}1&-1&2\\1&2&-2\\2&3&-1\end{vmatrix}$$

$$\xlongequal[r_3-2r_1]{r_2-r_1}\begin{vmatrix}1&-1&2\\0&3&-4\\0&5&-5\end{vmatrix}=\begin{vmatrix}3&-4\\5&-5\end{vmatrix}=5\neq0.$$

$$D_1=\begin{vmatrix}-5&-1&0&2\\6&2&-1&-2\\0&3&-1&-1\\0&0&-1&0\end{vmatrix}=10,\quad D_2=\begin{vmatrix}1&-5&0&2\\3&6&-1&-2\\4&0&-1&-1\\2&0&-1&0\end{vmatrix}=-15,$$

$$D_3=\begin{vmatrix}1&-1&-5&2\\3&2&6&-2\\4&3&0&-1\\2&0&0&0\end{vmatrix}=20,\quad D_4=\begin{vmatrix}1&-1&0&-5\\3&2&-1&6\\4&3&-1&0\\2&0&-1&0\end{vmatrix}=-25,$$

所以方程组的解为

$$x_1=\frac{D_1}{D}=\frac{10}{5}=2,\quad x_2=\frac{D_2}{D}=\frac{-15}{5}=-3,$$

$$x_3=\frac{D_3}{D}=\frac{20}{5}=4,\quad x_4=\frac{D_4}{D}=\frac{-25}{5}=-5.$$

三、习题详解

习题 8.2 A 组

1. 利用克莱姆法则解下列线性方程组$\begin{cases}2x+3y-9=0\\x+7y+4=0\end{cases}$.

解 原方程变形为$\begin{cases}2x+3y=9\\x+7y=-4\end{cases}$,

因为其系数行列式$D=\begin{vmatrix}2&3\\1&7\end{vmatrix}=2\times7-3\times1=11\neq0$,而

$$D_1=\begin{vmatrix}9&3\\-4&7\end{vmatrix}=9\times7-3\times(-4)=75,\quad D_2=\begin{vmatrix}2&9\\1&-4\end{vmatrix}=2\times(-4)-9\times1=-17,$$

所以方程组的解为

$$x=\frac{D_x}{D}=\frac{75}{11},\quad y=\frac{D_y}{D}=-\frac{17}{11}.$$

2. 利用克莱姆法则解下列线性方程组$\begin{cases}2x+3y-z=-4\\x-y+z=5\\7x-6y-4z=1\end{cases}$.

解 因为系数行列式$D=\begin{vmatrix}2&3&-1\\1&-1&1\\7&-6&-4\end{vmatrix}=8+21+6-7+12+12=52\neq0$,且

$$D_x=\begin{vmatrix}-4&3&-1\\5&-1&1\\1&-6&-4\end{vmatrix}=-16+3+30-1-24+60=52,$$

$$D_y=\begin{vmatrix}2&-4&-1\\1&5&1\\7&1&-4\end{vmatrix}=-40-28-1+35-2-16=-52,$$

$$D_z=\begin{vmatrix}2&3&-4\\1&-1&5\\7&-6&1\end{vmatrix}=-2+105+24-28+60-3=156,$$

所以方程组的解为

$$x=\frac{D_x}{D}=\frac{52}{52}=1,\quad y=\frac{D_y}{D}=\frac{-52}{52}=-1,\quad z=\frac{D_z}{D}=\frac{156}{52}=3.$$

3. 用克莱姆法则解线性方程组：$\begin{cases}x_1+x_2+5x_3+7x_4=14\\3x_1+5x_2+7x_3+x_4=0\\5x_1+7x_2+x_3+3x_4=4\\7x_1+x_2+3x_3+5x_4=16\end{cases}$.

解 因为系数行列式 $D=\begin{vmatrix}1&1&5&7\\3&5&7&1\\5&7&1&3\\7&1&3&5\end{vmatrix}\xlongequal[r_4-2r_2]{r_3-2r_2}\begin{vmatrix}1&1&5&7\\3&5&7&1\\-1&-3&-13&1\\1&-9&-11&3\end{vmatrix}$

$$\xlongequal[\substack{r_3+r_1\\r_4-r_1}]{r_2-3r_1}\begin{vmatrix}1&1&5&7\\0&2&-8&-20\\0&-2&-8&8\\0&-10&-16&-4\end{vmatrix}=\begin{vmatrix}2&-8&-20\\-2&-8&8\\-10&-16&-4\end{vmatrix}$$

$$=8\begin{vmatrix}1&-4&-10\\-1&-4&4\\-5&-8&-2\end{vmatrix}\xlongequal[r_3+5r_1]{r_2+r_1}8\begin{vmatrix}1&-4&-10\\0&-8&-6\\0&-28&-52\end{vmatrix}=1\,984\neq0$$

且 $D_1=\begin{vmatrix}14&1&5&7\\0&5&7&1\\4&7&1&3\\16&1&3&5\end{vmatrix}=1\,984,\quad D_2=\begin{vmatrix}1&14&5&7\\3&0&7&1\\5&4&1&3\\7&16&3&5\end{vmatrix}=-1\,984,$

$$D_3=\begin{vmatrix}1&1&14&7\\3&5&0&1\\5&7&4&3\\7&1&16&5\end{vmatrix}=0,\quad D_4=\begin{vmatrix}1&1&5&14\\3&5&7&0\\5&7&1&4\\7&1&3&16\end{vmatrix}=3\,968.$$

所以方程组的解为：

$$x_1=\frac{D_1}{D}=\frac{1\,984}{1\,984}=1,\quad x_2=\frac{D_2}{D}=\frac{-1\,984}{1\,984}=-1,$$

$$x_3=\frac{D_3}{D}=\frac{0}{1\,984}=0,\quad x_4=\frac{D_4}{D}=\frac{3\,968}{1\,984}=2.$$

习题 8.2 B 组

1. 问齐次线性方程组 $\begin{cases} x_1+x_2+x_3+ax_4=0 \\ x_1+2x_2+x_3+x_4=0 \\ x_1+x_2-3x_3+x_4=0 \\ x_1+x_2+ax_3+bx_4=0 \end{cases}$ 有非零解时，a,b 必须满足什么条件？

解 要使齐次线性方程组有非零解，则系数行列式

$$D=\begin{vmatrix} 1 & 1 & 1 & a \\ 1 & 2 & 1 & 1 \\ 1 & 1 & -3 & 1 \\ 1 & 1 & a & b \end{vmatrix} \xlongequal[r_4-r_1]{\substack{r_2-r_1 \\ r_3-r_1}} \begin{vmatrix} 1 & 1 & 1 & a \\ 0 & 1 & 0 & 1-a \\ 0 & 0 & -4 & 1-a \\ 0 & 0 & a-1 & b-a \end{vmatrix} = \begin{vmatrix} 1 & 0 & 1-a \\ 0 & -4 & 1-a \\ 0 & a-1 & b-a \end{vmatrix} = \begin{vmatrix} -4 & 1-a \\ a-1 & b-a \end{vmatrix}$$

$$=a^2+2a-4b+1=0,$$

即
$$(a+1)^2=4b.$$

2. 问 λ 为何值时，齐次方程组 $\begin{cases} (1-\lambda)x_1-2x_2+4x_3=0 \\ 2x_1+(3-\lambda)x_2+x_3=0 \\ x_1+x_2+(1-\lambda)x_3=0 \end{cases}$ 有非零解？

解 要使齐次线性方程组有非零解，则系列行列式

$$D=\begin{vmatrix} 1-\lambda & -2 & 4 \\ 2 & 3-\lambda & 1 \\ 1 & 1 & 1-\lambda \end{vmatrix} \xlongequal{\substack{r_1-(1-\lambda)r_3 \\ r_2-2r_3}} \begin{vmatrix} 0 & \lambda-3 & -\lambda^2+2\lambda+3 \\ 0 & 1-\lambda & 2\lambda-1 \\ 1 & 1 & 1-\lambda \end{vmatrix} = \begin{vmatrix} \lambda-3 & -\lambda^2+2\lambda+3 \\ 1-\lambda & 2\lambda-1 \end{vmatrix}$$

$$=\lambda(\lambda-3)(2-\lambda)=0,$$

解得 $\lambda=0$ 或 $\lambda=2$ 或 $\lambda=3$.

8.3 矩阵的概念与运算

一、学习目标

1. 理解矩阵的有关概念；
2. 掌握矩阵的三种运算以及方阵的运算；
3. 掌握矩阵的初等变换与矩阵的等价；
4. 掌握矩阵的转置运算.

二、基本题型及解题方法

题型 1 矩阵各种运算的概念理解题.

解题方法：理解矩阵的加减、数乘及乘法运算的定义，根据定义：

(1) 只有两个矩阵的行数和列数都分别相同(即为同型矩阵)时，才能进行加减运算；

(2) 数乘矩阵是用数乘以矩阵的每一个元素；

(3) 只有左矩阵的列数与右矩阵的行数相同时，两个矩阵才能相乘.

例 1 已知 $\boldsymbol{A}=\begin{pmatrix}4&3\\2&1\end{pmatrix}$,$\boldsymbol{B}=\begin{pmatrix}6&5&4\\3&2&1\end{pmatrix}$,则①$\boldsymbol{A}-\boldsymbol{B}$,②$\boldsymbol{BA}$ 分别是(　　).

A. ①有意义,②有意义　　B. ①有意义,②无意义

C. ①无意义,②有意义　　D. ①无意义,②无意义

解 ①因为 $\boldsymbol{A}$ 为 2 行 2 列的矩阵,而 $\boldsymbol{B}$ 为 2 行 3 列的矩阵,故 $\boldsymbol{A}-\boldsymbol{B}$ 无意义;② 因为 $\boldsymbol{B}$ 的列数是 3,而 $\boldsymbol{A}$ 行数是 2,故 $\boldsymbol{BA}$ 无意义.

因此应选择 D.

题型 2 矩阵的各种运算题及各种运算的综合题.

解题方法:按各种运算的概念进行.

例 2 已知 $\boldsymbol{A}=\begin{pmatrix}1&2&0\\-1&3&3\\2&0&4\end{pmatrix}$,$\boldsymbol{B}=\begin{pmatrix}5&6&2\\1&-1&-3\\0&2&2\end{pmatrix}$,且 $\boldsymbol{A}+2\boldsymbol{X}=\boldsymbol{B}$,求未知矩阵 $\boldsymbol{X}$.

解 由 $\boldsymbol{A}+2\boldsymbol{X}=\boldsymbol{B}$ 可得

$$\boldsymbol{X}=\frac{1}{2}(\boldsymbol{B}-\boldsymbol{A})=\frac{1}{2}\left[\begin{pmatrix}5&6&2\\1&-1&-3\\0&2&2\end{pmatrix}-\begin{pmatrix}1&2&0\\-1&3&3\\2&0&4\end{pmatrix}\right]$$

$$=\frac{1}{2}\begin{pmatrix}4&4&2\\2&-4&-6\\-2&2&-2\end{pmatrix}=\begin{pmatrix}2&2&1\\1&-2&-3\\-1&1&-1\end{pmatrix}.$$

例 3 已知 $\boldsymbol{A}=\begin{pmatrix}1&1&1\\1&1&-1\\1&-1&1\end{pmatrix}$,$\boldsymbol{B}=\begin{pmatrix}1&2&3\\-1&-2&4\\0&5&1\end{pmatrix}$,求:(1)$3\boldsymbol{AB}-2\boldsymbol{A}$;(2)$\boldsymbol{A}'\boldsymbol{B}$.

视频

例3(1)

解 (1)因为 $\boldsymbol{AB}=\begin{pmatrix}1&1&1\\1&1&-1\\1&-1&1\end{pmatrix}\begin{pmatrix}1&2&3\\-1&-2&4\\0&5&1\end{pmatrix}=\begin{pmatrix}0&5&8\\0&-5&6\\2&9&0\end{pmatrix}$,所以

$$3\boldsymbol{AB}-2\boldsymbol{A}=3\begin{pmatrix}0&5&8\\0&-5&6\\2&9&0\end{pmatrix}-2\begin{pmatrix}1&1&1\\1&1&-1\\1&-1&1\end{pmatrix}$$

$$=\begin{pmatrix}0&15&24\\0&-15&18\\6&27&0\end{pmatrix}-\begin{pmatrix}2&2&2\\2&2&-2\\2&-2&2\end{pmatrix}$$

$$=\begin{pmatrix}-2&13&22\\-2&-17&20\\4&29&-2\end{pmatrix}.$$

(2)因为 $\boldsymbol{A}'=\begin{pmatrix}1&1&1\\1&1&-1\\1&-1&1\end{pmatrix}=\boldsymbol{A}$,所以 $\boldsymbol{A}'\boldsymbol{B}=\boldsymbol{AB}=\begin{pmatrix}0&5&8\\0&-5&6\\2&9&0\end{pmatrix}$.

三、习题详解

习题8.3 A组

1. 已知$A=\begin{pmatrix}1&2&-1\\3&4&0\\-1&2&3\end{pmatrix}$,$B=\begin{pmatrix}1&2&-1\\0&1&0\\-1&3&4\end{pmatrix}$,求$A+B'$的值.

解 $A+B'=\begin{pmatrix}1&2&-1\\3&4&0\\-1&2&3\end{pmatrix}+\begin{pmatrix}1&0&-1\\2&1&3\\-1&0&4\end{pmatrix}=\begin{pmatrix}2&2&-2\\5&5&3\\-2&2&7\end{pmatrix}$.

2. 已知$A=\begin{pmatrix}2&1&0\\7&-4&-1\end{pmatrix}$,$B=\begin{pmatrix}-2&5\\0&9\\-4&3\end{pmatrix}$,求$A'-B$的值.

解 $A'-B=\begin{pmatrix}2&7\\1&-4\\0&-1\end{pmatrix}-\begin{pmatrix}-2&5\\0&9\\-4&3\end{pmatrix}=\begin{pmatrix}4&2\\1&-13\\4&-4\end{pmatrix}$.

3. 计算$\begin{pmatrix}1&6&4\\-4&2&8\end{pmatrix}+\begin{pmatrix}-2&0&1\\2&-3&4\end{pmatrix}$.

解 $\begin{pmatrix}1&6&4\\-4&2&8\end{pmatrix}+\begin{pmatrix}-2&0&1\\2&-3&4\end{pmatrix}=\begin{pmatrix}-1&6&5\\-2&-1&12\end{pmatrix}$.

4. 设$A=\begin{pmatrix}1&2&1&2\\2&1&2&1\\1&2&3&4\end{pmatrix}$,$B=\begin{pmatrix}4&3&2&1\\-2&1&-2&1\\0&-1&0&-1\end{pmatrix}$,计算:

(1)$3A-B$;(2)$2A+3B$;(3)若X满足$A+X=B$,求X.

解 (1)$3A-B=3\begin{pmatrix}1&2&1&2\\2&1&2&1\\1&2&3&4\end{pmatrix}-\begin{pmatrix}4&3&2&1\\-2&1&-2&1\\0&-1&0&-1\end{pmatrix}=\begin{pmatrix}-1&3&1&5\\8&2&8&2\\3&7&9&13\end{pmatrix}$;

(2)$2A+3B=2\begin{pmatrix}1&2&1&2\\2&1&2&1\\1&2&3&4\end{pmatrix}+3\begin{pmatrix}4&3&2&1\\-2&1&-2&1\\0&-1&0&-1\end{pmatrix}=\begin{pmatrix}14&13&8&7\\-2&5&-2&5\\2&1&6&5\end{pmatrix}$;

(3)由题知$X=B-A=\begin{pmatrix}4&3&2&1\\-2&1&-2&1\\0&-1&0&-1\end{pmatrix}-\begin{pmatrix}1&2&1&2\\2&1&2&1\\1&2&3&4\end{pmatrix}=\begin{pmatrix}3&1&1&-1\\-4&0&-4&0\\-1&-3&-3&-5\end{pmatrix}$.

5. 计算:$\begin{pmatrix}1&2\\3&4\end{pmatrix}\begin{pmatrix}-3&1\\2&4\end{pmatrix}$.

解 $\begin{pmatrix}1&2\\3&4\end{pmatrix}\begin{pmatrix}-3&1\\2&4\end{pmatrix}=\begin{pmatrix}1&9\\-1&19\end{pmatrix}$.

6. 已知$A=\begin{pmatrix}1&3\\2&-1\\2&1\end{pmatrix}$,$B=\begin{pmatrix}2&1&3\\5&2&1\end{pmatrix}$,求$A^{T}-2B$,$2A-B^{T}$.

解 $A^{\mathrm{T}}-2B=\begin{pmatrix}1&2&2\\3&-1&1\end{pmatrix}-2\begin{pmatrix}2&1&3\\5&2&1\end{pmatrix}=\begin{pmatrix}-3&0&-4\\-7&-5&-1\end{pmatrix}$;

$$2A-B^{\mathrm{T}}=2\begin{pmatrix}1&3\\2&-1\\2&1\end{pmatrix}-\begin{pmatrix}2&5\\1&2\\3&1\end{pmatrix}=\begin{pmatrix}0&1\\3&-4\\1&1\end{pmatrix}.$$

7. 计算：$\begin{pmatrix}1&0\\\lambda&1\end{pmatrix}^3$.

解 $\begin{pmatrix}1&0\\\lambda&1\end{pmatrix}^3=\begin{pmatrix}1&0\\\lambda&1\end{pmatrix}\begin{pmatrix}1&0\\\lambda&1\end{pmatrix}\begin{pmatrix}1&0\\\lambda&1\end{pmatrix}=\begin{pmatrix}1&0\\2\lambda&1\end{pmatrix}\begin{pmatrix}1&0\\\lambda&1\end{pmatrix}=\begin{pmatrix}1&0\\3\lambda&1\end{pmatrix}$.

8. 计算：$\begin{pmatrix}a&0&0\\0&b&0\\0&0&c\end{pmatrix}^2$.

解 $\begin{pmatrix}a&0&0\\0&b&0\\0&0&c\end{pmatrix}^2=\begin{pmatrix}a&0&0\\0&b&0\\0&0&c\end{pmatrix}\begin{pmatrix}a&0&0\\0&b&0\\0&0&c\end{pmatrix}=\begin{pmatrix}a^2&0&0\\0&b^2&0\\0&0&c^2\end{pmatrix}$.

习题 8.3 B 组

1. 计算：$(1\quad 0)\begin{pmatrix}3&-1&0&2\\-2&0&1&-4\end{pmatrix}$.

解 $(1\quad 0)\begin{pmatrix}3&-1&0&2\\-2&0&1&-4\end{pmatrix}=(3\quad -1\quad 0\quad 2)$.

2. 计算：$\begin{pmatrix}1&2&-1\\3&1&0\\-1&0&-2\\-3&1&0\end{pmatrix}\begin{pmatrix}2\\-1\\1\end{pmatrix}$.

解 $\begin{pmatrix}1&2&-1\\3&1&0\\-1&0&-2\\-3&1&0\end{pmatrix}\begin{pmatrix}2\\-1\\1\end{pmatrix}=\begin{pmatrix}-1\\5\\-4\\-7\end{pmatrix}$.

3. 计算：$\begin{pmatrix}a_1\\a_2\\\vdots\\a_n\end{pmatrix}(b_1\quad b_2\quad\cdots\quad b_n)$.

解 $\begin{pmatrix}a_1\\a_2\\\vdots\\a_n\end{pmatrix}(b_1\quad b_2\quad\cdots\quad b_n)=\begin{pmatrix}a_1b_1&a_1b_2&\cdots&a_1b_n\\a_2b_1&a_2b_2&\cdots&a_2b_n\\\vdots&\vdots&&\vdots\\a_nb_1&a_nb_2&\cdots&a_nb_n\end{pmatrix}$.

4. 计算：$(x\quad y\quad z)\begin{pmatrix}a_{11}&a_{12}&b_1\\a_{12}&a_{22}&b_2\\b_1&b_2&c\end{pmatrix}\begin{pmatrix}x\\y\\z\end{pmatrix}$.

解 $(x\quad y\quad z)\begin{pmatrix}a_{11}&a_{12}&b_1\\a_{12}&a_{22}&b_2\\b_1&b_2&c\end{pmatrix}\begin{pmatrix}x\\y\\z\end{pmatrix}$

$$=(xa_{11}+ya_{12}+zb_1 \quad xa_{12}+ya_{22}+zb_2 \quad xb_1+yb_2+zc)\begin{pmatrix}x\\y\\z\end{pmatrix}$$
$$=[x(xa_{11}+ya_{12}+zb_1)+y(xa_{12}+ya_{22}+zb_2)+z(xb_1+yb_2+zc)]$$
$$=(a_{11}x^2+a_{22}y^2+cz^2+2(a_{12}xy+b_1xz+b_2yz)).$$

5. 已知 $\boldsymbol{A}=\begin{pmatrix}1&0&3\\2&-1&0\end{pmatrix}$, $\boldsymbol{B}=\begin{pmatrix}3&-1\\-2&4\\0&1\end{pmatrix}$, $\boldsymbol{C}=\begin{pmatrix}1\\2\end{pmatrix}$, 求 $\boldsymbol{ABC}$.

解 $\boldsymbol{ABC}=\begin{pmatrix}1&0&3\\2&-1&0\end{pmatrix}\begin{pmatrix}3&-1\\-2&4\\0&1\end{pmatrix}\begin{pmatrix}1\\2\end{pmatrix}=\begin{pmatrix}3&2\\8&-6\end{pmatrix}\begin{pmatrix}1\\2\end{pmatrix}=\begin{pmatrix}7\\-4\end{pmatrix}$.

8.4 逆矩阵

一、学习目标

1. 理解逆矩阵的概念和运算性质;
2. 掌握逆矩阵的求法.

二、基本题型及解题方法

题型 1 利用伴随矩阵求逆矩阵.

解题方法: 利用公式 $\boldsymbol{A}^{-1}=\frac{1}{|\boldsymbol{A}|}\boldsymbol{A}^*$ 求逆矩阵的方法是:先判断矩阵的行列式是否为零,若为零则矩阵不可逆,若不为零,则继续求出各个元素的代数余子式,按公式写出逆矩阵.

例 1 求矩阵 $\begin{pmatrix}1&1&1&1\\1&1&-1&-1\\1&-1&1&-1\\1&-1&-1&1\end{pmatrix}$ 的逆矩阵.

解 因为

$$|\boldsymbol{A}|=\begin{vmatrix}1&1&1&1\\1&1&-1&-1\\1&-1&1&-1\\1&-1&-1&1\end{vmatrix}=\begin{vmatrix}1&1&1&1\\0&0&-2&-2\\0&-2&0&-2\\0&-2&-2&0\end{vmatrix}=\begin{vmatrix}0&-2&-2\\-2&0&-2\\-2&-2&0\end{vmatrix}=-16\neq 0,$$

所以 $\boldsymbol{A}^{-1}$ 存在,而各个元素的代数余子式如下:

$$\boldsymbol{A}_{11}=\begin{vmatrix}1&-1&-1\\-1&1&-1\\-1&-1&1\end{vmatrix}=-4,\quad \boldsymbol{A}_{21}=-\begin{vmatrix}1&1&1\\-1&1&-1\\-1&-1&1\end{vmatrix}=-4,$$

$$\boldsymbol{A}_{31}=\begin{vmatrix}1&1&1\\1&-1&-1\\-1&-1&1\end{vmatrix}=-4,\quad \boldsymbol{A}_{41}=-\begin{vmatrix}1&1&1\\1&-1&-1\\-1&1&-1\end{vmatrix}=-4,$$

$$A_{12}=-\begin{vmatrix}1&-1&-1\\1&1&-1\\1&-1&1\end{vmatrix}=-4,\quad A_{22}=\begin{vmatrix}1&1&1\\1&1&-1\\1&-1&1\end{vmatrix}=-4,$$

$$A_{32}=-\begin{vmatrix}1&1&1\\1&-1&-1\\1&-1&1\end{vmatrix}=4,\quad A_{42}=\begin{vmatrix}1&1&1\\1&-1&-1\\1&1&-1\end{vmatrix}=4,$$

$$A_{13}=\begin{vmatrix}1&1&-1\\1&-1&-1\\1&-1&1\end{vmatrix}=-4,\quad A_{23}=-\begin{vmatrix}1&1&1\\1&-1&-1\\1&-1&1\end{vmatrix}=4,$$

$$A_{33}=\begin{vmatrix}1&1&1\\1&1&-1\\1&-1&1\end{vmatrix}=-4,\quad A_{34}=-\begin{vmatrix}1&1&1\\1&1&-1\\1&-1&-1\end{vmatrix}=4,$$

$$A_{41}=-\begin{vmatrix}1&1&-1\\1&-1&1\\1&-1&-1\end{vmatrix}=-4,\quad A_{42}=\begin{vmatrix}1&1&1\\1&-1&1\\1&-1&-1\end{vmatrix}=4,$$

$$A_{43}=-\begin{vmatrix}1&1&1\\1&1&-1\\1&-1&-1\end{vmatrix}=4,\quad A_{44}=\begin{vmatrix}1&1&1\\1&1&-1\\1&-1&1\end{vmatrix}=-4,$$

因此 $A^{-1}=-\dfrac{1}{16}\begin{pmatrix}-4&-4&-4&-4\\-4&-4&4&4\\-4&4&-4&4\\-4&4&4&-4\end{pmatrix}=\dfrac{1}{4}\begin{pmatrix}1&1&1&1\\1&1&-1&-1\\1&-1&1&-1\\1&-1&-1&1\end{pmatrix}.$

题型 2 利用初等变换求逆矩阵.

解题方法:用初等变换求 n 阶矩阵 A 的逆矩阵 A^{-1} 的具体方法是:

(1)在矩阵 A 的右侧附一个和它同阶的单位矩阵:$(A \vdots E)_{n\times 2n}$;

(2)对矩阵$(A \vdots I)_{n\times 2n}$只作初等行变换,使左侧 A 变为 E,与此同时,右侧 E 就变成了 A 的逆矩阵 A^{-1},即

$$(A \vdots E)\xrightarrow{\text{初等行变换}}(E \vdots A^{-1}).$$

视频

例2

例 2 利用初等变换求矩阵$\begin{pmatrix}1&1&1&1\\1&1&-1&-1\\1&-1&1&-1\\1&-1&-1&1\end{pmatrix}$的逆矩阵.

解 $(A \vdots E)=\left(\begin{array}{cccc:cccc}1&1&1&1&1&0&0&0\\1&1&-1&-1&0&1&0&0\\1&-1&1&-1&0&0&1&0\\1&-1&-1&1&0&0&0&1\end{array}\right)$

$$\xrightarrow[r_4-r_1]{\substack{r_2-r_1\\ r_3-r_1}}\left(\begin{array}{cccc:cccc}1&1&1&1&1&0&0&0\\0&0&-2&-2&-1&1&0&0\\0&-2&0&-2&-1&0&1&0\\0&-2&-2&0&-1&0&0&1\end{array}\right)$$

$$\xrightarrow[-\frac{1}{2}r_4]{\substack{-\frac{1}{2}r_2\\ -\frac{1}{2}r_3}}\left(\begin{array}{cccc:cccc}1&1&1&1&1&0&0&0\\0&0&1&1&\frac{1}{2}&-\frac{1}{2}&0&0\\0&1&0&1&\frac{1}{2}&0&-\frac{1}{2}&0\\0&1&1&0&\frac{1}{2}&0&0&-\frac{1}{2}\end{array}\right)$$

$$\xrightarrow{r_2\leftrightarrow r_4}\left(\begin{array}{cccc:cccc}1&1&1&1&1&0&0&0\\0&1&1&0&\frac{1}{2}&0&0&-\frac{1}{2}\\0&1&0&1&\frac{1}{2}&0&-\frac{1}{2}&0\\0&0&1&1&\frac{1}{2}&-\frac{1}{2}&0&0\end{array}\right)$$

$$\xrightarrow[r_3-r_2]{r_1-r_2}\left(\begin{array}{cccc:cccc}1&0&0&1&\frac{1}{2}&0&0&\frac{1}{2}\\0&1&1&0&\frac{1}{2}&0&0&-\frac{1}{2}\\0&0&-1&1&0&0&-\frac{1}{2}&\frac{1}{2}\\0&0&1&1&\frac{1}{2}&-\frac{1}{2}&0&0\end{array}\right)$$

$$\xrightarrow[r_4+r_3]{r_2+r_3}\left(\begin{array}{cccc:cccc}1&0&0&1&\frac{1}{2}&0&0&\frac{1}{2}\\0&1&0&1&\frac{1}{2}&0&-\frac{1}{2}&0\\0&0&-1&1&0&0&-\frac{1}{2}&\frac{1}{2}\\0&0&0&2&\frac{1}{2}&-\frac{1}{2}&-\frac{1}{2}&\frac{1}{2}\end{array}\right)$$

$$\xrightarrow[\frac{1}{2}r_4]{-r_3}\left(\begin{array}{cccc:cccc}1&0&0&1&\frac{1}{2}&0&0&\frac{1}{2}\\0&1&0&1&\frac{1}{2}&0&-\frac{1}{2}&0\\0&0&1&-1&0&0&\frac{1}{2}&-\frac{1}{2}\\0&0&0&1&\frac{1}{4}&-\frac{1}{4}&-\frac{1}{4}&\frac{1}{4}\end{array}\right)$$

$$\xrightarrow[r_1-r_4]{\substack{r_3+r_4\\ r_2-r_4}}\left(\begin{array}{cccc:cccc}1&0&0&0&\frac{1}{4}&\frac{1}{4}&\frac{1}{4}&\frac{1}{4}\\ 0&1&0&0&\frac{1}{4}&\frac{1}{4}&-\frac{1}{4}&-\frac{1}{4}\\ 0&0&1&0&\frac{1}{4}&-\frac{1}{4}&\frac{1}{4}&-\frac{1}{4}\\ 0&0&0&1&\frac{1}{4}&-\frac{1}{4}&-\frac{1}{4}&\frac{1}{4}\end{array}\right),$$

所以
$$A^{-1}=\frac{1}{4}\begin{pmatrix}1&1&1&1\\1&1&-1&-1\\1&-1&1&-1\\1&-1&-1&1\end{pmatrix}.$$

题型3 用逆矩阵解线性方程组及一般的矩阵方程.

解题方法:(1)将方程组写成矩阵方程的形式:$AX=B$;

(2)计算系数行列式$|A|$,当$|A|\neq 0$时,求A^{-1};

(3)$X=A^{-1}B$.

例3 设$A=\begin{pmatrix}1&2&3\\2&2&1\\3&4&3\end{pmatrix}$,$B=\begin{pmatrix}2&1\\5&3\end{pmatrix}$,$C=\begin{pmatrix}1&3\\2&0\\3&1\end{pmatrix}$,且$AXB=C$,求$X$.

解 因为$|A|=\begin{vmatrix}1&2&3\\2&2&1\\3&4&3\end{vmatrix}=2\neq 0$,所以$A$可逆,且$A^{-1}=\frac{1}{2}\begin{pmatrix}2&6&-4\\-3&-6&5\\2&2&-2\end{pmatrix}$,

又因为$|B|=\begin{vmatrix}2&1\\5&3\end{vmatrix}=1\neq 0$,所以$B$可逆,且$B^{-1}=\begin{pmatrix}3&-1\\-5&2\end{pmatrix}$.

以A^{-1}同时左乘方程$AXB=C$的两边,以B^{-1}同时右乘方程$AXB=C$的两边,得

$$X=A^{-1}AXBB^{-1}=A^{-1}CB^{-1}=\frac{1}{2}\begin{pmatrix}2&6&-4\\-3&-6&5\\2&2&-2\end{pmatrix}\begin{pmatrix}1&3\\2&0\\3&1\end{pmatrix}\begin{pmatrix}3&-1\\-5&2\end{pmatrix}$$

$$=\frac{1}{2}\begin{pmatrix}2&6&-4\\-3&-6&5\\2&2&-2\end{pmatrix}\begin{pmatrix}-12&5\\6&-2\\4&-1\end{pmatrix}=\begin{pmatrix}-2&1\\10&-4\\-10&4\end{pmatrix}.$$

三、习题详解

习题8.4 A组

1. 设$A=\begin{pmatrix}1&5&2\\0&3&10\\1&2&1\end{pmatrix}$,求$A^{-1}$的值.

解 $(A\vdots E)=\begin{pmatrix}1&5&2&1&0&0\\0&3&10&0&1&0\\1&2&1&0&0&1\end{pmatrix}\xrightarrow{r_3-r_1}\begin{pmatrix}1&5&2&1&0&0\\0&3&10&0&1&0\\0&-3&-1&-1&0&1\end{pmatrix}$

$$\xrightarrow[r_3+r_2]{r_1+\frac{5}{3}r_3}\begin{pmatrix}1 & 0 & \frac{1}{3} & -\frac{2}{3} & 0 & \frac{5}{3}\\ 0 & 3 & 10 & 0 & 1 & 0\\ 0 & 0 & 9 & -1 & 1 & 1\end{pmatrix}\xrightarrow[r_2-\frac{10}{9}r_3]{r_1-\frac{1}{27}r_3}\begin{pmatrix}1 & 0 & 0 & -\frac{17}{27} & -\frac{1}{27} & \frac{44}{27}\\ 0 & 3 & 0 & \frac{10}{9} & -\frac{1}{9} & -\frac{10}{9}\\ 0 & 0 & 9 & -1 & 1 & 1\end{pmatrix}$$

$$\xrightarrow[r_3\times\frac{1}{9}]{r_2\times\frac{1}{3}}\begin{pmatrix}1 & 0 & 0 & -\frac{17}{27} & -\frac{1}{27} & \frac{44}{27}\\ 0 & 1 & 0 & \frac{10}{27} & -\frac{1}{27} & -\frac{10}{27}\\ 0 & 0 & 1 & -\frac{1}{9} & \frac{1}{9} & \frac{1}{9}\end{pmatrix},$$

所以
$$A^{-1}=\begin{pmatrix}-\frac{17}{27} & -\frac{1}{27} & \frac{44}{27}\\ \frac{10}{27} & -\frac{1}{27} & -\frac{10}{27}\\ -\frac{1}{9} & \frac{1}{9} & \frac{1}{9}\end{pmatrix}=\frac{1}{27}\begin{pmatrix}-17 & -1 & 44\\ 10 & -1 & -10\\ -3 & 3 & 3\end{pmatrix}.$$

2. 求$\begin{pmatrix}1 & 2\\ 2 & 5\end{pmatrix}$的逆矩阵.

解 因为$|A|=\begin{vmatrix}1 & 2\\ 2 & 5\end{vmatrix}=1$,又

$$A_{11}=(-1)^{1+1}|5|=5,\quad A_{12}=(-1)^{1+2}|2|=-2,$$
$$A_{21}=(-1)^{2+1}|2|=-2,\quad A_{22}=(-1)^{2+2}|1|=1,$$

所以
$$A^{-1}=\frac{1}{|A|}A^*=A^*=\begin{pmatrix}5 & -2\\ -2 & 1\end{pmatrix}.$$

3. 求$\begin{pmatrix}1 & 2 & 1\\ 3 & 4 & -2\\ 5 & -4 & 1\end{pmatrix}$的逆矩阵.

解 $(A\vdots E)=\begin{pmatrix}1 & 2 & 1 & 1 & 0 & 0\\ 3 & 4 & -2 & 0 & 1 & 0\\ 5 & -4 & 1 & 0 & 0 & 1\end{pmatrix}\xrightarrow[r_3-5r_1]{r_2-3r_1}\begin{pmatrix}1 & 2 & 1 & 1 & 0 & 0\\ 0 & -2 & -5 & -3 & 1 & 0\\ 0 & -14 & -4 & -5 & 0 & 1\end{pmatrix}$

$$\xrightarrow[r_3-7r_2]{r_1+r_2}\begin{pmatrix}1 & 0 & -4 & -2 & 1 & 0\\ 0 & -2 & -5 & -3 & 1 & 0\\ 0 & 0 & 31 & 16 & -7 & 1\end{pmatrix}$$

$$\xrightarrow[r_1+\frac{4}{31}r_3]{r_2+\frac{5}{31}r_3}\begin{pmatrix}1 & 0 & 0 & \frac{2}{31} & \frac{3}{31} & \frac{4}{31}\\ 0 & -2 & 0 & -\frac{13}{31} & -\frac{4}{31} & \frac{5}{31}\\ 0 & 0 & 31 & 16 & -7 & 1\end{pmatrix}$$

$$\xrightarrow[r_3\times\frac{1}{31}]{r_2\times\left(-\frac{1}{2}\right)}\begin{pmatrix}1&0&0&\frac{2}{31}&\frac{3}{31}&\frac{4}{31}\\0&1&0&\frac{13}{62}&\frac{2}{31}&-\frac{5}{62}\\0&0&1&\frac{16}{31}&-\frac{7}{31}&\frac{1}{31}\end{pmatrix},$$

所以
$$A^{-1}=\begin{pmatrix}\frac{2}{31}&\frac{3}{31}&\frac{4}{31}\\\frac{13}{62}&\frac{2}{31}&-\frac{5}{62}\\\frac{16}{31}&-\frac{7}{31}&\frac{1}{31}\end{pmatrix}.$$

4. 求$\begin{pmatrix}1&2&3&4\\0&1&2&3\\0&0&1&2\\0&0&0&1\end{pmatrix}$的逆矩阵.

解 $(A\vdots E)=\begin{pmatrix}1&2&3&4&1&0&0&0\\0&1&2&3&0&1&0&0\\0&0&1&2&0&0&1&0\\0&0&0&1&0&0&0&1\end{pmatrix}\xrightarrow{r_1-2r_2}\begin{pmatrix}1&0&-1&-2&1&-2&0&0\\0&1&2&3&0&1&0&0\\0&0&1&2&0&0&1&0\\0&0&0&1&0&0&0&1\end{pmatrix}$

$$\xrightarrow[r_2-2r_3]{r_1+r_3}\begin{pmatrix}1&0&0&0&1&-2&1&0\\0&1&0&-1&0&1&-2&0\\0&0&1&2&0&0&1&0\\0&0&0&1&0&0&0&1\end{pmatrix}$$

$$\xrightarrow[r_3-2r_4]{r_2+r_4}\begin{pmatrix}1&0&0&0&1&-2&1&0\\0&1&0&0&0&1&-2&1\\0&0&1&0&0&0&1&-2\\0&0&0&1&0&0&0&1\end{pmatrix}.$$

所以
$$A^{-1}=\begin{pmatrix}1&-2&1&0\\0&1&-2&1\\0&0&1&-2\\0&0&0&1\end{pmatrix}.$$

习题8.4 B组

1. 设$A=\begin{pmatrix}2\cos\alpha&2\sin\alpha\\-\sin\alpha&\cos\alpha\end{pmatrix}$,求$A^{-1}$.

解 因为$|A|=\begin{vmatrix}2\cos\alpha&2\sin\alpha\\-\sin\alpha&\cos\alpha\end{vmatrix}=2\cos^2\alpha+2\sin^2\alpha=2$,

又 $A_{11}=(-1)^{1+1}|\cos\alpha|=\cos\alpha$; $A_{12}=(-1)^{1+2}|-\sin\alpha|=\sin\alpha$;

$A_{21}=(-1)^{2+1}|2\sin\alpha|=-2\sin\alpha$; $A_{22}=(-1)^{2+2}|2\cos\alpha|=2\cos\alpha$.

所以
$$A^{-1}=\frac{1}{|A|}A^*=\frac{1}{2}\begin{pmatrix}\cos\alpha&-2\sin\alpha\\\sin\alpha&2\cos\alpha\end{pmatrix}=\begin{pmatrix}\frac{1}{2}\cos\alpha&-\sin\alpha\\\frac{1}{2}\sin\alpha&\cos\alpha\end{pmatrix}.$$

2. 设 $\boldsymbol{A}=\begin{pmatrix}4&3&2\\3&2&1\\2&1&1\end{pmatrix}$,求 $\boldsymbol{A}^{-1}$.

解 $(\boldsymbol{A}\vdots\boldsymbol{E})=\begin{pmatrix}4&3&2&1&0&0\\3&2&1&0&1&0\\2&1&1&0&0&1\end{pmatrix}\xrightarrow{r_1-r_2}\begin{pmatrix}1&1&1&1&-1&0\\3&2&1&0&1&0\\2&1&1&0&0&1\end{pmatrix}$

$$\xrightarrow[r_3-2r_1]{r_2-3r_1}\begin{pmatrix}1&1&1&1&-1&0\\0&-1&-2&-3&4&0\\0&-1&-1&-2&2&1\end{pmatrix}\xrightarrow[r_3-r_2]{r_1+r_2}\begin{pmatrix}1&0&-1&-2&3&0\\0&-1&-2&-3&4&0\\0&0&1&1&-2&1\end{pmatrix}$$

$$\xrightarrow[r_2+2r_3]{r_1+r_3}\begin{pmatrix}1&0&0&-1&1&1\\0&-1&0&-1&0&2\\0&0&1&1&-2&1\end{pmatrix}\xrightarrow{r_2\times(-1)}\begin{pmatrix}1&0&0&-1&1&1\\0&1&0&1&0&-2\\0&0&1&1&-2&1\end{pmatrix}$$

所以
$$\boldsymbol{A}^{-1}=\begin{pmatrix}-1&1&1\\1&0&-2\\1&-2&1\end{pmatrix}.$$

3. 求矩阵方程 $\boldsymbol{X}\begin{pmatrix}1&1&-1\\2&1&0\\1&-1&1\end{pmatrix}=\begin{pmatrix}1&-1&3\\4&3&2\\1&-2&5\end{pmatrix}$中的未知矩阵 $\boldsymbol{X}$.

解 记 $\boldsymbol{A}=\begin{pmatrix}1&1&-1\\2&1&0\\1&-1&1\end{pmatrix}$,$\boldsymbol{B}=\begin{pmatrix}1&-1&3\\4&3&2\\1&-2&5\end{pmatrix}$,则题设方程可改写为
$$\boldsymbol{XA}=\boldsymbol{B},$$
用 $\boldsymbol{A}^{-1}$右乘上式,得 $\boldsymbol{X}=\boldsymbol{BA}^{-1}$,

又因 $(\boldsymbol{A}\vdots\boldsymbol{E})=\begin{pmatrix}1&1&-1&1&0&0\\2&1&0&0&1&0\\1&-1&1&0&0&1\end{pmatrix}\xrightarrow[r_3-r_1]{r_2-2r_1}\begin{pmatrix}1&1&-1&1&0&0\\0&-1&2&-2&1&0\\0&-2&2&-1&0&1\end{pmatrix}$

$$\xrightarrow[r_3-2r_2]{r_1+r_2}\begin{pmatrix}1&0&1&-1&1&0\\0&-1&2&-2&1&0\\0&0&-2&3&-2&1\end{pmatrix}\xrightarrow[r_2+r_3]{r_1+\frac{1}{2}r_3}\begin{pmatrix}1&0&0&\frac{1}{2}&0&\frac{1}{2}\\0&-1&0&1&-1&1\\0&0&-2&3&-2&1\end{pmatrix}$$

$$\xrightarrow[r_3\times\left(-\frac{1}{2}\right)]{r_2\times(-1)}\begin{pmatrix}1&0&0&\frac{1}{2}&0&\frac{1}{2}\\0&1&0&-1&1&-1\\0&0&1&-\frac{3}{2}&1&-\frac{1}{2}\end{pmatrix},$$

所以
$$\boldsymbol{A}^{-1}=\begin{pmatrix}\frac{1}{2}&0&\frac{1}{2}\\-1&1&-1\\-\frac{3}{2}&1&-\frac{1}{2}\end{pmatrix}.$$

将 $\boldsymbol{A}^{-1}$代入 $\boldsymbol{X}=\boldsymbol{BA}^{-1}$中,得

$$X=BA^{-1}=\begin{pmatrix}1&-1&3\\4&3&2\\1&-2&5\end{pmatrix}\begin{pmatrix}\frac{1}{2}&0&\frac{1}{2}\\-1&1&-1\\-\frac{3}{2}&1&-\frac{1}{2}\end{pmatrix}=\begin{pmatrix}-3&2&0\\-4&5&-2\\-5&3&0\end{pmatrix}.$$

8.5 矩阵的秩

一、学习目标

1. 理解行阶梯形矩阵、行简化阶梯形矩阵以及矩阵的秩的定义；
2. 掌握矩阵的初等变换，并会利用矩阵的初等变换求矩阵的秩和逆矩阵.

二、基本题型及解题方法

题型 求矩阵的秩.

解题方法：(1)利用矩阵的秩的概念求矩阵的秩. 利用概念求一个矩阵的秩时，对一个非零矩阵，一般可以从二阶子式开始逐一计算，若找到一个不为零的二阶子式，就去继续计算它的三阶子式，若找到一个不为零的三阶子式，就去继续计算它的四阶子式，直到它的所有 $r+1$ 阶子式全部为零，而至少有一个 r 阶子式不为零，则这个矩阵的秩为 r.

(2)利用初等变换求矩阵的秩. 其具体做法是：

利用初等变换将矩阵 $A=\begin{pmatrix}a_{11}&a_{12}&\cdots&a_{1n}\\a_{21}&a_{22}&\cdots&a_{2n}\\\vdots&\vdots&&\vdots\\a_{m1}&a_{m2}&\cdots&a_{mn}\end{pmatrix}$ 化为阶梯形矩阵（三角矩阵是阶梯形矩阵的特殊情况）. 阶梯形矩阵有如下特征：

(1)若有零行，则零行位于矩阵下方；

(2)非零行的第一个非零元素的左边零的个数随行标递增.

如矩阵

$$\begin{pmatrix}1&4&-3\\0&3&1\\0&0&2\end{pmatrix},\quad\begin{pmatrix}1&7&3&2&0\\0&2&-1&6&1\\0&0&2&1&1\\0&0&0&0&0\end{pmatrix},\quad\begin{pmatrix}1&2&0&-1\\0&0&2&1\\0&0&0&3\\0&0&0&0\end{pmatrix}$$

等均为阶梯形矩阵.

从阶梯形矩阵的特征容易看出，阶梯形矩阵的秩是其非零行行数.

例 1 求下列矩阵的秩：

视频

例1(1)

(1) $A=\begin{pmatrix}1&2&2&11\\2&2&-3&-14\\3&1&1&3\\2&5&5&28\end{pmatrix}$；

(2) $A=\begin{pmatrix}2&0&2&2\\0&1&0&0\\2&1&0&1\\0&1&0&0\end{pmatrix}$.

解 (1)利用初等变换求秩,因为

$$A\xrightarrow[r_4-2r_1]{\substack{r_2-2r_1\\r_3-3r_1}}\begin{pmatrix}1&2&2&11\\0&-2&-7&-36\\0&-5&-5&-30\\0&1&1&6\end{pmatrix}\xrightarrow{r_2\leftrightarrow r_4}\begin{pmatrix}1&2&2&11\\0&1&1&6\\0&-5&-5&-30\\0&-2&-7&-36\end{pmatrix}$$

$$\xrightarrow{\substack{r_3+5r_2\\r_4+2r_2}}\begin{pmatrix}1&2&2&11\\0&1&1&6\\0&0&0&0\\0&0&-5&-24\end{pmatrix}\xrightarrow{r_3\leftrightarrow r_4}\begin{pmatrix}1&2&2&11\\0&1&1&6\\0&0&-5&-24\\0&0&0&0\end{pmatrix},$$

故 $R(A)=3$.

(2)利用矩阵的秩的概念求秩,

显然,矩阵 A 的一个三阶子式 $\begin{vmatrix}2&0&2\\0&1&0\\2&1&0\end{vmatrix}=-4\neq0$,而 $|A|=\begin{vmatrix}2&0&2&2\\0&1&0&0\\2&1&0&1\\0&1&0&0\end{vmatrix}=0$,故 $R(A)=3$.

三、习题详解

习题 8.5 A 组

1. 设 $A=(1\quad -3\quad 2\quad -1)$,求 $R(A)$的值.

解 根据矩阵秩的定义:矩阵 A 中不为零的子式的最高阶数称为这个矩阵的秩可知,$R(A)=1$.

2. 设 $A=\begin{pmatrix}1\\6\\8\\4\end{pmatrix}$,求 $R(A)$的值.

解 根据矩阵秩的定义:矩阵 A 中不为零的子式的最高阶数称为这个矩阵的秩可知,$R(A)=1$.

3. 求矩阵 $A=\begin{pmatrix}1&2&-3\\-1&-3&4\\1&1&-2\end{pmatrix}$的秩.

解 $A=\begin{pmatrix}1&2&-3\\-1&-3&4\\1&1&-2\end{pmatrix}\xrightarrow{\substack{r_2+r_1\\r_3-r_1}}\begin{pmatrix}1&2&-3\\0&-1&1\\0&-1&1\end{pmatrix}\xrightarrow{r_3-r_2}\begin{pmatrix}1&2&-3\\0&-1&1\\0&0&0\end{pmatrix}$,所以 $R(A)=2$.

4. 求矩阵 $A=\begin{pmatrix}1&1&3&2\\-2&1&0&-1\\-1&2&3&1\end{pmatrix}$的秩.

解 $A=\begin{pmatrix}1&1&3&2\\-2&1&0&-1\\-1&2&3&1\end{pmatrix}\xrightarrow{\substack{r_2+2r_1\\r_3+r_1}}\begin{pmatrix}1&1&3&2\\0&3&6&3\\0&3&6&3\end{pmatrix}\xrightarrow{r_3-r_2}\begin{pmatrix}1&1&3&2\\0&3&6&3\\0&0&0&0\end{pmatrix}$,

所以 $R(A)=2$.

习题8.5　B组

1. 设$A=\begin{pmatrix}1&-2&-1&0&2\\-2&4&2&6&-6\\2&-1&0&2&3\\3&3&3&3&4\end{pmatrix}$,求$R(A)$.

解　$A=\begin{pmatrix}1&-2&-1&0&2\\-2&4&2&6&-6\\2&-1&0&2&3\\3&3&3&3&4\end{pmatrix}\xrightarrow[r_4-3r_1]{\substack{r_2+2r_1\\r_3-2r_1}}\begin{pmatrix}1&-2&-1&0&2\\0&0&0&6&-2\\0&3&2&2&-1\\0&9&6&3&-2\end{pmatrix}\xrightarrow[r_3\leftrightarrow r_4]{r_2\leftrightarrow r_3}\begin{pmatrix}1&-2&-1&0&2\\0&3&2&2&-1\\0&9&6&3&-2\\0&0&0&6&-2\end{pmatrix}$

$\xrightarrow{r_3-3r_2}\begin{pmatrix}1&-2&-1&0&2\\0&3&2&2&-1\\0&0&0&-3&1\\0&0&0&6&-2\end{pmatrix}\xrightarrow{r_4+2r_3}\begin{pmatrix}1&-2&-1&0&2\\0&3&2&2&-1\\0&0&0&-3&1\\0&0&0&0&0\end{pmatrix}$

故:$R(A)=3$.

2. 设$A=\begin{pmatrix}1&3&2\\-2&-1&1\\2&-1&-3\\3&5&4\\1&-3&-2\end{pmatrix}$,求$R(A)$.

解　$A=\begin{pmatrix}1&3&2\\-2&-1&1\\2&-1&-3\\3&5&4\\1&-3&-2\end{pmatrix}\xrightarrow[r_5-r_1]{\substack{r_2+2r_1\\r_3-2r_1\\r_4-3r_1}}\begin{pmatrix}1&3&2\\0&5&5\\0&-7&-7\\0&-4&-2\\0&-6&-4\end{pmatrix}\xrightarrow{\frac{1}{5}r_2}\begin{pmatrix}1&3&2\\0&1&1\\0&-7&-7\\0&-4&-2\\0&-6&-4\end{pmatrix}\xrightarrow[r_5+6r_2]{\substack{r_3+7r_2\\r_4+4r_2}}\begin{pmatrix}1&3&2\\0&1&1\\0&0&0\\0&0&2\\0&0&2\end{pmatrix}$

$\xrightarrow[r_3\leftrightarrow r_4]{r_5-r_4}\begin{pmatrix}1&3&2\\0&1&1\\0&0&2\\0&0&0\\0&0&0\end{pmatrix}$故:$R(A)=3$.

3. 设$A=\begin{pmatrix}1&-2&2&-1\\2&-4&8&0\\-2&4&-2&3\\3&-6&0&-6\end{pmatrix}$,$b=\begin{pmatrix}1\\2\\3\\4\end{pmatrix}$,$B=(A,b)$求$R(A)$及$R(B)$.

解　$A=\begin{pmatrix}1&-2&2&-1\\2&-4&8&0\\-2&4&-2&3\\3&-6&0&-6\end{pmatrix}\xrightarrow[r_4-3r_1]{\substack{r_2-2r_1\\r_3+2r_1}}\begin{pmatrix}1&-2&2&-1\\0&0&4&2\\0&0&2&1\\0&0&-6&-3\end{pmatrix}$

$$\xrightarrow[r_4+3r_3]{r_2-2r_3}\begin{pmatrix}1&-2&2&-1\\0&0&0&0\\0&0&2&1\\0&0&0&0\end{pmatrix}\xrightarrow{r_2\leftrightarrow r_3}\begin{pmatrix}1&-2&2&-1\\0&0&2&1\\0&0&0&0\\0&0&0&0\end{pmatrix},$$

所以 $R(\boldsymbol{A})=2$.

由于 $\boldsymbol{B}=(\boldsymbol{A},\boldsymbol{b})$,且 $\boldsymbol{b}=\begin{pmatrix}1\\2\\3\\4\end{pmatrix}$,

故 $$\boldsymbol{B}=\begin{pmatrix}1&-2&2&-1&1\\0&0&2&1&2\\0&0&0&0&3\\0&0&0&0&4\end{pmatrix}\xrightarrow{r_4-\frac{4}{3}r_3}\begin{pmatrix}1&-2&2&-1&1\\0&0&2&1&2\\0&0&0&0&3\\0&0&0&0&0\end{pmatrix},$$

所以 $R(\boldsymbol{B})=3$.

8.6 线性方程组解的讨论

一、学习目标

1. 掌握一般线性方程组解的情况;
2. 掌握齐次线性方程组解的情况;
3. 会用高斯消元法求线性方程组的解.

二、基本题型及解题方法

题型 1 求解线性方程组.

解题方法:(1)用克莱姆法则求解(当系数行列式 $|\boldsymbol{A}|\neq 0$ 时);

(2)用逆矩阵求解(当系数行列式 $|\boldsymbol{A}|\neq 0$ 时);

(3)用高斯消元法.直接对线性方程组的增广矩阵进行初等行变换,将其化为左上角是单位矩阵的情形,即可求得方程组的解.

例 1 解下列线性方程组:

(1) $\begin{cases}2x_1-x_2-2x_3+x_4=1\\-x_1+x_2+x_3+2x_4=0\\x_1-x_2+2x_3-2x_4=-6\end{cases}$; (2) $\begin{cases}x_1-2x_2+3x_3+2x_4=2\\3x_1-x_2+5x_3-x_4=6\\2x_1+x_2+2x_3-3x_4=8\end{cases}$.

解 (1)对方程组的增广矩阵进行初等行变换

$$\widetilde{\boldsymbol{A}}=\begin{pmatrix}2&-1&-2&1&1\\-1&1&1&2&0\\1&-1&2&-2&-6\end{pmatrix}\xrightarrow[r_3+r_2]{r_1+r_2}\begin{pmatrix}1&0&-1&3&1\\-1&1&1&2&0\\0&0&3&0&-6\end{pmatrix}$$

$$\xrightarrow[\frac{1}{3}r_3]{r_2+r_1}\begin{pmatrix}1&0&-1&3&1\\0&1&0&5&1\\0&0&1&0&-2\end{pmatrix}\xrightarrow{r_1+r_3}\begin{pmatrix}1&0&0&3&-1\\0&1&0&5&1\\0&0&1&0&-2\end{pmatrix}.$$

最后一个矩阵对应的方程组为

$$\begin{cases}x_1+3x_4=-1\\x_2+5x_4=1\\x_3=-2\end{cases},\quad 即\begin{cases}x_1=-1-3x_4\\x_2=1-5x_4\\x_3=-2\end{cases}.$$

取 $x_4=c$,可得方程组的解为$\begin{cases}x_1=-1-3c\\x_2=1-5c\\x_3=-2\\x_4=c\end{cases}$,其中 c 为任意常数.

(2)对方程组的增广矩阵进行初等行变换

$$\widetilde{A}=\begin{pmatrix}1&-2&3&2&2\\3&-1&5&-1&6\\2&1&2&-3&8\end{pmatrix}\xrightarrow[r_3-2r_1]{r_2-3r_1}\begin{pmatrix}1&-2&3&2&2\\0&5&-4&-7&0\\0&5&-4&-7&4\end{pmatrix}$$

$$\xrightarrow[r_1+\frac{2}{5}r_2]{r_3-r_2}\begin{pmatrix}1&0&\frac{7}{5}&-\frac{4}{5}&2\\0&5&-4&-7&0\\0&0&0&0&4\end{pmatrix}\xrightarrow{\frac{1}{5}r_2}\begin{pmatrix}1&0&\frac{7}{5}&-\frac{4}{5}&2\\0&1&-\frac{4}{5}&-\frac{7}{5}&0\\0&0&0&0&4\end{pmatrix}.$$

由于 $R(A)=2<R(\widetilde{A})=3$,故原方程组无解.

题型2 判断线性方程组解的情况或者根据方程组解的情况求方程组中的待定常数.

解题方法:非齐次线性方程组及齐次线性方程组解的情况如下:

$R(A)$与$R(\widetilde{A})$的关系	非齐次线性方程组	齐次线性方程组
$R(A)\neq R(\widetilde{A})$	无解	
$R(A)=R(\widetilde{A})=n$	有唯一解	只有零解
$R(A)=R(\widetilde{A})<n$	有无穷多解,解中含有 $n-R(A)$ 个常数	有无穷多解,解中含有 $n-R(A)$ 个常数

上表中 $R(A)$ 为方程组的系数矩阵的秩,$R(\widetilde{A})$ 为方程组的增广矩阵的秩,n 为方程组中未知量的个数.

根据上表可知,判断方程组解的情况,最终归结为求矩阵的秩,而求矩阵的秩可以利用初等变换,也可以根据矩阵的秩的概念.

例2 判断下列方程组解的情况:

(1)$\begin{cases}x_1+2x_2+3x_3+x_4=5\\2x_1+4x_2-x_4=-3\\-x_1-2x_2+3x_3+2x_4=8\\x_1+2x_2-9x_3-5x_4=-21\end{cases}$;　　(2)$\begin{cases}4x_1+2x_2-x_3=2\\3x_1-x_2+2x_3=3.\\11x_1+3x_2=-6\end{cases}$

解 (1)对方程组的增广矩阵进行初等行变换,求 $R(A)$ 和 $R(\widetilde{A})$.

由
$$\widetilde{A}=\begin{pmatrix}1&2&3&1&5\\2&4&0&-1&-3\\-1&-2&3&2&8\\1&2&-9&-5&-21\end{pmatrix}\xrightarrow[r_4-r_1]{\substack{r_2-2r_1\\r_3+r_1}}\begin{pmatrix}1&2&3&1&5\\0&0&-6&-3&-13\\0&0&6&3&13\\0&0&-12&-6&-26\end{pmatrix}$$
$$\xrightarrow[r_3+r_2]{r_4-2r_2}\begin{pmatrix}1&2&3&1&5\\0&0&-6&-3&-13\\0&0&0&0&0\\0&0&0&0&0\end{pmatrix},$$
可得 $R(A)=R(\widetilde{A})=2<4$,故该方程组有无穷多解.

(2)该方程组的增广矩阵 $\widetilde{A}=\begin{pmatrix}4&2&-1&2\\3&-1&2&3\\11&3&0&-6\end{pmatrix}$,不方便进行初等行变换,可利用矩阵的秩的概念求 $R(A)$ 和 $R(\widetilde{A})$.

因为系数矩阵 $A=\begin{pmatrix}4&2&-1\\3&-1&2\\11&3&0\end{pmatrix}$ 的行列式 $|A|=0$,而显然系数矩阵 A 有一个二阶子式 $\begin{vmatrix}4&2\\3&-1\end{vmatrix}=-10\neq0$,故 $R(A)=2$. 又增广矩阵 $\widetilde{A}=\begin{pmatrix}4&2&-1&2\\3&-1&2&3\\11&3&0&-6\end{pmatrix}$ 的一个三阶子式 $\begin{vmatrix}4&2&2\\3&-1&3\\11&3&-6\end{vmatrix}=130\neq0$,故 $R(\widetilde{A})=3$,即 $R(A)\neq R(\widetilde{A})$,因此该方程组无解.

例 3 讨论 p,q 为何值时,非齐次线性方程组
$$\begin{cases}x_1+2x_2+x_3=4\\x_1+3x_2+2x_3=5\\2x_1+3x_2+px_3=q\end{cases}$$
(1)无解;(2)有唯一解;(3)有无穷多解.

解 对方程组的增广矩阵进行初等行变换,有
$$\widetilde{A}=\begin{pmatrix}1&2&1&4\\1&3&2&5\\2&3&p&q\end{pmatrix}\xrightarrow[r_3-2r_1]{r_2-r_1}\begin{pmatrix}1&2&1&4\\0&1&1&1\\0&-1&p-2&q-8\end{pmatrix}\xrightarrow{r_3+r_2}\begin{pmatrix}1&2&1&4\\0&1&1&1\\0&0&p-1&q-7\end{pmatrix}$$
故:(1)当 $p=1$ 且 $q\neq7$ 时,$R(A)=2$,$R(\widetilde{A})=3$,即 $R(A)\neq R(\widetilde{A})$,方程组无解;

(2)当 $p\neq1$ 时, $R(A)=R(\widetilde{A})=3=n$,方程组有唯一解;

(3)当 $p=1$ 且 $q=7$ 时, $R(A)=R(\widetilde{A})=2<n$,方程组有无穷多解.

视频

例4

例 4 讨论 λ 为何值时,齐次线性方程组
$$\begin{cases}x_1-2x_2+x_3=0\\2x_1-3x_2+2x_3=0\\x_1+2x_2+\lambda x_3=0\end{cases}$$
(1)只有零解;(2)有非零解.

解 系数矩阵

$$A=\begin{pmatrix}1&-2&1\\2&-3&2\\1&2&\lambda\end{pmatrix}\xrightarrow[r_3-r_1]{r_2-2r_1}\begin{pmatrix}1&-2&1\\0&1&0\\0&4&\lambda-1\end{pmatrix}\xrightarrow{r_3-4r_2}\begin{pmatrix}1&-2&1\\0&1&0\\0&0&\lambda-1\end{pmatrix}$$

故(1)当 $\lambda-1\neq0$ 时，$r(A)=3=n$，方程组只有零解；

(2)当 $\lambda-1=0$ 时，$r(A)<3=n$，方程组有非零解.

三、习题详解

习题8.6　A 组

1. 解下列齐次线性方程组 $\begin{cases}x_1+2x_2-3x_3=0\\2x_1+5x_2+2x_3=0.\\3x_1-x_2-4x_3=0\end{cases}$

解　对方程组的增广矩阵进行初等行变换

$$\widetilde{A}=\begin{pmatrix}1&2&-3&0\\2&5&2&0\\3&-1&-4&0\end{pmatrix}\xrightarrow[r_3-3r_1]{r_2-2r_1}\begin{pmatrix}1&2&-3&0\\0&1&8&0\\0&-7&5&0\end{pmatrix}\xrightarrow{r_3+7r_2}\begin{pmatrix}1&2&-3&0\\0&1&8&0\\0&0&61&0\end{pmatrix}.$$

由于其次线性方程组为三阶，且 $R(\boldsymbol{A})=3$，故方程组只有零解.

2. λ 取何值时，方程组 $\begin{cases}2x_1-x_2+2x_3=\lambda x_1\\5x_1-3x_2+3x_3=\lambda x_2\\-x_1-2x_3=\lambda x_3\end{cases}$ 有非零解.

解　系数矩阵

$$\boldsymbol{A}=\begin{pmatrix}2-\lambda&-1&2\\5&-3-\lambda&3\\-1&0&-2-\lambda\end{pmatrix}\xrightarrow{r_1\leftrightarrow r_3}\begin{pmatrix}-1&0&-2-\lambda\\5&-3-\lambda&3\\2-\lambda&-1&2\end{pmatrix}\xrightarrow[r_3+(2-\lambda)r_1]{r_2+5r_1}\begin{pmatrix}-1&0&-2-\lambda\\0&-3-\lambda&-7-5\lambda\\0&-1&\lambda^2-2\end{pmatrix}$$

$$\xrightarrow{r_2-(3+\lambda)\lambda_3}\begin{pmatrix}-1&0&-2-\lambda\\0&0&-(\lambda+1)^3\\0&-1&\lambda^2-2\end{pmatrix}\xrightarrow{r_2\leftrightarrow r_3}\begin{pmatrix}-1&0&-2-\lambda\\0&-1&\lambda^2-2\\0&0&-(\lambda+1)^3\end{pmatrix}$$

当 $\lambda+1=0$ 时，$\lambda=-1$，得 $r(A)<3=n$，则方程组有非零解.

习题8.6　B 组

1. 用消元法解线性方程组 $\begin{cases}2x_1-3x_2+x_3-x_4=3\\3x_1+x_2+x_3+x_4=0\\4x_1-x_2-x_3-x_4=7\\-2x_1-x_2+x_3+x_4=-5\end{cases}$.

解　对方程组的增广矩阵进行初等行变换

$$\widetilde{A}=\begin{pmatrix}2&-3&1&-1&3\\3&1&1&1&0\\4&-1&-1&-1&7\\-2&-1&1&1&-5\end{pmatrix}\xrightarrow[\substack{r_3+r_2\\r_4+r_2}]{r_1+3r_3}\begin{pmatrix}11&0&4&2&3\\3&1&1&1&0\\7&0&0&0&7\\1&0&2&2&-5\end{pmatrix}\xrightarrow{\frac{1}{7}r_3}\begin{pmatrix}11&0&4&2&3\\3&1&1&1&0\\1&0&0&0&1\\1&0&2&2&-5\end{pmatrix}$$

$$
\xrightarrow{\substack{r_1-11r_3\\ r_2-3r_3\\ r_4-r_3}}
\begin{pmatrix} 0 & 0 & 4 & 2 & -8\\ 0 & 1 & 1 & 1 & -3\\ 1 & 0 & 0 & 0 & 1\\ 0 & 0 & 2 & 2 & -6 \end{pmatrix}
\xrightarrow{\substack{r_1\leftrightarrow r_3\\ \frac{1}{2}r_4}}
\begin{pmatrix} 1 & 0 & 0 & 0 & 1\\ 0 & 1 & 1 & 1 & -3\\ 0 & 0 & 4 & 2 & -8\\ 0 & 0 & 1 & 1 & -3 \end{pmatrix}
\xrightarrow{\substack{r_3-4r_4\\ r_2-r_4}}
\begin{pmatrix} 1 & 0 & 0 & 0 & 1\\ 0 & 1 & 0 & 0 & 0\\ 0 & 0 & 0 & -2 & 4\\ 0 & 0 & 1 & 1 & -3 \end{pmatrix}
$$

$$
\xrightarrow{r_3\leftrightarrow r_4}
\begin{pmatrix} 1 & 0 & 0 & 0 & 1\\ 0 & 1 & 0 & 0 & 0\\ 0 & 0 & 1 & 1 & -3\\ 0 & 0 & 0 & -2 & 4 \end{pmatrix}
\xrightarrow{-\frac{1}{2}r_4}
\begin{pmatrix} 1 & 0 & 0 & 0 & 1\\ 0 & 1 & 0 & 0 & 0\\ 0 & 0 & 1 & 1 & -3\\ 0 & 0 & 0 & 1 & 2 \end{pmatrix}
\xrightarrow{r_3-r_4}
\begin{pmatrix} 1 & 0 & 0 & 0 & 1\\ 0 & 1 & 0 & 0 & 0\\ 0 & 0 & 1 & 0 & -1\\ 0 & 0 & 0 & 1 & -2 \end{pmatrix}.
$$

所以 $x_1=1$， $x_2=0$， $x_3=-1$， $x_4=-2$.

2. 用消元法解线性方程组 $\begin{cases} x_1+3x_2+x_3-x_4-2=0\\ 2x_1-2x_2+x_4+3=0\\ 2x_1+3x_2+x_3-3x_4+6=0\\ 3x_1+4x_2-x_3+2x_4=0 \end{cases}$.

解 对方程组的增广矩阵进行初等行变换

$$
\widetilde{A}=\begin{pmatrix} 1 & 3 & 1 & -1 & 2\\ 2 & -2 & 0 & 1 & -3\\ 2 & 3 & 1 & -3 & -6\\ 3 & 4 & -1 & 2 & 0 \end{pmatrix}
\xrightarrow{\substack{r_2-2r_1\\ r_3-2r_1\\ r_4-3r_1}}
\begin{pmatrix} 1 & 3 & 1 & -1 & 2\\ 0 & -8 & -2 & 3 & -7\\ 0 & -3 & -1 & -1 & -10\\ 0 & -5 & -4 & 5 & -6 \end{pmatrix}
$$

$$
\xrightarrow{-\frac{1}{8}r_2}
\begin{pmatrix} 1 & 3 & 1 & -1 & 2\\ 0 & 1 & \frac{1}{4} & -\frac{3}{8} & \frac{7}{8}\\ 0 & -3 & -1 & -1 & -10\\ 0 & -5 & -4 & 5 & -6 \end{pmatrix}
\xrightarrow{\substack{r_3+3r_2\\ r_4+5r_2}}
\begin{pmatrix} 1 & 3 & 1 & -1 & 2\\ 0 & 1 & \frac{1}{4} & -\frac{3}{8} & \frac{7}{8}\\ 0 & 0 & -\frac{1}{4} & -\frac{17}{8} & -\frac{59}{8}\\ 0 & 0 & -\frac{11}{4} & \frac{25}{8} & -\frac{13}{8} \end{pmatrix}
$$

$$
\xrightarrow{\substack{-4r_3\\ 4r_4}}
\begin{pmatrix} 1 & 3 & 1 & -1 & 2\\ 0 & 1 & \frac{1}{4} & -\frac{3}{8} & \frac{7}{8}\\ 0 & 0 & 1 & \frac{17}{2} & \frac{59}{2}\\ 0 & 0 & -11 & \frac{25}{2} & -\frac{13}{2} \end{pmatrix}
\xrightarrow{r_4+11r_3}
\begin{pmatrix} 1 & 3 & 1 & -1 & 2\\ 0 & 1 & \frac{1}{4} & -\frac{3}{8} & \frac{7}{8}\\ 0 & 0 & 1 & \frac{17}{2} & \frac{59}{2}\\ 0 & 0 & 0 & 106 & 318 \end{pmatrix}
$$

$$
\xrightarrow{\frac{1}{106}r_4}
\begin{pmatrix} 1 & 3 & 1 & -1 & 2\\ 0 & 1 & \frac{1}{4} & -\frac{3}{8} & \frac{7}{8}\\ 0 & 0 & 1 & \frac{17}{2} & \frac{59}{2}\\ 0 & 0 & 0 & 1 & 3 \end{pmatrix}
\xrightarrow{r_3-\frac{17}{2}r_4}
\begin{pmatrix} 1 & 3 & 1 & -1 & 2\\ 0 & 1 & \frac{1}{4} & -\frac{3}{8} & \frac{7}{8}\\ 0 & 0 & 1 & 0 & 4\\ 0 & 0 & 0 & 1 & 3 \end{pmatrix}
$$

$$
\xrightarrow{r_2-\frac{1}{4}r_3+\frac{3}{8}r_4}
\begin{pmatrix} 1 & 3 & 1 & -1 & 2\\ 0 & 1 & 0 & 0 & 1\\ 0 & 0 & 1 & 0 & 4\\ 0 & 0 & 0 & 1 & 3 \end{pmatrix}
\xrightarrow{r_1-3r_2-r_3+r_4}
\begin{pmatrix} 1 & 0 & 0 & 0 & -2\\ 0 & 1 & 0 & 0 & 1\\ 0 & 0 & 1 & 0 & 4\\ 0 & 0 & 0 & 1 & 3 \end{pmatrix}.
$$

所以 $$x_1=-2,\quad x_2=1,\quad x_3=4,\quad x_4=3.$$

3. λ 取何值时,方程组 $\begin{cases}2x_1-x_2+3x_3=0\\x_1-3x_2+4x_3=0\\-x_1+2x_2+\lambda x_3=0\end{cases}$ 有非零解.

解 系数矩阵

$$\boldsymbol{A}=\begin{pmatrix}2&-1&3\\1&-3&4\\-1&2&\lambda\end{pmatrix}\xrightarrow{r_1\leftrightarrow r_2}\begin{pmatrix}1&-3&4\\2&-1&3\\-1&2&\lambda\end{pmatrix}\xrightarrow[r_3+r_1]{r_2-2r_1}\begin{pmatrix}1&-3&4\\0&5&-5\\0&-1&\lambda+4\end{pmatrix}\xrightarrow{\frac{1}{5}r_2}\begin{pmatrix}1&-3&4\\0&1&-1\\0&-1&\lambda+4\end{pmatrix}$$

$$\xrightarrow{r_3+r_2}\begin{pmatrix}1&-3&4\\0&1&-1\\0&0&\lambda+3\end{pmatrix}.$$

当 $\lambda+3=0$ 时,$\lambda=-3$,得 $r(\boldsymbol{A})<3=n$,则方程组有非零解.

综合测试 8

一、填空题

1. $\begin{vmatrix}\cos^2\alpha&\sin^2\alpha\\\sin^2\alpha&\cos^2\alpha\end{vmatrix}=$____________.

2. $\begin{vmatrix}1&2&3\\4&0&5\\-1&0&6\end{vmatrix}=$____________.

3. $\begin{vmatrix}2&3&-1\\1&-4&1\\5&-2&3\end{vmatrix}$ 的代数余子式 $|\boldsymbol{A}_{23}|=$____________.

4. 设矩阵 $\boldsymbol{A}=\begin{bmatrix}x-2&0\\0&2x+y\end{bmatrix}$ 的秩是零,则 $y=$____________.

5. 设矩阵 $\boldsymbol{A}=\begin{pmatrix}3&4\\1&1\end{pmatrix}$ 则 $\boldsymbol{A}^{-1}=$____________.

解 1. $\begin{vmatrix}\cos^2\alpha&\sin^2\alpha\\\sin^2\alpha&\cos^2\alpha\end{vmatrix}=(\cos^2\alpha)^2-(\sin^2\alpha)^2=(\cos^2\alpha+\sin^2\alpha)(\cos^2\alpha-\sin^2\alpha)$

$$=\cos^2\alpha-\sin^2\alpha=\cos 2\alpha.$$

2. $\begin{vmatrix}1&2&3\\4&0&5\\-1&0&6\end{vmatrix}=2\times(-1)^{1+2}\begin{vmatrix}4&5\\-1&6\end{vmatrix}=-2\times29=-58.$

3. $|\boldsymbol{A}_{23}|=(-1)^{2+3}\begin{vmatrix}2&3\\5&-2\end{vmatrix}=19.$

4. 由题可知 $\begin{cases}x-2=0\\2x+y=0\end{cases}$,解得 $\begin{cases}x=2\\y=-4\end{cases}$.

5. A 的各代数余子式为 $|\boldsymbol{A}_{11}|=(-1)^{1+1}|1|=1,\quad |\boldsymbol{A}_{12}|=(-1)^{1+2}|1|=-1,$

$$|\boldsymbol{A}_{21}|=(-1)^{2+1}|4|=-4,\quad |\boldsymbol{A}_{22}|=(-1)^{2+2}|3|=3,$$

可得
$$A^* = \begin{pmatrix} 1 & -4 \\ -1 & 3 \end{pmatrix},$$

所以
$$A^{-1} = \frac{1}{|A|}A^* = \frac{1}{3-4}\begin{pmatrix} 1 & -4 \\ -1 & 3 \end{pmatrix} = -\begin{pmatrix} 1 & -4 \\ -1 & 3 \end{pmatrix} = \begin{pmatrix} -1 & 4 \\ 1 & -3 \end{pmatrix}.$$

二、选择题

1. 设行列式 $D = \begin{vmatrix} 1 & 2 & 5 \\ 1 & 3 & -2 \\ 2 & 5 & a \end{vmatrix} = 0$，则 $D =$（　　）.

A. 2　　B. 3　　C. -2　　D. -3

2. 已知 $D = \begin{vmatrix} x & 1 & 2 \\ 2 & x & 1 \\ 1 & 2 & x \end{vmatrix}$，则 $D =$（　　）.

A. x^3+9　　B. $x^3-6x^{2+6x}+9$　　C. x^3+6x^2+6x+9　　D. x^3-6x+9

3. 设矩阵 $A = \begin{pmatrix} 1 & 2 \\ 3 & 4 \end{pmatrix}$，则 A 的伴随矩阵 A^* 为（　　）.

A. $\begin{pmatrix} 4 & -2 \\ -3 & 1 \end{pmatrix}$　　B. $\begin{pmatrix} 1 & -2 \\ -3 & 4 \end{pmatrix}$　　C. $\begin{pmatrix} 4 & 3 \\ 2 & 1 \end{pmatrix}$　　D. $\begin{pmatrix} 1 & 3 \\ 2 & 4 \end{pmatrix}$

4. 若矩阵 $A = \begin{pmatrix} 1 & 3 \\ -1 & a \end{pmatrix}$ 可逆，则 a 的取值为（　　）.

A. 等于 -3　　B. 不等于 -3　　C. 任意实数　　D. 一定等于 3

解　1. 因为行列式
$$D = \begin{vmatrix} 1 & 2 & 5 \\ 1 & 3 & -2 \\ 2 & 5 & a \end{vmatrix} = \begin{vmatrix} 1 & 2 & 5 \\ 0 & 1 & -7 \\ 0 & 1 & a-10 \end{vmatrix} = a-3 = 0,$$
解得 $a=3$. 故该题选 B.

2. 行列式
$$D = \begin{vmatrix} x & 1 & 2 \\ 2 & x & 1 \\ 1 & 2 & x \end{vmatrix} = \begin{vmatrix} 0 & 1-2x & 2-x^2 \\ 0 & x-4 & 1-2x \\ 1 & 2 & x \end{vmatrix} = 1\times(-1)^{3+1}\begin{vmatrix} 1-2x & 2-x^2 \\ x-4 & 1-2x \end{vmatrix} = x^3-6x+9.$$
故该题选 D.

3. 因为各代数余子式为
$$(A_{11}| = (-1)^{1+1}|4| = 4,\quad |A_{12}| = (-1)^{1+2}|3| = -3,$$
$$|A_{21}| = (-1)^{2+1}|2| = -2,\quad |A_{22}| = (-1)^{2+2}|1| = 1,$$
所以矩阵 A 的伴随矩阵 $A^* = \begin{pmatrix} 4 & -2 \\ -3 & 1 \end{pmatrix}$. 故该题选 A.

4. 因为矩阵 A 可逆，则 $|A| \neq 0$，即 $a \neq -3$. 故该题选 B.

三、计算题

1. 计算行列式的值：

(1) $\begin{vmatrix} a & 1 & 1 & 1 \\ 1 & a & 1 & 1 \\ 1 & 1 & a & 1 \\ 1 & 1 & 1 & a \end{vmatrix}$；　　(2) $\begin{vmatrix} 4 & 3 & 2 & 1 \\ 4 & 3 & 2 & 0 \\ 4 & 3 & 0 & 0 \\ 4 & 0 & 0 & 0 \end{vmatrix}$.

解 (1)$\begin{vmatrix} a & 1 & 1 & 1 \\ 1 & a & 1 & 1 \\ 1 & 1 & a & 1 \\ 1 & 1 & 1 & a \end{vmatrix} \xlongequal{r_1+r_2+r_3+r_4} \begin{vmatrix} a+3 & a+3 & a+3 & a+3 \\ 1 & a & 1 & 1 \\ 1 & 1 & a & 1 \\ 1 & 1 & 1 & a \end{vmatrix} = (a+3)\begin{vmatrix} 1 & 1 & 1 & 1 \\ 1 & a & 1 & 1 \\ 1 & 1 & a & 1 \\ 1 & 1 & 1 & a \end{vmatrix}$

$$\xlongequal[r_4-r_1]{\substack{r_2-r_1\\ r_3-r_1}}(a+3)\begin{vmatrix} 1 & 1 & 1 & 1 \\ 0 & a-1 & 0 & 0 \\ 0 & 0 & a-1 & 0 \\ 0 & 0 & 0 & a-1 \end{vmatrix} = 1\times(-1)^{1+1}(a+3)\begin{vmatrix} a-1 & 0 & 0 \\ 0 & a-1 & 0 \\ 0 & 0 & a-1 \end{vmatrix}$$

$$=(a+3)(a-1)^3.$$

(2)$\begin{vmatrix} 4 & 3 & 2 & 1 \\ 4 & 3 & 2 & 0 \\ 4 & 3 & 0 & 0 \\ 4 & 0 & 0 & 0 \end{vmatrix} = 1\times(-1)^{1+4}\begin{vmatrix} 4 & 3 & 2 \\ 4 & 3 & 0 \\ 4 & 0 & 0 \end{vmatrix} = -2\times(-1)^{1+3}\begin{vmatrix} 4 & 3 \\ 4 & 0 \end{vmatrix} = 24.$

2. 求下列行列式的代数余子式 $\boldsymbol{A}_{32}$.

(1)$\begin{vmatrix} 1 & 2 & 0 \\ 2 & 3 & 1 \\ 3 & -2 & 0 \end{vmatrix}$;　　(2)$\begin{vmatrix} 1 & 2 & 3 & -1 \\ 3 & -1 & 4 & 1 \\ 0 & 5 & 4 & 3 \\ 0 & 2 & 0 & 1 \end{vmatrix}$.

解 (1)$\boldsymbol{A}_{32} = (-1)^{3+2}\begin{vmatrix} 1 & 0 \\ 2 & 1 \end{vmatrix} = -1.$

(2)$A_{32} = (-1)^{3+2}\begin{vmatrix} 1 & 3 & -1 \\ 3 & 4 & 1 \\ 0 & 0 & 1 \end{vmatrix} = -1\times(-1)^{3+3}\begin{vmatrix} 1 & 3 \\ 3 & 4 \end{vmatrix} = 5.$

3. 设 $\boldsymbol{A} = \begin{pmatrix} 0 & 1 & 3 \\ 0 & 2 & 5 \\ 2 & 0 & 0 \end{pmatrix}$,求$(\boldsymbol{A}^{\mathrm{T}})^{-1}$.

解 由 $\boldsymbol{A} = \begin{pmatrix} 0 & 1 & 3 \\ 0 & 2 & 5 \\ 2 & 0 & 0 \end{pmatrix}$ 得 $\boldsymbol{A}^{\mathrm{T}} = \begin{pmatrix} 0 & 0 & 2 \\ 1 & 2 & 0 \\ 3 & 5 & 0 \end{pmatrix}$,

又$(\boldsymbol{A}^{\mathrm{T}} \vdots \boldsymbol{E}) = \begin{pmatrix} 0 & 0 & 2 & 1 & 0 & 0 \\ 1 & 2 & 0 & 0 & 1 & 0 \\ 3 & 5 & 0 & 0 & 0 & 1 \end{pmatrix} \xrightarrow{r_1 \leftrightarrow r_2} \begin{pmatrix} 1 & 2 & 0 & 0 & 1 & 0 \\ 0 & 0 & 2 & 1 & 0 & 0 \\ 3 & 5 & 0 & 0 & 0 & 1 \end{pmatrix}$

$$\xrightarrow{r_3-3r_1}\begin{pmatrix} 1 & 2 & 0 & 0 & 1 & 0 \\ 0 & 0 & 2 & 1 & 0 & 1 \\ 0 & -1 & 0 & 0 & -3 & 1 \end{pmatrix} \xrightarrow{r_1+2r_3}\begin{pmatrix} 1 & 0 & 0 & 0 & -5 & 2 \\ 0 & 0 & 2 & 1 & 0 & 0 \\ 0 & -1 & 0 & 0 & -3 & 1 \end{pmatrix}$$

$$\xrightarrow{r_2 \leftrightarrow r_3}\begin{pmatrix} 1 & 0 & 0 & 0 & -5 & 2 \\ 0 & -1 & 0 & 0 & -3 & 1 \\ 0 & 0 & 2 & 1 & 0 & 0 \end{pmatrix} \xrightarrow[r_3\times\frac{1}{2}]{r_2\times(-1)}\begin{pmatrix} 1 & 0 & 0 & 0 & -5 & 2 \\ 0 & 1 & 0 & 0 & 3 & -1 \\ 0 & 0 & 1 & \frac{1}{2} & 0 & 0 \end{pmatrix}.$$

所以
$$(\boldsymbol{A}^{\mathrm{T}})^{-1}=\begin{pmatrix}0&-5&2\\0&3&-1\\\frac{1}{2}&0&0\end{pmatrix}.$$

4. 用克莱姆法则解线性方程组 $\begin{cases}2x+5y+4z=10\\x+3y+2z=6\\2x+10y+9z=20\end{cases}$.

解 因为系数行列式
$$D=\begin{vmatrix}2&5&4\\1&3&2\\2&10&9\end{vmatrix}=\begin{vmatrix}0&-1&0\\1&3&2\\0&4&5\end{vmatrix}=1\times(-1)^{2+1}\begin{vmatrix}-1&0\\4&5\end{vmatrix}=5,$$
$$D_1=\begin{vmatrix}10&5&4\\6&3&2\\20&10&9\end{vmatrix}=0,\quad D_2=\begin{vmatrix}2&10&4\\1&6&2\\2&20&9\end{vmatrix}=10,\quad D_3=\begin{vmatrix}2&5&10\\1&3&6\\2&10&20\end{vmatrix}=0,$$
所以该线性方程组的解为:
$$x=\frac{D_1}{D}=\frac{0}{5}=0,\quad y=\frac{D_2}{D}=\frac{10}{5}=2,\quad z=\frac{D_3}{D}=\frac{0}{5}=0.$$

5. 确定 a 的值,使齐次线性方程组 $\begin{cases}ax_1+x_2+x_3=0\\x_1+ax_2+x_3=0\\x_1+x_2+ax_3=0\end{cases}$ 有非零解.

解 若使齐次线性方程组有非零解,则系数行列式 $D=0$,即
$$D=\begin{vmatrix}a&1&1\\1&a&1\\1&1&a\end{vmatrix}\xlongequal[r_2-r_3]{r_1-ar_3}\begin{vmatrix}0&1-a&1-a^2\\0&a-1&1-a\\1&1&a\end{vmatrix}1\times(-1)^{3+1}\begin{vmatrix}1-a&1-a^2\\a-1&1-a\end{vmatrix}(1-a)^2(2+a)=0,$$
解得 $a=1$ 或 $a=-2$.

6. 解矩阵方程 $\boldsymbol{AX}=\boldsymbol{B}$,其中 $\boldsymbol{A}=\begin{pmatrix}-2&1&0\\1&-2&1\\0&1&-2\end{pmatrix}$,$\boldsymbol{B}=\begin{pmatrix}5&-1\\-2&3\\1&4\end{pmatrix}$.

解 由于矩阵方程 $\boldsymbol{AX}=\boldsymbol{B}$,用 $\boldsymbol{A}^{-1}$ 左乘上式,得
$$\boldsymbol{X}=\boldsymbol{A}^{-1}\boldsymbol{B},$$
又
$$(\boldsymbol{A}\vdots\boldsymbol{E})=\begin{pmatrix}-2&1&0&1&0&0\\1&-2&1&0&1&0\\0&1&-2&0&0&1\end{pmatrix}\xrightarrow{r_1+2r_2}\begin{pmatrix}0&-3&2&1&2&0\\1&-2&1&0&1&0\\0&1&-2&0&0&1\end{pmatrix}$$
$$\xrightarrow[r_2+2r_3]{r_1+3r_3}\begin{pmatrix}0&0&-4&1&2&3\\1&0&-3&0&1&2\\0&1&-2&0&0&1\end{pmatrix}\xrightarrow[r_2\leftrightarrow r_3]{r_1\leftrightarrow r_2}\begin{pmatrix}1&0&-3&0&1&2\\0&1&-2&0&0&1\\0&0&-4&1&2&3\end{pmatrix}$$
$$\xrightarrow[r_2-\frac{1}{2}r_3]{r_1-\frac{3}{4}r_3}\begin{pmatrix}1&0&0&-\frac{3}{4}&-\frac{1}{2}&-\frac{1}{4}\\0&1&0&-\frac{1}{2}&-1&-\frac{1}{2}\\0&0&-4&1&2&3\end{pmatrix}$$

$$\xrightarrow{r_3\times\left(-\frac{1}{4}\right)}\begin{pmatrix}1&0&0&-\frac{3}{4}&-\frac{1}{2}&-\frac{1}{4}\\0&1&0&-\frac{1}{2}&-1&-\frac{1}{2}\\0&0&1&-\frac{1}{4}&-\frac{1}{2}&-\frac{3}{4}\end{pmatrix}.$$

所以
$$\boldsymbol{A}^{-1}=\begin{pmatrix}-\frac{3}{4}&-\frac{1}{2}&-\frac{1}{4}\\-\frac{1}{2}&-1&-\frac{1}{2}\\-\frac{1}{4}&-\frac{1}{2}&-\frac{3}{4}\end{pmatrix}.$$

所以
$$\boldsymbol{X}=\boldsymbol{A}^{-1}\boldsymbol{B}=\begin{pmatrix}-\frac{3}{4}&-\frac{1}{2}&-\frac{1}{4}\\-\frac{1}{2}&-1&-\frac{1}{2}\\-\frac{1}{4}&-\frac{1}{2}&-\frac{3}{4}\end{pmatrix}\begin{pmatrix}5&-1\\-2&3\\1&4\end{pmatrix}=\begin{pmatrix}-3&-\frac{7}{4}\\-1&-\frac{9}{2}\\-1&-\frac{17}{4}\end{pmatrix}.$$

7. $\boldsymbol{A}=\begin{pmatrix}1&0\\-2&3\\-1&2\end{pmatrix}$,$\boldsymbol{B}=\begin{pmatrix}0&-3&2\\5&1&4\end{pmatrix}$,求 $4\boldsymbol{A}-3\boldsymbol{B}^{\mathrm{T}}$.

解 $4\boldsymbol{A}-3\boldsymbol{B}^{T}=4\begin{pmatrix}1&0\\-2&3\\-1&2\end{pmatrix}-3\begin{pmatrix}0&5\\-3&1\\2&4\end{pmatrix}=\begin{pmatrix}4&-15\\1&9\\-10&-4\end{pmatrix}.$

8. 利用初等变换求下列矩阵的逆矩阵:

(1) $\begin{pmatrix}3&2&1\\3&1&5\\3&2&3\end{pmatrix}$; (2) $\begin{pmatrix}3&-2&0&-1\\0&2&2&1\\1&-2&-3&-2\\0&1&2&1\end{pmatrix}$.

解 (1) $(\boldsymbol{A}\,\vdots\,\boldsymbol{E})=\begin{pmatrix}3&2&1&1&0&0\\3&1&5&0&1&0\\3&2&3&0&0&1\end{pmatrix}\xrightarrow[r_3-r_1]{r_2-r_1}\begin{pmatrix}3&2&1&1&0&0\\0&-1&4&-1&1&0\\0&0&2&-1&0&1\end{pmatrix}$

$$\xrightarrow{r_1+2r_2}\begin{pmatrix}3&0&9&-1&2&0\\0&-1&4&-1&1&0\\0&0&2&-1&0&1\end{pmatrix}\xrightarrow[r_2-2r_3]{r_1-\frac{9}{2}r_3}\begin{pmatrix}3&0&0&\frac{7}{2}&2&-\frac{9}{2}\\0&-1&0&1&1&-2\\0&0&2&-1&0&1\end{pmatrix}$$

$$\xrightarrow[r_3\times\frac{1}{2}]{r_1\times\frac{1}{3},\ r_2\times(-1)}\begin{pmatrix}1&0&0&\frac{7}{6}&\frac{2}{3}&-\frac{3}{2}\\0&1&0&-1&-1&2\\0&0&1&-\frac{1}{2}&0&\frac{1}{2}\end{pmatrix}.$$

所以
$$A^{-1}=\begin{pmatrix} \frac{7}{6} & \frac{2}{3} & -\frac{3}{2} \\ -1 & -1 & 2 \\ -\frac{1}{2} & 0 & \frac{1}{2} \end{pmatrix}.$$

$$(2)\ (A \vdots E)=\begin{pmatrix} 3 & -2 & 0 & -1 & 1 & 0 & 0 & 0 \\ 0 & 2 & 2 & 1 & 0 & 1 & 0 & 0 \\ 1 & -2 & -3 & -2 & 0 & 0 & 1 & 0 \\ 0 & 1 & 2 & 1 & 0 & 0 & 0 & 1 \end{pmatrix}$$

$$\xrightarrow[r_2 \leftrightarrow r_4]{r_1 \leftrightarrow r_3}\begin{pmatrix} 1 & -2 & -3 & -2 & 0 & 0 & 1 & 0 \\ 0 & 1 & 2 & 1 & 0 & 0 & 0 & 1 \\ 3 & -2 & 0 & -1 & 1 & 0 & 0 & 0 \\ 0 & 2 & 2 & 1 & 0 & 1 & 0 & 0 \end{pmatrix}$$

$$\xrightarrow{r_3-3r_1}\begin{pmatrix} 1 & -2 & -3 & -2 & 0 & 0 & 1 & 0 \\ 0 & 1 & 2 & 1 & 0 & 0 & 0 & 1 \\ 0 & 4 & 9 & 5 & 1 & 0 & -3 & 0 \\ 0 & 2 & 2 & 1 & 0 & 1 & 0 & 0 \end{pmatrix}$$

$$\xrightarrow{\substack{r_3-4r_2 \\ r_4-2r_2 \\ r_1+2r_2}}\begin{pmatrix} 1 & 0 & 1 & 0 & 0 & 0 & 1 & 2 \\ 0 & 1 & 2 & 1 & 0 & 0 & 0 & 1 \\ 0 & 0 & 1 & 1 & 1 & 0 & -3 & -4 \\ 0 & 0 & -2 & -1 & 0 & 1 & 0 & -2 \end{pmatrix}$$

$$\xrightarrow{\substack{r_1-r_3 \\ r_2-2r_3 \\ r_4+2r_3}}\begin{pmatrix} 1 & 0 & 0 & -1 & -1 & 0 & 4 & 6 \\ 0 & 1 & 0 & -1 & -2 & 0 & 6 & 9 \\ 0 & 0 & 1 & 1 & 1 & 0 & -3 & -4 \\ 0 & 0 & 0 & 1 & 2 & 1 & -6 & -10 \end{pmatrix}$$

$$\xrightarrow{\substack{r_1+r_4 \\ r_2+r_4 \\ r_3-r_4}}\begin{pmatrix} 1 & 0 & 0 & 0 & 1 & 1 & -2 & -4 \\ 0 & 1 & 0 & 0 & 0 & 1 & 0 & -1 \\ 0 & 0 & 1 & 0 & -1 & -1 & 3 & 6 \\ 0 & 0 & 0 & 1 & 2 & 1 & -6 & -10 \end{pmatrix},$$

所以
$$A^{-1}=\begin{pmatrix} 1 & 1 & -2 & -4 \\ 0 & 1 & 0 & -1 \\ -1 & -1 & 3 & 6 \\ 2 & 1 & -6 & -10 \end{pmatrix}.$$

9. 判断下列线性方程组是否有解？若有解，说明解的情况.

(1) $\begin{cases} x_1-2x_2+x_3+x_4=1 \\ x_1-2x_2+x_3-x_4=-1; \\ x_1-2x_2+x_3-5x_4=5 \end{cases}$　　(2) $\begin{cases} 2x_1+5x_2+4x_3=4 \\ x_1+3x_2-7x_3=-8 \\ x_1+4x_2-12x_3=-15 \end{cases}$.

解 (1)对方程组的增广矩阵进行初等行变换：

$$\widetilde{A}=\begin{pmatrix} 1 & -2 & 1 & 1 & 1 \\ 1 & -2 & 1 & -1 & -1 \\ 1 & -2 & 1 & -5 & 5 \end{pmatrix}\xrightarrow[r_3-r_1]{r_2-r_1}\begin{pmatrix} 1 & -2 & 1 & 1 & 1 \\ 0 & 0 & 0 & -2 & -2 \\ 0 & 0 & 0 & -6 & 4 \end{pmatrix}\xrightarrow{r_3-3r_2}\begin{pmatrix} 1 & -2 & 1 & 1 & 1 \\ 0 & 0 & 0 & -2 & -2 \\ 0 & 0 & 0 & 0 & 10 \end{pmatrix}.$$

因为 $r(A)=2, r(\widetilde{A})=3, r(A)\neq r(\widetilde{A})$，所以该方程组无解.

(2)对方程组的增广矩阵进行初等行变换：

$$\widetilde{A}=\begin{pmatrix}2&5&4&4\\1&3&-7&-8\\1&4&-12&-15\end{pmatrix}\xrightarrow{r_1\leftrightarrow r_2}\begin{pmatrix}1&3&-7&-8\\2&5&4&4\\1&4&-12&-15\end{pmatrix}\xrightarrow[r_3-r_1]{r_2-2r_1}\begin{pmatrix}1&3&-7&-8\\0&-1&18&20\\0&1&-5&-7\end{pmatrix}$$

$$\xrightarrow[r_3\times\frac{1}{13}]{r_3+r_2}\begin{pmatrix}1&3&-7&-8\\0&-1&18&20\\0&0&1&1\end{pmatrix}\xrightarrow{r_1+3r_2}\begin{pmatrix}1&0&47&52\\0&-1&18&20\\0&0&1&1\end{pmatrix}\xrightarrow[r_1-47r_3]{r_2-18r_3}\begin{pmatrix}1&0&0&5\\0&-1&0&2\\0&0&1&1\end{pmatrix}.$$

因为 $r(A)=r(\widetilde{A})=3$，所以该方程组有解，解为：

$$x_1=5,\quad x_2=-2,\quad x_3=1.$$

10. 解下列线性方程组：

(1) $\begin{cases}x_1+2x_2-x_3=0\\2x_1+4x_2+7x_3=0\end{cases}$；　　(2) $\begin{cases}x_1-x_2-x_3+x_4=0\\x_1-x_2+x_3-3x_4=2\\x_1-x_2-2x_3+3x_4=-1\end{cases}$.

解　(1)对系数矩阵作初等行变换.

$$A=\begin{pmatrix}1&2&-1\\2&4&7\end{pmatrix}\xrightarrow{r_2-2r_1}\begin{pmatrix}1&2&-1\\0&0&9\end{pmatrix}=B.$$

$r(A)=2<3=n$，所以方程组有无穷多个解.

与矩阵 B 对应的方程组为

$$\begin{cases}x_1=-2x_2\\x_3=0\end{cases}.$$

若令 $x_2=C$（C 为任意常数），则主程组的一般解为

$$x_1=-2C,\quad x_2=C,\quad x_3=0.$$

(2)对方程组的增广矩阵进行初等行变换：

$$\widetilde{A}=\begin{pmatrix}1&-1&-1&1&0\\1&-1&1&-3&2\\1&-1&-2&3&-1\end{pmatrix}\xrightarrow[r_3-r_1]{r_2-r_1}\begin{pmatrix}1&-1&-1&1&0\\0&0&2&-4&2\\0&0&-1&2&-1\end{pmatrix}$$

$$\xrightarrow[r_2+2r_3]{r_1-r_3}\begin{pmatrix}1&-1&0&-1&1\\0&0&0&0&0\\0&0&-1&2&-1\end{pmatrix}\xrightarrow{r_2\leftrightarrow r_3}\begin{pmatrix}1&-1&0&-1&1\\0&0&-1&2&-1\\0&0&0&0&0\end{pmatrix}=B.$$

因为 $r(A)=r(\widetilde{A})=2<4$，所以该方程组有无穷多个解.

与矩阵 B 对应的方程组为

$$\begin{cases}x_1=x_2+x_4+1\\x_3=2x_4+1\end{cases}.$$

若令 $x_2=C_1,x_4=C_2$（C_1、C_2 为任意常数），则方程组的一般解为

$$x_1=C_1+C_2+1,\quad x_3=2C_2+1.$$

第 9 章　概率统计初步

本章知识结构：

- 概率与统计
  - 随机试验与随机事件
    - 随机试验
    - 随机事件
    - 随机事件的关系与运算
  - 概率的定义及性质
    - 古典概率定义
    - 几何概率定义
    - 统计概率定义
    - 概率的公理化定义
  - 条件概率
    - 条件概率与乘法公式
    - 事件的独立性
    - 全概率公式与贝叶斯公式
  - 随机变量及其分布
    - 随机变量
    - 离散型随机变量及分布
    - 连续性随机变量及分布
  - 随机变量的数字特征
    - 数学期望及性质
    - 方差及性质
  - 统计初步
    - 统计量
    - 参数估计
    - 线性回归

9.1　随机试验与随机事件

一、学习目标

1. 理解样本空间、随机事件的概念；
2. 了解随机事件之间的几种关系；
3. 掌握事件的几种运算规律.

二、基本题型及解题方法

题型 1　写出随机试验中样本空间.

解题方法：样本空间 S 即为试验中的所有可能结果构成的集合.

例 1　写出下列随机试验的样本空间：

(1) 观察一粒种子的发芽情况；

(2) 掷两枚硬币，观察正反面的情况；

(3)从 J,Q,K,A 四张扑克中随意抽取两张.

解 (1)$S=\{$发芽,不发芽$\}$.

(2)$S=\{$(正,正),(正,反),(反,正),(反,反)$\}$.

(3)$S=\{(J,Q),(J,K),(J,A),(Q,K)(Q,A)(K,A)\}$.

题型 2 随机事件的运算.

解题方法:要掌握随机事件的四种关系(包含,相等,对立和互斥)、三种运算(和,积差)、四种运算规律(交换、结合、分配)以及德·摩根定律.

例 2 设 A,B,C 为三个事件,用运算关系表示下列各事件:

视频

例2

(1)三个事件恰好有两个发生;

(2)三个事件至少发生一个;

(3)三个事件至少发生两个;

(4)A 与 B 发生,C 不发生;

(5)A,B,C 都不发生;

(6)A,B,C 至多发生一个.

解 (1)三个事件恰好有两个发生,另一个是不发生的,有三种情况,结果是三种情况的并. 即 $G_1=(AB\overline{C})\cup(A\overline{B}C)\cup(\overline{A}BC)$.

(2)三个事件至少发生一个,若必须 A 发生,则 B 和 C 可发生也可不发生,不用考虑. 即 $G_2=A\cup B\cup C$.

(3)三个事件至少发生两个,另一个可发生也可不发生,不用考虑. 即 $G_3=AB\cup AC\cup BC$.

(4)$G_4=AB\overline{C}$.

(5)$G_5=\overline{A}\,\overline{B}\,\overline{C}$或 $G_5=\overline{A\cup B\cup C}$(德·摩根定律).

(6)$G_6=A\overline{B}\,\overline{C}\cup\overline{A}B\overline{C}\cup\overline{A}\,\overline{B}C\cup\overline{A}\,\overline{B}\,\overline{C}$.

三、习题详解

习题 9.1 A 组

1. 选择题:

(1)以下事件中,属不确定事件的是(　　).

A. 从装有 99 个红球,1 个黄球的袋中任意取一个球,这个球是红球

B. 从装有 10 个白球的袋中,任意取出一个球,这个球是黑球

C. 广州每天都下雨

D. 太阳每天从东方升起

(2)一个口袋内装有大小和形状都相同的一个红球和一个黄球,那么“从中任意摸出一个球,得到黄球”这个事件是(　　).

A. 必然事件　　B. 不确定事件

C. 不可能事件　　D. 无法判断是哪类事件

(3)两个事件互斥是两个事件对立的(　　)

A. 充分不必要条件　　B. 必要不充分条件

C. 充要条件　　D. 无关条件

(4)关于事件的运算下列哪项是正确的(　　).

A. $A\cup B=B\cap A$　　B. $A\cup(B\cup C)=(A\cap B)\cup C$

C. $A(B\cup C)=(AB)\cap(AC)$　　　　　　　D. $\overline{A\cup B}=\overline{A}\cap\overline{B}$

解　(1)选择 A.

(2)选择 B.

(3)对立事件一定是互斥事件,反之则不一定. 所以选择 B.

(4)由德 · 摩根定律可知,选择 D.

2. 从 15 本不同的书中任取 3 本,问有多少个基本事件?

解　从 15 本不同的书中任取 3 本,即 $C_{15}^{3}=455$. 共有 455 个基本事件.

习题 9.1　B 组

1. 某人加工了 3 个零件,设事件 $A_i(i=1,2,3)$ 表示"加工的第 i 个零件是合格品",用运算关系表示下列事件:

(1)只有一件合格品;

(2)只有第一件合格;

(3)至少有一件合格;

(4)最多有一件合格;

(5)三件全合格;

(6)至少有一件不合格.

解　已知 A_i 表示"加工的第 i 个零件是合格品",则$\overline{A_i}$表示"加工的第 i 个零件是不合格品".

(1)只有一件合格品:说明其中一个合格时,另外两个都不合格. 即 $A_1\overline{A_2A_3}\cup\overline{A_1}A_2\overline{A_3}\cup\overline{A_1}\,\overline{A_2}A_3$.

(2)只有第一件合格:第二件和第三件都不合格,只有一种情况,即 $A_1\overline{A_2}\,\overline{A_3}$.

(3)至少有一件合格:其中一件合格时,另外两件随意,即 $A_1\cup A_2\cup A_3$.

(4)最多有一件合格:考虑三件中只有一件合格,另外两件都不合格;三件都不合格. $\overline{A_1}\,\overline{A_2}\,\overline{A_3}\cup A_1\overline{A_2}\,\overline{A_3}\cup\overline{A_1}A_2\overline{A_3}\cup\overline{A_1}\,\overline{A_2}A_3$

(5)三件全合格:即 $A_1A_2A_3$.

(6)至少有一件不合格:其中一件不合格时,另外两件随意. 即$\overline{A_1}\cup\overline{A_2}\cup\overline{A_3}$.

9.2　概率的定义及性质

一、学习目标

1. 掌握古典概型的计算;
2. 理解几何概型;
3. 理解概率的定义及性质.

二、基本题型及解题方法

题型 1　计算古典概率.

解题方法:古典概型是最简单的随机试验,理解它的有限性和等可能性.

$$P(A)=\frac{m}{n}=\frac{A\text{ 中包含基本事件的个数}}{S\text{ 中包含基本事件的个数}}.$$

例 1 将一枚均匀的硬币连续掷两次,计算:

(1)正面只出现一次的概率;

(2)正面至少出现一次的概率.

解 先求试验的样本空间 $S=\{(H,H),(H,T),(T,H),(T,T)\}$,有四个样本点.

(1)事件 A 表示"正面只出现一次",$A=\{(H,T),(T,H)\}$,有两个样本点,则 $P(A)=\frac{2}{4}=\frac{1}{2}$.

(2)事件 B 表示"正面至少出现一次",$B=\{(H,H),(H,T),(T,H)\}$,有三个样本点,则 $P(B)=\frac{3}{4}$.

例 2 一个罐中装有 4 个白球,3 个黑球,从罐中任取 3 个球,求:

(1)取出的 3 个球全是白球的概率;

(2)取出的 3 个球中恰有 1 个是白球的概率.

解 从 7 个球中任取 3 个球,相应的样本空间中样本点总数为 C_7^3.

(1)设事件 A ="取出的 3 个球全是白球",这 3 个球只能从 4 个白球中取出,因此样本点数为 C_4^3,所以 $P(A)=\frac{C_4^3}{C_7^3}=\frac{4}{35}$.

(2)设事件 B ="取出的 3 个球中恰有 1 个是白球",意味着另外 2 个是黑球. 由乘法原理,得样本点数为 $C_4^1C_3^2$,所以 $P(B)=\frac{C_4^1C_3^2}{C_7^3}=\frac{12}{35}$.

题型 2 计算几何概率.

解题方法:$P(A)=\frac{\mu(A)}{\mu(S)}=\frac{A\text{ 的度量}}{S\text{ 的度量}}$

例 3 假如公交车每 10 min 一班,某同学随机到达车站等车,问:

(1)该同学等车时间不超过 5 min 的概率是多少? (2)该同学等车时间在 4 ~ 5 min 之间的概率是多少? (3)该同学等车时间恰好为 5 min 的概率是多少?

解 该同学随机到达公交车站,他等车的时间等可能地在区间(0,10)上,

设样本空间 $S=(0,10)$ 为"等车时间".

(1)事件 $A=(0,5)$ 为"等车时间不超过 5 min",则 $P(A)=\frac{5}{10}=\frac{1}{2}$.

(2)事件 $B=(4,5)$ 为"等车时间在 4 ~ 5 min 之间",则 $P(B)=\frac{1}{10}$.

(3)事件 C 为"等车事件恰好为 5 min",则 $P(C)=\frac{0}{10}=0$.

我们都知道,不可能事件的概率为 0,但由此例题可知道,概率为 0 的事件不一定是不可能事件.

题型 3 利用概率的定义和性质来进行计算.

例 4 某工厂有两台机床,机床甲发生故障的概率为 0.1,机床乙发生故障的概率为 0.2,两台机床同时发生故障的概率为 0.05. 试求:

视 频

例4

(1)机床甲和机床乙至少有一台发生故障的概率;

(2)机床甲和机床乙都不发生故障的概率;

(3)机床甲和机床乙不都发生故障的概率.

解 令 A 表示"机床甲发生故障",B 表示"机床乙发生故障",则

$$P(A)=0.1,\quad P(B)=0.2,\quad P(AB)=0.05.$$

(1)所求概率 $P(A\cup B)=P(A)+P(B)-P(AB)=0.1+0.2-0.05=0.25$.

(2)所求概率 $P(\overline{A}\,\overline{B})=P(\overline{A\cup B})=1-P(A\cup B)=1-0.25=0.75$.

(3)所求概率 $P(\overline{AB})=1-P(AB)=1-0.05=0.95$.

例5 设事件 A,B 的概率分别为$\frac{1}{3}$和$\frac{1}{2}$,求在以下三种情况下的 $P(B\overline{A})$值.

(1)A,B 互斥;(2)$A\subset B$;(3)$P(AB)=\frac{1}{8}$.

解 (1)由 A 与 B 互斥,则 $B\subset\overline{A}$,所以 $B\overline{A}=B$,得 $P(B\overline{A})=P(B)=\frac{1}{2}$.

(2)当 $A\subset B$ 时,$P(B\overline{A})=P(B-A)=P(B)-P(A)=\frac{1}{2}-\frac{1}{3}=\frac{1}{6}$.

(3)因为 $A\cup B=A\cup B\overline{A}$,而 $P(A\cup B)=P(A)+P(B)-P(AB)$,$P(A\cup B\overline{A})=P(A)+P(B\overline{A})$,即 $P(A)+P(B)-P(AB)=P(A)+P(B\overline{A})$,

所以
$$P(B\overline{A})=P(B)-P(BA)=\frac{1}{2}-\frac{1}{8}=\frac{3}{8}.$$

三、习题详解

习题 9.2 A 组

1. 选择题:

(1)已知 $A\subset B$,则 $P(B-A)=($ $)$.

A. $P(B)-P(A)$ B. $P(A)-P(B)+P(\overline{A}B)$

C. $P(B)-P(AB)+P(A)$ D. $P(A)+P(\overline{B})-P(AB)$

(2)设 $P(AB)=0$,则( ).

A. A 和 B 不相容 B. A 和 B 独立

C. $P(A)=0$ 或 $P(B)=0$ D. $P(A-B)=P(A)$

解 (1)显然选择 A.

(2)$P(AB)=0$,是 A 和 B 不相容的必要非充分条件. 所以 A 不对;

若 $P(AB)=P(A)P(B)$,则 A 和 B 相互独立. 显然 B 不对;

当 A 和 B 相互独立时有,$P(AB)=P(A)P(B)$. 若 $P(AB)=0$,则 $P(A)=0$ 或 $P(B)=0$.

显然 C 缺少条件;

$P(A-B)=P(A)-P(AB)$. 已知 $P(AB)=0$,则 $P(A-B)=P(A)$.

所以选择 D.

2. 已知 $P(A)=P(B)=P(C)=\frac{1}{4}$,$P(AB)=0$,$P(AC)=P(BC)=\frac{1}{6}$,求 A,B,C 全不发生的概率.

解
$$\begin{aligned}P(\overline{A}\,\overline{B}\,\overline{C})&=P(\overline{A\cup B\cup C})=1-P(A\cup B\cup C)\\&=1-[P(A)+P(B)+P(C)-P(AB)-P(AC)-P(BC)+P(ABC)]\\&=1-\frac{1}{4}-\frac{1}{4}-\frac{1}{4}+0+\frac{1}{6}+\frac{1}{6}-P(ABC).\end{aligned}$$

由于 $ABC\subset AB$,则 $P(ABC)=0$,从而 $P(\overline{A}\,\overline{B}\,\overline{C})=1-\frac{3}{4}+\frac{2}{6}=\frac{7}{12}$.

3. 某班进行了数学和英语考试，其中数学成绩优秀的比例为20%，英语成绩优秀的比例为18%，数学和英语全优的比例为12%，问数学、英语至少有一门优秀的占百分之几？

解 设A="数学成绩优秀"，B="英语成绩优秀"，则

$$P(A)=20\%,\quad P(B)=18\%,\quad P(AB)=12\%,$$

$P(A+B)=P(A)+P(B)-P(AB)=20\%+18\%-12\%=26\%$，

即数学英语至少有一门为优秀的占26%.

习题9.2　B组

1. 随机事件A与B两个事件互不相容且$A=B$，求$P(A)$.

解 由题意知，$A\cap B=\varnothing$，且$A=B$. 则$A=A\cdot A=A\cdot B=\varnothing$，

即
$$P(A)=P(\varnothing)=0.$$

2. 设A,B为两个随机事件，且$P(A)=0.4$，$P(\overline{A}\cup B)=0.8$，求$P(AB)$.

解 由德·摩根定律知，$P(\overline{A}\cup B)=P(\overline{A\overline{B}})=1-P(A\overline{B})=0.8$，所以$P(A\overline{B})=0.2$.

由减法公式$P(A\overline{B})=P(A)-P(AB)$得，

$$P(AB)=P(A)-P(A\overline{B})=0.4-0.2=0.2.$$

3. 从5双不同的鞋子中任取4只，求其中至少两只配成一双的概率.

解 本题考察对立事件. 设A表示至少两只配成一双的事件；$\overline{A}$表示4只分别来自不同的鞋. 从5双不同的鞋子中任取4只，共有$C_{10}^4=210$种可能，即样本空间S中有210个样本点. $\overline{A}$的可能数为$C_5^4C_2^1C_2^1C_2^1C_2^1=80$，则$P(\overline{A})=\dfrac{80}{210}=\dfrac{8}{21}$，

即
$$P(A)=1-P(\overline{A})==1-\frac{8}{21}=\frac{13}{21}.$$

4. 甲乙两人约定在下午4:00～5:00间于某地相见，他们约好当其中一人先到后一定要等另一个人15 min，若另一个人仍然不到，则可以离去，求两人能相见的概率.

解 设X表示甲到达的时间，Y表示乙到达的时间.

不管时间区间是4～5点，还是5～6点，时间区间都是0～60 min. 由题意可知，

$$P\{|X-Y|\leqslant 15\}\text{为所求概率}.$$

本题为几何概型. 不等式边缘方程为$\begin{cases}X-Y=15\\X-Y=-15\end{cases}$，如图9-1所示，

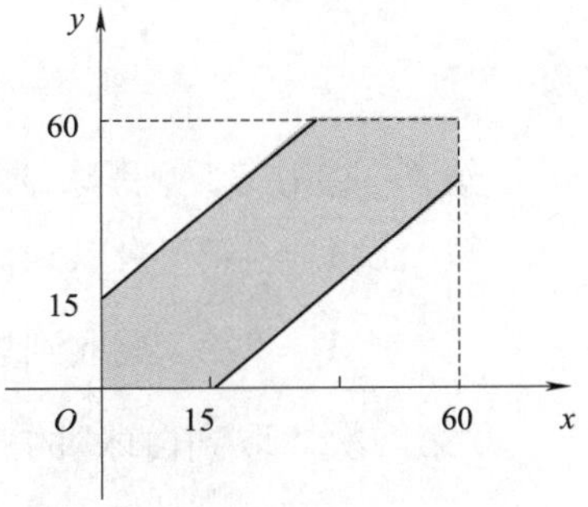

图 9-1

即
$$P(A)=\frac{60^2-45^2}{60^2}=\frac{7}{16}.$$

9.3　条件概率

一、学习目标

1. 掌握条件概率定义、乘法公式定义、两事件相互独立的充要条件；
2. 理解全概率公式和贝叶斯公式.

二、基本题型及解题方法

题型1 条件概率和乘法公式.

解题方法: 事件 A 已经发生的情况下事件 B 发生的概率.

例1 某工厂生产的100件产品中有10件次品,90件正品,在90件正品中有20件优质品.

(1)任取一件,求它是优质品的概率及是正品的概率;

(2)从正品中任取一件,求它是优质品的概率.

解 设 A =“取到一件正品”,B =“取到一件优质品”.

(1)共有100件产品,任取一件,基本事件总数是100,优质品有20件,正品有90件,则 $P(A)=\dfrac{90}{100}$,$P(B)=\dfrac{20}{100}$.

(2)从正品中任取一件,则“取到一件优质品”,这时基本事件总数不再是100,而是正品数90,因此所求概率为 $P(B|A)=\dfrac{20}{90}$.

视频

例2

例2 设一只乌龟能存活60年的概率为0.89,能存活100年的概率为0.83,若现在这只乌龟已经60岁,则它能再活40年的概率是多少?

解 设 A =“乌龟活到100岁”,B =“乌龟活到60岁”,$A\subset B$,则 $P(AB)=P(A)=0.83$,故所求概率为

$$P(A|B)=\frac{P(AB)}{P(B)}=\frac{0.83}{0.89}=0.93.$$

例3 一盒中有12只零件,其中有3只是次品,甲、乙、丙三人各从中取走一只,取后不放回,甲先取,乙其次,丙最后,求甲、乙都取到正品而丙取到次品的概率.

解 设A、B、C分别表示甲、乙、丙取到正品,所求的“甲、乙都取到正品而丙取到次品”可以用 $AB\overline{C}$ 表示,则

$$P(AB\overline{C})=P(A)P(B|A)P(\overline{C}|AB)=\frac{9}{12}\times\frac{8}{11}\times\frac{3}{10}=\frac{9}{55}.$$

例4 袋中有5个黑球,3个白球,先从袋中任取一球,取后不放回,再取一球,求第二次才取到白球的概率.

解 设 A_i =“第 i 次取到白球”,$i=1,2$;

$\overline{A_i}$ =“第 i 次取到黑球”,$i=1,2$.

“第二次才取到白球”的意思是“第一次取到黑球而第二次取到白球”,也就是事件 $\overline{A_1}A_2$,于是

$$P(\overline{A_1}A_2)=P(\overline{A_1})P(A_2|\overline{A_1})=\frac{5}{8}\times\frac{3}{7}=\frac{15}{56}.$$

题型2 事件的独立性.

解题方法: $P(AB)=P(A)P(B)$ 可以用来计算两独立事件的积事件概率.

例5 甲、乙两人分别向同一目标射击,已知甲击中的概率为0.6,乙击中的概率为0.5,求甲乙都击中目标的概率.

解 设 A =“甲击中目标”;B =“乙击中目标”.

“甲乙都击中目标”可表示为 AB,据题意可认为 A、B 相互独立,则

$$P(AB)=P(A)P(B)=0.6\times0.5=0.3.$$

例 6 设 20 件产品中有 5 件次品：

(1)无放回地取两次，每次一件；

(2)有放回地取两次，每次一件.

解 设 A = “第一次取到次品”，B = “第二次取到次品”. 两次均为次品可以用 AB 表示，则：

(1)无放回抽取，事件 A 和事件 B 不独立，第一次是否取得次品对第二次取得次品的概率必然有影响，事实上

$$P(B\mid A)=\frac{4}{19},\quad P(B\mid \overline{A})=\frac{5}{19},\quad P(B\mid A)\neq P(B\mid \overline{A}),$$

$$P(AB)=P(A)P(B\mid A)=\frac{5}{20}\times\frac{4}{19}=\frac{1}{19}.$$

(2)有放回地抽取，无论第一次抽到的正品还是次品并不影响第二次抽到次品，即 A、B 相互独立

$$P(AB)=P(A)P(B)=\frac{5}{20}\times\frac{5}{20}=\frac{1}{16}.$$

题型 3 全概率公式和贝叶斯公式.

解题方法：利用定义计算.

例 7 设某工厂有甲、乙、丙三个车间生产同一种产品，产量依次占全厂的 45%、35%、20%，且各车间的次品率分别为 4%、2% 和 5%，现在从一批产品中检查出一个次品，问该次品是由哪个车间生产的可能性最大?

解 设 A_1,A_2,A_3 分别表示“产品来自甲、乙、丙 3 个车间”；B 表示“产品为次品”的事件. 易知 A_1,A_2,A_3 是样本空间的一个有效划分，且有

$$P(A_1)=0.45,\quad P(A_2)=0.35,\quad P(A_3)=0.2,$$
$$P(B\mid A_1)=0.04,\quad P(B\mid A_2)=0.02,\quad P(B\mid A_3)=0.05.$$

由全概率公式得

$$\begin{aligned}P(B)&=P(A_1)P(B\mid A_1)+P(A_2)P(B\mid A_2)+P(A_3)P(B\mid A_3)\\&=0.45\times0.04+0.35\times0.02+0.2\times0.05=0.035.\end{aligned}$$

由贝叶斯公式得

$$P(A_1\mid B)=\frac{0.45\times0.04}{0.035}=0.514,$$

$$P(A_2\mid B)=\frac{0.35\times0.02}{0.035}=0.200,$$

$$P(A_3\mid B)=\frac{0.20\times0.05}{0.035}=0.286.$$

由此可见，该次品由甲车间生产的可能性最大.

三、习题详解

习题 9.3 A 组

1. 选择题：

(1)设 A,B 是随机事件，$B\subset A$，且 $P(A)\neq P(B)$，$P(B)>0$，则下列命题正确的是(　　).

A. $P(B\mid A)=1$　　B. $P(B\mid \overline{A})=1$

C. $P(A\mid B)=1$　　D. $P(A\mid \overline{B})=0$

(2)甲、乙两人独立地解同一问题,甲解决这个问题的概率是 p_1,乙解决这个问题的概率是 p_2,那么恰好有 1 人解决这个问题的概率是(　　).

A. p_1p_2　　B. $p_1(1-p_2)+p_2(1-p_1)$

C. $1-p_1p_2$　　D. $1-(1-p_1)(1-p_2)$

(3)若 A 与 B 相互独立,则不相互独立事件有(　　).

A. A 与 $\overline{A}$　　B. A 与 $\overline{B}$　　C. $\overline{A}$ 与 B　　D. $\overline{A}$ 与 $\overline{B}$

解　(1)已知 $B\subset A$,则 $P(AB)=P(B)$. 由条件概率公式知

$$P(A|B)=\frac{P(AB)}{P(B)}=\frac{P(B)}{P(B)}=1,$$

所以选择 C.

(2)恰好有 1 人解决这个问题是指,其中一个人解决这个问题时,另一个人不能解决. 由于事件相互独立,则可列式为 $p_1(1-p_2)+p_2(1-p_1)$,所以选择 B.

(3)由事件之间的独立性可知:若事件 A、B 是独立的,那么事件 A 与 $\overline{B}$,$\overline{A}$ 与 B,$\overline{A}$ 与 $\overline{B}$ 是独立的. 而 A 与 $\overline{A}$ 是要根据具体事件来确定的,所以选择 A.

2. 从 1,2,3,…,15 中,甲、乙两人各任取一数(不重复),已知甲取到的数是 5 的倍数,求甲数大于乙数的概率.

解　设事件 A 表示"甲取到的数比乙大",事件 B 表示"甲取到的数是 5 的倍数".

显然所要求的概率为 $P(A|B)$.

由题意知,　$P(B)=\frac{3}{15}=\frac{1}{5}$,　$P(AB)=\frac{C_4^1+C_9^1+C_{14}^1}{C_{14}^1C_{15}^1}=\frac{9}{70}$.

由条件概率公式 $P(B|A)=\frac{P(AB)}{P(A)}$,可知 $P(A|B)=\frac{P(AB)}{P(B)}$.

即

$$P(A|B)=\frac{9}{70}\times 5=\frac{9}{14}.$$

3. 已知某批显示器不合格率为 2%,其合格品种 70% 是一级品,现从这批显示器中随机抽取一件,试求取到一件一级品的概率.

解　设事件 A 表示"取到不合格显示器",事件 B 表示"取到一级品".

由题意可知,$P(A)=0.02$,$P(B|\overline{A})=0.7$,所以取到一件一级品的概率为

$$\begin{aligned}P(B)&=P(\overline{A})P(B|\overline{A})=[1-P(A)]P(B|\overline{A})\\&=(1-0.02)\times 0.7=0.686.\end{aligned}$$

习题 9.3　B 组

1. 已知 $P(A)=0.3$,$P(B)=0.4$,$P(A|B)=0.5$. 求 $P(AB)$,$P(B|A)$,$P(A\cup B)$.

解　将已知条件代入公式 $P(A|B)=\frac{P(AB)}{P(B)}$,得

$P(AB)=P(A|B)P(B)=0.5\times 0.4=0.2$.

由公式 $P(B|A)=\frac{P(AB)}{P(A)}$,得 $P(B|A)=\frac{0.2}{0.3}=\frac{2}{3}$.

由公式 $P(A\cup B)=P(A)+P(B)-P(AB)$,得 $P(A\cup B)=0.3+0.4-0.2=0.5$.

2. 甲、乙两人独立破译一个密码,他们能独立译出密码的概率分别为$\frac{1}{2}$和$\frac{1}{4}$.

(1)求甲、乙两人均不能译出密码的概率;

(2)假设4个与甲同样能力的人一起独立破译该密码,求这4人中至少有3人同时译出密码的概率.

解 (1)由题意知本题是一个相互独立事件同时发生的概率.

设"甲、乙两人均不能译出密码"为事件A,

则
$$P(A)=\left(1-\frac{1}{2}\right)\left(1-\frac{1}{4}\right)=\frac{3}{8},$$

即甲、乙两人均不能译出密码的概率为$\frac{3}{8}$.

(2)有4个与甲同样能力的人一起独立破译该密码,相当于发生四次独立重复试验,成功的概率为$\frac{1}{2}$.

所以这4人中至少有3人同时译出密码的概率为

$$C_4^3\left(\frac{1}{2}\right)^3\left(1-\frac{1}{2}\right)+C_4^4\left(\frac{1}{2}\right)^4=\frac{5}{16},$$

即这4人中至少有3人同时译出密码的概率为$\frac{5}{16}$.

3.(病毒疫苗研制概率)面对某种病毒,各国医疗科研机构都在研究疫苗,现有A,B,C三个独立的研究机构在一定的时期内能研制出疫苗的概率分别是$\frac{1}{5},\frac{1}{4},\frac{1}{3}$. 试求:

(1)他们都研制出疫苗的概率;

(2)他们都失败的概率;

(3)他们能够研制出疫苗的概率.

解 设事件A,B,C分别表示A,B,C三个独立的研究机构在一定时期内成功研制出该疫苗,依题意可知,事件A,B,C相互独立,且$P(A)=\frac{1}{5},P(B)=\frac{1}{4},P(C)=\frac{1}{3}$.

(1)他们都研制出疫苗,即事件A,B,C同时发生,故

$$P(A\cap B\cap C)=P(A)P(B)P(C)=\frac{1}{5}\times\frac{1}{4}\times\frac{1}{3}=\frac{1}{60}.$$

(2)他们都失败,即事件$\overline{A},\overline{B},\overline{C}$同时发生,即

$$P(\overline{A}\cap\overline{B}\cap\overline{C})=P(\overline{A})P(\overline{B})P(\overline{C})=(1-P(A))(1-P(B))(1-P(C))$$
$$=\left(1-\frac{1}{5}\right)\left(1-\frac{1}{4}\right)\left(1-\frac{1}{3}\right)=\frac{1}{5}\times\frac{1}{4}\times\frac{1}{3}=\frac{2}{5}.$$

(3)"他们能研制出疫苗"的对立事件为"他们都失败",结合对立事件间的概率关系可得,所求事件概率为

$$P=1-P(\overline{A}\cap\overline{B}\cap\overline{C})=1-\frac{2}{5}=\frac{3}{5}.$$

9.4 随机变量及其分布

一、学习目标

1. 理解随机变量的概念;
2. 掌握离散型随机变量和连续型随机变量的定义及其分布.

二、基本题型及解题方法

题型 1 会求随机变量 X 的分布律．

解题方法： 利用定义．

例 1 设在 15 只同类型零件中有 2 只是次品，在其中取三次，每次任取一只，作不放回抽样，以 X 表示取出次品的只数，求 X 的分布律．

视频

例1、例5

解 任取三只，其中包含次品只数 X 可能为 0，1，2 只．

$$P(X=0)=\frac{C_{13}^3}{C_{15}^3}=\frac{22}{35},$$

$$P(X=1)=\frac{C_2^1\times C_{13}^2}{C_{15}^3}=\frac{12}{35},$$

$$P(X=2)=\frac{C_2^2\times C_{13}^1}{C_{15}^3}=\frac{1}{35}.$$

再列为下表

X	0	1	2
P	$\frac{22}{35}$	$\frac{12}{35}$	$\frac{1}{35}$

$$P\{X>3\}=P\{X\geqslant 4\}=0.566\ 530.$$

例 2 某射手有 5 发子弹，射击一次的命中率为 0.9，如果他命中目标就停止射击，不命中就一直到用完 5 发子弹，求所用子弹数 X 的分布律．

解 假设 X 表示所用子弹数，$X=1,2,3,4,5$．

$P(X=i)=P($前 $i-1$ 次不中，第 i 次命中$)=(0.1)^{i-1}\cdot 0.9, i=1,2,3,4.$

当 $i=5$ 时，只要前四次不中，无论第五次中与不中，都要结束射击（因为只有五发子弹），

所以 $$P(X=5)=(0.1)^5+(0.1)^4\cdot 0.9=(0.1)^4,$$

于是分布律为

X	1	2	3	4	5
P	0.9	0.09	0.009	0.000 9	0.000 1

题型 2 利用连续型随机变量定义计算．

例 3 设随机变量 X 的概率密度为

$$f(x)=\begin{cases} c\sin x & 0<x<\pi \\ 0 & \text{其他} \end{cases},$$

求：(1) 常数 c；(2) 使 $P(X>a)=P(X<a)$ 成立的 a.

解 (1) $1=\int_{-\infty}^{+\infty}f(x)\mathrm{d}x=c\int_0^{\pi}\sin x\mathrm{d}x=-c\cos x\big|_0^{\pi}=2c, c=\frac{1}{2}$；

(2) $P(X>a)=\int_a^{\pi}\frac{1}{2}\sin x\mathrm{d}x=-\frac{1}{2}\cos x\big|_a^{\pi}=\frac{1}{2}+\frac{1}{2}\cos a$,

$P(X<a)=\int_0^{a}\frac{1}{2}\sin x\mathrm{d}x=-\frac{1}{2}\cos x\big|_0^{a}=\frac{1}{2}-\frac{1}{2}\cos a$,

$$P(X>a)=1-P(X<a)=P(X<a)\Rightarrow 2P(X<2)=1\Rightarrow P(X<a)=\frac{1}{2}.$$

可见 $\cos a=0, a=\frac{\pi}{2}$.

题型 3 利用指数分布定义计算.

例 4 已知某种类型的电子元件的寿命 X(单位:h)服从指数分布,它的概率密度为

$$f(x)=\begin{cases}\frac{1}{600}e^{-\frac{x}{600}} & x>0\\ 0 & x\leqslant 0\end{cases}.$$

某仪器装有 3 只此种类型的电子元件,假设 3 只电子元件损坏与否相互独立,试求在仪器使用的最初 200 h 内,至少有一只电子元件损坏的概率.

解 (1)先求每个电子元件 200 h 内损坏的概率

$$P\{X<200\}=\int_0^{200}\frac{1}{600}e^{-\frac{x}{600}}dx=\frac{1}{600}(-600)e^{-\frac{x}{600}}\Big|_0^{200}=-e^{-\frac{1}{3}}+e^0=1-e^{-\frac{1}{3}}.$$

(2)设 Y 为损坏的电子元件数量,则 $Y\sim B\left(3,1-e^{-\frac{1}{3}}\right)$,

$$P\{Y\geqslant 1\}=1-P\{Y=0\}=1-C_3^0\left(1-e^{-\frac{1}{3}}\right)^0\left(e^{-\frac{1}{3}}\right)^2=e^{-\frac{2}{3}}.$$

题型 4 利用正态分布分布定义计算.

例 5 设 $X\sim N(3,2^2)$,求 $P(2<X\leqslant 5)$,$P(-4<X\leqslant 10)$,$P(|X|>2)$,$P(X>3)$.

解 若 $X\sim N(\mu,\sigma^2)$,则 $P(\alpha<X\leqslant\beta)=\Phi\left(\frac{\beta-\mu}{\sigma}\right)-\Phi\left(\frac{\alpha-\mu}{\sigma}\right)$,

则
$$P(2<X\leqslant 5)=\Phi\left(\frac{5-3}{2}\right)-\Phi\left(\frac{2-3}{2}\right)=\Phi(1)-\Phi(-0.5)$$
$$=0.841\,3-0.308\,5=0.532\,8.$$

$$P(-4<X\leqslant 10)=\Phi\left(\frac{5-3}{2}\right)-\Phi\left(\frac{-4-3}{2}\right)=\Phi(3.5)-\Phi(-3.5)$$
$$=0.999\,8-0.000\,2=0.999\,6.$$

$$P(|X|>2)=1-P(|X|<2)=1-P(-2<X<2)$$
$$=1-\left[\Phi\left(\frac{2-3}{2}\right)-\Phi\left(\frac{-2-3}{2}\right)\right]=1-\Phi(-0.5)+\Phi(-2.5)$$
$$=1-0.308\,5+0.006\,2=0.697\,7.$$

$$P(X>3)=1-P(X\leqslant 3)=1-\Phi\left(\frac{3-3}{2}\right)=1-0.5=0.5.$$

三、习题详解

习题 9.4 A 组

1. 选择题:

(1)设随机变量 ξ 的分布列为 $P(\xi=k)=\frac{k}{15}(k=1,2,3,4,5)$,则 $P\left(\frac{1}{2}<\xi<\frac{5}{2}\right)$ 等于(　　).

A. $\frac{1}{2}$　　B. $\frac{1}{9}$　　C. $\frac{1}{6}$　　D. $\frac{1}{5}$

(2)设函数 $f(x)=\begin{cases}\sin x & x\in[a,b]\\ 0 & 其他\end{cases}$,$f(x)$ 可能是某个随机变量的概率密度函数,区间 $[a,b]$ 是

(　　).

A. $\left[0,\frac{\pi}{2}\right]$　　B. $\left[-\frac{\pi}{2},\frac{\pi}{2}\right]$　　C. $[0,\pi]$　　D. $(0,2\pi)$

(3)已知随机变量 X 服从正态分布 $N\left(\frac{1}{2},\frac{1}{4}\right)$,且 $Y=aX+b(a>0)$ 服从标准正态分布 $N(0,1)$,则有(　　).

A. $a=2,b=-2$　　B. $a=2,b=-1$

C. $a=\frac{1}{2},b=-1$　　D. $a=\frac{1}{2},b=1$

解　(1)题意可知,$P(\xi=1)=\frac{1}{15},P(\xi=2)=\frac{2}{15}$,则

$P\left(\frac{1}{2}<\xi<\frac{5}{2}\right)=P(\xi=1)+P(\xi=2)=\frac{1}{15}+\frac{2}{15}=\frac{1}{5}$. 所以选择 D.

(2)因密度函数有性质① $f(x)\geqslant 0$,② $\int_{-\infty}^{+\infty}f(x)\,\mathrm{d}x=1$,故当 $x\in\left[0,\frac{\pi}{2}\right]$时,$f(x)=\sin x\geqslant 0$,

$$\int_{-\infty}^{+\infty}f(x)\,\mathrm{d}x=\int_{0}^{\frac{\pi}{2}}\sin x\,\mathrm{d}x=-\cos x\Big|_{0}^{\frac{\pi}{2}}=1,$$

所以选择 A.

(3)由于 $Y=aX+b$ 服从标准正态分布 $N(0,1)$,则 $X=\frac{Y-b}{a}$服从正态分布 $N\left(-\frac{b}{a},\frac{1}{a^2}\right)$,已知 X 服从正态分布 $N\left(\frac{1}{2},\frac{1}{4}\right)$,则$\begin{cases}-\frac{b}{a}=\frac{1}{2}\\ \frac{1}{a^2}=\frac{1}{4}\end{cases}$,解得$\begin{cases}a=2\\ b=-1\end{cases}$.

所以选择 B.

2. 一袋中有 5 只乒乓球,编号为 1,2,3,4,5,在其中同时取三只,以 X 表示取出的三只球中的最大,写出随机变量 X 的分布律.

解　X 可以取值 3,4,5,分布律为

$P(X=3)=P$(一球为 3 号,两球为 1,2 号)$=\frac{1\times C_2^2}{C_5^3}=\frac{1}{10}$.

$P(X=4)=P$(一球为 4 号,再在 1,2,3 中任取两球)$=\frac{1\times C_3^2}{C_5^3}=\frac{3}{10}$.

$P(X=5)=P$(一球为 5 号,再在 1,2,3,4 中任取两球)$=\frac{1\times C_4^2}{C_5^3}=\frac{6}{10}$.

也可列为下表:

X	3	4	5
P	$\frac{1}{10}$	$\frac{3}{10}$	$\frac{6}{10}$

习题 9.4　B 组

1. 设有 80 台同类型设备,各台工作是相互独立的,发生故障的概率都是 0.01,且一台设备的故障能由一个人处理,考虑两种配备维修工人的方案:其一是由 4 人维护,每人负责 20 台;其二是由 3 人共同维护 80 台. 试比较两种方案在设备发生故障时不能及时维修的概率大小.

解 按第一种方案，每人负责20台，设每个工人需维修的设备数为ξ，则$\xi \sim B(20,0.01)$. 这里设备发生故障时不能及时维修的事件，也就是一个工人负责的20台设备中至少有两台发生了故障，其概率为

$$\begin{aligned}P(\xi \geqslant 2) &= 1 - P(\xi = 0) - P(\xi = 1)\\ &= 1 - C_{20}^{0} \cdot 0.01^{0} \cdot 0.99^{20} - C_{20}^{1} \cdot 0.01 \cdot 0.99^{19}\\ &\approx 1 - \frac{0.2^{0}}{0!}e^{-0.2} - \frac{0.2^{1}}{1!}e^{-0.2} = 1 - 1.2e^{-0.2} = 0.017\,523\,1.\end{aligned}$$

上述近似计算是用了泊松定理，其中参数$\lambda = np = 0.2$.

按第二种方案，3名维修工人共同维护80台设备，设需要维修的设备数为η，则$\eta \sim B(80,0.01)$，这里设备发生故障时不能及时维修的事件，就是80台中至少有4台发生故障，其概率为

$$\begin{aligned}P(\eta \geqslant 4) &= 1 - \sum_{k=0}^{3} C_{80}^{k}\, 0.01^{k}\, 0.99^{80-k}\\ &\approx 1 - \sum_{k=0}^{3} \frac{0.8^{k}}{k!}e^{-0.8} \approx 0.009\,08.\end{aligned}$$

比较计算结果，可见第二种方案发挥团队精神，既能节省人力，又能把设备管理得更好.

2. 某地抽样调查考生的英语成绩近似服从正态分布，平均成绩为72分，96分以上的占考生总数2.3%，求考生的英语成绩在60分到84分之间的概率.

解 设考生的英语成绩为ξ，则$\xi \sim N(72,\sigma^{2})$，由题意可知，

$$P(\xi \geqslant 96) = P\left(\frac{\xi - 72}{\sigma} \geqslant \frac{96 - 72}{\sigma}\right) = 0.023,$$

故

$$P\left(\frac{\xi - 72}{\sigma} < \frac{24}{\sigma}\right) = \Phi\left(\frac{24}{\sigma}\right) = 0.977,$$

查表得，$\frac{24}{\sigma} = 2$，所以$\sigma = 12$，因此，$\xi \sim N(72,12^{2})$，从而所求概率为

$$P(60 \leqslant \xi \leqslant 84) = P\left(\frac{60 - 72}{12} \leqslant \frac{\xi - 72}{12} \leqslant \frac{84 - 72}{12}\right) = \Phi(1) - \Phi(-1) = 0.682\,4.$$

9.5 随机变量的数字特征

一、学习目标

1. 理解随机变量的数字特征；
2. 熟练掌握数学期望和方差的性质.

二、基本题型及解题方法

题型1 利用离散型随机变量的定义直接求解.

解题方法：直接利用离散型随机变量的数学期望和方差公式求解.

例1 设随机变量X的分布律为

X	-2	0	2
P	0.4	0.3	0.3

视频

例1

求 $E(X)$ 和 $D(X)$.

解 $E(X)=-2\times0.4+0\times0.3+2\times0.3=-0.2$,

$E(X^2)=(-2)^2\times0.4+2^2\times0.3=2.8$,

$D(X)=E(X^2)-[E(X)]^2=2.8-(-0.2)^2=2.76$.

题型 2 利用连续型随机变量的定义直接求解.

解题方法: 直接利用连续型随机变量的数学期望和方差公式求解.

例 2 设随机变量 X 的概率密度为 $f(x)=\begin{cases}x & 当 0<x\leqslant1\\ 2-x & 当 1<x<2,\\ 0 & 其他\end{cases}$

求 $E(X)$ 和 $D(X)$.

解 由数学期望及方差的定义有

$$E(X)=\int_{-\infty}^{+\infty}xf(x)\,dx=\int_0^1x^2\,dx+\int_1^2x(2-x)\,dx=\frac{1}{3}x^3\Big|_0^1+\left(x^2-\frac{1}{3}x^3\right)\Big|_1^2=\frac{1}{3}+\frac{2}{3}=1,$$

$$E(X^2)=\int_{-\infty}^{+\infty}x^2f(x)\,dx=\int_0^1x^3\,dx+\int_1^2x^2(2-x)\,dx=\frac{1}{4}x^4\Big|_0^1+\frac{2}{3}x^3\Big|_1^2-\frac{1}{4}x^4\Big|_1^2=\frac{7}{6},$$

所以
$$D(X)=E(X^2)-[E(X)]^2=\frac{7}{6}-1=\frac{1}{6}.$$

题型 3 利用结论直接代入求解.

解题方法: 随机变量 X 服从 (a,b) 上的均匀分布,可推得 $E(X)=\dfrac{a+b}{2}$, $D(X)=\dfrac{(b-a)^2}{12}$.

例 3 设随机变 $X\sim U(0,4)$ 上的均匀分布,求 $E(X)$ 和 $D(X)$.

解 随机变量 X 的密度函数为

$$f(x)=\begin{cases}\dfrac{1}{4} & 当 0\leqslant x\leqslant4\\ 0 & 其他\end{cases},$$

所以 X 的数学期望
$$E(X)=\frac{0+4}{2}=2,$$

$$D(X)=E(X^2)-[E(X)]^2=\frac{(4-0)^2}{12}=\frac{4}{3}.$$

题型 4 利用数学期望和方差的性质求解.

解题方法: 掌握数学期望和方差的性质即可.

例 4 设随机变量 X 的数学期望 $E(X)=-2$,且 $E(X^2)=5$,求 $E(2-4X)$ 和 $D(-3X)$.

解 由数学期望的性质知

$$E(2-4X)=2-4E(X)=2+8=10,$$
$$D(-3X)=9D(X)=9\{E(X^2)-[E(X)]^2\}=9.$$

三、习题详解

习题 9.5 A 组

1. 选择题:

(1) X,Y 都服从 $[1,5]$ 上的均匀分布,则 $E(X+Y)=($ $)$.

A. 8　　B. 10　　C. 4　　D. 6

(2)若 X 的密度函数为 $f(x)=\begin{cases}1-x & 0<x<1\\ 0 & 其他\end{cases}$,则(　　).

A. $E(X)=\frac{1}{6},D(X)=\frac{1}{18}$　　B. $E(X)=\frac{1}{2},D(X)=\frac{2}{9}$

C. $E(X)=\frac{1}{6},D(X)=\frac{1}{12}$　　D. $E(X)=\frac{1}{3},D(X)=\frac{1}{9}$

(3)两相互独立的随机变量 X 和 Y 的方差分别为 4 和 2,则 $3X+2Y$ 的方差是(　　).

A. 8　　B. 16　　C. 28　　D. 44

解　(1)由题意知 $E(X)=E(Y)=\frac{1+5}{2}=3$,则 $E(X+Y)=E(X)+E(Y)=6$,所以选择 D.

(2)由数学期望及方差的定义有

$$E(X)=\int_{-\infty}^{+\infty}xf(x)\mathrm{d}x=\int_0^1 x(1-x)\mathrm{d}x=\left(\frac{1}{2}x^2-\frac{1}{3}x^3\right)\Big|_0^1=\frac{1}{6},$$

$$E(X^2)=\int_{-\infty}^{+\infty}x^2f(x)\mathrm{d}x=\int_0^1 x^2(1-x)\mathrm{d}x=\left(\frac{1}{3}x^3-\frac{1}{4}x^4\right)\Big|_0^1=\frac{1}{12},$$

则 $D(X)=E(X^2)-[E(X)]^2=\frac{1}{12}-\left(\frac{1}{6}\right)^2=\frac{1}{18}$,所以选择 A.

(3)已知 $D(X)=4,D(Y)=2$,

由方差的性质,若 X,Y 相互独立,则

$$D(aX+bY+c)=a^2D(X)+b^2D(Y)$$

则

$$\begin{aligned}D(3X+2Y)&=9D(X)+4D(Y)\\&=9\times4+4\times2\\&=44\end{aligned}$$

所以选择 D.

2. 某种产品共有 10 件,其中有次品 3 件. 现从中任取 3 件,求取出的 3 件产品中次品数 X 的数学期望和方差.

解　由题意可知,随机变量 X 的取值范围是 0,1,2,3,且取这些值的概率为

$$P(X=0)=\frac{C_7^3}{C_{10}^3}=\frac{7}{24};\quad P(X=1)=\frac{C_7^2C_3^1}{C_{10}^3}=\frac{21}{40};$$

$$P(X=2)=\frac{C_7^1C_3^2}{C_{10}^3}=\frac{7}{40};\quad P(X=3)=\frac{C_3^3}{C_{10}^3}=\frac{1}{120}.$$

因此

$$E(X)=0\times\frac{7}{24}+1\times\frac{21}{40}+2\times\frac{7}{40}+3\times\frac{1}{120}=\frac{9}{10},$$

$$E(X^2)=0^2\times\frac{7}{24}+1^2\times\frac{21}{40}+2^2\times\frac{7}{40}+3^2\times\frac{1}{120}=\frac{13}{10}.$$

$$D(X)=E(X^2)-[E(X)]^2=\frac{13}{10}-\left(\frac{9}{10}\right)^2=\frac{49}{100}.$$

习题 9.5　B 组

1. 为迎接 2022 年北京冬奥会,推广滑雪运动,某滑雪场开展滑雪促销活动,该滑雪场的收费标准是:滑雪时间不超过 1 h 免费,超过 1 h 的部分每小时收费标准为 40 元(不足 1 h 的部分按 1 h 计算.)有甲、乙两人相互独立地来该滑雪场运动,设甲、乙不超过 1 h 离开的概率分别为 $\frac{1}{4}$ 和 $\frac{1}{6}$;1 h 以上且不超过 2 h 离开的概率分别为 $\frac{1}{2}$ 和 $\frac{2}{3}$;两人滑雪时间都不会超过 3 h.

(1)求甲、乙两人所付滑雪费用相同的概率;

(2)设甲、乙两人所付的滑雪费用之和为随机变量ξ(单位:元),求ξ的分布列与数学期望$E(\xi)$,方差$D(\xi)$.

解 (1)两人所付费用相同,相同的费用可能为0,40,80元.

两人都付0元的概率为$P_1=\frac{1}{4}\times\frac{1}{6}=\frac{1}{24}$,

两人都付40元的概率为$P_2=\frac{1}{2}\times\frac{2}{3}=\frac{1}{3}$,

两人都付80元的概率为$P_3=\left(1-\frac{1}{4}-\frac{1}{2}\right)\times\left(1-\frac{1}{6}-\frac{2}{3}\right)=\frac{1}{4}\times\frac{1}{6}=\frac{1}{24}$,

则两人所付费用相同的概率为$P=P_1+P_2+P_3=\frac{1}{24}+\frac{1}{3}+\frac{1}{24}=\frac{5}{12}$.

(2)已知甲、乙所付费用之和为ξ,ξ可能取值为0,40,80,120,160. 则:

$$P(\xi=0)=\frac{1}{4}\times\frac{1}{6}=\frac{1}{24};$$

$$P(\xi=40)=\frac{1}{4}\times\frac{2}{3}+\frac{1}{2}\times\frac{1}{6}=\frac{1}{4};$$

$$P(\xi=80)=\frac{1}{4}\times\frac{1}{6}+\frac{1}{2}\times\frac{2}{3}+\frac{1}{4}\times\frac{1}{6}=\frac{5}{12};$$

$$P(\xi=120)=\frac{1}{2}\times\frac{1}{6}+\frac{1}{4}\times\frac{2}{3}=\frac{1}{4};$$

$$P(\xi=160)=\frac{1}{4}\times\frac{1}{6}=\frac{1}{24}.$$

ξ的分布列

ξ	0	40	80	120	160
P	$\frac{1}{24}$	$\frac{1}{4}$	$\frac{5}{12}$	$\frac{1}{4}$	$\frac{1}{24}$

$$E(\xi)=0\times\frac{1}{24}+40\times\frac{1}{4}+80\times\frac{5}{12}+120\times\frac{1}{4}+160\times\frac{1}{24}=80,$$

$$D(\xi)=(0-80)^2\times\frac{1}{24}+(40-80)^2\times\frac{1}{4}+(80-80)^2\times\frac{5}{12}+(120-80)^2\times\frac{1}{4}+(160-80)^2\times\frac{1}{24}=\frac{4\,000}{3}.$$

2. 一批零件中有9个合格品与3个废品,在安装机器时,从这批零件中任取1个,如果取出的是废品就不再放回. 求在取得合格品之前,已经取出的废品数的数学期望和方差.

解 随机变量X表示在取得合格品之前,已经取出的废品数.

所以X的所有可能取值为0,1,2,3. 取这些值的概率为

$$P(X=0)=\frac{9}{12}=\frac{3}{4};$$

$$P(X=1)=\frac{3\times9}{12\times11}=\frac{9}{44};$$

$$P(X=2)=\frac{3\times2\times9}{12\times11\times10}=\frac{9}{220};$$

$$P(X=3)=\frac{3\times2\times1\times9}{12\times11\times10\times9}=\frac{1}{220}.$$

所以由数学期望公式得到

$$E(X)=0\times3/4+1\times9/44+2\times9/220+3\times1/220=0.3,$$

$$E(X^2)=0^2\times3/4+1^2\times9/44+2^2\times9/220+3^2\times1/220=9/22,$$

$$D(X)=E(X^2)-(E(X))^2=9/22-0.3^2=0.319.$$

9.6 统计初步

一、学习目标

1. 理解统计学中的基本概念；
2. 掌握参数估计和假设检验得基本思想和方法.

二、基本题型及解题方法

题型1 利用数字特征法来估计总体的内径均值和方差.

解题方法: 以样本的数字特征作为总体数字特征的估计量.

例1 设总体的一组观测值为

2.50 2.48 2.45 2.52 2.50 2.46 2.54 2.57

试由样本数字特征法求出总体均值μ和方差σ^2的估计值.

视频 例1

解 根据已知的样本可得

$$\hat{\mu}=\overline{X}=\frac{1}{8}(2.50+2.48+2.45+2.52+2.50+2.46+2.54+2.57)=2.50.$$

$$\hat{\sigma}^2=S^2=\frac{1}{8-1}[(2.50-2.50)^2+\cdots+(2.57-2.50)^2]=0.0016.$$

即总体均值的估计值为2.50,方差的估计值为0.001 6.

题型2 求置信区间.

解题方法: 若标准差σ^2已知,μ的置信水平为$1-\alpha$,置信区间为

$$\left(\overline{X}-\frac{\sigma}{\sqrt{n}}\mu_{\frac{\alpha}{2}},\overline{X}+\frac{\sigma}{\sqrt{n}}\mu_{\frac{\alpha}{2}}\right)$$

若标准差σ^2未知,μ的置信水平为$1-\alpha$,置信区间为

$$\left(\overline{X}-\frac{S}{\sqrt{n}}t_{\frac{\alpha}{2}}(n-1),\overline{X}+\frac{S}{\sqrt{n}}t_{\frac{\alpha}{2}}(n-1)\right).$$

例2 已知幼儿身高服从正态分布,现从5~6岁的幼儿中随机抽查了9人,其高度分别为(单位:cm)

115 120 131 115 109 115 115 105 110

假设标准差$\sigma=7$,置信度为95%,试求总体均值μ的置信区间.

解 已知$\sigma=7$,$n=9$,$1-\alpha=0.95$,$\frac{\alpha}{2}=0.025$,查表得$\mu_{\frac{\alpha}{2}}=\mu_{0.025}=1.96$,由样本值算得$\bar{x}=\frac{1}{9}(115+120+...+110)=115$,代入公式得总体均值$\mu$的置信区间为

$$\left(115-\frac{7}{\sqrt{9}}1.96,115+\frac{7}{\sqrt{9}}1.96\right)=(110.43,119.57).$$

例 3 某高校男生服从 $N(\mu,\sigma^2)$，随机测量 16 人的身高得 $\bar{x}=173$ cm，$s^2=36$，σ^2 未知，求 μ 的置信度为 0.95 的置信区间.

解 $n=16$，$\bar{x}=173$ cm，$s^2=36$，$1-\alpha=0.95$，$\frac{\alpha}{2}=0.025$，$t_{0.025}(15)=2.1315$，μ 的置信度为 0.95 的置信区间

$$\left(\bar{X}\frac{S}{\sqrt{n}}t_{\frac{\alpha}{2}}(n-1),\bar{X}+\frac{S}{\sqrt{n}}t_{\frac{\alpha}{2}}(n-1)\right)=\left(173+\frac{6}{\sqrt{16}}\times 2.1315,173-\frac{6}{\sqrt{16}}\times 2.1315\right)$$

$$=(169.8,176.2)$$

例 4 已知总体 X 服从 $N(\mu,\sigma^2)$，今从中抽出 $n=9$ 的一个样本，并由样本观察值计算出样本均值和样本方差分别为 $\bar{x}=51.22$，$s^2=9$，试求该总体均值 μ 的 95% 的置信区间.

解 由于 σ^2 未知，$\bar{x}=51.22$，$s^2=9$，$\alpha=0.05$，自由度为 $n-1=9-1=8$，查 t 分布表得 $t_{\frac{\alpha}{2}}(n-1)=t_{0.025}(8)=2.306$

$$t_{\frac{\alpha}{2}}(n-1)\sqrt{\frac{s^2}{n}}=2.306\times\sqrt{\frac{9}{9}}=2.306\approx 2.31,$$

所以 μ 的 95% 的置信区间为 $(51.22-2.31,51.22+2.31)=(48.91,53.53)$.

三、习题详解

习题 9.6 A 组

1. 选择题

(1) 某中职学校共有 20 名男足球运动员，从中选出 3 人调查学习成绩情况，调查应采用的抽样方法是(　　).

A. 随机抽样法　　B. 分层抽样法　　C. 系统抽样法　　D. 无法确定

(2) 为了解某地区的中小学生的视力情况，拟从该地区的中小学生中抽取部分学生进行调查，事先已了解到该地区小学、初中、高中三个学段学生的视力情况有较大差异，而男女生视力情况差异不大，在下面的抽样方法中，最合理的抽样方法是(　　).

A. 简单随机抽样　　B. 按性别分层抽样

C. 按学段分层抽样　　D. 系统抽样

(3) 我国高铁发展迅速，技术先进．经统计，在经停某站的高铁列车中，有 10 个车次的正点率为 0.97，有 20 个车次的正点率为 0.98，有 10 个车次的正点率为 0.99，则经停该站高铁列车所有车次的平均正点率的估计值为(　　).

A. 0.96　　B. 0.97　　C. 0.98　　D. 0.99

解 (1) 本题符合随机抽样，所以选择 A.

(2) 因该地区小学、初中、高中三个学段学生的视力情况有较大差异，故最合理的抽样方法是按学段分层抽样，所以选择 C.

(3) 经停该站高铁列车所有车次的平均正点率的估计值为

$$\bar{x}=\frac{10\times 0.97+20\times 0.98+10\times 0.99}{10+20+10}=0.98,$$

所以选择 C.

习题 9.6　B 组

1. 图 9-2 是某地区 2000—2016 年环境基础设施投资额 y（单位：亿元）的折线图.

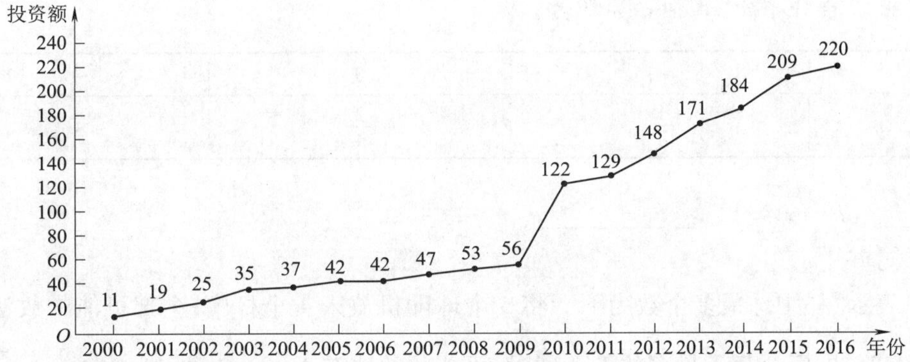

图　9-2

为了预测该地区 2018 年的环境基础设施投资额，建立了 y 与时间变量 t 的两个线性回归模型．根据 2000 年至 2016 年的数据（时间变量 t 的值依次为 1，2，…，17）建立模型①：$\hat{y}=-30.4+13.5t$；根据 2010 年至 2016 年的数据（时间变量 t 的值依次为 1，2，…，7）建立模型②：$\hat{y}=99+17.5t$.

（1）分别利用这两个模型，求该地区 2018 年环境基础设施投资额的预测值；

（2）你认为用哪个模型得到的预测值更可靠？并说明理由.

解　（1）利用模型①，该地区 2018 年的环境基础设施投资额的预测值为

$$\hat{y}=-30.4+13.5\times19=226.1\text{（亿元）}.$$

利用模型②，该地区 2018 年的环境基础设施投资额的预测值为

$$\hat{y}=99+17.5\times9=256.5\text{（亿元）}.$$

（2）利用模型②得到的预测值更可靠．理由如下：

a. 从折线图可以看出：2000 年至 2016 年的数据对应的点没有随机散布在直线 $y=-30.4+13.5t$ 上下．这说明利用 2000 年至 2016 年的数据建立的线性模型①不能很好地描述环境基础设施投资额的变化趋势．2010 年相对 2009 年的环境基础设施投资额有明显增加，2010 年至 2016 年的数据对应的点位于一条直线的附近，这说明从 2010 年开始环境基础设施投资额的变化规律呈线性增长趋势，利用 2010 年至 2016 年的数据建立的线性模型 $\hat{y}=99+17.5t$ 可以较好地描述 2010 年以后的环境基础设施投资额的变化趋势，因此利用模型②得到的预测值更可靠.

b. 从计算结果看，相对于 2016 年的环境基础设施投资额 220 亿元，由模型①得到的预测值 226.1 亿元的增幅明显偏低，而利用模型②得到的预测值的增幅比较合理．说明利用模型②得到的预测值更可靠.

以上给出了两种理由，答出其中任意一种或其他合理理由均可.

综合测试 9

一、填空题

1. 有些事情我们事先能肯定它一定不会发生称为__________事件.

2. 将 3 个球随机放入 4 个杯子中去，则杯中球的最多个数为 1 的概率是__________.

3. 有两只口袋，甲袋中有 2 只白球，1 只黑球，乙袋中有 1 只白球，2 只黑球．现从甲袋中任取一球放入乙袋，再从乙袋中任取一球，此球为白球的概率是__________.

4. 设 A,B 为随机事件，$P(A)=0.7$，$P(A-B)=0.3$，则 $P(\overline{AB})=$__________.

5. 设事件 A,B 互相独立，$P(A)=0.6,P(B)=0.5$，则 $P(AB)=$ ________，$P(A\cup B)=$ ________.

6. 设三次独立试验中，事件 A 每次发生的概率都为 $\frac{2}{3}$，则事件 A 至少发生一次的概率为________.

7. 随机变量 X 具有分布律(其中 a 为常数)：

X	-1	0	1
P	$\frac{1}{4}$	$\frac{2}{4}$	a

则 $a=$ ________，$P\{|x|=1\}$ ________.

解 1. 不可能事件.

2. 设 A 事件表示“杯中球最多个数为 1”. 将 3 个球随机放入 4 个杯中，全部可能的放法有 4^3 种. 当杯中球最多个数为 1 时，即每个杯子最多放 1 个球时，可能的放法有 $4\times3\times2$ 种，则 $P(A)=\frac{4\times3\times2}{4^3}=\frac{3}{8}$.

3. 设 B 事件表示“从甲袋中取出白球放入乙袋”，则 $\overline{B}$ 表示“从甲袋中取出黑球放入乙袋”. A 事件表示“从乙袋中取出白球”，则由题意可知

$$P(B)=\frac{2}{3},\quad P(A\mid B)=\frac{2}{4},$$

$$P(\overline{B})=\frac{1}{3},\quad P(A\mid \overline{B})=\frac{1}{4},$$

由全概率公式，得

$$\begin{aligned}P(A)&=P(B)\cdot P(A|B)+P(\overline{B})\cdot P(A\mid\overline{B})\\&=\frac{2}{3}\times\frac{2}{4}+\frac{1}{3}\times\frac{1}{4}=\frac{5}{12}.\end{aligned}$$

4. 由题意可知，$P(A)=0.7,P(A-B)=P(A\overline{B})=0.3$，

又因为 $A\overline{B}+AB=A$，所以

$$P(AB)=P(A)-P(A\overline{B})=0.7-0.3=0.4,$$

因此 $$P(\overline{AB})=1-P(AB)=1-0.4=0.6.$$

5. 由题意可知，$P(AB)=P(A)P(B)=0.6\times0.5=0.3$，

$$P(A\cup B)=P(A)+P(B)-P(AB)=0.6+0.5-0.3=0.8.$$

6. 事件 A 至少发生一次的对立事件是事件 A 每次都不发生. 由于三次试验相互独立，则事件 A 每次都不发生的概率为 $\frac{1}{3}\times\frac{1}{3}\times\frac{1}{3}=\frac{1}{27}$. 即事件 A 至少发生一次的概率为

$$1-\frac{1}{27}=\frac{26}{27}.$$

7. 由题意可知，$\frac{1}{4}+\frac{2}{4}+a=1$，则 $a=\frac{1}{4}$，

$$P\{|x|=1\}=P\{x=1\}+P\{x=-1\}=\frac{1}{4}+\frac{1}{4}=\frac{1}{2}.$$

二、选择题

1. 以下事件是不确定事件的是(　　).

A. 地下的石油会用完　　B. 一个班上的两名学生生日相同

C. 异号两数相乘，积为负数　　D. 太阳从西边升起

2. 对空中飞行的飞机连续射击两次,每次发射一枚炮弹,设 $A=\{$两次都击中飞机$\}$,$B=\{$两次都没击中飞机$\}$,$C=\{$恰有一弹击中飞机$\}$,$D=\{$至少有一弹击中飞机$\}$,下列关系不正确的是(　　).

A. $A\subseteq D$　　B. $B\cap D=\varnothing$;

C. $A\cup C=D$　　D. $A\cup B=B\cup D$

3. 设 A,B,C 为三个事件,则“A,B,C 中至少有一个不发生”这一事件可表示为(　　).

A. $AB\cup AC\cup BC$　　B. $A\cup B\cup C$

C. $AB\overline{C}\cup A\overline{B}C\cup\overline{A}BC$　　D. $\overline{A}\cup\overline{B}\cup\overline{C}$

4. 设事件 A 与 B 互不相容,且 $P(A)>0,P(B)>0$ 则下列结论正确的是(　　).

A. $P(A|B)=P(A)$　　B. $P(A|B)=0$

C. $P(AB)=P(A)P(B)$　　D. $P(B|A)>0$

5. 设 A,B 为两个相互对立事件,则下列式子不成立的是(　　).

A. $P(AB)=0$　　B. $P(\overline{AB})=0$

C. $P(A\cup B)=1$　　D. $P(\overline{A}\cup\overline{B})=1$

6. 设随机变量 ξ 的概率密度为 $f(x)=k\cos 2x\left(x\in\left[-\frac{\pi}{4},\frac{\pi}{4}\right]\right)$,则 k 的值为(　　).

A. $\frac{1}{2}$　　B. 1　　C. 2　　D. $\frac{1}{4}$

7. 设随机变量 X 的期望 $E(X)\geqslant 0$,且 $E\left(\frac{1}{2}X^2-1\right)=2,D\left(\frac{1}{2}X-1\right)=\frac{1}{2}$,则 $E(X)=$(　　).

A. $2\sqrt{2}$　　B. 1　　C. 2　　D. 0

解　1. 由题意可知,A,C,D 都是必然事件,所以选择 B.

2. 显然 A,B,C 都是正确的. D 选项不正确,应改为 $A\cup B\cup C=B\cup D$,所以选择 D.

3. 由和事件的意义,事件 $\overline{A}\cup\overline{B}\cup\overline{C}$ 即表示 A、B、C 中至少有一个不发生,所以选择 D.

4. 因为事件 A,B 互不相容,所以 $P(AB)=0$. 又因为 $P(A)>0,P(B)>0$,则 $P(AB)=P(B)\cdot P(A|B)$,即 $P(A|B)=0$,所以选择 B.

5. 因为 A,B 为对立事件,所以有 $AB=\varnothing$ 且 $A\cup B=\Omega$,于是有 $P(\overline{AB})=1$,所以选择 B.

6. $\int_{-\infty}^{+\infty}f(x)\mathrm{d}x=1,\int_{-\frac{\pi}{4}}^{\frac{\pi}{4}}k\cos 2x\mathrm{d}x=\frac{1}{2}k\sin 2x\Big|_{-\frac{\pi}{4}}^{\frac{\pi}{4}}=\frac{1}{2}k[1-(-1)]=k$,即 $k=1$,所以选择 B.

7. 由 $E\left(\frac{1}{2}X^2-1\right)=\frac{1}{2}E(X^2)-1=2$,得 $E(X^2)=6$.

$D\left(\frac{1}{2}X-1\right)=\frac{1}{4}D(X)=\frac{1}{2}$,得 $D(X)=2$.

而 $D(X)=E(X^2)-[E(X)]^2$,则

$$[E(X)]^2=E(X^2)-D(X)=6-2=4,$$

从而得

$$E(X)=2\text{ 或 }E(X)=-2(\text{舍去}),\text{所以选择 C.}$$

三、计算题

1. 假设向三个相邻的敌军火库投掷一枚炸弹,炸中第一个军火库的概率为 0.5,炸中其余两个军火库的概率都为 0.1. 若只要炸中一个,另外两个也要发生爆炸的概率各为 0.5. 求 3 个军火库同时发生爆炸的概率.

解　1 号库炸中的概率为 0.5,2 号和 3 号库分别是 0.5,故 $P(A)=0.5\times0.5\times0.5=0.125$.

2 号库炸中的概率为 0.1,1 号和 3 号库分别是 0.5,故 $P(B)=0.1\times0.5\times0.5=0.025$.

3 号库炸中的概率为 0.1,1 号和 2 号库分别是 0.5,故 $P(C)=0.1\times0.5\times0.5=0.025$.

故 3 个军火库同时发生爆炸的概率为 $P(A)+P(B)+P(C)=0.175$.

2. 甲,乙两人下棋,若和棋的概率是0.5,乙获胜的概率是0.3求:

(1)甲获胜的概率;

(2)甲不输的概率.

解 (1)"甲获胜"是"和棋或乙获胜"的对立事件,因为"和棋"与"乙获胜"是互斥事件,所以

$$甲获胜的概率为:1-(0.5+0.3)=0.2.$$

(2)设事件$A=\{甲不输\}$,$B=\{和棋\}$,$C=\{甲获胜\}$. 则$A=B\cup C$.

因为B,C是互斥事件,所以

$$P(A)=P(B)+P(C)=0.5+0.2=0.7.$$

3. 从1,2,3,4,5,6,7,8,9中不放回地依次取2个数,事件A为"第一次取到的是奇数",B为"第二次取到的是3的整数倍",则第一次取到的是奇数且第二次取到的是3的整数倍的概率是?

解 由题意可知$P(A)=\frac{5}{9}$.

事件$A\cap B$为"第一次取到的是奇数且第二次取到的是3的整数倍":若第一次取到的为3或9,第二次有2种情况;若第一次取到的为1,5,7,第二次有3种情况. 故共有$2\times2+3\times3=13$个事件,

则
$$P(A\cap B)=\frac{13}{9\times8}=\frac{13}{72},$$

由条件概率的定义,得
$$P(B|A)=\frac{P(A\cap B)}{P(A)}=\frac{13}{40}.$$

4. 三个人独立破译一密码,他们能独立破译出的概率分别是0.2,0.5,0.4,求此密码被译出的概率.

解 由独立事件的公式$P(ABC)=P(A)P(B)P(C)$,本题考虑对立事件比较容易.

设$A_i=\{第\ i\ 个人破译密码\}$,$i=1,2,3$则至少有一人能破译密码的概率

$$P(A_1\cup A_2\cup A_3)=P(\overline{\bar{A}_1\bar{A}_2\bar{A}_3})=1-P(\bar{A}_1\bar{A}_2\bar{A}_3)=1-P(\bar{A}_1)P(\bar{A}_2)P(\bar{A}_3)$$
$$=1-0.8\times0.5\times0.6=0.76.$$

5. 设顾客到某银行窗口等待服务的时间X(单位:min)的概率密度函数为

$$p(x)=\begin{cases}\frac{1}{5}e^{-\frac{x}{5}} & x>0\\ 0 & x\leqslant0\end{cases}.$$

某顾客在窗口等待,如超过10 min,他就离开,求他离开的概率.

解 他离开的概率为$P\{X\geqslant10\}=\int_{10}^{+\infty}\frac{1}{5}e^{-x/5}dx=e^{-2}$.

6. 射击比赛,每人射四次(每次一发),约定全部不中得0分,只中一弹的得20分,中两弹得40分,中三弹得70分,中四弹得100分. 某人每次射击的命中率均为3/5,求他得分的数学期望.

解 随机变量X表示此人的得分.

由题意可知

$$P(X=0)=\left(\frac{2}{5}\right)^4=\frac{16}{625},\quad P(X=20)=C_4^1\left(\frac{2}{5}\right)^3\left(\frac{3}{5}\right)=\frac{96}{625},$$

$$P(X=40)=C_4^2\left(\frac{2}{5}\right)^2\left(\frac{3}{5}\right)^2=\frac{216}{625},\quad P(X=70)=C_4^3\left(\frac{2}{5}\right)^1\left(\frac{3}{5}\right)^3=\frac{216}{625},$$

$$P(X=100)=C_4^4\left(\frac{3}{5}\right)^4=\frac{81}{625},$$

所以$E(X)=0\times\frac{16}{625}+20\times\frac{96}{625}+40\times\frac{216}{625}+70\times\frac{216}{625}+100\times\frac{81}{625}=54.05$.

附录 A　专升本历年真题及参考答案

2021 年黑龙江省普通高校专升本考试

高等数学　试卷

本试卷分第Ⅰ卷(选择题)和第Ⅱ卷(非选择题)两部分,共 200 分,考试时间 150 分钟。

第Ⅰ卷(选择题,共 80 分)

一、单项选择题(共 20 小题,每小题 4 分,共 80 分)

1. 函数 $f(x)$ 的定义域是 $[0,4]$, $f(x^2)$ 的定义域是　(　　)

A. $[0,16]$　B. $[0,2]$　C. $[-2,2]$　D. $[-16,16]$

2. 极限 $\lim\limits_{x\to 0^-} \arctan\dfrac{1}{x}=$　(　　)

A. $\dfrac{\pi}{2}$　B. 0　C. $-\dfrac{\pi}{2}$　D. $-\infty$

3. 当 $f(x)=\dfrac{1-x}{1+x}$, $g(x)=2-2\sqrt[3]{x}$, 则当 $x\to 1$ 时　(　　)

A. $f(x)$ 与 $g(x)$ 是同阶无穷小,但不是等价无穷小

B. $f(x)$ 与 $g(x)$ 是等价无穷小

C. $f(x)$ 是比 $g(x)$ 高阶无穷小

D. $f(x)$ 是比 $g(x)$ 低阶无穷小

4. 若极限 $\lim\limits_{n\to\infty}\left(\dfrac{1-a}{2a}\right)^n=0$, 则 a 的取值范围是　(　　)

A. $a=1$　B. $a<-1$ 或 $a>\dfrac{1}{3}$

C. $-1<a<\dfrac{1}{3}$　D. $a<-\dfrac{1}{3}$ 或 $a>1$

5. 下列函数中 $f(x)$ 和 $g(x)$ 是相同函数的是　(　　)

A. $f(x)=\sqrt{x^2}$, $g(x)=x$　B. $y=\lg x^2$, $g(x)=2\lg x$

C. $f(x)=\sqrt{x^2}$, $g(x)=(\sqrt{x})^2$　D. $f(x)=\dfrac{(\sqrt{x})^2}{x}$, $g(x)=\dfrac{x}{(\sqrt{x})^2}$

6. 设函数 $f(x)=\dfrac{\sin x}{|x|}$ 则 $x=0$ 是 $f(x)$　(　　)

A. 可去间断点　B. 跳跃间断点　C. 无穷间断点　D. 零点

7. 设 $f(x)$ 在 $x=x_0$ 可导,即 $f'(x_0)$ 存在,则 $\lim\limits_{\Delta x\to 0}\dfrac{f(x_0-\Delta x)-f(x_0)}{\Delta x}=$　(　　)

A. $-f'(x_0)$　B. $f'(x_0)$　C. 0　D. ∞

8. 设 $f(x)$ 在 x_0 处可微是 $f(x)$ 在 x_0 处连续的　(　　)

A. 充分但不必要条件　B. 必要但不充分条件

C. 充分必要条件　D. 既非充分也非必要条件

9. 设 $y=\sqrt{x}\cdot\sin x$，则 $y'=$ （　　）

A. $\sqrt{x}\left(\frac{\sin x}{2x}+\cos x\right)$　　B. $\sqrt{x}\left(\frac{\cos x}{2x}+\sin x\right)$

C. $\sqrt{x}\left(\frac{\cos x}{2x}-\cos x\right)$　　D. $\sqrt{x}\left(\frac{\cos x}{2x}-\sin x\right)$

10. $y=x\cos x$，则 $y''|_{x=0}=$ （　　）

A. -2　　B. 0　　C. 1　　D. 2

11. 设函数 $y=y(x)$ 由方程 $y=x\sin y$ 确定，则 $y'=$ （　　）

A. $\sin x+x\cos x$　　B. $\frac{\sin y}{1-x\sin y}$

C. $\frac{\sin y}{1-x\cos y}$　　D. $\frac{\cos y}{1-x\sin y}$

12. 设函数 $y=\ln\sin x$，则 $dy=$ （　　）

A. $\sin x dx$　　B. $\tan x dx$　　C. $\cos x dx$　　D. $\cot x dx$

13. 设函数 $f(x)=x+\frac{4}{x}$，其单调递减区间为 （　　）

A. $(-\infty,-2),(2,+\infty)$　　B. $(-2,0)\cup(0,2)$

C. $(-\infty,0),(0,+\infty)$　　D. $(-2,0),(0,2)$

14. 设函数 $y=x^3-6x^2+9x+2$，则其拐点是 （　　）

A. $(1,6)$　　B. $(2,3)$　　C. $(2,4)$　　D. $(3,2)$

15. 下列命题中错误的是为 （　　）

A. 若 $f(x)$ 在区间 (a,b) 的某个原函数是常数，则 $f(x)$ 在区间 (a,b) 内恒为零

B. 若 $f(x)$ 的某个原函数是常数，则 $f(x)$ 的所有原函数都是常数

C. 若 $F(x)$，$G(x)$ 分别是 $f(x)$，$g(x)$ 的原函数，则 $F(x)G(x)$ 分别是 $f(x)g(x)$ 的原函数

D. 若 $F(x)$ 为 $f(x)$ 的任意一个原函数，则 $F(x)$ 必为连续函数

16. $\int\tan x\sec^2 x dx=$ （　　）

A. $\tan x+C$　　B. $\frac{1}{2}\tan^2 x+C$　　C. 0　　D. $\frac{1}{3}\sec^3 x+C$

17. $\int_{-a}^{a}x[f(x)+f(-x)]dx=$ （　　）

A. $4\int_0^a xf(x)dx$　　B. $2\int_0^a x[f(x)+f(-x)]dx$

C. 0　　D. $2\int_0^a xf(-x)dx$

18. 设 $F(x)=\int_0^x\sin t^2 dt$，则 $F'(x)=$ （　　）

A. $\sin(x^2)$　　B. $x\sin(x^2)$　　C. $2x\cos(x^2)$　　D. $2x\sin(x^2)$

19. 微分方程 $x(y')^2-2yy'+x=0$ 的阶数 （　　）

A. 一阶　　B. 二阶　　C. 三阶　　D. 四阶

20. 常微分方程 $\frac{dy}{dx}=-\frac{x}{y}$ 的解 （　　）

A. $x+y=0$　　B. $x^2-y^2=1$　　C. $x+y=1$　　D. $x^2+y^2=1$

第Ⅱ卷(非选择题,共 120 分)

二、计算题(本大题共 5 个小题,每小题 10 分,共 50 分)

21. 求极限$\lim\limits_{x\to 0}\dfrac{e^x-e^{-x}-2x}{x-\sin x}$.

22. 求极限$\lim\limits_{x\to\infty}(1+x)^{\frac{1}{x}}$.

23. 求不定积分$\int x\tan^2 x\mathrm{d}x$.

24. 计算定积分$\int_1^4\dfrac{\mathrm{d}x}{1+\sqrt{x}}$.

25. 求方程$y'-2xy=e^{x^2}\cos x$的通解.

三、应用题(本大题共 2 小题,每小题 20 分,共 40 分)

26. 某工厂生产某产品的总成本$C=4\ 000+0.25x^2$,售出x件,价格关于x的函数$P=150-0.5x$.

(1)求最大利润时x值?并求出最大利润?

(2)求P为多少时,工厂的利润最大?

27. 设抛物线$y=x^2$和直线$y=ax$所围成的平面图形为S_1;它们与$x=1$所围成的平面图形为S_2,其中$a<1$.

(1)当a为何值时,S_1+S_2取得最小?

(2)试求出此最小值时该图形绕 x 轴旋转而成的旋转体体积.

四、证明题(本大题共 2 小题,每小题 15 分,共 30 分)

28. 证明:当$x>1$时,$(1+x)\ln(1+x)>x\ln x$.

29. 设$f(x)$在$[0,1]$上可导,且$f(0)=f(1)=0$,证明:至少存在一点$\xi\in(0,1)$,使得$f(\xi)+f'(\xi)=0$.

2022 年黑龙江省普通高校专升本考试

高等数学　试卷

本试卷分第Ⅰ卷(选择题)和第Ⅱ卷(非选择题)两部分,共200分,考试时间150分钟。

第Ⅰ卷(选择题 共80分)

一、单项选择题(共20小题,每小题4分,共80分)

1. 设函数 $f(x)$ 的定义域为 $(1,5]$,则 $f(3-2x)$ 的定义域为　(　　)

A. $(1,5]$　　B. $(-1,1]$　　C. $[-1,1)$　　D. $[-7,1)$

2. 极限 $\lim\limits_{x\to-\infty} e^{\frac{\pi}{2}-\arctan x} =$　(　　)

A. 1　　B. e　　C. $e^{\frac{\pi}{2}}$　　D. e^{π}

3. 设函数 $f(x)=\sin x$, $g(x)=x^2-3x$,则当 $x\to 0$ 时　(　　)

A. $f(x)$ 与 $g(x)$ 是同阶无穷小　　B. $f(x)$ 与 $g(x)$ 是等价无穷小

C. $f(x)$ 是比 $g(x)$ 高阶的无穷小　　D. $f(x)$ 是比 $g(x)$ 低阶的无穷小

4. 函数 $f(x)=\sin\dfrac{1}{x}$ 是定义域内的　(　　)

A. 周期函数　　B. 单调函数　　C. 有界函数　　D. 无界函数

5. 设函数 $f(x)=\dfrac{e^{\frac{1}{x}}-1}{e^{\frac{1}{x}}+1}$,则 $x=0$ 是 $f(x)$ 的　(　　)

A. 可去间断点　　B. 跳跃间断点　　C. 第二类间断　　D. 连续点

6. 由 $y=1+xe^{y}$ 所确定的曲线 $y=f(x)$ 在点 $(0,1)$ 处的切线方程为　(　　)

A. $y=ex+1$　　B. $y=ex-1$　　C. $y=x+1$　　D. $y=x-1$

7. 函数在某点处可微是其在该点处可导的　(　　)

A. 必要不充分条件　　B. 充分不必要条件

C. 充要条件　　D. 非充分非必要条件

8. 设函数 $f(x)$ 在 $x=a$ 处可导,即 $f'(x)$ 存在,则 $\lim\limits_{x\to 0}\dfrac{f(a+x)-f(a-x)}{x}=$　(　　)

A. $f'(a)$　　B. $2f'(a)$　　C. 0　　D. $\dfrac{1}{2}f'(a)$

9. 设函数 $f(x)=x(x+1)(x+2)\cdots(x+n)$,则 $f'(0)=$　(　　)

A. 0　　B. n　　C. $n+1$　　D. $n!$

10. 若函数 $y=f(x)$ 在 (a,b) 内恒有 $f'(x)>0$, $f''(x)<0$,则在 (a,b) 内曲线 $y=f(x)$ 为　(　　)

A. 上升凸弧　　B. 上升凹弧　　C. 下降凸弧　　D. 下降凹弧

11. 函数 $y=2x^3-9x^2+12x+1$ 在区间 $[0,2]$ 上的最大值为　(　　)

A. 1　　B. 4　　C. 5　　D. 6

12. 设 $f'(x)=g(x)$,则 $\mathrm{d}f(\sin^2 x)=$　(　　)

A. $2g(x)\sin x\mathrm{d}x$　　B. $g(x)\sin 2x\mathrm{d}x$

C. $g(\sin^2 x)\sin 2x\mathrm{d}x$　　D. $g(\sin 2x)\mathrm{d}x$

13. 函数 $y = x^3 - 12x + 1$ 的单调减少区间为　(　　)

A. $[-\infty, -2]$　B. $[-2,2]$　C. $[2, +\infty]$　D. $[-\infty, +\infty]$

14. 设 $f'(x_0) = f''(x_0) = 0$, $f'''(x_0) > 0$,则下列正确的是　(　　)

A. $f'(x_0)$ 是 $f'(x)$ 的极大值　B. $f(x_0)$ 是 $f(x)$ 的极大值

C. $f(x_0)$ 是 $f(x)$ 的极小值　D. $(x_0, f(x_0))$ 是曲线 $y = f(x)$ 的拐点

15. 设 $f(x)$ 是 $\cos x$ 的一个原函数,则 $\int \mathrm{d}f(x) =$　(　　)

A. $\sin x + C$　B. $-\sin x + C$　C. $-\cos x + C$　D. $\cos x + C$

16. 不定积分 $\int \frac{1}{1 + \mathrm{e}^x}\mathrm{d}x =$　(　　)

A. $\ln(1 + \mathrm{e}^{-x}) + C$　B. $-\ln(1 + \mathrm{e}^x) + C$

C. $x + \ln(1 + \mathrm{e}^x) + C$　D. $x - \ln(1 + \mathrm{e}^x) + C$

17. $\int_{-1}^{1} (|x| + \sin x \cos^2 x)\mathrm{d}x =$　(　　)

A. 1　B. 2　C. -1　D. -2

18. 设函数 $f(x) = \int_1^x (x - t)\mathrm{e}^t \mathrm{d}t$,则 $f'(x) =$　(　　)

A. 0　B. $\mathrm{e}^x - \mathrm{e}$　C. $\mathrm{e} - \mathrm{e}^x$　D. $\mathrm{e} - x\mathrm{e}^x$

19. 微分方程 $(y')^4 + (y'')^2 y + y = 0$ 的阶数是　(　　)

A. 1　B. 2　C. 3　D. 4

20. 常微分方程 $\frac{\mathrm{d}y}{\mathrm{d}x} + 2xy = \mathrm{e}^{-x^2}$ 满足初始条件 $y(0) = 0$ 的特解为　(　　)

A. $y = \mathrm{e}^{-x^2}(x + C)$　B. $y = x\mathrm{e}^{-x^2} + \mathrm{C}$

C. $y = x\mathrm{e}^{-x^2}$　D. $y = \mathrm{e}^{-x^2}$

第Ⅱ卷(非选择题 共 120 分)

二、计算题(本大题共 5 小题,每题 10 分,共 50 分)

21. 求极限 $\lim\limits_{x\to 0} \frac{\mathrm{e}^x - \sin x - 1}{x\sin x}$.

22. 求极限 $\lim\limits_{x\to\infty}\left(x\sin\frac{1}{x} - \frac{1}{x}\sin x\right)$.

23. 求不定积分 $\int x\ln x\mathrm{d}x$.

24. 求定积分 $\int_0^2 \frac{1}{1+\sqrt{2x}}\mathrm{d}x$.

25. 求微分方程 $y' - y\cot x = 2x\sin x$ 的通解.

三、应用题(本大题共 2 小题,每小题 15 分,共 40 分)

26. 某租赁公司拥有 50 台机器可以出租,当租金为 2 000 元时,机器可以全部租出去,当月租金每增加 100 元时就会有一台机器租不出去,而租出去的机器每台每月需要 200 元维护费,试问当月租金为多少时该公司收入最大,最大收入为多少?

27. 已知椭圆方程为 $\frac{x^2}{9} + \frac{y^2}{4} = 1$,试利用定积分求:

(1)该椭圆的面积;

(2)该椭圆绕 x 轴旋转一周的旋转体体积.

四、证明题(本大题共 2 小题,每小题 15 分,共 30 分)

28. 证明不等式:当 $x>0$ 时, $\frac{\ln(1+x)}{x} < 1$.

29. 设函数 $f(x)$ 在区间$[0,1]$上可导,且 $f(0) = f(1) = 0$,试求证在区间$(0,1)$内至少存在一点 ξ 使 $f'(\xi) = f(\xi)$.

2023 年黑龙江省普通高校专升本考试

高等数学　试卷

本试卷分第Ⅰ卷(选择题)和第Ⅱ卷(非选择题)两部分,共 200 分,考试时间 150 分钟。

第Ⅰ卷(选择题 共 80 分)

一、单项选择题(共 20 小题,每小题 4 分,共 80 分)

1. 设 $f(x)$ 在 $(-\infty,+\infty)$ 内有定义,下列为奇函数的是　(　　)

A. $f(x)-f(-x)$　B. $|f(x)|$　C. $x^3f(x)$　D. $f(x^3)$

2. 如果 $\lim\limits_{x\to x_0}f(x)$ 存在, $\lim\limits_{x\to x_0}g(x)$ 不存在,则　(　　)

A. $\lim\limits_{x\to x_0}[f(x)+g(x)]$ 不存在　B. $\lim\limits_{x\to x_0}[f(x)+g(x)]$ 存在

C. $\lim\limits_{x\to x_0}f(x)g(x)$ 不存在　D. $\dfrac{\lim\limits_{x\to x_0}f(x)}{\lim\limits_{x\to x_0}g(x)}$ 存在

3. 当 $x\to1$ 时,下列为无穷大量的是　(　　)

A. $\dfrac{x^3-1}{x-1}$　B. x^2-1　C. $\dfrac{1}{x-1}$　D. $\dfrac{x-1}{x^2-1}$

4. 函数 $f(x)=\begin{cases}\dfrac{x-\ln(1+x)}{x^2} & x\neq0\\ a & x=0\end{cases}$,要使 $f(x)$ 在点 $x=0$ 处连续,则 $a=$　(　　)

A. -1　B. 0　C. $\dfrac{1}{2}$　D. 1

5. 极限 $\lim\limits_{n\to\infty}\left(1+\dfrac{1}{2}+\dfrac{1}{4}+\cdots+\dfrac{1}{2^n}\right)=$　(　　)

A. $\dfrac{3}{2}$　B. 2　C. 3　D. 4

6. 当 $x\to0$ 时, $f(x)=\tan x-x$ 与 $g(x)=x^k$ 为同阶无穷小,则 $k=$　(　　)

A. 1　B. 2　C. 3　D. 4

7. $x=0$ 是函数 $f(x)=\dfrac{\sin x}{x}$ 的　(　　)

A. 连续点　B. 跳跃间断点　C. 可去间断点　D. 无穷间断点

8. 函数 $f(x)=\dfrac{x^2-x}{|x|(x^2-1)}$ 的可去间断点个数为　(　　)

A. 0　B. 1　C. 2　D. 3

9. 设 $f(x)$ 可导,满足条件 $\lim\limits_{x\to0}\dfrac{f(1+x)-f(1-x)}{x}=4$,则曲线 $y=f(x)$ 在点 $(1,f(1))$ 处的切线斜率为　(　　)

A. -1　B. $\dfrac{1}{2}$　C. 1　D. 2

10. 已知 $f(x)=\begin{cases}\dfrac{\sin^2 x}{x} & x\neq 0\\ x & x=0\end{cases}$，则 $y'(0)=$ （　　）

A. 0　　B. 1　　C. $\sin 1$　　D. 不存在

11. 设点 $(x_0,f(x_0))$ 是 $y=f(x)$ 的拐点，且 $f''(x_0)$ 存在，则 $y=f(x)$ 在 x_0 处有 （　　）

A. $f''(x_0)=0$　　B. $f'(x_0)$　　C. $f''(x_0)<0$　　D. $f''(x_0)>0$

12. 设 $f(x)=|x^2-x|$，则 $f(x)$ 的不可导点的个数为 （　　）

A. 1　　B. 2　　C. 3　　D. 4

13. 函数 $f(x)$ 在 R 上可微，$x=1$ 是 $g(x)=f(x)-3x$ 的极值点，则 $f'(1)=$ （　　）

A. $\dfrac{1}{2}$　　B. 1　　C. 2　　D. 3

14. $f(x)$ 为连续函数，有 $\int_0^{x^2} f(t)\,\mathrm{d}t=x^4+x^2$，则 $f(2)=$ （　　）

A. 0　　B. 2　　C. 3　　D. 5

15. 设曲线 $y=f(x)$ 与 $y=x^2-x$ 在点 $(1,0)$ 处有公共切线，则 $f'(1)=$ （　　）

A. -2　　B. -1　　C. 0　　D. 1

16. 定积分 $\int_{-\frac{\pi}{4}}^{\frac{\pi}{4}}\left(\dfrac{x\cos^2 x}{\sqrt{1+x^2}}+\sec^2 x\right)\mathrm{d}x=$ （　　）

A. 0　　B. $\dfrac{\pi}{4}$　　C. 1　　D. 2

17. 若 $F'(x)=f(x)$，则 $\int f(3x+1)\,\mathrm{d}x=$ （　　）

A. $\dfrac{1}{3}F(x+C)$　　B. $F(3x+1)+C$

C. $\dfrac{1}{3}F(3x+1)+C$　　D. $3F(3x+1)+C$

18. 设 $f(x)$ 在 $[-a,a]$ 上连续，$F(x)$ 为 $f(x)$ 的一个原函数，则下列正确的是 （　　）

A. $f(x)$ 为奇函数，$F(x)$ 为偶函数　　B. $f(x)$ 为偶函数，$F(x)$ 为奇函数

C. $f(x)$ 为奇函数，$F(x)$ 为奇函数　　D. $f(x)$ 为偶函数，$F(x)$ 为偶函数

19. 微分方程 $2xy\mathrm{d}x-\mathrm{d}y=0$，满足初始条件 $y|_{x=0}=1$ 的特解为 （　　）

A. $y=\mathrm{e}^{x^2}$　　B. $y=\mathrm{e}^{x}$　　C. $y=\mathrm{e}^{x}+C$　　D. $y=\mathrm{e}^{2x}$

20. 微分方程 $(y'')^3-6y'+8y=x^4\mathrm{e}^{2x}$ 的阶数为 （　　）

A. 1 阶　　B. 2 阶　　C. 3 阶　　D. 4 阶

第Ⅱ卷(非选择题共 120 分)

二、计算题(本大题共 5 小题，每题 10 分，共 50 分)

21. 求极限 $\lim\limits_{x\to 0}\dfrac{2\mathrm{e}^{2x}-\mathrm{e}^{x}-3x-1}{\mathrm{e}^{x}\ln^2(1+x)}$.

22. 求极限 $\lim\limits_{x\to+\infty}(\sqrt{x^2+2x}-x)$.

23. 求定积分 $\int_0^8\dfrac{1}{1+\sqrt{x+1}}\mathrm{d}x$.

24. 求函数 $y=\int_0^x\sqrt{t}(t-1)\,\mathrm{d}t$ 的定义域、单调区间、极值点、极值.

25. 求微分方程 $xy'+y-3\sin x=0$ 的通解.

三、应用题（本大题共 2 小题，每小题 15 分，共 40 分）

26. 设有一个容积为 $V\mathrm{m}^3$ 的无盖圆柱形桶，底面用铝制，侧面用木板，已知每平方米铝板的价格是木板价格的 3 倍，问桶底圆的半径 R 和高 h 各为多少时总费用 F 最少？

27. 过点 $(\mathrm{e},1)$ 做 $y = \ln x$ 的切线，设切线与曲线 $y = \ln x$ 及 x 轴所围成的平面图形 D.

(1)求 D 的面积；

(2)求 D 绕 x 轴旋转一周所形成的体积.

四、证明题（本大题共 2 小题，每小题 15 分，共 30 分）

28. 证明：$x > 0$ 时，$(1+x)\ln(1+x) > x$.

29. 设函数 $f(x)$ 在区间 (a,b) 上连续，且 $a < x_1 < x_2 < x_3 \cdots < x_{10} < b$，证明在 (a,b) 内必有一点 ξ，使 $f(\xi) = \dfrac{f(x_1) + f(x_2) + \cdots + f(x_{10})}{10}$ 成立.

2024 年黑龙江省普通高校专升本考试

高等数学　试卷

本试卷分第Ⅰ卷(选择题)和第Ⅱ卷(非选择题)两部分,共200分,考试时间150分钟。

第Ⅰ卷(选择题 共80分)

一、单项选择题(共20小题,每小题4分,共80分)

1. 函数 $f(x)=\ln(x-1)$ 的定义域　(　　)

A. $(-\infty,1]$　B. $(1,+\infty)$　C. $(-\infty,+\infty)$　D. $[1,+\infty)$

2. 极限 $\lim\limits_{x\to 0}(3x+1)=$　(　　)

A. 0　B. 1　C. 2　D. 3

3. 设 $f(x)>0$ 且有 $\lim\limits_{x\to x_0}f(x)=k$,则　(　　)

A. $k=0$　B. $k<0$　C. $k>0$　D. $k\geqslant 0$

4. 设 $f(x)=\begin{cases}x^2+1 & x>0\\ \dfrac{\tan x}{x} & x<0\end{cases}$,则 $\lim\limits_{x\to 0}f(x)=$　(　　)

A. -1　B. 0　C. 1　D. 不存在

5. 当 $x\to 0$ 时,下列哪一个是 x 的高阶无穷小　(　　)

A. $e^{-3x}-1$　B. $1-\cos x$　C. $\sin x$　D. $\ln(1+2x)$

6. 设 $f(x)=\begin{cases}e^x+1 & x<0\\ a & x=0\\ b+\cos x & x<0\end{cases}$,且 $f(x)$ 在 $x=0$ 处连续,则 a,b 的值为　(　　)

A. $a=0,b=1$　B. $a=0,b=-1$　C. $a=1,b=1$　D. $a=1,b=0$

7. $f(x)=\begin{cases}\dfrac{x-1}{x^2-1} & |x|\neq 1\\ -1 & |x|=1\end{cases}$,则 $x=1$ 为 $f(x)$ 的　(　　)

A. 跳跃间断点　B. 无穷间断点　C. 可去间断点　D. 连续点

8. 函数 $f(x)=\dfrac{1}{e^{\frac{x}{x-1}}-1}$ 的间断点的个数为　(　　)

A. 0　B. 1　C. 2　D. 无穷多个

9. 已知 $f(x)$ 在点 $x=x_0$ 处可导,则极限 $\lim\limits_{x\to x_0}\dfrac{f(x_0-2h)-f(x_0)}{h}=$　(　　)

A. $-2f'(x_0)$　B. $-f'(x_0)$　C. $f'(x_0)$　D. $2f'(x_0)$

10. 设 $f(x)=\begin{cases}x^3 & x\leqslant 1\\ x & x>1\end{cases}$,则 $f(x)$ 在 $x=1$ 处　(　　)

A. 左、右导数都存在　B. 左、右导数都不存在

C. 左导数存在,右导数不存在　D. 左导数不存在,右导数存在

11. 设 $f(x)=\sin x$,则 $f^{(2\,024)}(x)=$　(　　)

A. $-\cos x$　B. $\cos x$　C. $-\sin x$　D. $\sin x$

12. 曲线 $y = x^2 + 1$ 上某点切线平行于 x 轴,该点是　(　　)

A. (0,0)　B. (0,1)　C. (1,1)　D. (1, -1)

13. 曲线 $y = \ln(1 + x^2)$ 的最小值点是 $x =$　(　　)

A. 0　B. $\frac{1}{2}$　C. 1　D. $\ln\frac{1}{2}$

14. 不定积分 $\int\frac{1}{1-\sin x}dx =$　(　　)

A. $\cot x + \csc x + C$　B. $\cot x - \csc x + C$

C. $\tan x - \sec x + C$　D. $\tan x + \sec x + C$

15. 设 $\int f(x)\,dx = \sin x^2 + C$,则 $f(x) =$　(　　)

A. $\cos x^2$　B. $\sin x^2$　C. x　D. $2x\cos x^2$

16. 设 $f(x)$ 为 $[a,b]$ 上的连续函数,则曲线 $y = f(x)$ 与直线 $x = a$, $x = b$, $y = 0$ 所围成图形的面积为　(　　)

A. $\int_a^b |f(x)|dx$　B. $\int_a^b f(x)dx$　C. $\left|\int_a^b f(x)dx\right|$　D. $\left|2\int_a^b f(x)dx\right|$

17. 积分 $\int_{-1}^{1} x\cos^4 x dx =$　(　　)

A. -1　B. 0　C. 1　D. 2

18. 设 $f(x)$ 在 $[a,b]$ 上连续, $\Phi(x) = \int_x^a f(t)dt$,则 $\Phi'(x) =$　(　　)

A. $f(x)$　B. $f'(x)$　C. $-f(x)$　D. $-f'(x)$

19. 微分方程 $\frac{dy}{dx} = 2y$ 的通解为　(　　)

A. $y = Ce^x$　B. $y = e^{x^2}$　C. $y = Ce^{2x}$　D. $y = e^{2x} + C$

20. $y'' - 3(y')^4 + 2y = xe^{2x}$ 的阶数为　(　　)

A. 1　B. 2　C. 3　D. 4

第Ⅱ卷(非选择题共 120 分)

二、计算题(本大题共 5 小题,每小题 10 分,共 50 分)

21. 求极限 $\lim\limits_{x\to 0}\frac{\tan x - x}{\sin x^3}$.

22. 求极限 $\lim\limits_{x\to 0}\frac{1}{x}\ln\sqrt{\frac{1+2x}{1-3x}}$.

23. 求不定积分 $\int\cos x dx^2$.

24. 求定积分 $\int_0^{\ln 5}\sqrt{e^x - 1}\,dx$.

25. 求微分方程 $(1 + x^2)y' - 4xy = (1 + x^2)^3$ 的通解.

三、应用题(本大题共 2 小题,每小题 20 分,共 40 分)

26. 做半径 r 的球的外切正圆锥,问当圆锥的高为多少时,才能使圆锥体积最小?最小体积为多少?

27. 求 $y^2 = 2x$ 与直线 $y = x - 4$ 所围成的图形的面积及此图形绕 x 轴旋转而生成的旋转体的体积.

四、证明题(本大题共 2 小题,每小题 15 分,共 30 分)

28. 证明:当 $x > 1$ 时, $e^x > ex$.

29. 设 $f(x)$ 在 $[a,b]$ 上有连续的二阶导数,且过两点 $A(a,f(a))$, $B(b,f(b))$ 的直线与曲线 $y = f(x)$ 交于 $C(c,f(c))$ $(a < c < b)$,证明:在 (a,b) 内至少存在一点 ξ ,使 $f''(\xi)$.

2025 年黑龙江省普通高校专升本考试

高等数学 试卷

本试卷分第Ⅰ卷(选择题)和第Ⅱ卷(非选择题)两部分,共 200 分,考试时间 150 分钟。

第Ⅰ卷(选择题 共 80 分)

一、单项选择题(共 20 小题,每小题 4 分,共 80 分)

1. 下列各对函数为同一函数的是 ( )

A. $f(x)=x, g(x)=(\sqrt{x})^2$　　B. $f(x)=\sqrt{x^2}, g(x)=|x|$

C. $f(x)=\lg x^2, g(x)=2\lg x$　　D. $f(x)=\dfrac{x^2}{x}, g(x)=x$

2. 函数 $y=\arcsin(2x-1)$ 的连续区间为 ( )

A. $[-1,1]$　　B. $[-1,0]$　　C. $[0,1]$　　D. $(-1,1)$

3. 设 $f(x)$ 为偶函数,则下列选项为奇函数的是 ( )

A. $f'(x)$　　B. $f(x)\cdot f(-x)$　　C. $f(x)-f(-x)$　　D. $\int f(x)\mathrm{d}x$

4. 极限 $\lim\limits_{x\to+\infty}\dfrac{\arctan 2x}{x}=$ ( )

A. 0　　B. $\dfrac{1}{2}$　　C. 1　　D. 2

5. 当 $x\to 0$ 时,下列选项为无穷小的是 ( )

A. $\sin\dfrac{1}{x}$　　B. $\cos x$　　C. $\sin 2x$　　D. $\arccos x$

6. 设函数 $f(x)=\begin{cases}2x+1 & x\geqslant 0\\ x-1 & x<0\end{cases}$,则 $x=0$ 是该函数的 ( )

A. 连续点　　B. 可去间断点　　C. 第二类间断点　　D. 跳跃间断点

7. 下列极限等于 e 的是 ( )

A. $\lim\limits_{x\to 0}\left(1+\dfrac{1}{x}\right)^x$　　B. $\lim\limits_{x\to 0}(1-x)^{\frac{1}{x}}$　　C. $\lim\limits_{x\to 0}(1+x)^{\frac{1}{x}}$　　D. $\lim\limits_{x\to 0}\left(1+\dfrac{1}{x^2}\right)^{x^2}$

8. 设函数 $f(x)=|x|$,则 $f(x)$ 在 $x=0$ 处 ( )

A. 可导　　B. 无定义　　C. 不连续　　D. 连续但不可导

9. 设函数 $f(x)=\begin{cases}\dfrac{\ln(1+3x)}{\sin 4x} & x\neq 0\\ 1-a & x=0\end{cases}$ 在 $x=0$ 处连续,则 $a=$ ( )

A. 0　　B. $\dfrac{1}{4}$　　C. $\dfrac{1}{2}$　　D. 1

10. 下列命题中正确的是 ( )

A. 无穷小之和仍是无穷小　　B. 两个无穷大之和仍是无穷大

C. 两个无穷大的积仍是无穷大　　D. 无穷大与有界变量的乘积一定是无穷大

11. 曲线 $\frac{1}{2}x^2 - \ln y + xy = 0$ 在 $x=0$ 处的切线为 ( )

A. $y = 0$　　B. $y = x$　　C. $y = x - 1$　　D. $y = x + 1$

12. 若 $y = \arctan x + \sin(x^2 + 2)$，则微分 $dy|_{x=0} =$ ( )

A. dx　　B. $(1 + 2\cos 2)dx$　　C. 1　　D. $(1 + 2\cos 2)$

13. 函数 $y = e^{-t}\sin t$，则 $y'' =$ ( )

A. $-2e^{-t}\sin t$　　B. $-2e^{-t}\cos t$　　C. $e^{-t}\cos 2t$　　D. $-e^{-t}\cos t$

14. 设 $f(x) = e^{-x} + x^{27}$，则 $f^{(27)}(0)$ 的值应为 ( )

A. -1　　B. 1　　C. $1 + 27!$　　D. $-1 + 27!$

15. 设 $F(x)$ 是 $f(x)$ 在区间 $[a,b]$ 上的原函数，则下列式子中正确的是 ( )

A. $\int df(x) = F(x) + C$　　B. $d\int f(x)dx = F(x)dx$

C. $\int f(x)dx = F(x) + C$　　D. $\int F(x)dx = f(x) + C$

16. 下列积分不为零的是 ( )

A. $\int_0^{2\pi} \sin x\cos x dx$　　B. $\int_0^{2\pi} \sin x dx$

C. $\int_{-1}^{1} x(\arcsin x)^2 dx$　　D. $\int_{-\frac{\pi}{2}}^{\frac{\pi}{2}} 4\cos^4 x dx$

17. $\int_a^b f'(2x)dx =$ ( )

A. $f(2b) - f(2a)$　　B. $2[f(2b) - f(2a)]$

C. $\frac{1}{2}[f(b) - f(a)]$　　D. $\frac{1}{2}[f(2b) - f(2a)]$

18. 若 $f(x)$ 的导函数是 $\cos 2x$，则 $f(x)$ 的一个原函数为 ( )

A. $-\frac{1}{4}\cos 2x$　　B. $-\frac{1}{2}\sin 2x$　　C. $\frac{1}{4}\cos 2x$　　D. $\frac{1}{2}\sin 2x$

19. 微分方程 $\frac{dx}{y} + \frac{dy}{x} = 0$ 在初始条件 $y|_{x=2} = -1$ 下的特解是 ( )

A. $y = \sqrt{5 - x^2}$　　B. $x^2 + y^2 = 5$　　C. $2x - y = 5$　　D. $y = -\sqrt{x^2 - 5}$

20. 微分方程 $(y'')^2 + (y')^6 - 5x^3y^5 = 0$ 的阶数是 ( )

A. 二阶　　B. 四阶　　C. 六阶　　D. 八阶

第Ⅱ卷(非选择题共 120 分)

二、计算题(本大题共 5 小题,每小题 10 分,共 50 分)

21. 计算极限 $\lim\limits_{x\to\infty}\left(1 - \frac{1}{x+2}\right)^x$.

22. 计算极限 $\lim\limits_{x\to 0}\left(\frac{1}{x} - \frac{\cos x}{\sin x}\right)$.

23. 求不定积分 $\int \frac{\arctan x}{x^2}dx$.

24. 求定积分 $\int_0^{\ln\sqrt{2}} \sqrt{e^{2x} - 1}\,dx$.

25. 求微分方程 $\frac{dy}{dx} + 2xy = 4x$ 的通解.

三、应用题(本大题共 2 小题,每小题 20 分,共 40 分)

26. 求由曲线 $y = e^x$ 和该曲线过原点的切线及 y 轴所围成的平面图形的面积及该图形绕 y 轴旋转而成的旋转体的体积.

27. 设需求函数为 $Q = 35 - 5P$ (吨),其中,P 是价格,总成本函数为 $C(Q) = 1 + 3Q$ (万元),且每吨商品的税收为 2 万元,求销售量 Q 为多少时,可使企业的税后利润最大,最大利润为多少?

四、证明题(本大题共 2 小题,每小题 15 分,共 30 分)

28. 设函数 $f(x)$ 在 $[0,1]$ 上可导,且 $f(0) = 0$,$f(1) = 1$,证明:存在两个不同的点 $\xi_1,\xi_2 \in (0,1)$,使得 $\dfrac{1}{f'(\xi_1)} + \dfrac{1}{f'(\xi_2)} = 2$.

29. 证明:当 $x \geqslant 0$ 时, $2x\arctan x \geqslant \ln(1 + x^2)$.

2021 年黑龙江省普通高校专升本考试参考答案

一、单项选择题

1. C 2. C 3. A 4. B 5. D 6. B 7. A 8. A 9. A 10. B 11. C 12. D 13. D 14. C
15. C 16. B 17. C 18. A 19. A 20. D

二、计算题

21. 2 22. 1 23. $x\tan x+\ln|\cos x|-\dfrac{x^2}{2}+C$ 24. $2-2\ln 3+2\ln 2$ 25. $y=e^{x^2}(\sin x+C)$

三、应用题

26. (1)$x=100$ 时获得最大利润,最大利润 3 500. (2)$P=100$ 时工厂利润最大.

27. (1)$a=\dfrac{\sqrt{2}}{2}$时,S_1+S_2 取得最小. (2)$V_x=\dfrac{1+\sqrt{2}}{30}\pi$.

四、证明题

28. 证明:设$f(x)=(1+x)\ln(1+x)-x\ln x,x\in(1,+\infty)$. 根据初等函数性质有,$f(x)$在$x\in(1,+\infty)$是连续可导的函数,则$f'(x)=\ln(1+x)+1-\ln x-1=\ln\dfrac{1+x}{x}$. 已知$x>1$,则$x+1>x$,$\dfrac{1+x}{x}>1$,$\ln\dfrac{1+x}{x}>\ln 1=0$,从而$f'(x)>0$,$f(x)$在$x\in(1,+\infty)$是单调递增函数. 根据单调递增函数性质有$f(x)>f(1)$,而$f(1)=(1+1)\ln(1+1)-1\times\ln 1=2\ln 2>0$,则$f(x)>0$在$x\in(1,+\infty)$恒成立. 即当$x>1$时,$(1+x)\ln(1+x)>x\ln x$.

29. 证明:设$F(x)=e^x f(x),x\in[0,1]$. 已知$f(x)$在$[0,1]$上可导,根据初等函数性质可知,$F(x)$在$[0,1]$上连续可导. 因为$f(0)=f(1)=0$,所以$F(0)=e^0 f(0)=e^0\cdot 0=0$,$F(1)=e^1 f(1)=e^1\cdot 0=0$,得$F(0)=F(1)$. 根据罗尔定理有,至少存在一点$\xi\in(0,1)$,使得$F'(\xi)=0$. 因为$F'(x)=e^x f(x)+e^x f'(x)=e^x[f(x)+f'(x)]$,所以$F'(\xi)=e^{\xi}[f(\xi)+f'(\xi)]=0$. 从而$f(\xi)+f'(\xi)=0$. 即至少存在一点$\xi\in(0,1)$,使得$f(\xi)+f'(\xi)=0$.

2022 年黑龙江省普通高校专升本考试参考答案

一、单项选择题

1. C 2. D 3. A 4. C 5. B 6. A 7. C 8. B 9. D 10. A 11. D 12. C 13. B 14. D
15. A 16. D 17. A 18. B 19. B 20. C

二、计算题

21. $\dfrac{1}{2}$ 22. 1 23. $\dfrac{1}{2}x^2\ln x-\dfrac{1}{4}x^2+C$ 24. $2-\ln 3$ 25. $y=\sin x(x^2+C)$

三、应用题

26. 当$x=16$时每月租金为 3 600 元,最大收入为 115 600 元.
27. (1)该椭圆的面积$S=6\pi$. (2)该椭圆绕x轴旋转一周的旋转体体积$V=16\pi$.

四、证明题

28. 证明:要证当$x>0$时,$\dfrac{\ln(1+x)}{x}<1$,只需证$\ln(1+x)<x$.

令$f(x)=\ln(1+x)-x$,$f'(x)=\dfrac{1}{1+x}-1=\dfrac{-x}{1+x}<0$.

当$x>0$时$f(x)$为单调递减函数,则存在$f(x)<f(0)=0$,即$\dfrac{\ln(1+x)}{x}<1$.

29. 证明:设 $g(x)=e^{-x}f(x)$,则 $g(x)$ 在 $[0,1]$ 上连续,$(0,1)$ 内可导,且 $g(0)=g(1)=0$.

由罗尔定理可得,至少存在一点 ξ 使得 $g'(\xi)=0$.即至少存在一点 ξ,使得 $e^{-\xi}[f'(\xi)-f(\xi)]=0$.由于 $e^{-\xi}\neq 0$ 可得 $f'(\xi)-f(\xi)=0$.故在区间 $(0,1)$ 内至少存在一点 ξ,使 $f'(\xi)=f(\xi)$.

2023 年黑龙江省普通高校专升本考试参考答案

一、单项选择题

1. A　2. A　3. C　4. C　5. B　6. C　7. C　8. B　9. D　10. B　11. A　12. B　13. D　14. D　15. D　16. D　17. C　18. A　19. A　20. B

二、计算题

21. $\dfrac{7}{2}$　22. 1　23. $4-2\ln 2$　24. $2-\ln 3$

25. 定义域为 $[0,+\infty)$;单调减区间为 $(0,1)$,单调增区间为 $(1,+\infty)$;极小值点为 $x=1$,极小值为 $y(1)=-\dfrac{4}{15}$,无极大值点.

三、应用题

26. 当 $R=\sqrt[3]{\dfrac{V}{3\pi}}\text{m}$,$h=\sqrt[3]{\dfrac{9V}{\pi}}\text{m}$ 时总费用 F 最小.

27. (1) D 的面积 $S=\dfrac{e}{2}-1$.　(2) D 绕 x 轴旋转一周的旋转体体积 $V=\pi\left(-\dfrac{2e}{3}+2\right)$.

四、证明题

28. 证明:令 $f(x)=(1+x)\ln(1+x)-x$,在 $[0,+\infty)$ 连续,在 $(0,+\infty)$ 可导.

$$f'(x)=\ln(1+x)+1-1=\ln(1+x).$$

当 $x>0$ 时,$f'(x)>0$,故 $f(x)$ 在 $[0,+\infty)$ 为单调递增,$f(x)_{\min}=f(0)=0$.

当 $x>0$ 时,$f(x)>f(0)>0$.

即 $(1+x)\ln(1+x)-x>0$,$(1+x)\ln(1+x)>x$.

29. 证明:取 $[x_1,x_{10}]$ 包含于 (a,b),$f(x)$ 在 $[x_1,x_{10}]$ 上连续,由最值定理可得,一定存在最小值 m,和最大值 M,使得 $m\leqslant f(x_1)\leqslant M$,$m\leqslant f(x_2)\leqslant M\cdots m\leqslant f(x_{10})\leqslant M$,

故 $10m\leqslant f(x_1)+f(x_2)+\cdots+f(x_{10})\leqslant 10M$,　$m\leqslant \dfrac{f(x_1)+f(x_2)+\cdots+f(x_{10})}{10}\leqslant M$

由介值定理可得,在 $[x_1,x_{10}]$ 上必有一点 ξ,使得 $f(\xi)=\dfrac{f(x_1)+f(x_2)+\cdots+f(x_{10})}{10}$.

故在 (a,b) 内必有一点 ξ,使得 $f(\xi)=\dfrac{f(x_1)+f(x_2)+\cdots+f(x_{10})}{10}$.

2024 年黑龙江省普通高校专升本考试参考答案

一、单项选择题

1. B　2. B　3. D　4. C　5. B　6. D　7. C　8. C　9. A　10. A　11. D　12. B　13. A　14. D　15. D　16. A　17. B　18. C　19. C　20. B

二、计算题

21. $\dfrac{1}{3}$　22. $\dfrac{5}{2}$　23. $2x\sin x+2\cos x+C$　24. $4-2\arctan 2$　25. $y=(1+x^2)^2(x+C)$

三、应用题

26. 当 $h = 4r$ 时，体积最小，最小值为 $V(4r) = \frac{8\pi r^3}{3}$.

27. (1)面积 $S = 18$. (2)绕 x 轴旋转一周的旋转体体积 $V_x = \frac{128}{3}\pi$.

四、证明题

28. 证明：设 $f(x) = e^x - ex$ ，定义域为 $[1, +\infty)$ ，则 $f(x)$ 在 $[1, +\infty)$ 上连续，在 $(1, +\infty)$ 可导. $f'(x) = e^x - e$ ，当 $x > 0$ 时，$f'(x) > 0$ ，故 $f(x)$ 在 $[1, +\infty)$ 为单调递增，$f(x) > f(1) = 0$.

当 $x > 0$ 时，$f(x) > f(0) > 0$.

即 $e^x - ex > 0$ ，故 $e^x > ex$.

29. 证明：因 $f(x)$ 在 $[a,b]$ 上有连续的二阶导数，故 $f(x)$、$f'(x)$ 在 $[a,b]$ 上连续，在 (a,b) 内可导，由题意可知 $a < c < b$ ，故 $f(x)$ 在 $[a,c]$ 上连续，在 (a,c) 内可导，则由拉格朗日中值定理可得至少存在一点 $\xi_1 \in (a,c)$ ，使得 $f'(\xi_1) = \frac{f(c) - f(a)}{c - a}$ ，又 $f(x)$ 在 $[c,b]$ 上连续，在 (c,b) 内可导，则由拉格朗日中值定理可得至少存在一点 $\xi_2 \in (c,b)$ ，使得 $f'(\xi_2) = \frac{f(b) - f(c)}{b - c}$. 因为 $A(a, f(a))$ ，$B(b, f(b))$ ，$C(c, f(c))$ 三点在同一直线上，故斜率相同，所以 $f'(\xi_1) = f'(\xi_2)$ ，又因为 $f'(x)$ 在 $[a,b]$ 上连续，在 (a,b) 内可导，所以 $f'(x)$ 在 $[a,b]$ 上满足罗尔定理，故至少存在一点 $\xi \in (a,b)$ ，使得 $f''(\xi) = 0$.

2025 年黑龙江省普通高校专升本考试参考答案

一、单项选择题

1. B 2. C 3. C 4. A 5. C 6. D 7. C 8. D 9. B 10. C 11. D 12. A 13. B 14. D
15. C 16. D 17. D 18. A 19. B 20. A

二、计算题

21. $\frac{1}{e}$ 22. 0 23. $-\frac{\arctan x}{x} + \ln|x| - \frac{1}{2}\ln(1 + x^2) + C$（$C$ 为任意常数）

24. $1 - \frac{\pi}{4}$ 25. $y = e^{-x^2}(2e^{x^2} + C) = 2 + Ce^{-x^2}$（$C$ 为任意常数）

三、应用题

26. (1)平面图形的面积 $S = \frac{e}{2} - 1$. (2)绕 y 轴旋转一周的旋转体体积 $V_y = \left(2 - \frac{2e}{3}\right)\pi$.

27. 当销售量 Q 为 5 t 时，企业的税后利润最大，最大利润为 4 万元.

四、证明题

28. 证明：因函数 $f(x)$ 在 $[0,1]$ 上可导，故函数 $f(x)$ 在 $[0,1]$ 上连续. 又 $f(0) = 0$ ，$f(1) = 1$ ，

由介值定理可知，$f(0) < \frac{1}{2} < f(1)$ ，至少存在一点 $x_0 \in (0,1)$ ，使得 $f(x_0) = \frac{1}{2}$. $f(x)$ 在 $[0,x_0]$ 上连续，在 $(0,x_0)$ 内可导，故 $f(x)$ 在 $[0,x_0]$ 上，满足拉格朗日中值定理，则至少存在一点 $\xi_1 \in [0,x_0]$ ，使得 $f'(\xi_1) = \frac{f(x_0) - f(0)}{x_0 - 0}$. 同理 $f(x)$ 在 $[x_0,1]$ 上连续，在 $(x_0,1)$ 内可导，故 $f(x)$ 在 $[x_0,1]$ 上，满足拉格朗日中值定理，则至少存在一点 $\xi_2 \in [x_0,1]$ ，使得 $f'(\xi_2) = \frac{f(1) - f(x_0)}{1 - x_0}$. 因 $f(0) = 0$ ，$f(1) = 1$ ，$f(x_0) = \frac{1}{2}$ ，则 $f'(\xi_1) = \frac{f(x_0) - f(0)}{x_0 - 0} = \frac{1}{2x_0}$ ，$f'(\xi_2) = \frac{f(1) - f(x_0)}{1 - x_0} = \frac{1}{2(1 - x_0)}$ ，故 $\frac{1}{f'(\xi_1)} + \frac{1}{f'(\xi_2)} = 2x_0 +$

$2(1-x_0)=2$.

29. 证明：设 $f(x)=2x\arctan x-\ln(1+x^2)$，在 $[0,+\infty)$ 上连续，在 $(0,+\infty)$ 内可导，$f'(x)=2\arctan x+\frac{2x}{1+x^2}-\frac{2x}{1+x^2}=2\arctan x$. 当 $x>0$ 时，$f'(x)>0$，故 $f(x)$ 在 $[0,+\infty)$ 上单调递增，又因为 $f(0)=0$，则当 $x\geqslant 0$ 时，$f(x)\geqslant f(0)=0$，即当 $x\geqslant 0$ 时，$2x\arctan x\geqslant\ln(1+x^2)$.